普通高等教育“十三五”规划教材

汇编语言与接口技术

主　编　熊　江　杨凤年　成　运
副主编　谢　辉　魏祖雪　谢四莲　刘伟群

图书在版编目(CIP)数据

汇编语言与接口技术/熊江,杨凤年,成运主编. —武汉:武汉大学出版社,2016.7

普通高等教育“十三五”规划教材

ISBN 978-7-307-18082-6

Ⅰ.汇… Ⅱ.①熊… ②杨… ③成… Ⅲ.①汇编语言—程序设计—高等学校—教材 ②微型计算机—接口技术—高等学校—教材 Ⅳ.TP3

中国版本图书馆 CIP 数据核字(2016)第 129275 号

责任编辑:林 莉　　责任校对:汪欣怡　　版式设计:马 佳

出版发行:**武汉大学出版社** (430072 武昌 珞珈山)

(电子邮件:cbs22@ whu. edu. cn 网址:www. wdp. com. cn)

印刷:湖北民政印刷厂

开本:787×1092 1/16 印张:24 字数:613 千字 插页:1

版次:2016 年 7 月第 1 版 2016 年 7 月第 1 次印刷

ISBN 978-7-307-18082-6 定价:39.00 元

前　言

汇编语言与接口技术是计算机及电子信息与通信类专业一门重要的必修课程。要求掌握微型计算机组成原理、接口技术及80x86汇编语言程序设计的基本方法。通过理论学习和实验使学生掌握8086微处理器和主要支援芯片的功能、结构、编程方法以及基本外部设备的接口技术，具备基本的微机系统设计、维护与软、硬件开发能力。

本书共分为11章，第1章介绍微型计算机的特点、发展、指标和分类，微处理器、微型计算机和微型计算机系统的基本组成，计算机中数的表示和编码及其微机系统中的接口问题等。第2章介绍了8086微处理器的发展、外特征、8086的总线操作、8086的存储器和I/O组织及其80x86微处理器的特点。第3章介绍了80x86的寻址方式和指令系统，指令系统是一台计算机所有指令的集合，它是本书重要的一章，也是本书的重点和难点。第4章介绍了汇编语言程序格式，如何上机进行调试和汇编语言程序设计中常见的几种程序设计方法：顺序程序设计、分支程序设计、循环程序设计和子程序设计，这几种程序设计方法是汇编语言程序设计基础，复杂的程序都是由它们构成的。第5章介绍了半导体存储器的组成与连接及其高速缓冲存储器的工作原理。第6章介绍了可编程中断控制器8259A的工作原理及其初始化编程。第7章介绍了定时/计数器8253的工作原理及其初始化编程。第8章介绍了可编程DMA控制器8237A的工作原理及其初始化编程。第9章介绍了可编程并行接口芯片8255A和可编程串行接口芯片8251A的工作原理及其初始化编程。第10章介绍了微机常见的总线技术。第11章介绍了数模（D/A）转换接口和模数（A/D）转换接口的工作原理和主要技术指标等。

本书第1章和第2章由重庆三峡学院的熊江老师编写，第3章、4章和第5章由长沙学院杨凤年老师编写，第6章和第8章由湖南人文科技学院成运老师编写，第7章由重庆三峡学院魏祖雪老师编写，第9章由湖南人文科技学院谢四莲编写，第10章由湖南人文科技学院刘伟群老师和重庆三峡学院的熊江老师共同编写，最后由熊江老师总编纂。我们衷心感谢兄弟院校的领导、学者和同仁们对本书的支持和肯定，感谢学生们认真帮助我们进行校对和程序调试。

我们还要特别感谢武汉大学出版社的所有同志们对本书出版作了许多建设性的指导，是他们的艰辛工作，才使得本书早日与读者见面。

本书的所有作者都是多年从事汇编语言与接口技术教学的老师，该书是作者们多年教学工作的积累和总结，尽管我们再三校对，但肯定还存在错误和不足，恳请读者指正和谅解，您的指正是我们的期待，我们的联系方式：xjcq123@sohu.com。

最后，我们再次感谢所有帮助和关心我们的朋友，谢谢你们使用本书，并祝你们学习成功。

作　者

2016 年 6 月于重庆

目　录

第一篇　汇编语言与程序设计

第二篇　微机接口技术

第一篇　汇编语言与程序设计

第1章　微型计算机系统接口技术概述

1.1　微型计算机的特点和发展

人类很早就希望使用工具来帮助自己计数和计算。最早的结绳记事，主要就是用来计数。中国人在汉代发明的算盘，一直使用了几千年。1873年，美国人鲍德温(F. Baldwin)利用自己发明的齿数可变齿轮，制造出手摇式机械计算器，可以进行加、减、乘、除的运算。到了近代，欧洲发明了使用继电器的顺序式计算器。总之，人类一直在想方设法地使用机器来帮助自己计算。直到1946年美国宾夕法尼亚大学莫尔学院的约翰·莫克莱博士和他的研究生J·普雷斯泊· 埃克特成功研制了世界上第一台电子计算机 ENIAC(Electronic Numerical Integrator and Calculator，电子数字积分计数器)。人类开始了真正可以使用机器来进行数值计算的时代。但是，直到微型计算机出现以前，人们一直没有意识到计算机像人类使用火和开始使用工具那样，将给人类生活带来翻天覆地的变化。

自第一台电子计算机发明以来，计算机的硬件组成有了飞速的发展，以构成计算机硬件的器件为标志，计算机的发展经历电子管、晶体管、中小规模集成电路以及大规模和超大规模集成电路四个阶段。大规模和超大规模集成电路技术为微型计算机(简称微机)的出现奠定了基础，微型计算机属于第四代计算机，是20世纪70年代初期研制成功的。一方面是由于军事、空间及自动化技术的发展需要体积小、功耗低、可靠性高的计算机，另一方面，大规模集成电路技术的不断发展也为微型计算机的产生打下了坚实的物质基础。所以微机的出现和广泛使用在计算机的发展历史上占有重要的地位。

电子计算机通常按体积、性能和价格分为巨型机、大型机、中型机、小型机和微型机五类。从系统结构和基本工作原理来说，微型机和其他几类计算机并没有本质上的区别，微型计算机具有计算机的基本特点，即运算速度快、计算精度高、具有“记忆”能力、逻辑判断能力、可自动连续工作等。所不同的是微型机广泛采用了集成度相当高的器件和部件，因此具有以下一系列特点：

(1) 使用环境要求不高，适应性强，维护方便。微型计算机对环境温度的要求不高，在通常的室温下均可工作。微型计算机多采用模块化的硬件结构，特别是采用总线结构后，使微型计算机系统成为一个开放的体系结构，系统中各功能部件通过标准化的插槽和接口相连，用户选择不同的功能部件(板卡)和相应外设就可构成不同要求和规模的微型计算机系统。因此，在相同的配置情况下，只要对硬件和软件稍作某些变动，就能适应不同用户的要求。微机都具有自检诊断及测试发现系统故障，发现故障以后，排除故障也比较容易。

(2) 功能强，性能优越，可靠性高。微型计算机的运算速度快、计算精度高，具有记忆功能和逻辑判断能力，而且每种微处理器都配有一整套支持相应微型计算机工作的软件。硬件和软件的配合相辅相成，使微型计算机的功能大大增强，适合各行各业不同的应用。微型计算机采用大规模集成电路以后，使系统内使用的芯片数有了很大的减少，从而使印刷电路板上的连线减少，接插件数目大幅度减少，加之 MOS 电路芯片本身功耗低、发热量小，使微型计算机的可靠性大大提高。一般情况下，芯片集成度增加 100 倍，系统的可靠性也可增加 100 倍。目前，微处理器及其系列芯片的平均无故障时间可达 10^7～10^8 小时。

(3) 开发周期短，见效快。微处理器制造厂家除生产微处理器芯片外，还生产各种配套的支持芯片，同时也提供许多有关的支持软件，这就为构成一个微型计算机应用系统创造了十分有利的条件。从而可节省研制时间，缩短研制周期，使研制的系统很快地投入运行，取得明显的经济效益。

(4) 体积小，重量轻，耗电省。微处理器及其配套支持芯片的尺寸均较小，最大也不过几百平方毫米。另外，近几年在微型计算机中还大量地采用了 ASIC(大规模集成专用芯片)和 GAL(通用可编程门阵列)器件，使得微型计算机的体积明显缩小。而微型机中的芯片大多采用 MOS 和 CMOS 工艺，因此耗电量就很少。

(5) 价格低，普及性好，应用面广。微处理器及其配套系列芯片采用集成电路工艺，集成度高，适合工厂大批量生产，因此，产品造价十分低廉。据报道认为，集成度增加 100 倍其价格也可降为同功能分立元件的百分之一。很显然，低价格对于微型计算机的推广和普及是极为有利的。现在，微型计算机不仅占领了原来小型计算机的各个领域，而且成为 Internet 网上无数的站点，此外，还广泛应用于工业、国防自动化控制等新的场合，如卫星、导弹的发射、石油勘探、天气预报、邮电通信、空中交通管制和航空订票、CAD / CAM、智能仪器、家用电气、电子表和儿童玩具等，它已渗透到国民经济的各个部门，可以说在当前的信息化社会中，微型计算机无处不在。

第一个微处理器是 1971 年美国 Intel 公司生产通用的 4 位微处理器 4004(内含 2300 个晶体管)，它的改进型是 Intel 4040，以它为核心构成的微型机是 MCS-4，它的体积小，价格低等特点引起了许多部门和机构的兴趣。1972 年，Intel 公司又生产了第一个 8 位通用微处理器 8008，以 Intel 8008 为核心构成的微型计算机是 MCS-8。通常，人们将 Intel 4004、4040、8008 称为第一代微处理器。这些微处理器的字长为 4 位或 8 位，集成度大约为 2000 管 / 片，时钟频率为 1MHz。

第一代微处理器的特点是：微处理器和存储器采用 PMOS 工艺，工作速度很慢。微处理器的指令系统不完整、运算功能单一；存储器的容量很小，只有几百字节；没有操作系统，只有汇编语言。但价格低廉，使用方便，主要应用是面向袖珍计算器、工业仪表、过程控制、家电、交通灯控制等简单控制场合。

1973—1977 年，出现了许多生产微处理器的厂家，生产了多种型号的微处理器，其中设计最成功、应用最广泛的是 1973 年由 Intel 公司推出的 8080 / 6085，1975 年由 Zilog 公司推出的 Z-80，它是国内曾经最流行的单板微型机 TP801 的 CPU。1974 年由美国 Motorola 公司推出 MC6800。由 Rockwell 公司推出 6502，它是 IBM-PC 机问世之前世界上最流行的微型计算机 Apple Ⅱ(苹果机)的 CPU。通常，人们把它们称为第二代微处理器。这些微处理器的时钟频率为 2～4MHz，集成度超过 5000 管 / 片。在这个时期，微处理器的设计和生产技术已相当成熟，配套的各类器件也很齐全。后来，微处理器在提高集成度、提高功能和速度、增加

外围电路的功能和种类方面得到很大发展。

第二代微处理器的特点是：在系统结构上已经具有典型计算机的体系结构，具有中断和 DMA(Direct Memory Access，直接存储器存取)等控制功能，设计考虑了机器间的兼容性、接口的标准化和通用性，配套外围电路的功能和种类齐全。配有简单的操作系统(如 CP/M)和高级语言。8 位微处理器和以它为 CPU 构成的微型机广泛应用于信息处理、工业控制、汽车、智能仪器仪表和家用电器领域。

1977 年左右，超大规模集成电路工艺已经成熟，1978—1979 年，一些厂家推出了性能可与过去中档小型计算机相比的 16 位微处理器，其中，有代表性的三种芯片是 Intel 公司 1978 年推出的 16 位微处理器 Intel 8086，Zilog 的 Z8000，以及 Motorola 的 M68000。这些微处理器的时钟频率为 4～8MHz，集成度为 20 000 管 / 片。将这些微处理器称为第一代超大规模集成电路微处理器。

第三代微处理器的特点是：具有丰富的指令系统和多种寻址方式，多种数据处理形式，采用多级中断，有完善的操作系统。由它们组成的微型计算机的性能指标已达到或超过当时的中档小型机的水平。在体系结构方面吸纳了传统小型机甚至大型机的设计思想，如虚拟存储和存储保护。特别是 1982 年，Intel 公司又推出 80286 微处理器，它是 16 位微处理器中的高档产品，其集成度达到 10 万个晶体管 / 片，时钟频率为 10MHz，平均指令执行时间为 0.2μs，速度比 8086 快 5～6 倍。该微处理器本身含有多任务系统必需的任务转换功能、存储器管理功能和多种保护机构，支持虚拟存储体系结构，因此以 80286 为 CPU 构成的个人计算机 IBM PC / AT 机，弥补了以 8088 为 CPU 的 IBM PC / XT 机在多任务方面的缺陷，满足了多用户和多任务系统的需要，从 20 世纪 80 年代中后期到 90 年代初，80286 一直是个人计算机的主流型 CPU。

1980 年以后，半导体生产厂家继续在提高电路的集成度、速度和功能方面取得了很大进展，1983 年以后，Intel 80386 和 Motorola 68020 相继推出，这两者都是 32 位的微处理器。其后，Intel 又陆续推出 32 位的 80486，第四代是 32 位微处理器时代。1983 年 Zilog 公司推出的 Z-80000，1984 年 Motorola 公司推出的 MC68020、1985 年 Intel 公司推出的 Intel 80386 和 NEC 公司的 V70 等。32 位微处理器的出现，使微处理器开始进入一个崭新的时代。

第四代微处理器的特点是：这些微处理器内部采用流水线控制(80386 采用 6 级流水线，使取指令、译码、内存管理、执行指令和总线访问并行操作)，时钟频率达到 16～33MHz，平均指令执行时间约 0.1μs，具有 32 位数据总线和 32 位地址总线，直接寻址能力高达 4GB，同时具有存储保护和虚拟存储功能，虚拟空间可达 64TB，运算速度为每秒 300～400 万条指令，即 3～4MIPS(Million Instruction Per Second，每秒百万条指令)。特别是 1989 年后，Intel 公司又推出更高性能的 32 位微处理器 Intel 80486，其集成度达 120 万管 / 片，是 80386 的 4 倍，增加了片内协处理器和 8KB 的片内高速缓存(即一级 Cache)，支持配置外部 Cache(即二级 Cache)，其内部数据总线宽度有 32 位、64 位和 128 位，分别用于不同单元间的数据交换。80486 还首先采用了 RISC(Reduced Instruction Set Computer，精简指令集计算机)技术，使 CPU 可以一个时钟周期执行一条指令。它采用突发总线(Burst BUS)技术与外部 RAM 进行高速数据交换，大大加快了数据处理速度。由于采用了上述先进技术，大大缩短了每条指令的执行时间，有效地提高了 80486 的处理速度，在相同时钟频率下，80486 的处理速度一般要比 80386 快 3～4 倍。80486 的高档芯片 80486-DX2 的时钟频率为 66 MHz 时，其速度可达 54 MIPS。同期推出的高性能 32 位微处理器还有 Motorola 公司的 MC68040 和 NEC 公司的 V80 等。由这些高性能 32 位微处理器组成的 32 位微型计算机的性能已达到或超过当时的高档小型机甚至大型机水平，被称为高档(超级)微型机。

1993 年以后，Intel 又陆续推出了 Pentium、Pentium Pro、Pentium MMX、Pentium Ⅱ、Pentium Ⅲ和 Pentium Ⅳ，这些 CPU 的内部都是 32 位数据宽度，所以都属于 32 位微处理器。在此过程中，CPU 的集成度和主频不断提高。(准)64 位 CPU 第五代微处理器的推出，使微处理器技术发展到了一个崭新阶段，Pentium 处理器不仅继承了其前辈的所有优点，而且在许多方面又有新的突破，使微处理器技术达到当时的最高峰。

第五代微处理器的特点：采用了全新的体系结构，内部采用超标量流水线设计，在 CPU 内部有 UV 两条流水线并行工作，允许 Pentium 在单个时钟周期内执行两条整数指令，即实现指令并行；Pentium 芯片内采用双 Cache 结构，即指令 Cache 和数据 Cache，每个 Cache 为 8KB，数据宽度为 32 位，避免了预取指令和数据可能发生的冲突。数据 Cache 还采用了回写技术，大大节省了 CPU 的处理时间；它采用分支指令预测技术，实现动态地预测分支程序的指令流向，大大节省了 CPU 用于判别分支程序的时间。为了强化浮点运算能力，Pentium 微处理器中的浮点运算部件在 486 的基础上彻底重新设计，其执行过程分为 8 级流水线和部分指令固化的硬件执行浮点运算技术，保证每个时钟周期至少能完成一个浮点操作，大大地提高了浮点运算速度。

1.2　微型计算机的指标和分类

1.2.1　微型计算机的主要性能指标

一台微型计算机功能的强弱或性能的好坏，不是由某项指标来决定的，而是由它的系统结构、指令系统、硬件组成、软件配置等多方面的因素综合决定的。一般情况下用以下几个指标来大体评价计算机的性能。

1. 运算速度

运算速度主要用以衡量计算机运算的快慢程度。通常所说的计算机运算速度(平均运算速度)，是指每秒钟所能执行的指令条数，一般用“百万条指令 / 秒”(MIPS，Million Instruction Per Second)来描述，当代微机的运算速度已达 200～300 MIPS。同一台计算机，执行不同的运算所需时间可能不同，因而对运算速度的描述常采用不同的方法。微型计算机一般采用主频来描述运算速度，时钟频率是指 CPU 在单位时间(秒)内发出的脉冲数，它在很大程度上决定了计算机的运算速度。时钟频率越快，计算机的运算速度也越快。主频的单位是兆赫兹(MHz)。例如，Pentium Ⅲ/800 的主频为 800 MHz，Pentium Ⅳ 2.4 Ghz 的主频为 2.4 GHz。

2. 字长

微机的字长是指微处理器内部一次可以并行处理二进制代码的位数。它与微处理器内部寄存器以及 CPU 内部数据总线宽度是一致的，字长越长，所表示的数据精度就越高。在完成同样精度的运算时，字长较长的微处理器比字长较短的微处理器运算速度快。字长有时也用字节为单位表示，一个字节表示8个二进制位。若机器字长为16位，也可以说字长为2字节。

大多数微处理器内部的数据总线与微处理器的外部数据引脚宽度是相同的，但也有少数例外，如Intel 8088微处理器内部数据总线为16位，而芯片外部数据引脚只有8位，Intel 80386SX微处理器内部为32位数据总线，而外部数据引脚为16位。对这类芯片仍然以它们的内部数据总线宽度为字长，但把它们称作“准××位”芯片。例如，8088被称为“准16位”微处理器芯片，80386SX被称作“准32位”微处理器芯片。早期的微型计算机的字长一般是8位和16位。目前586(Pentium，Pentium Pro，Pentium Ⅱ，Pentium Ⅲ，Pentium Ⅳ)大多是32位，有些高档的微机已达到64位。

3. 存储容量

存储容量是衡量微机内部存储器能存储二进制信息量大小的一个技术指标。通常把8位二进制代码称为一个字节(Byte)，16位二进制代码称为一个字(Word)，把32位二进制代码称为一个双字(DWord)。存储器容量一般以字节为最基本的计量单位。一个字节记为1B，1024个字节记为1 KB，1024 KB记为1 MB，1024 MB记为1 GB，而1024 GB记为1 TB。

存储容量分为主存容量和外存容量。内存储器，也简称主存，是CPU可以直接访问的存储器，需要执行的程序与需要处理的数据就是存放在主存中的。主存容量指内存储器能够存储信息的总字节数。内存容量的大小反映了计算机存储程序和处理数据能力的大小，容量越大，运行速度越快。主存容量多以MB为单位，如64MB，256MB等。外存储器的容量指外存储器所能容纳的总字节数，外存储器容量通常是指硬盘容量(包括内置硬盘和移动硬盘)、磁盘、磁鼓、磁带的容量。外存储器容量越大，可存储的信息就越多，可安装的应用软件就越丰富。目前，硬盘容量一般为80～200GB，有的甚至已达到1000GB。

4. 存取速度

存储器完成一次读/写操作所需的时间称为存储器的存取时间或访问时间。存储器连续进行读/写操作所允许的最短时间间隔，称为存取周期。存取周期越短，则存取速度越快，它是反映存储器性能的一个重要参数。通常，存取速度的快慢决定了运算速度的快慢。半导体存储器的存取周期在几十到几百微秒之间。

5. 系统总线

系统总线是连接微机系统各功能部件的公共数据通道，其性能直接关系到微机系统的整体性能。系统总线的性能主要表现为它所支持的数据传送位数和总线工作时钟频率。数据传送位数越宽，总线工作时钟频率越高，则系统总线的信息吞吐率就越高，微机系统的性能就越强。目前，微机系统采用了多种系统总线标准，如ISA、EISA、VESA、PCI等。

6. 外部设备配置

在微机系统中，外部设备占据了重要的地位。计算机信息输入、输出、存储都必须由外设来完成，微机系统一般都配置了显示器、打印机、网卡等外设。微机系统所配置的外设，其速度快慢、容量大小、分辨率高低等技术指标都影响着微机系统的整体性能。一般所配外设越多，系统功能就越强。

7. 可靠性、可用性、兼容性和可维护性

可靠性是指计算机连续无故障运行时间的长短。可靠性好，表示无故障运行时间长，在给定时间内，计算机系统能正常运转的概率大。

可用性是指计算机的使用效率。

兼容性是指计算机硬件设备和软件程序可用于其他多种系统的性能，任何一种计算机中，高档机总是低档机发展的结果。原来为低档机开发的软件不加修改便可以在它的高档机上运行和使用，则称此高档机为向下兼容。

可维护性是指计算机的维修效率。

可靠性、可用性和可维护性越高，则计算机系统的性能越好。

8. 输入、输出数据传输速率

输入、输出数据传输速率决定了可用的外设和与外设交换数据的速度。提高计算机的输入、输出传输速率可以提高计算机的整体速度。

9. 系统软件配置

系统软件是计算机系统不可缺少的组成部分。微机硬件系统仅是一个裸机，它本身并不能运行，若要运行，必须有基本的系统软件支持，如 DOS、Windows 等操作系统。系统软件配置是否齐全，软件功能的强弱，是否支持多任务、多用户操作等都是微机硬件系统性能能否得到充分发挥的重要因素。

以上只是一些主要性能指标。此外，微型计算机还有其他一些指标，另外，各项指标之间也不是彼此孤立的，在实际应用时，应该把它们综合起来考虑，而且还要遵循“性能价格比”的原则。还有一些评价计算机的综合指标，例如，系统的完整性和安全性以及性能价格比。

1.2.2 微型计算机的分类

微型计算机的品种繁多，系列各异，最常见的有以下几种分类方法。

1. 按微机的结构形式分类

按微机的结构形式分类分为台式个人微机、便携式个人微机和 Tablet PC。

台式机需要放置在桌面上，它的主机、键盘和显示器都是相互独立的，通过电缆和插头连接在一起。

便携式个人微机又称笔记本电脑，它把主机、硬盘驱动器、键盘和显示器等部件组装在一起，体积只有手提包大小，并能用蓄电池供电，可以随身携带。

“平板电脑”(Tablet PC)被称代表 PC 产品未来发展趋势的产品。作为基于“智能墨水技术”的划时代产品，平板电脑可实现多功能的手写输入，给用户提供更自然和更方便的电脑沟通途径，比尔·盖茨声称，这种电脑将“开启移动计算新纪元”，并最终成为便携式个人电脑的主流。

2. 按微处理器的位数分类

按传统的划分方法，根据所使用的微处理器的字长，目前微型计算机可分为 4 位机、8 位机、16 位机、32 位机以及 64 位机。即分别以 4 位、8 位、16 位、32 位、64 位处理器为核心组成的微型计算机。

3. 按应用对象分类

按微型计算机的应用对象分为单片机、单板机、个人计算机。

单片机(又称单片微控制器)是把一个计算机系统集成到一个芯片上，而不是完成某一个逻辑功能的芯片。它主要是将微处理器、部分存储器、输入、输出接口都集成在一块集成电路芯片上，一块芯片形成的微型计算机，它具有完整的微型计算机功能。单片机具有体积小、可靠性高、成本低等特点，广泛应用于智能仪器、仪表、家用电器、工业控制等领域。

单板机是将计算机的各个部分都组装在一块印制电路板上，包括微处理器、存储器和输入、输出接口，还有简单的七段发光二极管显示器、小键盘、插座等。功能比单片机强，适于进行生产过程的控制。单板机具有结构紧凑、使用简单、成本低等特点，常常应用于工业控制和实验教学等领域。

PC机(Personal Computer，个人计算机)也就是人们常说的PC机，它是将一块主机板(包括微处理器、内存储器、输入/输出接口等芯片)和若干接口卡、外部存储器、电源等部件组装在一个机箱内，并配置显示器、键盘、鼠标等外部设备和系统软件构成的微型计算机系统。PC机具有功能强、配置灵活、软件丰富、使用方便等特点。

4. 微型机按其应用领域分类

微型机按其应用领域分为通用机和专用机；也可分为民用机、工(业)用机和军用机。

通用计算机适用解决多种一般问题，该类计算机使用领域广泛、通用性较强，在科学计算、数据处理和过程控制等多种用途中都能适用；专用计算机用于解决某个特定方面的问题，配有为解决某问题的软件和硬件，如生产过程自动化控制、工业智能仪表等专门应用。工业应用微型机对于温度范围(一般为0～55℃)、湿度范围和抗干扰能力都要比民用机高，其重要的设计要求是实时性、中断处理能力很强，并要求有实时操作系统。军用微型机对于上述几项要求比工(业)用机更严格，在机械结构上还要求加固。

5. 按微型计算机的档次分类

按微型计算机的档次可分为低档机、中档机和高档机。计算机的核心部件是它的微处理器，也可以根据所使用的微处理器档次将微型计算机分为8086机、286机、386机、486机、586(Pentium)机、Pentium Ⅱ机、Pentium Ⅲ机和Pentium Ⅳ机等。

6. 按使用形式分为独立使用式和嵌入式

嵌入式系统是以嵌入式计算机(Embedded Computer)为技术核心，面向用户、面向产品、面向应用，软硬件可裁减，适用于对功能、可靠性、成本、体积、功耗等综合性要求严格的专用计算机系统。和通用计算机不同，嵌入式系统是针对具体应用的专用系统，目的就是要把一切变得更简单、更方便、更普遍、更适用，它的硬件和软件都必须高效率地设计，量体裁衣、去除冗余，力争在同样的硅片面积上实现更高的性能。

嵌入式系统应具有的特点：要求高可靠性；在恶劣的环境或突然断电的情况下，要求系统仍然能够正常工作；许多嵌入式应用要求实时处理能力，这就要求嵌入式操作系统(EOS)具有实时处理能力；嵌入式系统中的软件代码要求高质量、高可靠性，一般都固化在只读存储器中或闪存中，也就是说软件要求固态化存储，而不是存储在磁盘等载体中。嵌入式是指微计算机作为一个部件放入应用系统之中，通常单片微计算机和板级微计算机都属于嵌入式，具有机箱的微计算机也可以是嵌入式的。

独立使用方式的最常见微型机是使用方便的个人计算机PC，办公室自动化、商业用途和科学计算机都可应用PC。

1.3　微处理器、微型计算机和微型计算机系统的基本组成

1.3.1　微处理器

自从人类1947年发明晶体管以来，60多年间半导体技术经历了硅晶体管、中小规模集成

电路、超大规模集成电路、甚大规模集成电路等几代，发展速度之快是其他产业所没有的。半导体技术对整个社会产生了广泛的影响。中央处理器是指计算机内部对数据进行处理并对处理过程进行控制的部件，伴随着大规模集成电路技术的迅速发展，芯片集成密度越来越高，CPU 可以集成在一个半导体芯片上，这种具有中央处理器功能的大规模集成电路器件，统称为“微处理器”(Microprocessor)。

今天，微处理器已经无处不在，无论是录像机、智能洗衣机、移动电话等家电产品，还是汽车引擎控制，以及数控机床、导弹精确制导等都要嵌入各类不同的微处理器。微处理器不仅是微型计算机的核心部件，也是各种数字化智能设备的关键部件。超高速巨型计算机、大型计算机等高端计算系统也都采用大量的通用高性能微处理器建造。

根据微处理器的应用领域，微处理器大致可以分为三类：通用高性能微处理器、嵌入式微处理器和数字信号处理器、微控制器。一般而言，通用处理器追求高性能，它们用于运行通用软件，配备完备和复杂的操作系统；嵌入式微处理器强调处理特定应用问题的高性能，主要用于运行面向特定领域的专用程序，配备轻量级操作系统，主要用于蜂窝电话、CD 播放机等消费类家电；微控制器价位相对较低，在微处理器市场上需求量最大，主要用于汽车、空调、自动机械等领域的自控设备。

微处理器是微型机控制和处理的核心。微处理器的全部电路集成在一块大规模集成电路中。它包括算术逻辑部件(ALU)、寄存器、控制部件，这三个基本部分由内部总线连接在一起。微处理器把一些信号通过寄存器或缓冲器送到集成电路的引线上，以便与外部的微型机总线相连接。

(1) 算术逻辑部件(ALU)：它既能执行算术运算(定点运算、浮点运算)，又能执行逻辑操作(逻辑“与”、逻辑“或”等)。

(2) 寄存器：每个微处理器中都有多个寄存器，用来存放操作数、中间结果、状态标志以及指令地址等信息。

(3) 控制部件：微处理器控制部件根据当前所执行的指令的要求，产生一定时序的控制信号，控制该指令所规定操作的执行。例如，控制 ALU 的操作、控制寄存器之间的数据传送、控制微处理器与输入、输出接口或存储器之间的数据传送等。

这三个基本部分在微处理器内由内部总线连接在一起，如图 1-1 所示。

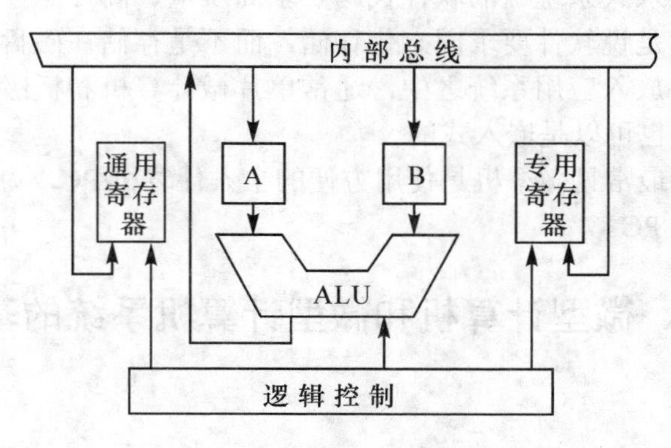

图 1-1　微处理器内部结构图

在微处理器内部，这三部分之间的信息交换是采用总线结构来进行的，总线是各组件之间信息传输的公共通路，这里的总线称为“内部总线”(或“片内总线”)，对用户而言无法直接控制内部总线的工作，因此内部总线是“透明”的。

内部总线是“透明”的是指不能用指令使内部的总线进行数据的控制，但是实际执行某些指令的时候，内部总线已经被控制了。

微处理器强调的是由集成电路构成的 CPU，CPU 是一个大范围，微处理器是 CPU 中的一部分。由于大型计算机的 CPU 不是一两片集成电路，而是几十片甚至是上百片集成电路所构成的，所以不能称为微处理器。

CPU 与微处理器是不能完全等同的，微处理器是 CPU 的一部分。作为微型计算机来讲，它的 CPU 即为微处理器。

1.3.2　微型计算机

微型计算机(Microcomputer)是指以微处理器为核心，配以内存储器以及输入、输出(I/O)接口和相应的辅助电路而构成的裸机。采用总线结构来实现相互之间的信息传递。包括微处理器、存储器以及一些简单的输入、输出的设备，如图 1-2 所示。把微型计算机集成在一个芯片上即构成单片微型计算机(Single Chip Microcomputer)。

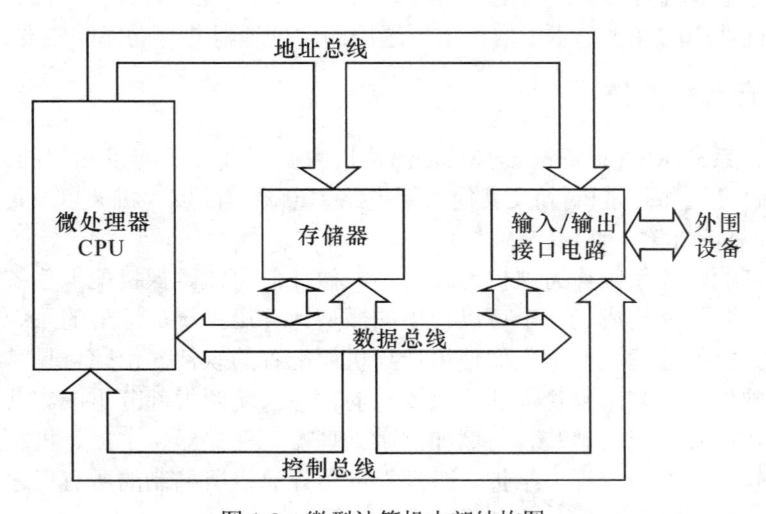

图 1-2　微型计算机内部结构图

CPU 如同微型计算机的心脏，它的性能决定了整个微型机的各项关键指标；存储器包括随机存取存储器(RAM)和只读存储器(ROM)；输入、输出接口电路是用来使外部设备和微型机相连的；总线为 CPU 和其他部件之间提供数据、地址和控制信息的传输通道。

微机各功能部件相互传输数据时，需要有连接它们的通道，这些公共通道就称为总线(BUS)。CPU 本身由若干个部件组成，这些部件之间是通过总线连接。通常把 CPU 芯片内部的总线称为内部总线，而连接系统各部件间的总线称为外部总线或称为系统总线。一次传输信息的位数则称为总线宽度。

微型机是一个独特的结构。有了总线结构以后，系统中各功能部件之间的相互关系变为各个部件面向总线的单一关系。一个部件只要符合总线标准，就可以连接到采用这种总线标准的系统中，使系统功能得到扩展。和 CPU 直接相连的总线称为 CPU 总线。CPU 总线实际上包含三种不同功能的总线，数据总线 DB、地址总线 AB 和控制总线 CB。

数据总线用来传输数据，它是 CPU 同各部件交换信息的通道，数据总线是双向的，即数据既可以从 CPU 送到其他部件，也可以从其他部件送到 CPU。数据总线的位数(也称为宽度)是微型机的一个很重要的指标，它和微处理器的位数相对应。

地址总线专门用来传送地址信息。CPU 通过地址总线把需要访问的内存单元地址或外部设备的地址传送出去，所以和数据总线不同，通常，地址总线是单向的。地址总线的位数决定了 CPU 可以直接寻址的内存范围。比如，8 位微型机的地址总线一般是 16 位，因此，最大内存容量为 2^{16} B＝64KB；16 位微型机(比如 INTEL 8086)的地址总线为 20 位，所以，最大内存容量为 2^{20} B＝1MB；32 位微型机(比如 INTEL 80486)的地址总线通常也是 32 位，其最大内存容量为 2^{32} B＝4GB。

控制总线用来传输控制信号。其中包括 CPU 送往存储器和输入、输出接口电路的控制信号，如读信号、写信号和中断响应信号等；还包括其他部件送到 CPU 的信号，比如，时钟信号、中断请求信号和准备就绪信号等。

目前微型机总线标准中常见的是 PCI 总线，32 位数据宽度，传输速率可达 132～264MB/s。

微处理器是微型机的心脏，它是利用超大规模集成电路技术将计算机的 CPU 集成在一块硅片上。微型机性能的优劣基本上取决于所选用的微处理器芯片功能的强弱。

1.3.3 微型计算机系统

微型计算机系统(Microcomputer System)是指由微型计算机配以相应的外围设备(如打印机、显示器、磁盘机和磁带机等)及其他专用电路、电源、面板、机架以及足够的软件而构成的计算机系统，简称μCS 或 MCS。

微型计算机的硬件系统称为裸机，裸机不能做任何事情。裸机配上系统软件，加上电源和合适的外部设备，就构成了一个可以使用的微型计算机系统。这里的系统软件是指用来实现对计算机资源进行管理，便于人们使用计算机而配置的软件。由此可见，微型计算机系统由作为裸机的硬件系统和用来管理计算机资源的软件系统两大部分组成。其中，硬件是构成计算机系统的物理实体或物理装置。例如，微处理器、存储器、主板、机箱、键盘、显示器和打印机等。软件是指为运行、维护、管理和应用计算机所编制的所有程序的集合。软件一般分为系统软件和应用软件两大类。

系统软件是指管理、控制和维护计算机的各种资源，以及扩大计算机功能和方便用户使用计算机的各种程序集合。它是构成计算机系统必备的软件，通常又分为操作系统、语言处理程序、工具软件和数据库管理系统四类。应用软件是为了解决各种实际问题而设计的计算机程序，通常由计算机用户或专门的软件公司开发。

现代计算机硬件和软件之间的分界线并不十分明显，软件与硬件在逻辑上有着某种等价的意义。在一个计算机系统中，硬件与软件之间的功能分配及相互配合是设计的关键性问题之一，通常需要综合考虑价格、速度、存储容量、灵活性、适应性以及可靠性等诸多因素。

微处理器、微型计算机和微型计算机系统这三者的概念和含义是不同的。图 1-3 表明了它们之间的关系。

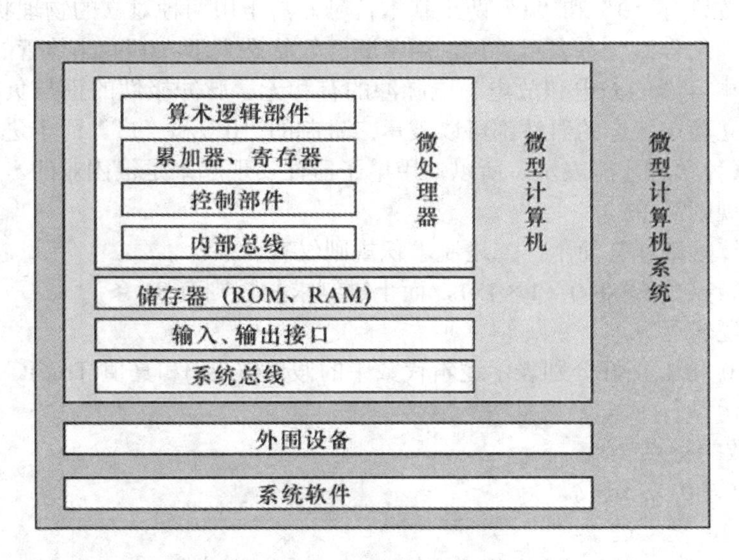

图1-3　微处理器、微型计算机和微型计算机系统三者的关系

1.4　计算机中数的表示和编码

人们在生产实践和日常生活中创造了多种表示数的方法，这些数的表示规则称为数制。例如人们常用的十进制，生活中也常常遇到其他进制，如六十进制(每分钟 60 秒、每小时 60 分钟，即逢 60 进 1)，十二进制(商业中不少包装计量单位“一打”)，十六进制(在某些场合如中药、金器的计量单位还在沿用这种计数方法，因为解放前的 1 斤等于 16 两)等，计算机中采用的二进制等。

“进位制”是指用一组固定的数字符号和统一的规则表示数的方法。进位制涉及到两个基本问题是基数和权。

基数：在计数制中，每个数位(数字位置)所用到的不同数字的个数叫做基数。如十进制数的基数为 10，二进制数的基数为 2，十六进制数的基数为 16。

权：一个数字处于不同位置时，它所代表的数值是不同的，其数值等于该数字乘以一个与数码所在位有关的常数，这个数称为该位上的权。如十进制数 235，其百位上的权为 10^2、十位上的权为 10^1、个位上的权为 10^0。

十进制计数法的加法规则是“逢十进一”，任意一个十进制可用 0、1、2、3、4、5、6、7、8、9 十个字符的组合表示，它的基数是 10。二进制计数法的加法规则是“逢二进一”，任意一个二进制数可用 0、1 两个数字符表示，其基数为 2。十六进制计数法的加法规则是“逢十六进一”，任意一个十六进制可用 0、1、2、3、4、5、6、7、8、9、A、B、C、D、E、F 十六个字符的组合表示，其中 A～F 对应十进制的 10～15，它的基数是 16。

二进制是计算机中采用的数制，计算机中之所以采用二进制而不采用十进制是因为二进制具有如下的几个特点：

其一：简单易行，容易实现。

因为二进制数只有“0”和“1”两个基本符号，易于用两种对立的物理状态表示。例如，可用电灯开关的“闭合”状态表示“1”，用“断开”状态表示“0”；晶体管的导通表示“1”，截止表示“0”；电容器的充电和放电、电脉冲的有和无、脉冲极性的正与负、电位的高与低等一切有两种对立稳定状态的器件都可以表示二进制的“0”和“1”。而十进制数有 10 个基本符号，要用 10 种状态才能表示，所以，用电子器件实现起来是很困难的。

其二：运算规则简单。

二进制的计算规则非常简单，二进制求积规则仅有 4 条：

$0\times0=0$；$0\times1=0$；$1\times0=0$；$1\times1=1$，而十进制求积规则有 81 条。

其三：适合逻辑运算。

二进制中的 0 和 1 正好分别表示逻辑代数中的假值(False)和真值(True)。二进制代表逻辑值容易实现逻辑运算。

(1) 十进制数的特点：

① 由十个数码 0～9 组成。

② 基数是 10，逢十进一。

③ 小数点左边从右至左其各位的位权依次是：10^0、10^1、10^2、10^3 等，小数点右边从左至右其各位的位权依次是：10^{-1}、10^{-2}、10^{-3} 等。

例如：十进制数 945.68 可以表示为：$945.67=9\times10^2+4\times10^1+5\times10^0+6\times10^{-1}+8\times10^{-2}$

(2) 二进制数的特点：

① 由两个数码 0、1 组成。

② 基数是 2，逢二进一。

③ 小数点左边从右至左其各位的位权依次是：2^0、2^1、2^2、2^3 等，小数点右边从左至右其各位的位权依次是：2^{-1}、2^{-2}、2^{-3} 等 。

例如：二进制数 101.01 可以表示为：$101.01=1\times2^2+0\times2^1+1\times2^0+0\times2^{-1}+1\times2^{-2}$。

(3) 八进制数的特点：

① 由八个数码 0～7 组成。

② 基数是 8，逢八进一。

③ 小数点左边从右至左其各位的位权依次是：8^0、8^1、8^2、8^3 等，小数点右边从左至右其各位的位权依次是：8^{-1}、8^{-2}、8^{-3} 等。

例如：八进制数 235.74 可以表示为：$235.74=2\times8^2+3\times8^1+5\times8^0+7\times8^{-1}+4\times8^{-2}$

(4) 十六进制数的特点：

① 由十六个数码 0～9 和 A～F 组成。

② 基数是 16，逢十六进一。

③ 小数点左边从右至左其各位的位权依次是：16^0、16^1、16^2 等，小数点右边从左至右其各位的位权依次是：16^{-1}、16^{-2} 等。

例如：十六进制数 3A.C1 可以表示为：$3A.C1=3\times16^1+10\times16^0+12\times16^{-1}+1\times16^{-2}$

一般而言，对于任意的 R 进制数

$a_{n-1}a_{n-2}\cdots a_1a_0.a_{-1}\cdots a_{-m}$ (其中 n 为整数位数，m 为小数位数)

可以表示为以下和式：

$a_{n-1}\times R^{n-1}+a_{n-2}\times R^{n-2}+\cdots+a_1\times R^1+a_0\times R^0+a_{-1}\times R^{-1}+\cdots+a_{-m}\times R^{-m}$ (其中 R 为基数)

在计算机里，通常用数字后面跟一个英文字母来表示该数的数制的书写方法：

① 二进制数尾部加 B(Binary)。

② 十六进制数尾部加 H(Hexadecimal)；如记数符号 A,B,C,D,E,F 打头，头部应加 0，为了和符号名相区分，如 0A8F5H；记数符号 a,b,c,d,e,f 不区分大小写，与 ABCDEF 等效。

③ 十进制数尾部加 D(Decimal)，但通常可以省略。

④ 八进制数尾部加 O(Octal)或者 Q。

1.4.1　不同进制数之间的转换

1. 十进制数转换为非十进制数

将十进制数转换为 R 进制数：整数部分和小数部分需分别遵守不同的转换规则。

对整数部分：除以 R 取余法，即整数部分不断除以 R 取余数，直到商为 0 为止，余数倒排(最先得到的余数为最低位，最后得到的余数为最高位)。

对小数部分：乘 R 取整法，即小数部分不断乘以 R 取整数，直到小数为 0 或达到有效精度为止，顺序排列得到的整数(最先得到的整数为最高位(最靠近小数点)，最后得到的整数为最低位)。

(1) 十进制数转换为二进制数

十进制整数部分转换成二进制数整数部分的方法是：“除 2 取余，余数倒排”；对十进制小数部分转换成二进制数小数部分的方法是：“乘 2 取整，顺序排列”。为了将一个既有整数部分又有小数部分的十进制数转换成二进制数，可以将其整数部分和小数部分分别转换，然后再组合。

例 1.1　将 109.8125D 转换成二进制数。

整数部分的转换：

109/2=54　　　(a_0=1)

54/2=27　　　(a_1=0)

27/2=13　　　(a_2=1)

13/2=6　　　(a_3=1)

6/2=3　　　(a_4=0)

3/2=1　　　(a_5=1)

1/2=0　　　(a_6=1)

109D=1101101B

小数部分的转换：

0.8125×2=1.625　　(b_1=1)

0.625×2 =1.25　　(b_2=1)

0.25×2=0.5　　(b_3=0)

0.5×2=1.0　　(b_4=1)

0.8125D=0.1101B

最后结果为：109.8125D=1101101.1101B

注意：一个十进制整数一定能完全准确地转换成二进制整数，一个十进制小数不一定能完全准确地转换成二进制小数，可以根据精度要求转换到小数点后某一位为止即可。将其整数部分和小数部分分别转换，然后组合起来得 109.8125D=1101101.1101B。

(2) 十进制数转换为八进制数

十进制数转换成八进制数，方法同十进制数转换成二进制数，只不过“除2取余”变为“除8取余”，“乘2取整” 变为“乘8取整”。

例1.2 将123.32D转换成八进制数(转换结果取3位小数)。

整数部分的转换：

123/8=15 $(a_0=3)$

15/8=1 $(a_1=7)$

1/8=0 $(a_2=1)$

123D=173Q

小数部分的转换：

0.32×8 =2.56 $(b_1=2)$

0.56×8 =4.48 $(b_2=4)$

0.48×8 =3.84 $(b_3=3)$

0.32D≈0.243Q

最后结果为：123.32D=173.243Q

(3) 十进制数转换为十六进制数

十进制数转换成十六进制数，整数部分：“除16取余”，小数部分：“乘16取整”。

例1.3 将58412.45D转换成十六进制数(转换结果取3位小数)。

整数部分的转换：

58412/16=3650 $(a_0=12D=0CH)$

3650/16 =228 $(a_1=2)$

228/16 =14 $(a_2=4)$

14/16 =0 $(a_3=14D=0EH)$

58412D=E42CH

小数部分的转换：

0.45×16 =7.2 $(b_1=7)$

0.2 ×16 =3.2 $(b_2=3)$

0.2 ×16 =3.2 $(b_3=3)$

0.45D=0.733H

最后结果：58412.45D=E42C.733H

2. 非十进制数转换为十进制数

把各非十进制数(二进制数、八进制数、十六进制数)按权展开求和得到的结果即为十进制数。

例1.4 将二进制数11.01B转换成等值的十进制数。

$11.01B = 1\times2^1+1\times2^0+0\times2^{-1}+1\times2^{-2}=2+1+0.25=3.25D$

例1.5 将八进制数$(2576.4)_8$转换成等值的十进制数。

$(2576.4)_8=2\times8^3+5\times8^2+7\times8^1+6\times8^0+4\times8^{-1}=(1406.5)_{10}$

例1.6 将十六进制数$(A3D.B)_{16}$转换成等值的十进制数。

$(A3D.B)_{16}=10\times16^2+3\times16^1+13\times16^0+11\times16^{-1}=(2621.6875)_{10}$

3. 二进制与八、十六进制之间的转换

(1) 二进制数转换成八进制数

8是2的整数次幂，即$8=2^3$，因此3位二进制数相当于1位八进制数，它们之间的转换

关系也相当简单。由于二进制数表示数值的位数较长,进制越大，数的表达长度也就越短，因此常需用八进制数来表示二进制数。

二进制数转换成八进制数的方法是：将二进制数从小数点开始分别向左(整数部分)和向右(小数部分)每 3 位二进制数码分成一组，整数部分向左分组，不足位数左补 0。小数部分向右分组，不足部分右边加 0 补足，然后将每组二进制数转化成八进制数即可。它们的对应关系如表 1.1 所示。

例 1.7　将二进制数$(10101110.00101011)_2$转换成八进制数。

$(\underline{010}\ \underline{101}\ \underline{110}\ .\underline{001}\ \underline{010}\ \underline{110})_2=(256.126)_8$

2　5　6　.　1　2　6

(2) 二进制数转换成十六进制数

16 是 2 的整数次幂，即 $16=2^4$，因此 4 位二进制数相当于 1 位十六进制数，它们之间的转换关系也相当简单。由于二进制数表示数值的位数较长, 因此常需用十六进制数来表示二进制数。

二进制数转换成十六进制数的方法是：将二进制数从小数点开始分别向左(整数部分)和向右(小数部分)每 4 位二进制数码分成一组，整数部分向左分组，不足位数左补 0。小数部分向右分组，不足部分右边加 0 补足，然后将每组二进制数转化成十六进制数即可。

例 1.8　将二进制数$(11101110.0010101111)_2$转换成十六进制数。

$(\underline{1110}\ \underline{1110}\ .\underline{0010}\ \underline{1011}\ \underline{1100})_2=(EE.2BC)_{16}$

E　E　.　2　B　C

(3) 八进制数转换成二进制数

八进制数转换成二进制数的方法：将每一位八进制数写成相应的 3 位二进制数，再按顺序排列好。

例 1.9　将八进制数$(2376.16)_8$转换为二进制数。

八进制 1 位	2	3	7	6	.	1	6
二进制 3 位	010	011	111	110	.	001	110

最后结果为：$(2376.16)_8=(10011111110.00111)_2$

注意：整数前的高位零和小数后的低位零可取消。

(4) 十六进制数转换成二进制数

十六进制数转换成二进制数的方法：是将 1 位十六进制数用 4 位二进制数码来表示，再按顺序排列好。

例 1.10　将十六进制数$(7AE9.6)_{16}$转换为二进制数。

十六进制	7	A	E	9	.	6
转换成十六进制数：	0111	1010	1110	1001	.	0110

最后结果为：　$(7AE9.6)_{16}=(111101011101001.011)_2$

注意：从以上例题我们看到二进制和八进制、十六进制之间的转换非常直观，要把一个十进数转换成二进制数可以先转换为八进制数或十六进制数，然后再快速地转换成二进制数。同样，在转换中若要将十进制数转换为八进制数和十六进制数时，也可以先把十进制数转换成二进制数，然后再转换为八进制数或十六进制数，如表 1-1 所示为常用计数制对照表。

表 1-1 常用计数制对照表

十进制数	二进制数	八进制数	十六进制数
0	0	0	0
1	1	1	1
2	10	2	2
3	11	3	3
4	100	4	4
5	101	5	5
6	110	6	6
7	111	7	7
8	1000	10	8
9	1001	11	9
10	1010	12	A
11	1011	13	B
12	1100	14	C
13	1101	15	D
14	1110	16	E
15	1111	17	F
16	10000	20	10
…	…	…	…

例如将十进制数 678 转换为二进制数，可以先转换成八进制数(除以 8 求余法)得 1246，再按每位八进数转为 3 位二进数，求得 1010100110B，如还要转换成十六进制数用 4 位一组很快就能得到 2A6H。

1.4.2 二进制数及十六进制数的算术运算和二进制数的逻辑运算

1. 二进制数的算术运算

在计算机中，二进制数可作算术运算规则如下：

加法：0＋0＝0 ；1＋0＝0＋1＝1 ；1＋1＝10(有进位 1)

减法：0-0＝0 ；10-1＝1(借一当二)；1-0＝1；1-1＝0

乘法：0×0＝0；0×1＝1×0＝0 ；1×1＝1

除法：0/1＝0 ；1/1＝1

例 1.11 1001B+101B=？

```
    1001
+)   101
--------
=   1110
```

结果：1001B+101B=1110B

例 1.12 1011B×11B=？

```
      1011
  ×)    11
----------
      1011
+)   1011
----------
    100001
```

结果：1011B×11B=100001B

2. 十六进制数的算术运算

十六进制数的运算可以采用先把该十六进制数转换为十进制数，经过计算后再把结果转换为十六进制数的方法，但这样做比较繁琐。其实，只要按照逢十六进一的规则，直接用十六进制数来计算也是很方便的。

例 1.13 05C4H + 6D25H=？

```
      05C4H
+     6D25H
-----------
=     72E9H
```

结果：05C4H + 6D25H= 72E9H。

注意：十六进制加法：当两个一位数之和 S 小于 16 时，与十进制数同样处理；如果两个一位数之和大于或等于 16 时，则应该用 S-16 及进位 1 来取代 S。

例 1.14 7D25H-05C2H=？

```
      7D25H
-     05C2H
-----------
=     7763H
```

结果：7D25H-05C2H= 7763H。

注意：十六进制数的减法也与十进制数类似，够减时可直接相减，不够减时向高位借 1 为 16 的规则。

例 1.15 07D5H ×00BCH=？

```
        07D5H
       ×00BCH
-------------
         5DFC
   +    5627
-------------
       5C06CH
```

结果：07D5H ×00BCH=5C06CH。

注意：十六进制数的乘法可以用十进制数的乘法规则来计算，但结果必须转化为十六进制数表示。

3．二进制数的逻辑运算

计算机中的逻辑关系是一种二值逻辑，逻辑运算的结果只有“真”或“假”两个值。二值逻辑很容易用二进制的“0”和“1”来表示，一般用“1”表示真，用“0”表示假。逻辑值的每一位表示一个逻辑值，逻辑运算是按对应位进行的，每位之间相互独立，不存在进位和借位关系，运算结果也是逻辑值。

三种基本的逻辑运算是“或”、“与”和“非”三种。其他复杂的逻辑关系都可以由这三个基本逻辑关系组合而成。

(1) “与”运算(AND)

“与”运算又称逻辑乘，运算符可用 AND，•，×,∩或∧表示。逻辑“与”的运算规则如下：0×0=0；0×1=0；1×0=0；1×1=1，即两个逻辑位进行“与”运算，只要有一个为“假”，逻辑运算的结果为“假”。在各种取值的条件下得到的“与”运算结果只有当两个变量的取值均为 1 时，它们的“与”运算结果才是 1。

例 1.16 如果 A=10011101，B=10111011，求 A∩B=？

步骤如下：

$$\begin{array}{r} 10011101 \\ \cap\ \ 10111011 \\ \hline 10011001 \end{array}$$

结果：A • B=10011101∩10111011=10011001

(2) “或”运算(OR)

“或”运算又称逻辑加，可用+，OR，∪或∨表示。逻辑“或”的运算规则如下：0+0=0；0+1=1；1+0=1；1+1=1，即两个逻辑位进行“或”运算，只要有一个为“真”，逻辑运算的结果为“真”。

例 1.17 如果 A=10011101，B=10111011；求 A∨B=？

步骤如下：

$$\begin{array}{r} 10011101 \\ \vee\ \ 10111011 \\ \hline 10111111 \end{array}$$

结果：A∨B=10011101∨10111011=10111111

(3) “非”运算(NOT)

“非”运算的规则，即非 0 为 1，非 1 为 0。用于表示逻辑非关系的运算，该运算常在逻辑变量上加一横线表示，即对逻辑位求反。

(4) “异或”运算(XOR，exclusive-OR)

“异或”运算，即当两个变量的取值相异时，它们的“异或”运算结果为 1。

逻辑“异或”的运算规则如下：0⊕0=0；0⊕1=1；1⊕0=1；1⊕1=0。

例 1.18 如果 A=10011101，B=10111010；求 A⊕B=？

步骤如下：

$$\begin{array}{r} 10011101 \\ \oplus\ \ 10111010 \\ \hline 00100111 \end{array}$$

结果：A⊕B=10011101⊕10111010=00100111

1.4.3 数据表示

数据(Data)是表征客观事物的、可以被记录的、能够被识别的各种符号，包括字符、符号、

表格、声音和图形、图像等。简而言之，一切可以被计算机加工、处理的对象都可以被称之为数据。数据可在物理介质上记录或传输，并通过外围设备被计算机接收，经过处理而得到结果。

数据能被送入计算机加以处理，包括存储、传送、排序、归并、计算、转换、检索、制表和模拟等操作，以得到满足人们需要的结果。数据经过解释并赋予一定的意义后，便成为信息。计算机中数据的常用单位有位、字节和字。

位(Bit)：计算机采用二进制，运算器运算的是二进制数，控制器发出的各种指令也表示成二进制数，存储器中存放的数据和程序也是二进制数，在网络上进行数据通信时发送和接收的还是二进制数。显然，在计算机内部到处都是由0和1组成的数据流。

计算机中最小的数据单位是二进制的一个数位，简称为位(bit)。计算机中最直接、最基本的操作就是对二进制位的操作。

字节(Byte)：字节简写为B，人们采用8位为1个字节。1个字节由8个二进制数位组成。字节是计算机中用来表示存储空间大小的基本容量单位。例如，计算机内存的存储容量，磁盘的存储容量等都是以字节为单位表示的。除用字节为单位表示存储容量外，还可以用千字节(KB)、兆字节(MB)以及十亿字节(GB)等表示存储容量。它们之间存在下列换算关系：

$1B=8bit$

$1KB=1024B=2^{10}B$

$1MB=1024KB=2^{10}KB=2^{20}B=1024\times1024B$

$1GB=1024MB=2^{10}MB=2^{30}B=1024\times1024KB$

$1TB=1024GB=2^{10}GB=2^{40}B=1024\times1024MB$

要注意位与字节的区别：位是计算机中最小数据单位，字节是计算机中基本信息单位。

字(Word)：在计算机中作为一个整体被存取、传送、处理的二进制数字符串叫做一个字或单元，每个字中二进制位数的长度，称为字长。一个字由若干个字节组成，不同的计算机系统的字长是不同的，常见的有8位、16位、32位、64位等，字长越长，计算机一次处理的信息位就越多，精度就越高，字长是计算机性能的一个重要指标。

计算机的基本功能是对数据进行运算和加工处理。数据有两种，一种是数值数据，如3.1416、−2.71828……，另一种是非数值数据(信息)，如A、b、＋、＝……。无论哪一种数据在计算机中都是用二进制数码表示的。计算机只能直接识别二进制数值，所有的符号都是用二进制数值代码表示的，数的正、负号也是用二进制代码表示。数值的最高位用“0”、“1”分别表示数的正、负号。数值处理采用二进制运算，非数值处理采用二进制编码，它们具有运算简单、电路实现方便、成本低廉等优点。

在计算机内部，数字和符号都用二进制码表示，两者合在一起构成数的机内表示形式，称为机器数，而它真正表示的数值称为这个机器数的真值。

机器数表示的数的范围受设备限制，在计算机中，一般用若干个二进制位表示一个数或一条指令，把它们作为一个整体来处理、存储和传送。这种作为一个整体来处理的二进制位串，称为计算机字。表示数据的字称为数据字，表示指令的字称为指令字。

计算机是以字为单位进行处理、存储和传送的，所以运算器中的加法器、累加器以及其他一些寄存器，都选择与字长相同位数。字长一定，则计算机数据字所能表示的数的范围也就确定了。例如使用8位字长计算机，可表示无符号整数的最大值是255D=11111111B。运算时，若数值超出机器数所能表示的范围，就会停止运算和处理，这种现象称为溢出。

计算机中运算的数，有整数，也有小数，如何确定小数点的位置呢？通常有两种约定：一种是规定小数点的位置固定不变，这种机器数称为定点数。另一种是小数点的位置可以浮动，这种机器数称为浮点数。微型机多选用定点数。

1. 数的机器数表示

计算机中的数是用二进制来表示的，数值数据分为有符号数和无符号数。无符号数最高位表示数值,而有符号数最高位表示符号。数的符号也是用二进制表示的。在机器中，把一个数连同其符号在内数值化表示称为机器数。一般用最高有效位来表示数的符号，正数用 0 表示，负数用 1 表示。机器数可以用不同的码制来表示，常用的有原码、补码和反码表示法。大多数机器的整数采用补码表示法，80x86 机也是这样。

最高位表示符号(正数用 0,负数用 1)，其他位表示数值位，称为有符号数的原码表示法。

例 1.19 X=45D 和 Y=−45D 的有符号数的原码表示。

X=45D=+101101B，　　$[X]_{原}$= 00101101B

Y=−45D=−101101B，　　$[Y]_{原}$= 10101101B

原码表示简单易懂，但若是两个异号数相加(或两个同号数相减),就要做减法。为了把减法运算转换为加法运算就引进了反码和补码。

正数的反码与原码相同，符号位用 0 表示，数值位值不变。负数的反码符号位用 1 表示，数值位为原码数值位按位取反形成，即 0 变 1、1 变 0。

例 1.20 X=45D 和 Y=−45D 的有符号数的反码表示。

X=45D=+101101B，　　$[X]_{原}$=00101101B，　　$[X]_{反}$=00101101B

Y=−45D=−101101B，　　$[Y]_{原}$=10101101B，　　$[Y]_{反}$=11010010B

注意：由负数的原码求负数的反码规则是符号位不变，其余各位取反；正数的原码和正数的反码相等。

正数的补码与原码相同，即符号位用 0 表示，数值位值不变。负数的补码为反码加 1 形成。补码表示法中正数采用符号-绝对值表示，即数的最高有效位为 0 表示符号为正，数的其余部分则表示数的绝对值。例如，假设机器字长为 8 位，则$[+1]_{补}$ =00000001，$[+127]_{补}$ =01111111，$[+0]_{补}$ =00000000。

当用补码表示法来表示负数时则要麻烦一些。负数用 2n−|X|来表示，其中 n 为机器的字长。当 n=8 时，$[-1]_{补}$=11111111，而$[-127]_{补}$=10000001，显然，最高有效位为 1 表示该数符号为负。应该注意，[−0]补 =00000000　[+0]补 =00000000，所以在补码表示法中 0 只有一种表示，即 00000000。对于 10000000 这个数，在补码表示法中被定义为−128。这样，8 位补码能表示数的范围为−128～127。

例 1.21 机器字长为 16 位，写出 N=−117D 的补码表示。

−117D 的二进制为−111 0101

$[-117]_{原码}$= 1000 0000 0111 0101

$[-117]_{反码}$= 1111 1111 1000 1010

$[-117]_{补码}$= 1111 1111 1000 1011

用十六进制数表示为 FF8B，

即 $[-117D]_{补}$=FF8BH

我们可以用一种比较简单的方法来写出一个负数的补码表示：先写出该负数相对应的正数补码表示(用符号-绝对值法)，然后将其按位求反(即 0 变 1，1 变 0)，最后在末位(最低位)加 1，就可以得到该负数的补码表示了。

例 1.22　如机器字长为 8 位，则-47D 的补码表示为：

+47D 的补码表示为	0010	1111
按位求反	1101	0000
末位加 1 后	1101	0001
用十六进制数表示	D	1

即$[-47]_{补}$=D1H

注意：由负数的原码求负数的补码规则是符号位不变，其余各位取反，末位加 1；由负数的补码求负数的原码规则也是符号位不变，其余各位取反，末位加 1；正数的原码、正数的反码和正数的补码相等。

原码、反码、补码总结：

(1) 正数的原码、反码和补码相同；负数的原码、反码和补码各不相同，但符号位都是 1。

(2) n 位补码表示的整数的表数范围是：$-2^{n-1} \leqslant N \leqslant 2^{n-1}-1$，设字长为 8 位，原码反码的表数范围为-127～+127，补码的表数范围为-128～+127，所以 n=16 时的补码表数范围是：-32768≤N≤+32767。

(3) 已知某负数的补码，求该负数的真值，方法如下：

① 符号位不变，其余位求反加 1，得到的是该负数的原码。

② 根据原码即可写出该负数的真值。

例：$[X]_{补}$=11111100B；$[X]_{原}$=10000011B+1=10000100B；　X=-0000100B=-4DH

(4) 0 的原码和反码不唯一，0 的补码是唯一的。

符号扩展问题是指一个数从位数较少扩展到位数较多(如从 8 位扩展到 16 位，或从 16 位扩展到 32 位)时应该注意的问题。对于用补码表示的数，正数的符号扩展应该在前面补 0，而负数的符号扩展则应该在前面补 1。例如，我们已经知道如机器字长为 8 位时，则$[+46]_{补}$=00101110，$[-46]_{补}$=11010010；如果把它们从 8 位扩展到 16 位，则$[+46]_{补}$=0000000000101110=002EH，$[-46]_{补}$=1111111111010010=FFD2H。

80386 及其后继机型的机器字长已扩展为 32 位。为了统一起见，80x86 系统仍称 32 位字为双字，这 8 个字节 64 位的数据叫 4 字。

2. 补码的加法和减法

有些简单的 CPU 中，只有加法器，没有减法器，但我们可以通过以下公式实现补码的减法运算。

加法规则：$[X+Y]_{补码}=[X]_{补码}+[Y]_{补码}$

减法规则：$[X-Y]_{补码}=[X]_{补码}+[-Y]_{补码}$　(补码减法可转换为补码加法)

其中的$[-Y]_{补}$只要对$[Y]_{补}$求补就可得到。对一个数的补码表示按位求反后再在末位加 1，可以得到与此数相应的相反数的补码表示。我们把这种对一个二进制数按位求反后在末位加 1 的运算称为求补运算。

3. 无符号整数

在某些情况下，要处理的数全是正数，此时再保留符号位就没有意义了。我们可以把最高有效位也作为数值处理，这样的数称为无符号整数。8 位无符号整数的表数范围是 0≤N≤

255，16位无符号整数的表数范围是0≤N≤65535，在计算机中最常用的无符号整数是表示地址的数。此外，如双精度的低位字也是无符号整数等。在某些情况下，带符号的数(在机器中用补码表示)与无符号数的处理是有差别的，在处理时，应注意它们的区别。

1.4.4 非数值信息的表示

1. ASCII 码

ASCII码(American Standard Code for Information Interchange)是美国信息交换标准代码的简称(见表1-2)。ASCII码占一个字节，有7位ASCII码和8位ASCII码两种，我们使用的是7位ASCII码，7位ASCII码称为标准ASCII码，8位ASCII码称为扩充ASCII码。7位二进制数给出了128个不同的组合，表示了128个不同的字符。其中95个字符可以显示，包括大小写英文字母、数字、运算符号、标点符号等。另外的33个字符，是不可显示的，它们是控制码，第0～32号及第127号(共34个)是控制字符或通信专用字符，如控制符：LF(换行)、CR(回车)、FF(换页)、DEL(删除)、BEL(振铃)等；通信专用字符：SOH(文头)、EOT(文尾)、ACK(确认)等；第33～126号(共94个)是字符，其中第48～57号为0～9十个阿拉伯数字；65～90号为26个大写英文字母，97～122号为26个小写英文字母，其余为一些标点符号、运算符号等。如表1-2为ASCII码字符编码表。在计算机的存储单元中，一个ASCII码值占一个字节(8个二进制位)，其最高位(b_7)用作奇偶校验位。所谓奇偶校验，是指在代码传送过程中用来检验是否出现错误的一种方法，一般分为奇校验和偶校验两种。奇校验规定：正确的代码一个字节中“1”的个数必须是奇数，若非奇数，则在最高位b_7添“1”；偶校验规定：正确的代码一个字节中“1”的个数必须是偶数，若非偶数，则在最高位b_7添“1”。

表1-2 ASCII码字符编码表

ASCII(美国信息交换标准编码)表

字符	ASCII代码			字符	ASCII代码			字符	ASCII代码		
	二进制	十进制	十六进制		二进制	十进制	十六进制		二进制	十进制	十六进制
回车	0001101	13	0D	?	0111111	63	3F	a	1100001	97	61
ESC	0011011	27	1B	@	1000000	64	40	b	1100010	98	62
空格	0100000	32	20	A	1000001	65	41	c	1100011	99	63
!	0100001	33	21	B	1000010	66	42	d	1100100	100	64
"	0100010	34	22	C	1000011	67	43	e	1100101	101	65
#	0100011	35	23	D	1000100	68	44	f	1100110	102	66
$	0100100	36	24	E	1000101	69	45	g	1100111	103	67
%	0100101	37	25	F	1000110	70	46	h	1101000	104	68
&	0100110	38	26	G	1000111	71	47	i	1101001	105	69
,	0100111	39	27	H	1001000	72	48	j	1101010	106	6A
(	0101000	40	28	I	1001001	73	49	k	1101011	107	6B
)	0101001	41	29	J	1001010	74	4A	l	1101100	108	6C
*	0101010	42	2A	K	1001011	75	4B	m	1101101	109	6D
+	0101011	43	2B	L	1001100	76	4C	n	1101110	110	6E

续表

ASCII(美国信息交换标准编码)表

字符	ASCII 代码			字符	ASCII 代码			字符	ASCII 代码		
	二进制	十进制	十六进制		二进制	十进制	十六进制		二进制	十进制	十六进制
,	0101100	44	2C	M	1001101	77	4D	o	1101111	111	6F
-	0101101	45	2D	N	1001110	78	4E	p	1110000	112	70
.	0101110	46	2E	O	1001111	79	4F	q	1110001	113	71
/	0101111	47	2F	P	1010000	80	50	r	1110010	114	72
0	0110000	48	30	Q	1010001	81	51	s	1110011	115	73
1	0110001	49	31	R	1010010	82	52	t	1110100	116	74
2	0110010	50	32	S	1010011	83	53	u	1110101	117	75
3	0110011	51	33	T	1010100	84	54	v	1110110	118	76
4	0110100	52	34	U	1010101	85	55	w	1110111	119	77
5	0110101	53	35	V	1010110	86	56	x	1111000	120	78
6	0110110	54	36	W	1010111	87	57	y	1111001	121	79
7	0110111	55	37	X	1011000	88	58	z	1111010	122	7A
8	0111000	56	38	Y	1011001	89	59				
9	0111001	57	39	Z	1011010	90	5A	{	1111011	123	7B
:	0111010	58	3A	[	1011011	91	5B	|	1111100	124	7C
;	0111011	59	3B	\	1011100	92	5C	}	1111101	125	7D
<	0111100	60	3C	]	1011101	93	5D	~	1111110	126	7E
=	0111101	61	3D	^	1011110	94	5E				
>	0111110	62	3E	-	1011111	95	5F				

2. BCD 码

因为二进制数不直观，于是在计算机的输入和输出时通常使用十进制数。但是计算机只能使用二进制数编码，所以另外规定了一种用二进制编码表示十进制数的方式(即 BCD 码)，BCD 码用 4 位二进制数表示一位十进制数，例如：BCD 码 1000 0011 0110 1001 按 4 位一组分别转换，结果是十进制数 8369，一位 BCD 码中的 4 位二进制代码都是有权的，从左到右按高位到低位依次权是 8、4、2、1，这种二-十进制编码(Binary Coded Decimal)，又称 8421 码，是一种有权码。1 位 BCD 码最小数是 0000，最大数是 1001。

注意：$(10010010)_2=(146)_{10}$，$(10010010)_{BCD}=(92)_{10}$

3. GB2312 字符集

GB2312 又称为 GB2312-80 字符集，全称为《信息交换用汉字编码字符集・基本集》，由原中国国家标准总局发布，1981 年 5 月 1 日实施，是中国国家标准的简体中文字符集。它所收录的汉字已经覆盖 99.75%的使用频率，基本满足了汉字的计算机处理需要，在中国大陆和新加坡广泛使用。

GB2312 收录简化汉字及一般符号、序号、数字、拉丁字母、日文假名、希腊字母、俄文字母、汉语拼音符号、汉语注音字母，共 7445 个图形字符。其中包括 6763 个汉字，其中一级汉字 3755 个，二级汉字 3008 个，包括拉丁字母、希腊字母、日文平假名及片假名字母、俄语西里尔字母在内的 682 个全角字符。

1.5 微机系统中的接口问题

我们把两个部件之间的交接部件称为接口(或称为界面)。这里的部件既可以指硬件，也可以指软件。主机实际上是通过系统总线连接到接口，再通过接口与外部设备相连接。例如磁盘接口位于磁盘驱动器和系统总线之间，而显示器通过显示接口(俗称显卡)和系统总线连接。这些接口常以插件形式插在系统总线的插槽上。各设备公用的接口逻辑如中断控制器、DMA 控制器等往往集成在主板上。

微机接口(Interface)是 CPU 和输入、输出设备之间进行连接和沟通的部件，它包含设备之间信号交换和电气连接的一系列标准，如 IDE 接口、SCSI 接口、USB 接口、串行接口。微机系统是硬件和软件技术的结合，硬件是实现各种计算机功能的基础，软件则是实现这些功能的手段和方法，缺一不可。

由于计算机的外围设备品种繁多，几乎都采用了机电传动设备，因此，CPU 在与 I/O 设备进行数据交换时存在以下问题：

速度不匹配：I/O 设备的工作速度要比 CPU 慢许多，而且由于种类的不同，它们之间的速度差异也很大，例如硬盘的传输速度就要比打印机快很多。所以需要解决 CPU 与外设之间传输速率不一致的问题。

时序不匹配：各个 I/O 设备都有自己的定时控制电路，以自己的速度传输数据，无法与 CPU 的时序取得统一。所以需要解决 CPU 与外设之间时钟信号不一致的问题。

信息格式不匹配：不同的 I/O 设备存储和处理信息的格式不同，例如可以分为串行和并行两种；也可以分为二进制格式、ACSII 编码和 BCD 编码等。所以需要解决 CPU 与外设之间信息格式不一致的问题。

信息类型不匹配：不同 I / O 设备采用的信号类型不同，有些是数字信号，而有些是模拟信号，因此所采用的处理方式也不同，所以需要解决 CPU 与模拟外设之间信号不一致的问题，有些 I/O 设备使用的电平是±12V，所以还需要解决 CPU 与外设之间信号电平不一致的问题。

基于以上原因，CPU 与外设之间的数据交换必须通过接口来完成，通常接口有以下一些功能：

(1) 设置数据的寄存、缓冲逻辑，以适应 CPU 与外设之间的速度差异，接口通常由一些寄存器或 RAM 芯片组成，如果芯片足够大还可以实现批量数据的传输。

(2) 能够进行信息格式的转换，例如串行和并行的转换。

(3) 能够协调 CPU 和外设两者在信息的类型和电平的差异，如电平转换驱动器、数 / 模或模 / 数转换器等。

(4) 协调时序差异。

(5) 地址译码和设备选择功能。

(6) 设置中断和DMA控制逻辑，以保证在中断和DMA允许的情况下产生中断和DMA请求信号，并在接受到中断和DMA应答之后完成中断处理和DMA传输。

CPU通过接口对外设进行控制的方式有以下几种：

(1) 程序查询方式：程序查询方式下，CPU通过I/O指令询问指定外设当前的状态，如果外设准备就绪，则进行数据的输入或输出，否则CPU等待，循环查询。

这种方式的优点是结构简单，只需要少量的硬件电路即可，缺点是由于CPU的速度远远高于外设，因此通常处于等待状态，工作效率很低。

(2) 中断处理方式：中断处理方式下，CPU不再被动等待，而是可以执行其他程序，一旦外设为数据交换准备就绪，可以向CPU提出服务请求，CPU如果响应该请求，便暂时停止当前程序的执行，转去执行与该请求对应的服务程序，完成后，再继续执行原来被中断的程序。

中断处理方式的优点是显而易见的，它不但为CPU省去了查询外设状态和等待外设就绪所花费的时间，提高了CPU的工作效率，还满足了外设的实时要求。但需要为每个I / O设备分配一个中断请求号和相应的中断服务程序，此外还需要一个中断控制器(I / O 接口芯片)管理I / O设备提出的中断请求，例如设置中断屏蔽、中断请求优先级等。

此外，中断处理方式的缺点是每传送一个字符都要进行中断，启动中断控制器，还要保留和恢复现场以便能继续原程序的执行，花费的工作量很大，这样如果需要大量数据交换，系统的性能会很差。

(3) DMA传送方式：DMA(直接存储器存取)最明显的一个特点是它不是用软件而是采用一个专门的控制器来控制内存与外设之间的数据交流，无须CPU介入，可大大提高CPU的工作效率。

在进行DMA数据传送之前，DMA控制器(DMAC)会向CPU申请总线控制权，CPU如果允许，则将控制权交出，因此，在数据交换时，总线控制权由DMA控制器掌握，在传输结束后，DMA控制器将总线控制权交还给CPU。

习　题　1

1.1　把下列十进制数转换成二进制数、八进制数、十六进制数。

① 16.25　　② 35.75　　③ 123.875　　④ 97/128

1.2　把下列二进制数转换成十进制数。

① 10101.01　　② 11001.0011　　③ 111.01　　④ 1010.1

1.3　把下列八进制数转换成十进制数和二进制数。

① 756.07　　② 63.73　　③ 35.6　　④ 323.45

1.4　把下列十六进制数转换成十进制数。

① A7.8　　② 9AD.BD　　③ B7C.8D　　④ 1EC

1.5　求下列带符号十进制数的8位补码。

① +127　　② −1　　③ −0　　④ −128

1.6　求下列带符号十进制数的16位补码。

① +355　　② −1

1.7　计算机分哪几类？各有什么特点？

1.8　简述微处理器、微计算机及微计算机系统三个术语的内涵。

1.9　80x86 微处理器有几代？各代的名称是什么？

1.10　你知道现在的微型机可以配备哪些外部设备？

1.11　微型机的运算速度与 CPU 的工作频率有关吗？

1.12　字长与计算机的什么性能有关？

第2章 微处理器结构

2.1 16位微处理器8086的编程结构

1978年Intel公司首次生产出16位的微处理器，并命名为i8086，同时还生产出与之相配合的数学协处理器i8087，这两种芯片使用相互兼容的指令集，但在i8087指令集中增加了一些专门用于对数、指数和三角函数等数学计算指令。由于这些指令集应用于i8086和i8087，所以人们把这些指令集统一称为X86指令集。虽然以后Intel又陆续生产出第二代、第三代等更先进和更快的新型CPU，但都仍然兼容原来的X86指令，而且Intel在后续CPU的命名上沿用了原先的X86序列，直到后来因商标注册问题，由于在美国的法律里面是不能用阿拉伯数字注册的，才放弃了继续用阿拉伯数字命名。

1979年Intel公司推出了8088芯片，它属于16位微处理器，内含29000个晶体管，时钟频率为4.77MHz，地址总线为20位，可使用1MB内存。8088内部数据总线是16位，外部数据总线是8位。1981年8088芯片首次用于IBM PC机中，开创了全新的微机时代。从8088开始，PC机(个人电脑)的概念开始在全世界范围内发展起来。

1982年Intel推出了划时代的最新产品80286芯片，该芯片比8006和8088都有了飞跃的发展，虽然它仍旧是16位结构，但是在CPU的内部含有13.4万个晶体管，时钟频率由最初的6MHz逐步提高到20MHz。其内部和外部数据总线皆为16位，地址总线为24位，可寻址16MB内存。从80286开始，CPU的工作方式也演变出两种：实模式和保护模式。

实模式：相当于一个快速8086。保护模式：提供虚拟存储管理和多任务的硬件控制，物理寻址范围16MB，虚拟存储器寻址范围可达1GB。指令系统除包含8086指令外，新增15条保护方式指令。

2.1.1 16位微处理器8086的内部结构

CPU从雏形出现到发展壮大的今天，由于制造技术越来越先进，其集成度越来越高，内部的晶体管数达到几百万个。虽然从最初的CPU发展到现在其晶体管数目增加了几十倍，但是CPU的内部结构仍然可分为控制单元、逻辑单元和存储单元三大部分。Intel 8086 CPU内部结构如图2-1所示。按功能可分为两部分：总线接口单元BIU(Bus Interface Unit)和执行单元EU(Execution Unit)。

(1) 总线接口单元(BIU)

总线接口单元BIU由20位地址加法器、4个段寄存器、16位指令指针IP、指令队列缓冲器和总线控制逻辑电路等组成。BIU是8086 CPU在存储器和I/O设备之间的接口部件，8086对存储器和I/O设备的所有操作都是由BIU完成的。BIU的具体任务是：负责从内存单元中

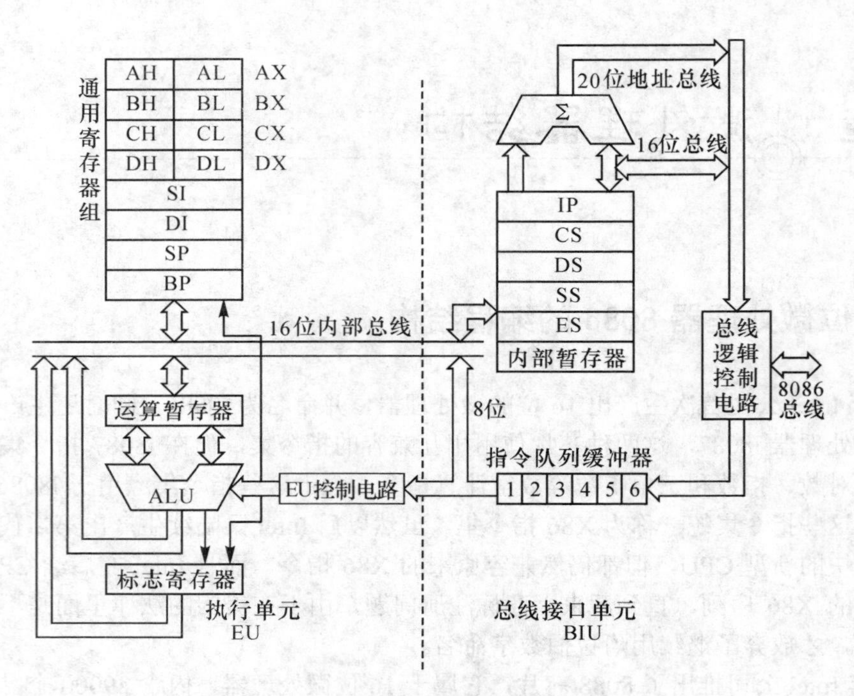

图 2-1　8086 CPU 的内部结构框图

预取指令，并将它们送到指令队列缓冲器暂存。CPU 执行指令时，总线接口单元要配合执行单元，从指定的内存单元或 I/O 端口中取出数据传送给执行单元，或者把执行单元的处理结果传送到指定的内存单元或 I/O 端口中。

(2) 执行单元(EU)

Intel 8086 CPU 的执行单元 EU 中包含 1 个 16 位的运算器 ALU、8 个 16 位的寄存器、1 个 16 位标志寄存器 FR、1 个运算暂存器和执行单元的控制电路。这个单元进行所有指令的解释和执行，同时管理上述有关的寄存器。EU 的各部件通过 16 位的 ALU 总线连接在一起，在内部实现快速数据传输。这个内部总线与 CPU 外接的总线之间是隔离的，即这两个总线可以同时工作而互不干扰。EU 对指令的执行是从取指令操作码开始的，它从总线接口单元的指令队列缓冲器中每次取一个字节。如果指令队列缓冲器中是空的，EU 就要等待 BIU 通过外部总线从存储器中取得指令并送到 EU，通过译码电路分析，发出相应控制命令，控制 ALU 数据总线中数据的流向。当执行算术和逻辑运算操作，操作数据经过运算暂存器送入 ALU，运算结果经过 ALU 数据总线送到相应寄存器，同时标志寄存器 FR 根据运算结果改变状态。在指令执行过程中常会发生从存储器中读或写数据的事件，这时就由 EU 单元提供寻址用的 16 位有效地址，在 BIU 单元中经运算形成一个 20 位的物理地址，送到外部总线进行寻址。

EU 中的指令队列缓冲器的作用是，当 EU 正在执行指令中，且不需占用总线时，BIU 会自动地进行预取指令操作，将所取得的指令按先后次序存入 1～6 字节的指令队列寄存器，该队列寄存器按“先进先出”的方式工作，并按顺序取到 EU 中执行。每当指令队列缓冲器中存满一条指令后，EU 就立即开始执行。每当 BIU 发现队列中空了两个字节时，就会自动地寻找

空闲的总线周期进行预取指令操作，直到填满为止；每当EU执行一条转移、调用或返回指令后，则要清除指令队列缓冲器，并要求BIU从新的地址开始取指令，新取的第一条指令将直接经指令队列缓冲器送到EU去执行，并在新地址基础上再作预取指令操作，实现程序段的转移。

在8080与8085以及标准的8位微处理器中，程序的执行是由取指和执行指令的循环来完成的，执行的顺序为取第一条指令，执行第一条指令；取第二条指令，执行第二条指令……直至取最后一条指令，执行最后一条指令。这样，在每一条指令执行完以后，CPU必须等待，直到下一条指令取出来以后才能执行。所以，它的工作顺序如图2-2所示。

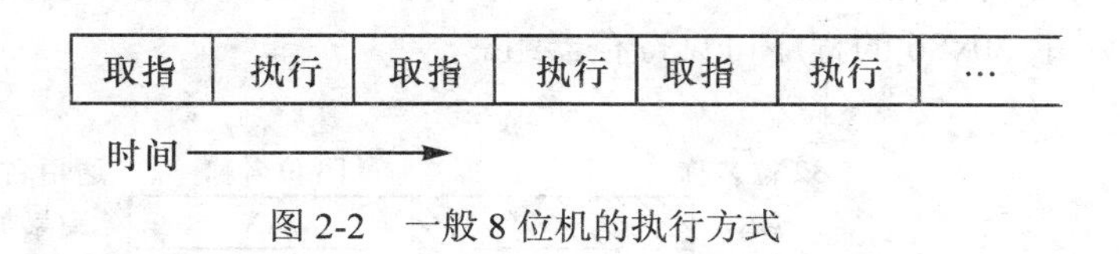

图2-2　一般8位机的执行方式

Intel 8086 CPU完成一条指令的功能可以分成两个主要阶段：取指阶段和执行阶段。

取指阶段：从主存储器中取出指令代码进入CPU。在8086 CPU中，指令在存储器中的地址由CS(代码段寄存器)和IP(指令指针寄存器)共同提供，再由20位的地址加法器得到20位存储器地址。BIU(总线接口单元)负责从存储器取出这个指令代码，送入指令队列。

执行阶段：将指令代码翻译成它代表的功能(被称为译码)、并发出有关控制信号实现这个功能。8086 CPU中，EU(执行单元)从指令队列中获得预先取出的指令代码，在EU控制电路中进行译码，然后发出控制信号由算术逻辑单元进行数据运算、数据传送等操作。指令执行过程需要的操作数据有些来自CPU内部的寄存器、有些来自指令队列、还有些来自存储器和外设。如果需要来自外部存储器或外设的数据，则EU(控制单元)控制BIU(总线接口单元)从外部获取。

由于BIU和EU是各自独立并行工作的，在EU执行指令的同时，BIU可预取下面一条或几条指令。如图2-3所示，因此，在一般情况下，CPU执行完一条指令后，就可立即执行存放在指令队列中的下一条指令，而不需要像以往的8位CPU那样，采取先取指令，后执行指令的串行操作方式。这种取指令和执行指令的并行操作方式大大提高了CPU的工作效率。

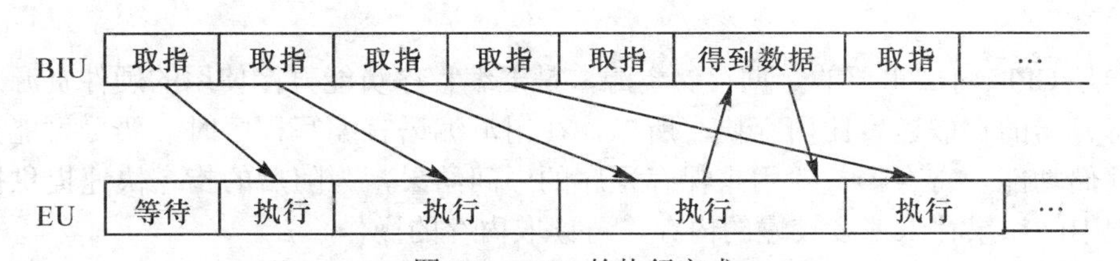

图2-3　8086的执行方式

以上所描述的是Intel 8086，它的外部数据总线和内部数据总线都是16位的，是真正的16位机。Intel 8088微处理内部采用16位结构，而外部数据总线是8位的，实质上与Intel 8086基本上是相同的，其内部的两个功能部件中EU与Intel 8086一样，而BIU略有区别。比如Intel 8086的指令队列是6字节长，而8088的指令队列为4字节长；Intel 8086同BIU

相连的 8086 总线中数据总线是 16 位总线，而 Intel 8088 是准 16 位机，同 BUI 相连的 8088 总线中数据总线为 8 位总线。两者有着相同的内部寄存器和指令系统，在软件上是完全兼容的。

2.1.2 80x86CPU 的寄存器结构

CPU 内部的寄存器可以分为程序可见的寄存器和程序不可见的寄存器两大类。所谓程序可见的寄存器，是指在汇编语言程序设计中用到的寄存器，它们可以由指令来指定。而程序不可见的寄存器则是指一般应用程序设计中不用而由系统所用的寄存器。本节主要介绍 80x86 中程序可见的那部分寄存器，程序可见寄存器可以分为通用寄存器、专用寄存器和段寄存器三类。图 2-4 表示了 80x86 的程序可见寄存器组。

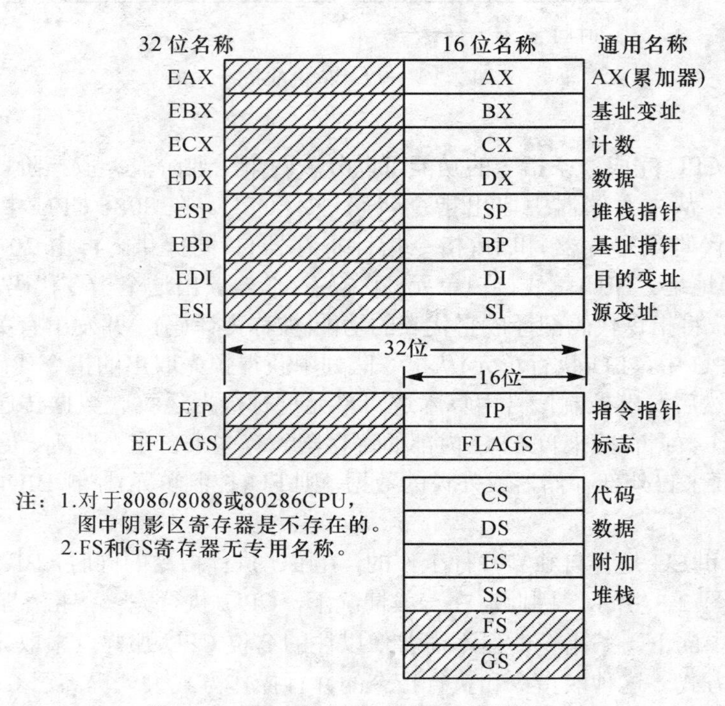

图 2-4　80x86 的程序可见寄存器组

寄存器是 CPU 内部重要的数据存储资源，是汇编程序员能直接使用的硬件资源之一。

由于寄存器的存取速度比内存快，所以，在用汇编语言编写程序时，要尽可能充分利用寄存器的存储功能。寄存器一般用来保存程序的中间结果，为随后的指令快速提供操作数，从而避免把中间结果存入速度较慢的内存，再读取内存的操作。

1. 通用寄存器

通用寄存器用于传送和暂存数据，参与算术逻辑运算，并保存运算结果。除此之外，它们还各自具有一些特殊功能。汇编语言程序员必须熟悉每个寄存器的一般用途和特殊用途，只有这样，才能在程序中做到正确、合理地使用它们。图 2-4 中除阴影区以外的寄存器是 8086/8088 和 80286 所具有的寄存器，它们都是 16 位寄存器。其中 AX、BX、CX、DX 可称为数据寄存器，用来暂时存放计算过程中所用到的操作数、结果或其他信息。它们都可以字(16 位)的形式访问，或者以字节(8 位)的形式访问。例如，对 AX 可以分别访问高位字节 AH 或低位字节 AL。这 4 个寄存器都是通用寄存器，但它们又可以用于各自的专用目的。

16 位的通用寄存器由数据寄存器(AX、BX、CX、DX)、变址寄存器(SI、DI)和指针寄存器(BP、SP)组成。

(1) 数据寄存器

数据寄存器主要用来保存操作数和运算结果等信息，从而节省读取操作数所需占用总线和访问存储器的时间。4 个 16 位寄存器又可分割成 8 个独立的 8 位寄存器(AX：AH-AL、BX：BH-BL、CX：CH-CL、DX：DH-DL)，每个寄存器都有自己的名称，可独立存取，灵活地处理字/字节的信息。

寄存器 AX 称为累加器，它是算术运算的主要寄存器。在乘、除等指令中指定用来存放操作数。另外，所有的 I/O 指令都使用这一寄存器与外部设备传送信息。

寄存器 BX 称为基地址寄存器，在计算存储器地址时，它可作为存储器指针来使用。

寄存器 CX 称为计数寄存器，常用来保存计数值，在循环和串处理指令中用作隐含的计数器；在位操作中，当移多位时，要用 CL 来指明移位的位数。

寄存器 DX 称为数据寄存器，一般在作双字长运算时把 DX 和 AX 组合在一起存放一个双字长数，DX 用来存放高位字。对某些 I/O 操作，DX 可用来存放 16 位的 I/O 端口地址。

(2) 变址寄存器

SI 和 DI 称为变址寄存器，它们主要用于存放存储单元在段内的偏移量，用它们可实现多种存储器操作数的寻址方式，为以不同的地址形式访问存储单元提供方便。

SI(源变址寄存器)和 DI(目的变址寄存器)一般与 DS(数据段寄存器)联用，用来确定数据段中某一存储单元的地址。这两个变址寄存器有自动增量和自动减量的功能，所以用于变址是很方便的。在串处理指令中，SI 和 DI 作为隐含的源变址寄存器和目的变址寄存器，此时 SI 和 DS 联用，DI 和 ES(附加段寄存器)联用，分别达到在数据段和附加段中寻址的目的。

变址寄存器不可分割成 8 位寄存器，作为通用寄存器，也可存储算术逻辑运算的操作数和运算结果。它们可作一般的存储器指针使用。在字符串操作指令的执行过程中，对它们有特定的要求，而且还具有特殊的功能。

(3) 指针寄存器

BP 和 SP 称为指针寄存器，主要用于存放堆栈内存储单元的偏移量，用它们可实现多种存储器操作数的寻址方式，为以不同的地址形式访问存储单元提供方便。

指针寄存器不可分割成 8 位寄存器，作为通用寄存器，也可存储算术逻辑运算的操作数和运算结果。

寄存器 SP 称为堆栈指针寄存器，用来指示段顶的偏移地址。

寄存器 BP 称为基址指针寄存器，它可以与 SS(堆栈段寄存器)联用来确定堆栈段中的某一存储单元的地址。

对于 80386 及其后继机型的程序可见寄存器则是图 2-4 中所示的完整的寄存器，它们是 32 位的通用寄存器，包括 EAX，EBX，ECX，EDX，ESP，EBP，EDI 和 ESI。在这些机型中，它们可以用来保存不同宽度的数据，如可以用 EAX 保存 32 位数据，用 AX 保存 16 位数据，用 AH 或 AL 保存 8 位数据。对低 16 位数据的存取，不会影响高 16 位的数据。这些低 16 位寄存器分别命名为 AX、BX、CX 和 DX，它和 8086/8088 CPU 中的寄存器相一致。32 位 CPU 有 4 个 32 位的通用寄存器 EAX、EBX、ECX 和 EDX。在 16 位 CPU 中，AX、BX、CX 和 DX 不能作为基址和变址寄存器来存放存储单元的地址，但在 32 位 CPU 中，其 32 位寄存器 EAX、EBX、ECX 和 EDX 不仅可传送数据、暂存数据保存算术逻辑运算结果，而且也可作为指针寄存器，所以，这些 32 位寄存器更具有通用性。

在计算机中，8 位二进制数可组成一个字节，8086/8088 和 80286 的字长为 16 位。因此把 2 个字节组成的 16 位数称为字。这样，80386 及其后继的 32 位机就把 32 位数据称为双字，64 位数据称为 4 字。

在 8086/8088 和 80286 中只有 4 个指针和变址寄存器以及 BX 寄存器可以存放偏移地址，用于存储器寻址。在 80386 及其后继机型中，所有 32 位通用寄存器既可以存放数据，也可以存放地址。也就是说，这些寄存器都可以用于存储器寻址。在这 8 个通用寄存器中，每个寄存器的专用特性与 8086/8088 和 80286 的 AX，BX，CX，DX，SP，BP，DI，SI 是一一对应的。如 EAX 专用于乘、除法和 I/O 指令，ECX 用于计数特性，EDI 和 ESI 作为串处理指令专用的地址寄存器等。

2．段寄存器

段寄存器是根据内存分段的管理模式而设置的。内存单元的物理地址由段寄存器的值和一个偏移量组合而成，这样可用两个较少位数的值组合成一个可访问较大物理空间的内存地址。

在 8086～80286 中，有四个专门存放段地址的寄存器，称为段寄存器。它们是 CS(代码段寄存器)、DS(数据段寄存器)、SS(堆栈段寄存器)和 ES(附加数据段寄存器)。每个段寄存器可以确定一个段的起始地址，而这些段则各有各的用途。代码段存放当前正在运行的程序。数据段存放当前运行程序所用的数据。堆栈段定义了堆栈的所在区域，堆栈是一种数据结构，它开辟了一个比较特殊的存储区，并以“后进先出”的方式来访问这一区域。

附加数据段是附加的数据段，它是一个辅助的数据区，也是串处理指令的目的操作数存放区。程序员在编制程序时，应该按照上述规定把程序的各部分放在规定的段区之内。

在 80386 及其后继的 80x86 中，除上述 4 个段寄存器外，又增加了 2 个段寄存器 FS 和 GS，它们也是附加的数据段寄存器，所以 8086～80286 的程序允许划分 4 个存储段，而其他 80x86 程序可允许划分 6 个存储段。80386 及其后继的 80x86 工作在保护方式，情况要复杂得多，装入段寄存器的不再是段值，而是称为“选择子”(Selector)的某个值。

3．专用寄存器

8086/8088 和 80286 的专用寄存器包括 IP 和 FR 两个 16 位寄存器。

IP 为指令指针寄存器，是存放下次将要执行的指令在代码段的偏移量。在程序运行的过程中，它始终指向下一条指令的首地址，它与 CS(代码段寄存器)联用确定下一条指令的物理地址。当这一地址送到存储器后，控制器可以取得下一条要执行的指令，而控制器一旦取得这条指令就马上修改 IP 的内容，使它指向下一条指令的首地址。可见，计算机就是用 IP 寄存器来控制指令序列的执行流程的，因此 IP 寄存器是计算机中很重要的一个控制寄存器。

16 位 CPU 内部有一个 16 位的标志寄存器，它包含 9 个标志位。这些标志位主要用来反映处理器的状态和运算结果的某些特征，各标志位在标志寄存器内的分布如图 2-5 所示。

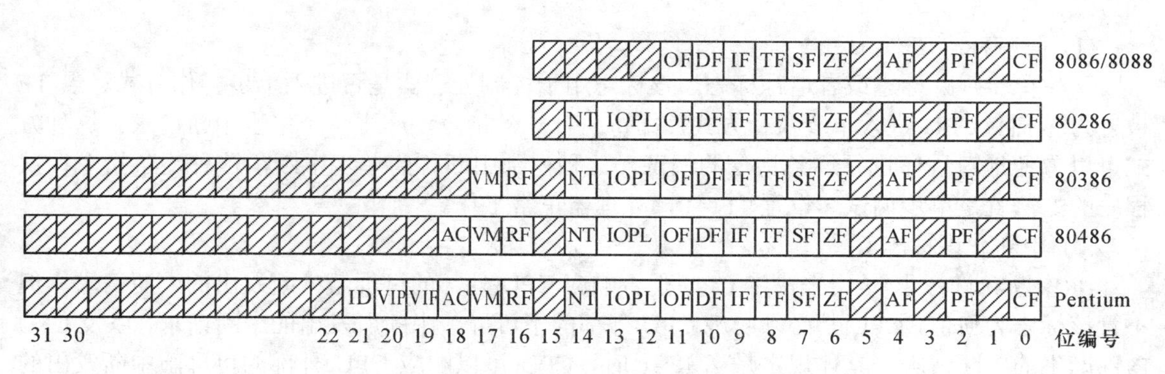

图 2-5　80x86 标志寄存器

条件码标志(运算结果标志位)：用来记录程序中运行结果的状态信息，它们是根据有关指令的运行结果由 CPU 自动设置的。由于这些状态信息往往作为后续条件转移指令的转移控制条件，所以称为条件码，它包括以下 6 位。

(1) 进位标志 CF

CF(进位标志)主要用来反映运算是否产生进位或借位。如果运算结果的最高位产生了一个进位或借位，那么，其值为 1，否则其值为 0。在进行减法运算的时候 CF 叫借位。

使用该标志位的情况有：多字(字节)数的加减运算，无符号数的大小比较运算，移位操作，字(字节)之间移位，专门改变 CF 值的指令等。

(2) 奇偶标志 PF

PF(奇偶标志)用于反映运算结果中“1”的个数的奇偶性。如果“1”的个数为偶数，则 PF 的值为 1，否则其值为 0。

利用 PF 可以进行奇偶校验检查，或产生奇偶校验位。在数据传送过程中，为了提供传送的可靠性，如果采用了奇偶校验的方法，就可使用该标志位。

(3) 零标志 ZF

ZF(零标志)用来反映运算结果是否为 0。如果运算结果为 0，则 ZF=1，否则其值为 0。在判断运算结果是否为 0 时，可使用此标志位。

(4) 符号标志 SF

SF(符号标志)用来反映运算结果的符号位，它与运算结果的最高位相同。在微机系统中，有符号数采用补码表示方法的时候，SF 就反映运算结果的正负号。运算结果为正数时，SF 的值为 0，否则其值为 1。

(5) 溢出标志 OF

OF(溢出标志)用于反映有符号数加减运算所得结果是否溢出。如果运算结果超过当前运算位数所能表示的范围，则称为溢出，OF 的值被置为 1，否则，OF 的值被清为 0。

(6) 辅助进位标志 AF

AF(辅助进位标志)记录运算时 D_3 位(半个字节)向 D_4 位产生的进位值。例如，执行加法指令 D_3 有进位时置 1，否则置 0。

状态控制标志位(控制标志位)是程序可以根据需要用指令设置，用于控制处理器执行指令的方式。

(1) 陷阱标志 TF

又称单步跟踪标志或者追踪标志，该标志用于控制处理器是否进入单步操作方式。当 TF 被置为 1 时，CPU 进入单步执行方式，即每执行一条指令，产生一个单步中断请求。这种方式可以方便地对程序进行逐条指令的调试。这种内部中断称为单步中断，这种逐条指令调试程序的方法就是单步调试。设置 TF＝0，处理器正常工作。

(2) 中断允许标志 IF

IF(中断允许标志)是用来决定 CPU 是否响应 CPU 外部的可屏蔽中断发出的中断请求。但不管该标志为何值，CPU 都必须响应 CPU 外部的不可屏蔽中断所发出的中断请求，以及 CPU 内部产生的中断请求。具体规定是当 IF=1 时，CPU 可以响应 CPU 外部的可屏蔽中断发出的中断请求；当 IF=0 时，CPU 不响应 CPU 外部的可屏蔽中断发出的中断请求。CPU 的指令系统中也有专门的指令来改变标志位 IF 的值。

(3) 方向标志 DF

DF(方向标志)用于在串处理指令中控制处理信息的方向。当 DF 位为 1 时，每次操作后使变址寄存器 SI 和 DI 减小，这样就使串处理从高地址向低地址方向处理。当 DF 位为 0 时，则使 SI 和 DI 增大，使串处理从低地址向高地址方向处理。

2.2 16 位微处理器 8086 存储器组织结构与 I/O 组织

2.2.1 存储器简介

存储器按存取方式(读写方式)可分为随机存取存储器(RAM)和只读存储器(ROM)。ROM 中的信息只能被读出，而不能被操作者修改或删除，故一般用于存放固定的程序，如监控程序、汇编程序等，以及存放各种表格。RAM 主要用来存放各种现场的输入、输出数据，中间计算结果，以及与外部存储器交换信息和作堆栈用。它的存储单元根据具体需要可以读出，也可以写入或改写。由于 RAM 由电子器件组成，所以只能用于暂时存放程序和数据，一旦关闭电源或发生断电，其中的数据就会丢失。现在的 RAM 多为 MOS 型半导体电路，它分为静态和动态两种。静态 RAM(SRAM)是靠双稳态触发器来记忆信息的；动态 RAM(DRAM)是靠 MOS 电路中的栅极电容来记忆信息的。由于电容上的电荷会泄漏，需要定时给予补充，所以动态 RAM 需要设置刷新电路。但动态 RAM 比静态 RAM 集成度高、功耗低，从而成本也低，适于作大容量存储器。

按照不同的技术，存储器芯片可以细分为 PROM(可编程 ROM)、EPROM(可擦写可编程 ROM)、EEPROM(电可擦写编程 ROM)、SRAM、DRAM、FLASH、MASK ROM 和 FRAM 等。存储器技术是一种不断进步的技术，随着各种专门应用不断提出新的要求，新的存储器技术也层出不穷，每一种新技术的出现都会使某种现存的技术走进历史，因为开发新技术的初衷就是为了消除或减弱某种特定存储器产品的不足之处。例如，闪存技术脱胎于 EEPROM，它的一个主要用途就是为了取代用于 PC 机 BIOS 的 EEPROM 芯片，以方便地对这种计算机中的 BIOS 代码进行更新。尽管目前非挥发性存储器中最先进的就是闪存，但技术却并未就此停步。生产商们正在开发多种新技术，以便使闪存也拥有像 DRAM 和

SDRAM那样的高速、低价、寿命长等特点。总之，存储器技术将会继续发展，以满足不同的应用需求。就PC市场来说，更高密度、更大带宽、更低功耗、更短延迟时间、更低成本的主流DRAM技术将是不二之选。而在其他非挥发性存储器领域，供应商们正在研究闪存之外的各种技术，以便满足不同应用的需求，未来必将有更多更新的存储器芯片技术不断涌现。

存储器存放程序以及程序中所涉及的数据，存储器的内容被读出后并没有消失，只有存入新内容才会更改旧内容。按所在位置，存储器分成主存储器(主存、内存)和辅助存储器(辅存、外存)；主存储器是存放当前正在执行的程序和使用的数据，CPU可以直接存取，它由半导体存储器芯片构成，其成本高、容量小、但速度快；辅助存储器是可用于长期保存大量程序和数据，CPU需要通过I/O接口访问，它由磁盘或光盘构成，其成本低、容量大、但速度较慢。

8086 CPU的地址线是20位，它的最大可寻址空间为2^{20}＝1MB，其地址范围从00000H～FFFFFH。

2.2.2 存储单元的地址和内容

存储器由大量存储单元组成，使用编号区别，从0开始编号、顺序加1。于是，每个存储单元就有了一个唯一的编号，称为存储器地址(Memory Address)。这就像为街道上每家每户分配一个门牌号码，这个门牌号码就是日常我们说的家庭地址(Address)。

地址就是编号、就是一个号码，汇编语言中通常采用十六进制数值表达，例如：2000H，0100H，1450H:0200H，A8000H。

在存储器里以字节为单位存储信息。为了正确地存放或取得信息，每一个字节单元给以一个唯一的存储器地址，称为物理地址。地址从0开始编号，顺序地每次加1，因此存储器的物理地址空间是呈线性增长的。在机器里，地址也是用二进制数来表示的，当然它是无符号整数，书写格式使用十六进制数形式。

Intel公司的80x86系列的CPU基本上采用内存分段的管理模式。它把内存和程序分成若干个段，每个段的起点用一个段寄存器来记忆，16位CPU内部有20根地址线，其编码区间为：00000H～0FFFFFH，所以，它可直接访问的物理空间为1M(2^{20})字节。而16位CPU内部存放存储单元偏移量的寄存器(如：IP、SP、BP、SI、DI和BX等)都是16位，它们的编码范围仅为：0000H～0FFFFH。这样，如果用16位寄存器来访问内存的话，则只能访问内存的最低端的64KB(2^{16})，其他的内存将无法访问。为了能用16位寄存器来有效地访问1MB的存储空间，16位CPU采用了内存分段的管理模式，并引用段寄存器的概念。

20位地址线的8086 CPU：最大可寻址空间应为2^{20}＝1MB，其物理地址范围从00000H～FFFFFH。那么，这1MB空间如何用16位寄存器表达呢？

8086 CPU将1MB存储器空间分成许多逻辑段(Segment)，每个段最大限制为64KB，一般情况下规定一个段必须从模16地址开始。

模16地址(可以被16整除的地址)，如果用二进制表达地址，模16地址还可以表达为低4位全为0，即xxxxxxxxxxxxxxxx0000B。如果用十六进制表达地址，模16地址还可以表达为最低位全为0，即：xxxx0H。

这个段是逻辑上的、虚拟的段，用于编程，主存并没有因此分成一个一个物理上的区块，8086对外连接使用一个20位的线性地址唯一确定一个存储单元，也就是说，对于每个存储器单元都有一个唯一的20位地址，我们称为该单元的物理地址或绝对地址。

8086 在内部结构中和程序设计时采用逻辑段管理内存，就形成了逻辑地址。它的表达形式为“段基地址：偏移地址”。

段基地址(Segment)，逻辑段在主存中的起始位置，简称段地址。由于 8086 规定段开始于模 16 地址，所以省略最低 4 位 0 不显式表达，段基地址就可以用 16 位数据表示。

偏移地址(Offset)，主存单元距离段起始位置的偏移量(Displacement)。由于限定每段不超过 64KB，所以偏移地址也可以用 16 位数据表示。

同一个存储单元既有物理地址，又有逻辑地址。但是注意，物理地址是外部连接使用的、唯一的；而逻辑地址是内部和编程使用的、并不唯一。

将逻辑地址中的段地址(二进制位表示)左移 4 位，加上偏移地址就得到 20 位物理地址，如果用十六进制表达地址就是左移 1 位，即：物理地址 PA=段地址×16D＋偏移地址，也可以为：

物理地址 PA=段地址×10H＋偏移地址

同一个物理地址可以对应多个逻辑地址形式。所以物理地址转换为逻辑地址，需要明确段基地址或偏移地址，然后同上原则确定另一个地址。

地址	内容
1233H	11H
1234H	22H
1235H	66H
1236H	77H
1237H	99H

图 2-6　存储器单元地址和内容

一个存储单元中存放的信息称为该存储单元的内容，图 2-6 表示了存储器里存放信息的情况。可以看出，地址为 1234H 单元中存放的信息为 22H，也就是说，该单元的内容为 22H，可表示为$(1234H)_{\text{字节}}$＝22H。

当机器字长是 16 位时，大部分数据都是以字为单位表示的。一个字存入存储器要占用相继的两个字节，存放时低位字节存入低地址，高位字节存入高地址。这样两个字节单元就构成了一个字单元，字单元的地址采用它的低地址来表示。图 2-6 中 1234H 字单元的内容为 6622H，表示为$(1234H)_{\text{字}}$=6622H。

双字单元的存放方式与字单元类似，它被存放在相继的 4 个字节中，低位字存入低地址区，高位字存入高地址区。双字单元的地址由其最低字节的地址指定，因此 1234H 双字单元的内容为$(1234H)_{\text{双字}}$＝99776622H。

为了保存段地址(只需保存高 16 位)，8086 有 4 个 16 位段寄存器：CS(代码段寄存器)、SS(堆栈段寄存器)、DS(数据段寄存器)和 ES(附加段寄存器)。

每个段寄存器用来确定相应段的起始地址，每种段均有各自的用途：

代码段存放程序的指令的逻辑段。CS＝代码段的段地址，IP＝指令的偏移地址。处理器的 CS：IP 指示下一条要执行指令的逻辑地址。

堆栈段作为堆栈使用的逻辑段。SS＝堆栈段的段地址，SP＝堆栈栈顶的偏移地址。处理器的 SS：SP 指示当前堆栈顶部的逻辑地址。

数据段存放程序的数据的逻辑段。DS＝数据段的段地址，有效地址 EA＝数据的偏移地址。

附加段是附加的数据段，也是保存数据的逻辑段。ES＝附加段的段地址，有效地址 EA＝数据的偏移地址。

一般情况下，段寄存器及其指针寄存器的引用关系如表 2-1 所示。表中的“可选用的段寄存器”即是可以用强置说明这些段寄存器的值来作为其操作数地址的段地址。

表 2.1 段寄存器及其指针寄存器的引用关系

访问存储器方式		缺省的段寄存器	可选用的段寄存器	偏移量
取指令		CS		IP
堆栈操作		SS		SP
一般取操作数		DS	CS、ES、SS	有效地址
串操作	源操作数	DS	CS、ES、SS	SI
	目标操作数	ES		DI
使用指针寄存器 BP		SS	CS、DS、ES	有效地址

表 2-1 可以看出 16 位 CPU 在段寄存器的引用方面有如下规定：取指令所用的段寄存器和偏移量一定是用 CS 和 IP；堆栈操作所用的段寄存器和偏移量一定是 SS 和 SP；串操作的目标操作数所用的段寄存器和偏移量一定是 ES 和 DI；其他情况，段寄存器除了其默认引用的寄存器外，还可以强行改变为其他段寄存器。

在汇编语言中操作数一般分为三类操作数：立即数、存储器操作数和寄存器操作数，其中的存储器操作数有三个属性：段属性、偏移属性和类型属性。

通常，缺省的数据段寄存器是 DS，也有例外，即：在进行串操作时，其目的地址的段寄存器规定为 ES。当然，在一般指令中，我们还可以用强置前缀的方法来改变操作数的段寄存器，即段超越前缀(也叫段取代前缀)来改变存储器操作数的段属性，其格式为“段寄存器：存储器操作数”，段超越(override)显式说明使用某个逻辑段中数据的段属性。

2.2.3 堆栈

1. 堆栈的概念

堆栈是在存储器中开辟的一片数据存储区，这片存储区的一端固定，另一端活动，且只允许数据从活动端进出，采用“先进后出”的规则。

2. 堆栈的组织

堆栈指示器 SP，它总是指向堆栈的栈顶，堆栈的伸展方向既可以从大地址向小地址，也可以从小地址向大地址。8086/8088 的堆栈的伸展方向是从大地址向小地址。

2.2.4 Intel 8086 的 I/O 组织

计算机通过外围设备同外部世界通信或交换数据称为“输入/ 输出”。把外围设备同微型计算机连接起来实现数据传送的控制电路称为“外设接口电路”，简称“外设接口”。 I/O 端口的编址方式有独立编址和存储器映像编址两种编址方式。

1. 独立编址(专用的 I/O 端口编址)

这种编址方式的特点是：存储器和 I/O 端口在两个独立的地址空间中，I/O 端口的读、写操作由硬件信号 $\overline{IOW}$ 和 $\overline{IOR}$ 来实现，访问 I/O 端口用专用的 IN 指令和 OUT 指令。

独立编址方式的优点是：I/O 端口的地址码较短(一般比同系统中存储单元的地址码短)，译码电路较简单，存储器同 I/O 端口的操作指令不同，程序比较清晰；存储器和 I/O 端口的控制结构相互独立，可以分别设计。它的缺点是：需要有专用的 I/O 指令，而这些 I/O 指令的功能一般不如存储器访问指令丰富，所以程序设计的灵活性较差。

8086/8088 采用独立编址方式，其 I/O 端口编址在一个独立的地址空间中，这个 I/O 空间允许设置 64 K(65536)个 8 位端口或 32 K(32768)个 16 位端口，这些地址不是内存单元地址的一部分，不能用普通的访问内存指令来读取其信息，而要用专门的 I/O 指令才能访问它们。虽然 CPU 提供了很大的 I/O 地址空间，这些端口地址实际上只用了其中很小一部分，因为系统中一般只有十几个外部设备和大容量存储设备与主机相连。对不同型号的计算机和其接口，I/O 端口的编号有时不完全相同,但目前大多数微机所用的端口地址都在 0～3FFH 范围之内，其所用的 I/O 地址空间只占整个 I/O 地址空间的很小部分。

2. 存储器映像编址(统一编址)

存储器映像编址方式的优点是：任何对存储器数据进行操作的指令都可用于 I/O 端口的数据操作，不需要专用的 I/O 指令，从而使系统编程比较灵活；I/O 端口的地址空间是内存空间的一部分，这样，I/O 端口的地址空间可大可小，从而使外设的数目几乎可以不受限制。它的缺点是：I/O 端口占用了内存空间的一部分，虽然内存空间必然减少，影响了系统内存的容量；同时访问 I/O 端口同访问内存一样，由于访问内存时的地址长，指令的机器码也长，执行时间显然增加。

2.3 Intel 8086 的外特征

Intel 8086/8088 芯片的引脚采用双列直插式(DIP)的封装形式，具有 40 条引脚，包括 20 根地址线，16 根(8086)或 8 根(8088)数据线以及控制线、状态线、电源线和地线等，若每个引脚只传送一种信息，那么芯片的引脚将会太多，不利于芯片的封装，因此，8086/8088 CPU 的部分引脚定义了双重功能，如图 2-7 所示。它采用分时复用的地址/数据总线，所以有一部分引脚具有双重功能，即在不同时钟周期内，引脚的作用不同。如第 33 引脚 MN / $\overline{MX}$ 上电平的高低代表两种不同的信号；第 31～24 引脚在 CPU 处于两种不同的工作方式(最大和最小工作方式)时具有不同的名称和定义；引脚 9～16(8088 CPU)及引脚 2～16 和 39(8086 CPU)采用了分时复用技术，即在不同的时刻分别传送地址或数据信息等。

8086 CPU

信号	引脚	引脚	信号
GND	1	40	V_{CC}(+5V)
AD_{14}	2	39	AD_{15}
AD_{13}	3	38	A_{16}/S_3
AD_{12}	4	37	A_{17}/S_4
AD_{11}	5	36	A_{18}/S_5
AD_{10}	6	35	A_{19}/S_6
AD_9	7	34	$\overline{BHE}/S_7$
AD_8	8	33	MN/$\overline{MX}$
AD_7	9	32	$\overline{RD}$
AD_6	10	31	HOLD($\overline{RQ}/\overline{GT_0}$)
AD_5	11	30	HLDA($\overline{RQ}/\overline{GT_1}$)
AD_4	12	29	$\overline{WR}$($\overline{LOCK}$)
AD_3	13	28	M/$\overline{IO}$($\overline{S_2}$)
AD_2	14	27	DT/$\overline{R}$($\overline{S_1}$)
AD_1	15	26	$\overline{DEN}$($\overline{S_0}$)
AD_0	16	25	ALE(QS_0)
NMI	17	24	$\overline{INTA}$(QS_1)
INTR	18	23	$\overline{TEST}$
CLK	19	22	READY
GND	20	21	RESET

8088 CPU

信号	引脚	引脚	信号
GND	1	40	V_{CC}(+5V)
A_{14}	2	39	A_{15}
A_{13}	3	38	A_{16}/S_3
A_{12}	4	37	A_{17}/S_4
A_{11}	5	36	A_{18}/S_5
A_{10}	6	35	A_{19}/S_6
A_9	7	34	$\overline{SS_0}$/(HIGH)
A_8	8	33	MN/$\overline{MX}$
AD_7	9	32	$\overline{RD}$
AD_6	10	31	HOLD($\overline{RQ}/\overline{GT_0}$)
AD_5	11	30	HLDA($\overline{RQ}/\overline{GT_1}$)
AD_4	12	29	$\overline{WR}$ ($\overline{LOCK}$)
AD_3	13	28	IO/$\overline{M}$ ($\overline{S_2}$)
AD_2	14	27	DT/$\overline{R}$($\overline{S_1}$)
AD_1	15	26	$\overline{DEN}$($\overline{S_0}$)
AD_0	16	25	ALE(QS_0)
NMI	17	24	$\overline{INTA}$(QS_1)
INTR	18	23	$\overline{TEST}$
CLK	19	22	READY
GND	20	21	RESET

图 2-7　8086/8088 CPU 引脚信号图

最小模式系统是指系统通常只有一个微处理器，即 8088 CPU，系统的控制信号由 8088

直接产生。在 8086 的最小模式中，硬件连接上有如下几个特点：

(1) MN/$\overline{MX}$ 引脚接+5V，决定了 8086 工作在最小模式。

(2) 有一片 8234A，作为时钟发生器。

(3) 有三片 8282 或 74LS373，用来作为地址锁存器。

(4) 当系统中所连接的存储器和外设比较多时，需要增加系统数据总线的驱动能力，可选用两片 8286 或 74LS245 作为总线收发器。

最大模式系统又称多处理器系统，工作在最大模式的时候，系统中存在两个或两个以上的微处理器，系统的控制信号大部分是由总线控制器 8288 产生的。这也是最大模式配置和最小模式配置的一个主要差别。

8086 CPU 引脚按功能可分为三大类：电源线和地线，地址/数据引脚以及控制引脚。

1. 电源线和地线

电源线 VCC：输入，接入±10%单一+5V 电源。

地线 GND：输入，两条地线均应接地。

2. 地址/数据(状态)引脚

地址/数据分时复用引脚 AD_{15}~AD_0(双向、三态)：传送地址时单向输出，传送数据时双向输入或输出。

地址 / 状态分时复用引脚 A_{19}/S_6~A_{16}/S_3(输出、三态)：采用分时输出，即在 T1 状态作地址线用，T2~T4 状态输出状态信息。当访问存储器时，T1 状态输出 A_{19}~A_{15}，与 AD_{15}~AD_0 一起构成访问存储器的 20 位物理地址；CPU 访问 I/O 端口时，不使用这 4 个引脚，A_{19}~A_{16} 保持为 0。状态信息中的 S_6 为 0 用来表示 8086 CPU 当前与总线相连，所以在 T2~T4 状态，S_6 总为 0，以表示 CPU 当前连在总线上；S_5 表示中断允许标志位 IF 的当前设置，IF=1 时，S_5 为 1，否则为 0；S_4~S_3 用来指示当前正在使用哪个段寄存器，如表 2-2 所示。

表 2-2 S_4 与 S_3 组合代表的正在使用的寄存器

S_4	S_3	当前正在使用的段寄存器
0	0	ES
0	1	SS
1	0	CS 或未使用任何段寄存器
1	1	DS

3. 控制引脚

(1) NMI(Non-Maskable Interrupt，非屏蔽中断请求信号)：输入，上升边沿触发。此请求不受标志寄存器中 IF(中断允许标志位)状态的影响，只要此信号一出现，在当前指令执行结束后立即进行中断处理，在 CPU 中引起一个类型 2 中断。

(2) INTR(Interrupt Request，可屏蔽中断请求信号) ：输入，高电平有效。CPU 在每个指令周期的最后一个时钟周期检测该信号是否有效，若此信号有效，表明有外设提出了中断请求，这时若 IF=1，则当前指令执行完后立即响应中断；若 IF=0，则中断被屏蔽，外设发出的中断请求将不被响应。程序员可通过指令 STI 或 CLI 将 IF 标志位置 1 或清零。

(3) CLK(Clock，系统时钟)：时钟信号输入端，通常与 8284A 时钟发生器的时钟输出端相连。该时钟信号有效高电平与时钟周期的比为 1∶3(时钟信号占空比为 33%)。

(4) RESET(系统复位信号)：输入，高电平有效。复位信号使处理器马上结束现行操作，对处理器内部寄存器进行初始化。8086/8088 要求复位脉冲宽度不得小于 4 个时钟周期。复位

表 2-3 复位后内部寄存器的状态

内部寄存器	状 态
标志寄存器	0000H
IP	0000H
CS	FFFFH
DS	0000H
SS	0000H
ES	0000H
指令队列缓冲器	空
其余寄存器	0000H

后，内部寄存器的状态如表 2-3 所示。复位后，除了代码段寄存器外其他寄存器均为“0”，系统正常运行时，RESET 保持低电平。

(5) READY(数据“准备好”信号线)：输入，是所寻址的存储器或 I/O 端口发来的数据准备就绪信号，高电平有效。CPU 在每个总线周期的 T3 状态对 READY 引脚采样，若为高电平，说明数据已准备好；若为低电平，说明数据还没有准备好，CPU 在 T3 状态之后自动插入一个或几个 TW(等待状态)，直到 READY 变为高电平，才能进入 T4 状态，完成数据传送过程，从而结束当前总线周期。

(6) $\overline{\text{TEST}}$ (等待测试信号)：输入。当 CPU 执行 WAIT 指令时，每隔 5 个时钟周期对 $\overline{\text{TEST}}$ 引脚进行一次测试。若为高电平，CPU 就仍处于空转状态进行等待，直到 $\overline{\text{TEST}}$ 引脚变为低电平，CPU 结束等待状态，执行下一条指令，以使 CPU 与外部硬件同步。

(7) $\overline{\text{RD}}$ (Read，读控制信号)：输出。当 $\overline{\text{RD}}$ =0 时，表示将要执行一个对存储器或 I/O 端口的读操作。到底是从存储单元还是从 I/O 端口读取数据，取决于 M/$\overline{\text{IO}}$ (8086)或 IO/$\overline{\text{M}}$ (8088) 信号。

(8) $\overline{\text{BHE}}$ /S_7(高 8 位数据总线允许/状态复用引脚)：输出。一个分时复用引脚，$\overline{\text{BHE}}$ 在总线周期的 T1 状态时输出，当该引脚输出为低电平时，表示当前数据总线上高 8 位数据有效。该引脚和地址引脚 A_0 配合表示当前数据总线的使用情况，如表 2-4 所示，S_7 在 8086 中未被定义，暂作备用状态信号线。

表 2-4 $\overline{\text{BHE}}$ 与地址引脚 A_0 编码的含义

$\overline{\text{BHE}}$	A_0	数据总线的使用情况
0	0	16位字传送(偶地址开始的两个存储器单元的内容)
0	1	在数据总线高8位(D_{15}~D_8)和奇地址单元间进行字节传送
1	0	在数据总线低8位(D_7~D_0)和偶地址单元间进行字节传送
1	1	无效

4. 8086 最小工作方式及相关引脚的定义

当 MN/$\overline{\text{MX}}$ 接高电平时，系统工作于最小方式，即单处理器方式，它适用于较小规模的微机系统，其典型系统结构如图 2-8 所示。

图中 8284A 为时钟发生/驱动器，外接晶体的基本震荡频率为 15 MHz，经 8284A 三分频后，送给 CPU 做系统时钟。

8282 为 8 位地址锁存器。当 8086 访问存储器时，在总线周期的 T1 状态下发出地址信号，经 8282 锁存后的地址信号可以在访问存储器操作期间始终保持不变，为外部提供稳定的地址信号。8282 是典型的 8 位地址锁存芯片，8086 采用 20 位地址，再加上 BHE 信号，所以需要 3 片 8282 作为地址锁存器。

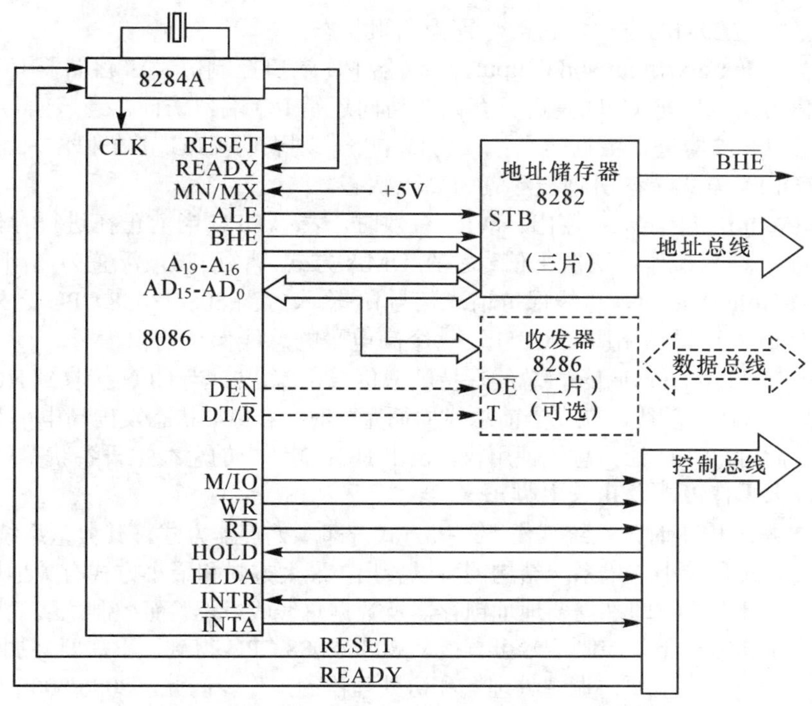

图 2-8 8086 CPU 最小模式下的典型配置

8286 为具有三态输出的 8 位数据总线收发器，用于需要增加驱动能力的系统。在 8086 系统中需要 2 片 8286，而在 8088 系统中只用 1 片就可以了。

系统中还有一个等待状态产生电路，它向 8284A 的 RDY 端提供一个信号，经 8284A 同步后向 CPU 的 READY 线发数据准备就绪信号，通知 CPU 数据已准备好，可以结束当前的总线周期。当 READY=0 时，CPU 在 T3 之后自动插入 TW 状态，以避免 CPU 与存储器或 I/O 设备进行数据交换时，因后者速度慢而丢失数据。

在最小方式下，相关引脚的功能如下：

(1) $\overline{\text{INTA}}$ (Interrupt Acknowledge，中断响应信号)：输出。该信号用于对外设的中断请求(经 INTR 引脚送入 CPU)作出响应。INTA 实际上是两个连续的负脉冲信号，第 1 个负脉冲通知外设接口，它发出的中断请求已被允许；外设接口接到第 2 个负脉冲后，将中断类型号放到数据总线上，以便 CPU 根据中断类型号到内存的中断向量表中找出对应中断的中断服务程序入口地址，从而转去执行中断服务程序。

(2) ALE(Address Latch Enable，地址锁存允许信号)：输出。是 8086/8088 提供给地址锁存器的控制信号，高电平有效。在任何一个总线周期的 T1 状态，ALE 均为高电平，以表示当前地址/数据复用总线上输出的是地址信息，ALE 由高到低的下降沿把地址装入地址锁存器中。

(3) $\overline{\text{DEN}}$ (Data Enable，数据允许信号)：输出。当使用数据总线收发器时，该信号为收发器的 OE 端提供了一个控制信号，该信号决定是否允许数据通过数据总线收发器。$\overline{\text{DEN}}$ 为高电平时，收发器在收或发两个方向上都不能传送数据，当 $\overline{\text{DEN}}$ 为低电平时，允许数据通过数据总线收发器。

(4) DT/ $\overline{\text{R}}$ (Data Transmit/Receive，数据发送/接收信号)：输出。该信号用来控制数据的传送方向。当其为高电平时，8086 CPU 通过数据总线收发器进行数据发送；当其为低电平时，则进行数据接收。在 DMA 方式，它被浮置为高阻状态。

(5) M/$\overline{IO}$ (Memory/Input and Output，存储器 I/O 端口控制信号)：存储器 I/O 端口控制信号，输出。该信号用来区分 CPU 是进行存储器访问还是 I/O 端口访问。当该信号为高电平时，表示 CPU 正在和存储器进行数据传送；如为低电平，则表明 CPU 正在和输入/输出设备进行数据传送。在 DMA 方式，该引脚被浮置为高阻状态。

(6) $\overline{WR}$ (Write，写信号)：输出。$\overline{WR}$ 有效时，表示 CPU 当前正在进行存储器或 I/O 写操作，到底是哪一种写操作，取决于信号。在 DMA 方式，该引脚被浮置为高阻状态。

(7) HOLD(Hold request，总线保持请求信号)：输入。当 8086/8088 CPU 之外的总线主设备要求占用总线时，通过该引脚向 CPU 发一个高电平的总线保持请求信号。

(8) HLDA(Hold Acknowledge，总线保持响应信号)：输出。当 CPU 接收到 HOLD 信号后，这时如果 CPU 允许让出总线，就在当前总线周期完成时，在 T4 状态发出高电平有效的 HLDA 信号给以响应。此时，CPU 让出总线使用权，发出 HOLD 请求的总线主设备获得总线的控制权。

5. 8086 最大工作方式及相关引脚定义

当 MN/$\overline{MX}$ 接低电平时，系统工作于最大方式，即多处理器方式，其典型系统结构如图 2-9 所示。比较最大方式和最小方式系统结构图可以看出，最大方式和最小方式有关地址总线和数据总线的电路部分基本相同，即都需要地址锁存器及数据总线收发器。而控制总线的电路部分有很大差别。在最小工作方式下，控制信号可直接从 8086/8088 CPU 得到，不需要外加电路。最大方式是多处理器工作方式，需要协调主处理器和协处理器的工作。因此，8086/8088 的部分引脚需要重新定义，控制信号不能直接从 8086/8088 CPU 引脚得到，需要外加 8288 总线控制器，通过它对 CPU 发出的控制信号($\overline{S_2}$、$\overline{S_1}$、$\overline{S_0}$)进行变换和组合，以得到对存储器和 I/O 端口的读写控制信号和对地址锁存器 8282 及对总线收发器 8286 的控制信号，使总线的控制功能更加完善。

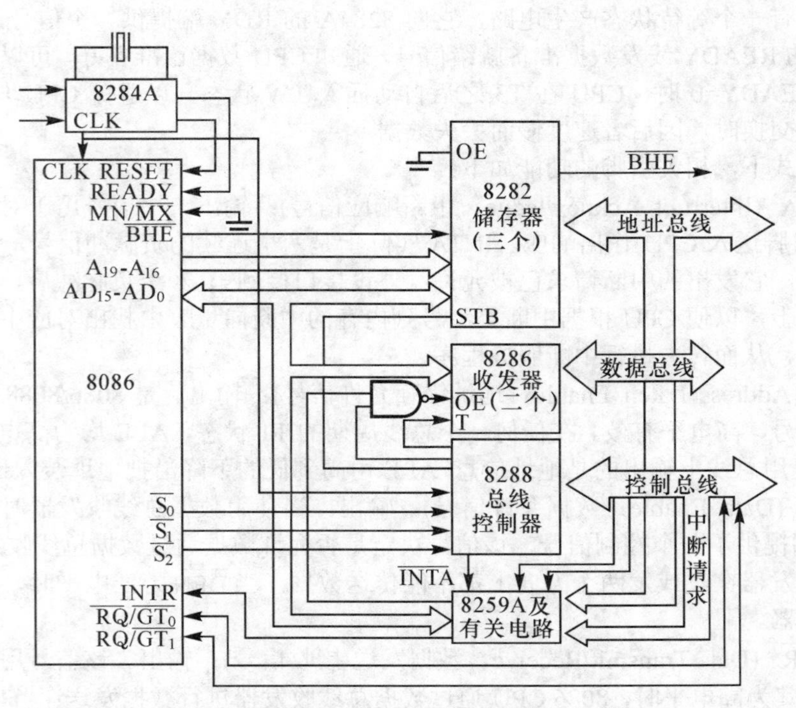

图 2-9 8086CPU 最大工作模式下的典型配置

在最大方式下，相关引脚的功能如下：

(1) QS_1、QS_0(Instruction Queue Status，指令队列状态信号)：输出。QS_1、QS_0两个信号电平的不同组合指明了8086/8088内部指令队列的状态，其代码组合对应的含义如表2-5所示。

表2-5 指令队列状态信号的含义

QS_1	QS_2	含　义
0	0	无操作
0	1	从指令队列的第一字节中取走代码
1	0	队列为空
1	1	除第一字节外，还取走了后续字节中的代码

(2) $\overline{S_2}$、$\overline{S_1}$、$\overline{S_0}$ (Bus Cycle Status，总线周期状态信号)：输出。低电平有效的三个状态信号连接到总线控制器8288的输入端，8288对这些信号进行译码后产生内存及I/O端口的读写控制信号。表2-6给出了这三个状态信号的代码组合使8288产生的控制信号及其对应的操作。

表2-6中前7种代码组合都对应某个总线操作过程，通常称为有源状态，它们处于前一个总线周期的T4状态或本总线周期的T1、T2状态中，$\overline{S_2}$、$\overline{S_1}$、$\overline{S_0}$至少有一个信号为低电平。在总线周期的T3、TW状态并且READY信号为高电平时，$\overline{S_2}$、$\overline{S_1}$、$\overline{S_0}$都成为高电平，此时，前一个总线操作就要结束，后一个新的总线周期尚未开始，通常称为无源状态。而在总线周期的最后一个状态即T4状态，$\overline{S_2}$、$\overline{S_1}$、$\overline{S_0}$中任何一个或几个信号的改变，都意味着下一个新的总线周期的开始。

表2-6 $\overline{S_2}$、$\overline{S_1}$、$\overline{S_0}$的代码组合对应的操作

$\overline{S_0}$	$\overline{S_1}$	$\overline{S_2}$	操　作
0	0	0	发中断响应信号
0	0	1	读I/O端口
0	1	0	写I/O端口
0	1	1	暂停
1	0	0	取指令
1	0	1	读存储器
1	1	0	写存储器
1	1	1	无源状态

(3) $\overline{LOCK}$ (总线封锁信号)：输出。当$\overline{LOCK}$为低电平时，系统中其他总线主设备就不能获得总线的控制权而占用总线。其信号由指令前缀LOCK产生，LOCK指令后面的一条指令执行完后，便撤销了$\overline{LOCK}$信号。另外，在DMA期间，$\overline{LOCK}$被浮空而处于高阻状态。

(4) $\overline{RQ}/\overline{GT0}$、$\overline{RQ}/\overline{GT1}$ (总线请求信号(输入)/总线请求允许信号(输出))：这两个信

号可供 8086/8088 以外的 2 个总线主设备向 8086/8088 发出使用总线的请求信号 RQ(相当于最小方式时的 HOLD 信号)。而 8086/8088 在现行总线周期结束后让出总线，发出总线请求允许信号 GT(相当于最小方式的 HLDA 信号)，此时，外部总线主设备便获得了总线的控制权。其中 $\overline{RQ}$ / $\overline{GT0}$ 比 $\overline{RQ}$ / $\overline{GT1}$ 的优先级高。

8288 总线控制器还提供了其他一些控制信号：

$\overline{MRDC}$ (Memory Read Command，存储器读命令)：指示存储器把被访问存储单元的内容放到系统数据总线上。

$\overline{MWTC}$ (Memory Write Command：存储器写命令)：指示存储器接收系统数据总线上的数据，并将其写入被访问的存储单元中。

$\overline{IORC}$ (I/O Read Command：I/O读命令)：指示I/O接口把被访问的I/O端口中的数据放到系统数据总线上。

$\overline{IOWC}$ (I/O Write Command：I/O写命令)：指示I/O接口接收系统数据总线上的数据，并将其写入被访问的I/O端口内。

$\overline{INTA}$：向中断控制器或中断设备输出的中断响应信号。

它们分别是存储器与 I/O 的读写命令以及中断响应信号。另外，还有 $\overline{AMWC}$ (先行存储器写命令)与 $\overline{AIOWC}$ (先行 I/O 写命令)两个信号，它们分别表示提前写内存命令和提前写 I/O 命令，其功能分别与 $\overline{MWTC}$ 和 $\overline{IOWC}$ 一样，只是它们由 8288 提前一个时钟周期发出信号，这样，一些较慢的存储器和外设将得到一个额外的时钟周期去执行写入操作。

6. 8088 与 8086 引脚的区别

8088 与 8086 绝大多数引脚的名称和功能是完全相同的，仅有以下三点不同：

(1) AD_{15}~AD_0 的定义不同。在 8086 中都定义为地址/数据分时复用引脚；而在 8088 中，由于只需要 8 条数据线，因此，对应于 8086 的 AD_{15}~AD_8 这 8 根引脚在 8088 中定义为 A_{15}~A_8，它们在 8088 中只做地址线用。

(2) 引脚 34 的定义不同。在最大方式下，8088 的第 34 引脚保持高电平，而 8086 在最大方式下 34 引脚的定义与最小方式下相同。

(3) 引脚 28 的有效电平高低定义不同。8088 和 8086 的第 28 引脚的功能是相同的，但有效电平的高低定义不同。8088 的第 28 引脚为：IO/$\overline{M}$ 当该引脚为低电平时，表明 8088 正在进行存储器操作；当该引脚为高电平时，表明 8088 正在进行 I/O 操作。8086 的第 28 引脚为 M/$\overline{IO}$，电平与 8088 正好相反。

2.4 8086 的总线操作

一个微机系统为了实现自身的功能，需要执行多种操作，这些操作均在时钟的同步下，按时序一步一步进行。了解 CPU 的操作时序，是掌握微机系统的重要基础，也是了解系统总线功能的手段。

1. 指令周期、总线周期和 T 状态

计算机的操作是在系统时钟 CLK 控制下严格定时的，每一个时钟周期称为一个“T 状态”，T 状态是总线操作的最小时间单位。CPU 从存储器或 I/O 端口存取一个字节所需的时间称为“总线周期”。CPU 执行一条指令所需的时间称为“指令周期”。

8088的指令长度是不等的，最短为一个字节，最长为六个字节。显然，从存储器取出一条六字节长的指令，仅是“取指令”就需要六个总线周期，指令取出后，在执行阶段，还需花费时间。

虽然各条指令的指令周期不同，但它们都是由存储器读/写周期、I/O端口读/写周期、中断响应周期等基本的总线周期组成。

8088 与外设进行读/写操作的时序同 8088 与存储器进行读/写操作的时序几乎完全相同，只是IO/$\overline{M}$信号不同。当IO/$\overline{M}$信号为高电平时，8088与外设进行读/写操作；当IO/$\overline{M}$信号为低电平时，8088与存储器进行读/写操作。以下介绍存储器的读/写周期。

2. 存储器读周期

存储器读周期时序如图 2-10 所示。一个基本的存储器读周期由四个T状态组成。总线周期包括：T1、T2、T3、(TW)、T4机器周期。

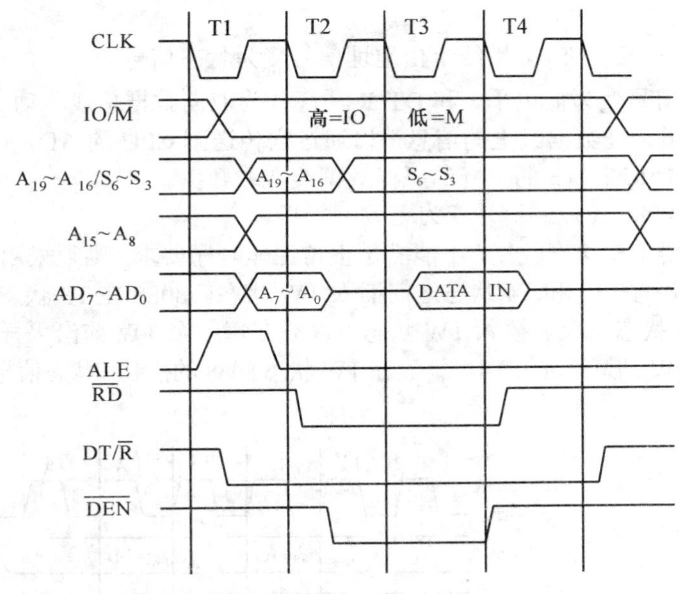

图 2-10 存储器读周期时序

执行指令的一系列操作都是在时钟脉冲CLK的统一控制下一步一步进行的，时钟脉冲的重复周期称为时钟周期(Clock Cycle)。时钟周期是CPU的时间基准，由计算机的主频决定。例如，8086的主频为5 MHz，则1个时钟为200 ns(为主频的倒数)。8086 CPU与外部交换信息总是通过总线进行的。CPU的每一个这种信息输入、输出过程需要的时间称为总线周期(Bus Cycle)，每当CPU要从存储器或输入/输出端口存取一个字节或字时，就需要一个总线周期。一个指令周期由一个或若干个总线周期组成。

一个总线周期完成一次数据传输，至少要有传送地址和传送数据两个过程。在第一个时钟周期T1期间，由CPU输出地址，在随后的三个T周期(T2、T3和T4)用以传送数据。数据传送必须在T2～T4这三个周期内完成，否则在T4周期后，总线将作另一次操作，开始下一个总线周期。

如果在一个总线周期后不立即执行下一个总线周期，即总线上无数据传输操作，系统总线处于空闲状态，这时执行空闲周期T_i，T_i也以时钟周期T为单位，两个总线周期之间插入几个T_i与8086 CPU执行的指令有关。例如，在执行一条乘法指令时，需用124个时钟周期，而其中可能使用总线的时间极少，而且预取队列的填充也不用太多的时间，则加入的 T_i 可能达到 100 多个。在空闲周期期间，20 条双重总线的高 4 位 A_{19}/S_6～A_{16}/S_3 上，8086 CPU 仍驱动前一个总线周期的状态信息，而且如果前一个总线周期为写周期，那么，CPU 会在总线的低 16 位 AD_{15}～AD_0 上继续驱动数据信息 D_{15}～D_0；如果前一个总线周期为读周期，则在空闲周期中，总线的低 16 位 D_{15}～D_0 处于高阻状态。

T1 状态：

(1) IO/$\overline{M}$ 变为有效。由 IO/$\overline{M}$ 信号来确定是与存储器通信还是与外设通信。

(2) 从 T1 开始，A_{19} / S_6～A_{16}/S_3、A_{15}～A_8、AD_7～AD_0 线上出现 20 位地址。

(3) ALE(地址锁存信号)有效，地址信息被锁存到外部的地址锁存器 8282 中,以使地址/数据线分开。

(4) DT/$\overline{R}$ 为低电平。

T2 状态：

(1) A_{19} / S_6～A_{16}/S_3 复用线上由地址信号变为状态信号。

(2) $\overline{DEN}$ 信号变为低电平，和 DT/$\overline{R}$ 一起作为双向数据总线驱动器 8286 的选通信号。打开它的接收通道，使数据线上的信息得以通过它传送到 CPU 的 AD_7～AD_0。

T3 状态：CPU 在 T3 的下降沿采样数据线获取数据。

T4 状态：8088 使控制信号变为无效。

如果存储器工作速度较慢，不能满足正常工作时序要求，则须采用一个产生 READY 信号的电路，使 8088 在 T3 和 T4 状态之间插入 TW 状态。8088 在 T3 状态前沿采样 READY 线，若为低，则 T3 状态结束后插入 TW 状态，以后在每一个 TW 前沿采样 READY 线，直到它变为高电平，在 TW 结束后进入 T4 状态。在 TW 状态 8088 的控制和状态信号不变，如图 2-11 所示。

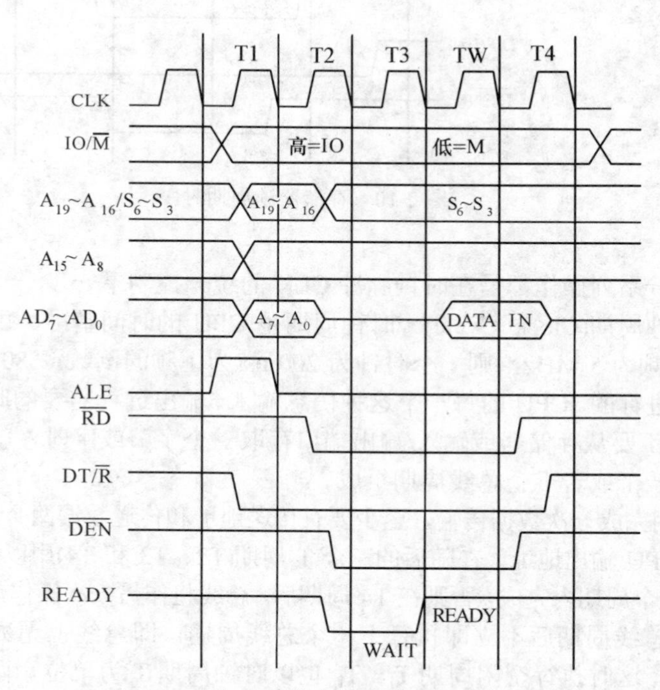

图 2-11　有 TW 的存储器读周期时序

3. 存储器写周期。

存储器写周期如图 2-12 所示，它也由四个 T 状态组成。存储器写周期和存储器读周期的时序基本类似，不同的是：

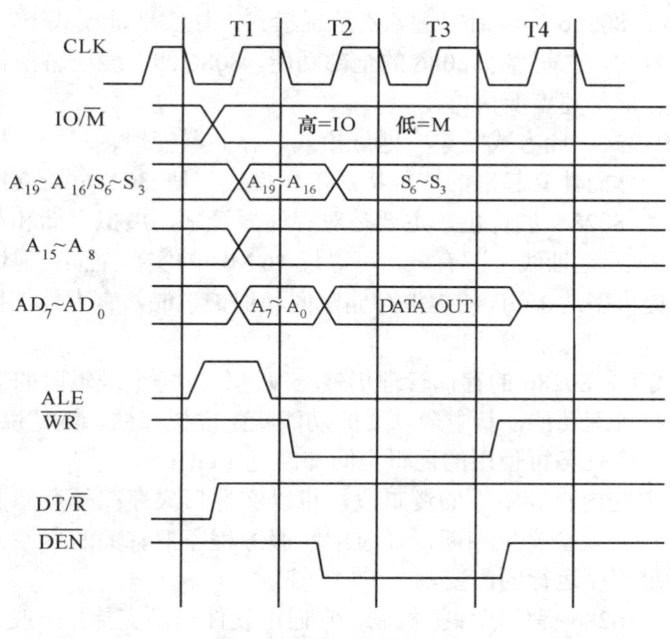

图 2-12 存储器写周期

(1) 在 T2 状态，当 16 位地址线 A_{15}～A_0 已由 ALE 锁存后，CPU 就把要写入存储器的 8 位数据，放在 AD_7～AD_0 上。

(2) 在 T2 状态，$\overline{WR}$ 信号有效，进行写入。

(3) DT/ $\overline{R}$ 在整个写周期输出高电平，它和 $\overline{DEN}$ =0 相配合，选通双向数据总线驱动器(8286)的发送通道，使 AD_7～AD_0 的数据得以通过它发送到数据线上。

从上面的分析，可以知道具有 TW 状态的存储器写周期时序与具有 TW 状态的存储器读周期时序类似。

2.5 80286、80386、80486 微处理器

2.5.1 80286 微处理器

1982 年，Intel 公司推出了高性能的 16 位微处理器 80286，该芯片的内部集成了约 13 万个晶体管，以 8 MHz 的时钟进行工作，它有 68 条引脚。与 8086 相比，80286 具有以下特点：

(1) 增加地址线，使内存容量提高，有 24 根地址线，最多可寻址 16 MB 的实际存储空间和 64 KB 的 I/O 地址空间。

(2) 数据线和地址线完全分离。在一个总线周期中，当有效数据出现在数据总线上的时候，

下一个总线周期的地址已经送到地址总线，形成总线周期的流水作业。其总线周期基本上由T_S(Send Status)和T_C(Perform Command)两个时钟周期组成，明显提高了数据访问的速度。

(3) 80286访问存储器时，有两种方式即实地址模式(Real Address Mode)和虚地址保护模式(Protected Virtual Address Mode)。

① 实地址模式：80286加电后即进入实地址模式。在实地址模式下，80286与8086在目标码一级是向上兼容的，它兼容了8086的全部功能，8086的汇编语言源程序可以不做任何修改在80286上运行，但是速度要快。

② 虚地址保护模式：此方式是集实地址模式、存储器管理、对于虚拟存储器的支持和对地址空间的保护为一体而建立起来的一种特殊工作模式，使80286能支持多用户、多任务系统。保护模式体现了80286的特色，主要是对存储器管理、虚拟存储和对地址空间的保护。在该模式下，它的24根地址线全部有效，可寻址16 MB的实存空间；通过存储管理和保护机构，可为每个任务提供多达1 GB的虚拟存储空间和保护机制，有力地支持了多用户、多任务的操作。

(4) 在保护模式下，80286的存储管理仍然分段进行，每个逻辑段的最大长度为64 KB，这种方式增加了许多管理功能，其中最重要的功能就是虚拟存储。就是说，80286的物理存储空间为16 MB，但每个任务可使用的逻辑空间却高达1 GB。

在该模式下，那些内存装不下的逻辑段，将以文件形式存在外存储器中，当处理器需要对它们进行存取操作时就会产生中断，通过中断服务程序把有关的程序或数据从外存储器调入到内存，从而满足程序运行的需要。

在保护模式下，80286提供了保护机制，它们由硬件提供支持，一般不会增加指令的执行时间，这些保护包括：对逻辑段的操作属性(可执行、可读、只读、可写)和长度界限(1～64 KB)进行检查，禁止错误的段操作。

(5) 寻址方式更加丰富(24种)，可以同时运行多个任务，三种类型中断，增加了高级类指令、执行环境操作类指令和保护类指令，时钟频率提高。

为不同程序设置了四个特权级别(Privilege Level)，提供若干特权级参数，可让不同程序在不同的特权级别上运行。8086系统程序和用户程序处于同一级别，并存放在同一存储空间，所以系统程序有可能遭到用户程序的破坏。而80286依靠这一机制，可支持系统程序和用户程序的分离，并可进一步分离不同级别的系统程序，大大提高了系统运行的可靠性。提供任务间的保护。80286为每个任务提供多达0.5 GB的全局存储空间，防止错误的应用任务对其他任务进行不正常的干预。

80286处理器内部是由四个独立的部件组成，分别为执行部件(EU)、总线接口部件(BIU)、指令部件(IU)和地址部件(AU)。这四个独立的部件通过内部总线进行连接，它们相互配合完成一条指令的执行过程。执行部件(EU)由寄存器、控制器、算术逻辑运算单元(ALU)和微代码只读存储器等部分组成。它负责执行由指令部件(IU)译码后的指令。微代码只读存储器存放的是执行部件在执行指令时使用的微程序，执行部件不断地从已经译码后的指令队列中取出指令并执行。

80286微处理器存在的主要问题是：

(1) 80286的内部寄存器只有16位，且外部数据总线也是16位，故只能进行16位的操作。

(2) 其外部地址总线为24条，因此它最大的内存寻址空间为16MB。

(3) 由于其描述符的8个字节未能充分利用，故最大的虚拟地址空间只有1GB。

2.5.2 80386 微处理器

1. 80386 微处理器结构

80386 微处理器的主要特性：

(1) 灵活的 32 位微处理器，提供 32 位的指令。

(2) 提供 32 位外部总线接口，最大数据传输速率为 32Mbps。

(3) 具有片内集成的存储器管理部件 MMU，可支持虚拟存储和特权保护。

(4) 具有实地址方式、保护方式和虚拟 8086 方式。

(5) 具有极大的寻址空间。

(6) 通过配用数值协处理器可支持高速数值处理。

(7) 在目标码一级与 8086、80286 芯片完全兼容。

80386 中共有 7 类 32 个寄存器：通用寄存器、段寄存器、指令指针和标志寄存器、控制寄存器、系统地址寄存器、排错寄存器和测试寄存器。

80386 的工作方式有实地址模式、保护模式和虚拟 8086 模式。

(1) 实地址模式：系统启动后，80386 自动进入实地址模式。此模式下，采用类似于 8086 的体系结构，80386 的工作好似速度极快的 8086。实地址模式主要用于建立处理机状态，以便进入保护工作模式。

(2) 保护模式：是指在执行多任务操作时，对不同任务使用的虚拟存储器空间进行完全的隔离，保护每个任务顺利执行。在保护工作模式下，用户可使用处理器的复杂存储管理、分页及特权功能。在保护模式下，通过软件可以实现任务切换，

(3) 虚拟 8086 模式(VM86 模式)：是指一个多任务的环境，即模拟多个 8086 的工作模式，进入虚拟 8086 模式。虚拟 8086 任务可以被隔离和保护。

80386 微处理器内部结构示意图如图 2-13 所示。

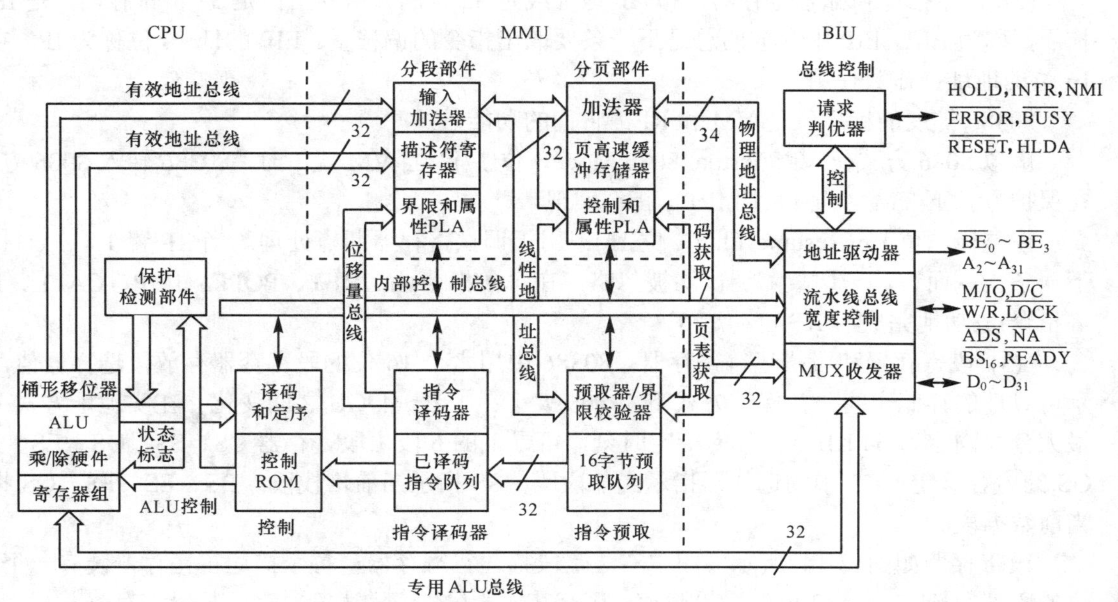

图 2-13 80386 微处理器内部结构示意图

80386 由中央处理器(CPU)、存储器管理部件(MMU)和总线接口部件(BIU)三大模块组成。CPU 包括指令预取、指令译码、指令执行部件；MMU 包括分段部件和分页部件；加上 BIU 部件，这样 80386 共有六个功能部件。六个功能部件可并行工作，构成六级流水线结构。

存储器管理部件中的分段部件可通过附加寻址部件对逻辑地址空间进行管理，可以实现任务之间的隔离，也可实现指令和数据区的再定位。分页部件的功能是管理物理地址空间，把分段部件和指令预取部件产生的线性地址送到分页部件中，并转换为物理地址。每个段可划分为 1～4 KB 的页，为了实现虚拟存储系统，80386 对于页面故障和段故障有完整的再启动功能。

存储器按段组织可分为 1 个或多个可变长度字段，每一段的大小最大可达 4 GB。线性地址空间的一个给定区域或一个段可以有相应的属性，包括它的位置、大小、类型(堆栈、代码或数据)以及保护特征等。80386 的每一个任务最多可以拥有 16384 个段，每个段最多达 4 GB，因此，每个任务可拥有 64 TB(兆兆字节)的虚拟存储器空间。

为了使应用程序和操作系统互相隔离而各自得到保护，分段部件提供了 4 级保护，这种由硬件实施的保护，使得系统的设计具有高度的完整性。

2. 80386 微处理器的寄存器结构

80386 含有通用寄存器、段寄存器、指令指针、标志寄存器、控制寄存器、系统地址寄存器、排错寄存器、测试寄存器等七类 32 个寄存器，它们包括了 16 位 8086 和 80286 的全部寄存器。通用寄存器、段寄存器以及指令指针和标志寄存器如图 2-4 所示。

(1) 通用寄存器：80386 中有八个 32 位的通用寄存器，是 8086、80286 的 16 位通用寄存器的扩展，所以命名为 EAX、EBX、ECX、EDX、ESI、EDI、EBP、ESP。每一个寄存器都可以存放数据或地址，支持 1 位、8 位、16 位、32 位和 64 位的数据操作及 1 到 32 位的位操作数，也支持 16 位和 32 位的地址操作数。

(2) 指令指针和标志寄存器：80386 地址线是 32 位的，指令指针是 32 位寄存器，是 IP 的扩展，称为 EIP。EIP 中存放的总是下一条要取出指令的偏移量。EIP 的低 16 位称为 IP，它由 16 位的地址操作数使用。

80386 扩展的标志位是 VM 和 RF，它们的功能是：

虚拟 8086 方式位 VM(Virtual 8086 Mode，位 17)：当 VM 置 1 时，80386 转入 8086 方式。在保护方式下 VM 才置 1，用 IRET 指令实现。

恢复标志位 RF(Resume Flag，位 16)：用于调试寄存器断点处理。当 RF 置 1 时，对执行下一条指令而言，一切故障调试均被忽略，在每条指令(除 IRET、POPF、JMP、CALL、INT 等指令)成功地完成后 RF 自动清 0。

(3) 段寄存器和段描述符寄存器：80386 中用六个 16 位的段寄存器存放段选择器值，指示可寻址的存储空间。在保护方式下，分段大小在 1 B～4 GB 之间变化。在实地址方式下，最大分段固定为 64 KB。在任何给定时刻，可寻址的 6 段由段寄存器 CS、SS、DS、ES、FS、GS 的内容确定。CS 中的选择器指示当前段码；SS 指示当前堆栈段；DS、ES、FS、GS 指示当前数据段。

段寄存器如图 2-14 所示。图中右边是段描述符寄存器，每个描述符寄存器装有一个 32 位的段基地址，一个 32 位的段界限值，还有其他段属性。描述符寄存器与段寄存器一一对应。

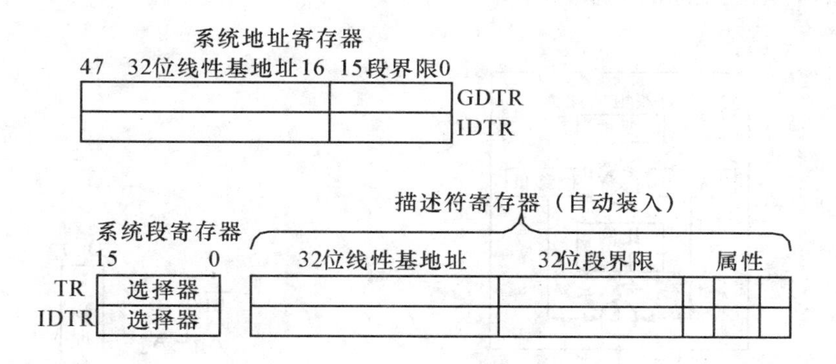

图 2-14 80386 段寄存器和段描述符寄存器

每当访问存储器时，段描述符自动介入访问处理，32 位的段基地址变成计算线性地址的一个分量，32 位界限值用于界限检查操作。不必去查表而得到段基地址，从而加快了存储器访问速度。

(4) 系统地址寄存器：系统地址寄存器 GDTR 中存放 GDT(全局描述符表)，IDTR 中存放 IDT(中断表述符表)。其中放置 32 位线性基地址和 16 位界限值。TR 寄存器中存放 16 位的 TSS(任务状态段)描述符，LDTR 中存放 16 位的 LDT(局部描述符表)描述符。

(5) 控制寄存器：80386 中有三个 32 位控制寄存器 CR0、CR2 和 CR3，用以放置机器的总体状态，对系统的全部任务都发生影响。

CR0 为机器控制寄存器。其中位 0～位 4 和位 31 作控制和状态用。CR0 的低 16 位也叫做机器状态字(MSW)，与 80286 保护方式兼容，LMSW 和 SMSW 指令是 CR0 的送数和存储操作指令，只涉及 CR0 的低 16 位，CR0 的各位定义如下：

CR1 为 Intel 公司保留。

CR2 为页面出错线性地址，用以放置检测到的最近一次页面出错的 32 位线性地址。错误码被推入页面出错处理器的堆栈。

CR3 为页面目录基地址寄存器。CR3 中含有页面目录表的基地址。80386 的页面目录表总是按页面定位(以 4 KB 为单位)的，因此最低 12 位的写入是非法的，存储也是无意义的。这样，CR3 的最低位(位 12)每增、减 1 意味着增、减 4096 B。

(1) 地址空间：80386 有逻辑地址、线性地址和物理地址三种地址空间。逻辑地址(即虚拟地址)由一个选择器和一个偏置值组成。选择器是段寄存器的内容，偏置值与所有寻址分量(基地址变址、位移)相加形成有效地址。由于 80386 的每个任务最多有 16 K(2^{14}-1)个选择器，而偏置值可以大到 4GB(2^{32} B)，所以每个任务的逻辑地址空间总共有 2^{46} 位(64 TB)。逻辑地址空间经分段部件转换为 32 位线性地址空间。若分页部件处于禁止状态，则此 32 位线性地址就相当于物理地址。当分页部件处于允许工作状态时，它就把线性地址转换为物理地址。物理地址就是出现在 80386 组件的地址引脚上的地址。

在实地址模式和保护模式下，从逻辑地址到线性地址的转换有所不同。在实地址模式，分段部件把选择器左移 4 位后将结果加到偏置值以形成线性地址。而在保护模式，每个选择器都有着与之相关联的线性基地址，线性基地址存于两个操作系统表(即局部描述符表和全局描述符表)其中的一个里面，选择器从表中选出对应的线性基地址再与偏置值相加形成最后的线性地址，各种地址空间的关系如图 2-15 所示。

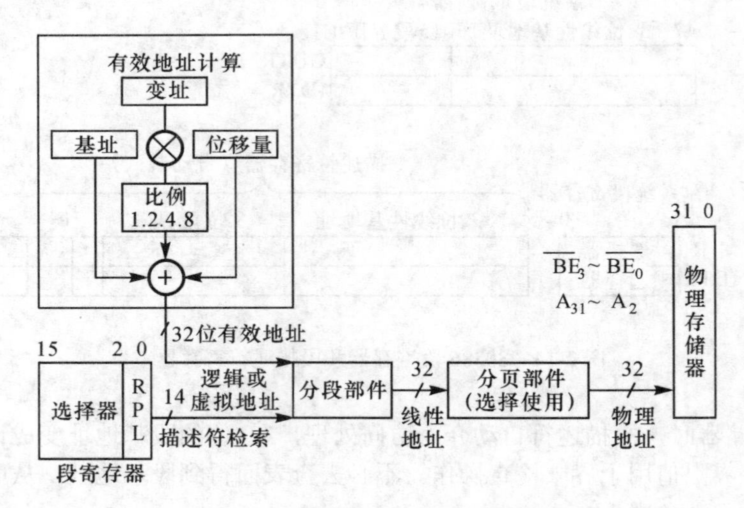

图 2-15　80386 保护方式下物理地址的生成

(2) 段寄存器的用法：段寄存器用来组织存储器的主要数据结构是段。在 80386 中，段是可变大小的线性地址块。段有两种主要类型：代码段和数据段。段可以小到 1 B，大到 4 GB。

(3) I/O 空间：80386 有两个不同的物理地址空间：存储器和 I/O。80386 也支持存储器对应的 I/O 方式，但 80386 主要使用专用的端口寻址方式，外部设备放在 I/O 空间。I/O 空间由 64 KB 组成，它可以分为 64 K 个 8 位端口、32 K 个 16 位端口或 16 K 个 32 位端口，或加起来不超过 64 KB 的任意端口的组合。这 64 KB 的 I/O 空间对应于存储器的物理地址而不是线性地址，因为 I/O 指令不通过分段和分页部件。I/O 空间是通过 IN 和 OUT 指令存取的，端口地址由 DL、DX 或 EDX 寄存器提供。当使用所有 8 位和 16 位端口地址时，地址线的高位部分都扩展为零。

3. 80386 微处理器的存储器组织结构

80386 存储器的存储单元有三种：字节(8 位)、字(16 位)、双字(32 位)。两个相连续的字节存放时，低位字节存放于低地址，高位字节存放于高地址。双字存于 4 个连续的字节，最低位字节存于最低位地址，最高位字节存于最高位地址。一个字或一个双字的地址就是低位字节的地址。

存储器可以划分为长度可变的若干段，还可以再进一步划分为页面，每页 4 KB。分段和分页可以组合运用以得到最大的系统设计灵活性。分段对于按逻辑模块组织存储器是很有用的，而分页对于系统程序员或对于系统物理存储器的管理是很有用的。

4. 80386 微处理器存在的主要问题

(1) 为提高速度，需外接高速缓冲存储器(Cache)。具有高速缓存的存储器系统结构由 3 大部分组成：高速缓存：位于 CPU 和大容量存储器(DRAM)之间的一种高速静态存储器(SRAM)；主存储器：微型计算机中大容量的慢速存贮器；高速缓存控制器：控制高速缓存工作的电路。

Cache 的广泛应用主要取决于微型计算机工作时的两种特殊性能：程序具有高度的重复

性；程序和变量具有访问的局部性。

(2) 为提高性能需外接数字协处理器 80387。

2.5.3 80486 微处理器

1. 80486 的结构及特性

从结构上看，80486 是将 80386 微处理器及与其配套芯片集成在一块芯片上，具体地说，80486 芯片中集成了 80386 处理器、80387 数字协处理器、8KB 的高速缓存(Cache),以及支持构成多微处理器的硬件。

80486 的主要特性 ：

(1) 首次增加 RISC 技术。

(2) 芯片上集成部件多，数据高速缓存、浮点运算部件、分页虚拟存储管理和 80387 数值协处理器等多个部件。

(3) 高性能的设计。

(4) 完全的 32 位体系结构。

(5) 支持多处理器。

(6) 具有机内自测试功能，可以广泛地测试片上逻辑电路、超高速缓存和片上分页转换高速缓存。

2. 80486 的寄存器结构

80486 寄存器组包括：基本寄存器(通用寄存器、指令指针、标志寄存器和段寄存器)、系统寄存器(控制寄存器、系统地址寄存器)、浮点寄存器(数据寄存器、标志字、状态字、指令和数据指针、控制字)、调试和测试寄存器等。

(1) 通用寄存器：八个 32 位通用寄存器可存放数据或地址，且能支持数据操作数 1 位、8 位、16 位或 32 位以及 1～32 位的位字段。地址操作数有 16 位或 32 位。32 位寄存器的名字叫 EAX、EBX、ECX、EDX、ESI、EDI、EBP 及 ESP。

通用寄存器的低 16 位可分别用 16 位名为 AX、BX、CX、DX、SI、DI、BP 和 SP 的寄存器来访问。当分别访问低 16 位时，高 16 位内容不变。

8 位操作可以单独访问通用寄存器 AX、BX、CX、DX 的低位字节(0～7 位)或高位字节(8～15 位)。低位字节分别叫 AL、BL、CL、DL，高位字节分别叫 AH、BH、CH、DH，单独的字节访问提供了数据操作的灵活性，但不用于有效地址的计算。

(2) 指令指针：指令指针是 32 位的寄存器，称为 EIP。在 EIP 中存放下一条要执行的指令的偏移值，偏移值是相对于代码段的基值而言的，EIP 的低 16 位包含有 16 位指令指针，称为 IP，它是用于 16 位编址的。

(3) 标志寄存器：标志寄存器是 32 位寄存器，称为 EFLAGS。在 EFLAGS 中规定的位和位字段控制某些操作，指明 486 微处理器状态，其低 16 位(0～15 位)包含有 16 位寄存器，称为 FLAGS，它在执行 8086 和 80286 指令时是最有用的，EFLAGS 如图 2-16 所示。

3. 80486 的存储器组织结构

486 存储器分为 8 位长(字节)、16 位长(字)和 32 位长(双字)。字存储在相邻的两个字节中，分高位字节和低位字节，高位字节在高地址。双字存储在相邻的四个字节，低位字节在低地址，高位字节在高地址。字或双字的地址是指低位字节的地址。

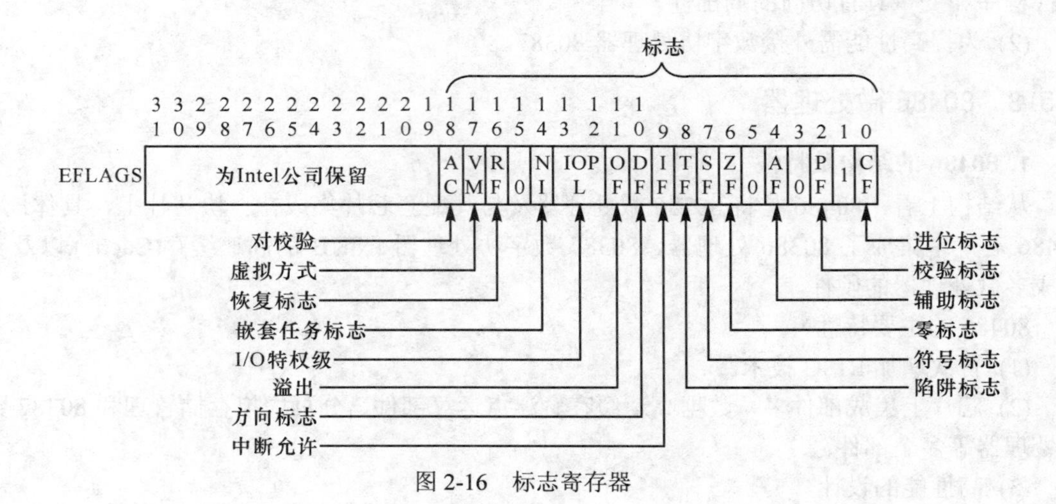

图 2-16　标志寄存器

除了这些基本的数据类型以外，486 微处理器还支持两个更大的存储器单元：页面和段。存储器可划分为一个或多个可变长的段。段中数据可与盘交换或被程序之间公用，存储器也可组织成一个或多个 4 KB 的页面，而且段和页面可组合，发挥两者的优点。

486 微处理器支持段和页，从而为系统设计者提供了最大灵活性，使分段和分页互为补充。在以逻辑模块来组织存储器时分段很有用，例如对应用程序设计员，它是一种有用的工具；而对系统程序设计员在管理系统的物理存储器时，分页是很有用的。

(1) 地址空间：486 微处理器有三个地址空间：逻辑地址、线性地址和物理地址。逻辑地址(也称为虚拟地址)由一个选择符和偏移量组成，选择符是段寄存器的内容，偏移量是由所有编址的成分(基址、变址、位移量)相加而形成的一个有效地址。因为在 486 微处理器中，每一个任务有一个最大 16 K 的选择符，而偏移量可以是 4GB，这就是说每个任务可有 2^{46}K(64TB)的逻辑地址空间。

分段部件把逻辑地址空间转换成 32 位线性地址空间，如果分页部件处于禁止状态，则 32 位线性地址就对应于物理地址。分页部件处于允许工作状态时，它完成线性地址空间到物理地址空间的转换工作，该物理地址就是出现在芯片地址引脚上的地址。

实方式和保护方式的主要不同点是分段部件怎样把逻辑地址转换成线性地址。在实方式下，分段部件把选择器左移四位后加上偏移值便形成线性地址。而在保护方式下，每个选择器有一个线性基地址与其对应，该线性基地址存储在两个操作系统表中(即逻辑描述符表或全局描述符表)，该选择器的线性基地址加上偏移值即形成最后的线性地址。

(2) 段寄存器的使用：为了提供一个紧凑的指令编码和提高处理器的性能，指令不需要显式地指明哪一个段寄存器被使用，通常，用包含在 DS 寄存器中的选择器访问数据，用 SS 寄存器访问堆栈，而取指令用 CS 寄存器。指令指针中的内容便是偏移量。段超越前缀允许显式使用给定的段寄存器，超越前缀也允许使用 ES、FS 及 GS 寄存器。

对任何段的基地址的重叠没有什么限制，这样，所有 6 个段都可以把基地址置“0”而生成一个有 4 GB 线性地址空间的系统。这个系统中，虚拟地址空间与线性地址空间相同。

(3) I/O 空间：486 微处理器也有两个独立的物理地址空间：存储器空间和 I/O 空间。虽然 486 微处理器也支持存储器映射的外部设备，但通常都把外部设备放在 I/O 空间。该 I/O 空间由 64 KB 组成，它可以分为 64 K 个 8 位端口、32 K 个 16 位端口或 16 K 个 32 位端口，或者总和小于 64 KB 的各种端口组合。该 64 K I/O 地址空间对应于存储器的物理地址而不是线性地址，因为 I/O 指令不通过分段和分页硬件。

2.5.4 Pentium 微处理器

1. Pentum 微处理器的主要特征

(1) 与 80×86 系列微处理器完全兼容。

(2) 采用 RISC 型超标量结构。

(3) 高性能的浮点运算器。

(4) 双重分离式高速缓存。

(5) 增强了错误检测与报告功能。

(6) 64 位数据总线。

(7) 分支指令预测。

(8) 常用指令固化及微代码改进。

(9) 具有实地址模式、保护模式、虚拟 8086 模式以及具有特色的 SMM(系统管理模式)。

2. Pentium 微处理器的主要新技术

(1) 超标量流水线：超标量(Super Scalar)流水线设计是 Pentium 处理器技术的核心。它由 U 和 V 两条指令流水线构成，每条流水线都拥有自己的 ALU(算术逻辑单元)、地址生成电路和与数据 Cache 的接口。这种流水线结构允许 Pentium 在单个时钟周期内执行两条整数指令，比相同频率的 486DX 的 CPU 性能提高了一倍。

Pentium 双流水线中的每一条流水线分为 5 个步骤，即指令预取、指令解码、地址生成、指令执行、回写。当一条指令走过预取步骤，流水线就可以开始对另一条指令进行操作。

Pentium 是双流水线结构，可以一次执行两条指令，每条流水线执行一个。这个过程称为"指令并行"。在这种情况下，要求指令必须是简单指令，且 V 流水线总是接受 U 流水线的下一条指令。例如，在下述 4 条指令中

```
MOV DX，5
INC CX
MOV DX，5
INC DX
```

前两条指令可以并行工作，而后两条指令则不行，它会产生结果的冲突，因为后两条指令都在对同一个寄存器 AX 进行操作。因而，Pentium 的有效使用还必须借助于有适用的编译工具，能产生尽量不冲突的指令序列。

(2) 独立的指令 Cache 和数据 Cache：80486 片内有 8 KB Cache，而 Pentium 则为两个 8 KB，一个作为指令 Cache，另一个作为数据 Cache，即双路 Cache 结构，TLB 的作用是将线性地址翻译成物理地址。指令 Cache 和数据 Cache 采用 32×8 的线宽(80486DX 为 16×8 线宽)，是对 Pentium 64 b 总线的有力支持。

Pentium 的数据 Cache 有两个接口，分别通向 U 和 V 两条流水线，以便能在相同时刻向

两个独立工作的流水线进行数据交换。当向已被占满的数据 Cache 写数据时，将移走一部分当前使用频率最低的数据，并同时将其写回主存，这个技术称为 Cache 回写技术。由于处理器向 Cache 写数据和将 Cache 释放的数据写回主存是同时进行的，所以，采用 Cache 回写技术可大大节省处理时间。

指令和数据分别使用不同的 Cache，使 Pentium 的性能大大提高。例如，流水线的第一个步骤为指令预取，在这一步中，指令从指令 Cache 中取出来，如果指令和数据合用一个 Cache，指令预取和数据操作之间很有可能发生冲突。提供两个独立的 Cache 则可避免这种冲突并允许两个操作的并发执行。

(3) 浮点操作：Pentium 的浮点单元流水分为 8 级，浮点操作的执行过程分为 8 级流水，使每个时钟周期能完成一个浮点操作，甚至在一个时钟周期内能完成两个浮点操作。

浮点单元流水线的前 4 个步骤同整数流水线相同，后 4 个步骤的前两步为二级浮点操作，后两步为四舍五入及写结果和出错报告。Pentium 的 FPU 对一些常用指令如 ADD、MUL 和 LOAD 等采用了新的算法，同时，用电路进行了固化，用硬件来实现，提高了速度。

(4) 分支预测：循环操作在软件设计中使用十分普遍，而每次循环中循环条件的判断占用了大量的 CPU 时间。为此，Pentium 提供一个称为分支目标缓冲器 BTB(Branch Target Buffer) 的小 Cache 来动态地预测程序分支。当一条指令导致程序分支时，BTB 记住这条指令和分支目标的地址，并用这些信息预测这条指令再次产生分支时的路径，预先从此处预取，保证流水线的指令预取步骤不会空置。

当 BTB 判断正确时，分支程序即刻得到解码。从循环程序来看，在进入循环和退出循环时，BTB 会发生判断错误，需重新计算分支地址。

在 Pentium 中，常用指令如 MOV、INC、DEC、PUSH、POP、JMP、CALL(near)、NOP、SHIFT、NOT 和 TEST 等改用硬件实现，不再使用微码操作，使指令的运行得到进一步加快。而其他的微码指令由于运行于双流水线上，速度也得到了提高。

习 题 2

2.1　EU 与 BIU 各自的功能是什么？如何协同工作？

2.2　8086/8088 微处理器内部有哪些寄存器，它们的主要作用是什么？

2.3　8086 对存储器的管理为什么采用分段的办法？

2.4　在 8086 中，逻辑地址、偏移地址、物理地址分别指的是什么？具体说明。

2.5　给定一个存放数据的内存单元的偏移地址是 20C0H，(DS)=0C00EH，求出该内存单元的物理地址。

2.6　8086/8088 为什么采用地址/数据引线复用技术？

2.7　8086 与 8088 的主要区别是什么？

2.8　怎样确定 8086 的最大或最小工作模式？最大、最小模式产生控制信号的方法有何不同？

2.9　8086 被复位以后，有关寄存器的状态是什么？微处理器从何处开始执行程序？

2.10　8086 基本总线周期是如何组成的？各状态中完成什么基本操作？

2.11 在基于8086的微计算机系统中，存储器是如何组织的？是如何与处理器总线连接的？BHE#信号起什么作用？

2.12 80×86系列微处理器采取与先前的微处理器兼容的技术路线，有什么好处？有什么不足？

2.13 80386内部结构由哪几部分组成？简述各部分的作用。

2.14 80386有几种存储器管理模式？都是什么？

2.15 在不同的存储器管理模式下，80386的段寄存器的作用是什么？

2.16 描述符的分类及各描述符的作用是什么？

2.17 80386的分段部件是如何将逻辑地址变为线性地址的？

2.18 803866中如何把线性地址变为物理地址？

第3章　寻址方式和指令系统

3.1　寻址方式

计算机必须通过执行指令序列才能完成特定的任务，每种计算机都有一组指令集供给用户使用，这组指令集就称为计算机的指令系统。目前，一般小型或微型计算机的指令系统可以包括几十种或百余种指令。本章介绍80×86的指令系统及其寻址方式(Addressing Mode)。

计算机中的指令由操作码字段和操作数字段两部分组成。操作码说明计算机要执行哪种操作，如传送、运算、移位、跳转等操作，它是指令中不可缺少的组成部分。操作数是指令执行的参与者，即各种操作的对象，有些指令不需要操作数，通常的指令都有一个或两个操作数，也有个别指令有3个甚至4个操作数。例如，加法指令除需要指定做加法操作外，还需要提供加数和被加数。操作数字段可以是操作数本身，也可以是操作数地址或是地址的一部分，还可以是指向操作数地址的指针或其他有关操作数的信息。

指令的一般格式：

操作码	操作数	…	操作数

大多数运算型指令可使用三地址指令：除给出参加运算的两个操作数外，还指出运算结果的存放地址。也可使用二地址指令，此时分别称两个操作数为源操作数和目的操作数。尽管在指令执行前这两个操作数都是输入操作数，但指令执行后将把运算结果存放到目的操作数的地址之中。也就是说，经过运算后，参加运算的一个操作数将会丢失，被运算结果替代。如果在以后的运算中还会用到这个操作数的话，则应在运算之前先为它准备一个副本(即提前存储在另外的地方)。80×86的大多数运算型指令就采用这种二地址指令，少数采用三地址指令。

指令的操作码字段在机器里的表示比较简单，每一种操作对应确定的二进制代码。指令的操作数字段的情况比较复杂，如果操作数存放在寄存器中，则由于寄存器的数量较少，因而需要指定的操作数地址的位数就较少，比如访问16个寄存器，只要5位二进制码；但如果操作数存放在存储器里，那么一个存储单元的地址对8086就需要20位，对80386及其后继机型则需要32位。怎样设法使它在指令的操作数字段的表示中减少位数是指令系统设计者要考虑的问题。另外，从程序运行时的数据结构来看，操作数常常不是单个的数，往往是成组的以表格或数组的形式存放在存储器的某一区中，在这种情况下，指令用什么方式来指定操作数地址更好呢?这在计算机的设计中也是一个很重要的问题，它会影响机器运行的速度和效率。

计算机的CPU只能识别二进制代码，所以机器指令由二进制代码组成，为便于人们使用才采用汇编语言来编写程序。汇编语言是一种符号语言，它用助记符来表示操作码，符号或

符号地址来表示操作数或操作数地址，它与机器指令一一对应。

3.1.1 与数据有关的寻址方式

这种寻址方式通过确定操作数地址从而找到操作数。在80x86系列CPU中，8086和80286的字长是16位，一般情况下只处理8位和16位数，只是在乘、除指令中才会有32位数；80386及其后继机型其字长为32位，因此它除可处理8位和16位操作数外，还可处理32位操作数，在乘除法情况下可产生64位数。本节下面所述例子，如处理的是32位数，则适用于386及其后继机型。

指令中的操作数可以通过如下三种方式提供：一个具体的数值(在指令中直接给出)、存放数据的寄存器、或指明数据在主存位置的存储器地址。在以下数据寻址方式的讨论中，均以MOV 指令为例来说明。MOV指令的功能是将源操作数SRC传送至目的操作数DEST：

MOV DEST,SRC；DEST←SRC

1. 立即寻址方式(Immediate Addressing)

操作数直接存放在指令中，它作为指令的一部分存放在代码段里，这种操作数称为立即数。立即数可以是8位的或16位的。对于386及其后继机型则可以是8位或32位的。如果是16位数，则高位字节存放在高地址中，低位字节存放在低地址中；如果是32位数，则高位字在高地址中，低位字在低地址中。这种寻址方式如图3-1所示。

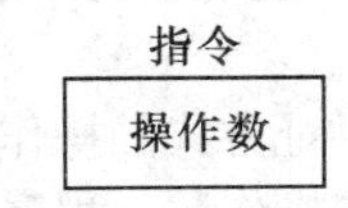

图3-1 立即寻址

立即寻址方式用来表示常数，它经常用于给寄存器赋初值，并且只能用于源操作数字段，不能用于目的操作数字段，且源操作数长度应与目的操作数长度一致。

例3.1 MOV AL，8

则指令执行后，(AL)＝08H

例3.2 MOV AX，1234H

则指令执行后，(AX)＝1234H，该指令的二进制代码是：B83412H。1234H为立即数，它是指令的一个组成部分，见图3-2。

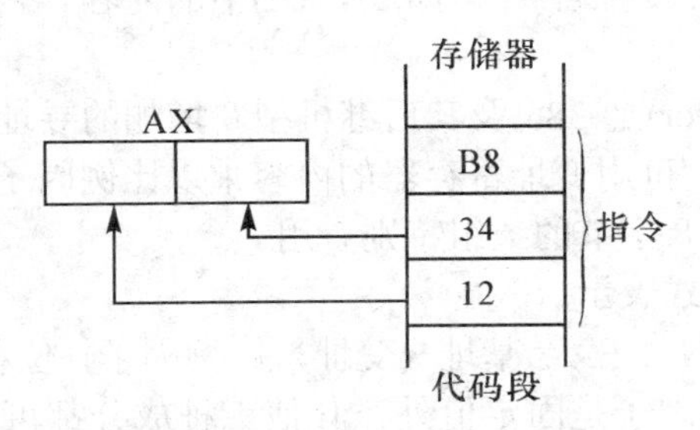

图3-2 例3.2的执行情况

例 3.3　MOV　EAX，12345678H

则指令执行后，(EAX)=12345678H。

2. 寄存器寻址方式(Register Addressing)

操作数在寄存器中，指令指定寄存器号。对于 16 位操作数，寄存器可以使用 AX，BX，CX，DX，SI，DI，SP 和 BP；对于 8 位操作数，寄存器可以使用 AL，AH，BL，BH，CL，CH，DL，DH；对于 386 及其后继机型还可以有 32 位操作数，寄存器可以使用 EAX，EBX，ECX，EDX，ESI，EDI，ESP 和 EBP。这种寻址方式由于操作数存放在寄存器中，不需要访问内存来取得操作数，因而可以得到较高的运算速度。该方式如图 3-3 所示。

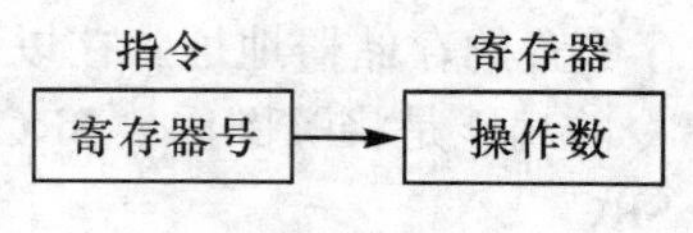

图 3-3　寄存器寻址

例 3.4(1)　MOV　AX，BX

假如指令执行前(AX)＝1234H，(BX)＝5678H；则指令执行后，(AX)＝5678H，而(BX)保持不变。

例 3.4(2)　MOV　ECX，EDX

如执行前(ECX)=21583642H，(EDX)=12345678H；则指令执行后，(ECX)=12345678H，(EDX)保持不变。

除上述两种寻址方式外，以下各种寻址方式的操作数都在除代码段以外的存储区中。通过不同寻址方式求得操作数地址，从而取得操作数。程序员编程时，一般都使用存储器的逻辑地址，因此，操作数的逻辑地址是由段基地址和偏移地址组成。段基地址在实模式和保护模式下可从不同途径取得。在本小节里，要解决的问题是如何取得操作数的偏移地址。在 80×86 里，把操作数的偏移地址称为有效地址(Effective Address，EA)，所以下述各种寻址方式即为求得有效地址(EA)的不同途径。

有效地址可以由以下四种成分组成：

(1) 位移量(Displacement)是存放在指令中的一个 8 位、16 位或 32 位的数，但它不是立即数，而是一个地址。

(2) 基址(Base)是存放在基址寄存器(如 BP，BX)中的内容。它是有效地址中的基址部分，通常用来指向数据段中数组或字符串的首地址。

(3) 变址(Index)是存放在变址寄存器(如 SI，DI)中的内容。它通常用来访问数组中的某个元素或字符串中的某个字符。

(4) 比例因子(Scale factor)是 386 及其后继机型新增加的寻址方式中的一个术语，其值可为 1，2，4 或 8。在寻址中，可用变址寄存器的内容乘以比例因子来取得变址值。这类寻址方式对访问元素长度为 2，4，8 字节的数组特别有用。

有效地址的计算可以下式表示：

$$EA = 基址 + (变址 \times 比例因子) + 位移量 \tag{3-1}$$

这四种成分中，除比例因子是固定值外，其他三种成分都可正、可负，以保证指针移动的灵活性。

8086/80286 只能使用 16 位寻址，而 80386 及其后继机型则既可用 32 位寻址，也可用 16 位寻址。在这两种情况下，对以上四种成分的组成有不同的规定，表 3-1 说明了这一规定。

表 3-1　　寻址时有效地址的组成

四种成分	16 位寻址	32 位寻址
位移量	0，8，16 位	0，8，32 位
基址寄存器	BP，BX	任何 32 位通用寄存器(包括 ESP)
变址寄存器	SI，DI	除 ESP 以外的 32 位通用寄存器
比例因子	无	1，2，4，8

表 3-2 则说明了各种访存类型下所对应段的默认选择。实际上，在某些情况下，80×86 允许程序员用段跨越前缀来改变系统所指定的默认段，如允许数据存放在除 DS 段以外的其他段中，此时程序中应使用段跨越前缀。有关段跨越前缀的使用方法，本节的很多例子中将会加以说明。但在以下三种情况下，不允许使用段跨越前缀：

(1) 串处理指令的目的串必须用 ES 段。
(2) PUSH 指令的目的和 POP 指令的源必须用 SS 段。
(3) 指令必须存放在 CS 段中。

表 3-2　　默认段选择规则

访存类型	所用段及段寄存器	缺省选择规则
指令	代码段　CS	用于取指令
堆栈	堆栈段　SS	所有的堆栈的进栈和出栈，任何用 ESP 或 EBP 作为基址寄存器的访存
局部数据	数据段　DS	除相对于堆栈以及串处理指令的目的串以外的所有数据访问
目的串	附加数据段　ES	串处理指令的目的串

从访问存储器的数据寻址方式可以看出，式（3-1）中的四种成分可以任意组合使用，在各种不同组合下其中每一种成分均可空缺，但比例因子只能与变址寄存器同时使用，这样可以得到 8 种不同组合的寻址方式。其中有关比例因子的三种组合只能用于 80386 及其后继机型。

3. 直接寻址方式(Direct Addressing)

操作数的有效地址其值就存放在代码段中指令的操作码之后，只包含位移量一种成分。位移量的值即操作数的有效地址，如图 3-4 所示。

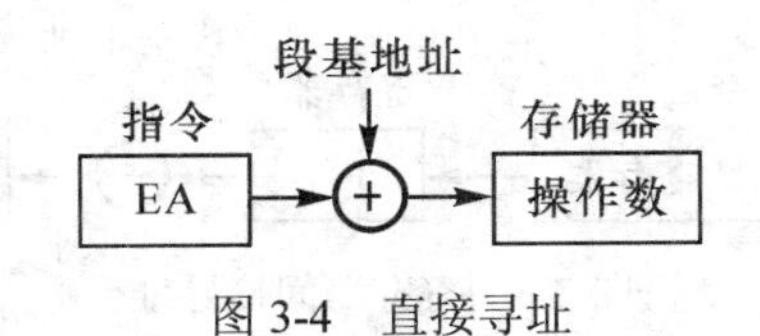

图 3-4　直接寻址

例 3.5　MOV　　AX，[1000H]

假设(DS)＝2000H，则执行情况如图 3-5 所示。

执行结果为：(AX)＝5678H

在汇编语言指令中，可以用符号地址代替数值地址，如：

MOV　CX，COUNT

此时 COUNT 为存放操作数单元的符号地址，也可以写成：

MOV　CX，[COUNT]

两者是等效的。如果 COUNT 在附加段中，则应指定段跨越前缀如下：

MOV　AX，ES:COUNT 或 MOV　AX，ES:[COUNT]

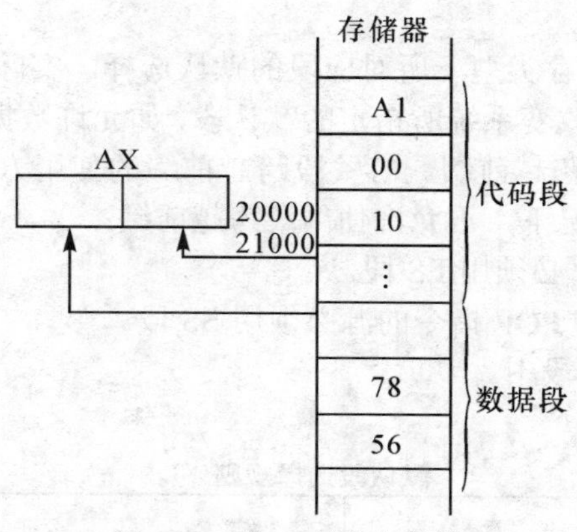

图 3-5　例 3.5 的执行情况

例 3.6　MOV　　EAX，DATA1

指令中的DATA1 为符号地址，其中存放着32 位操作数，故目的操作数也应使用32 位寄存器。

直接寻址方式适用于处理单个变量。例如，要处理某个存放在存储器里的变量，可以用直接寻址方式把该变量先取到一个寄存器中，然后再作进一步处理。

80×86 中为了使指令字不要过长，规定双操作数指令的两个操作数中，只能有一个使用存储器寻址方式，这就是一个变量常常先要送到寄存器的原因。

4．寄存器间接寻址方式(Register Indirect Addressing)

操作数的有效地址存放在某个寄存器中。因此，有效地址只包含基址寄存器内容或变址寄存器内容一种成分，而操作数本身则在存储器中，如图 3-6 所示。根据表 3-1 中的规定，在 16 位寻址时可以使用的寄存器是 BX，BP，SI 和 DI，在 32 位寻址时，可以使用 EAX，EBX，ECX，EDX，ESP，EBP，ESI 和 EDI 8 个通用寄存器。同时，又根据表 3-2 中的规定，凡使用 BP，ESP 和 EBP 时，其默认段为 SS 段，其他寄存器的默认段为 DS 寄存器。

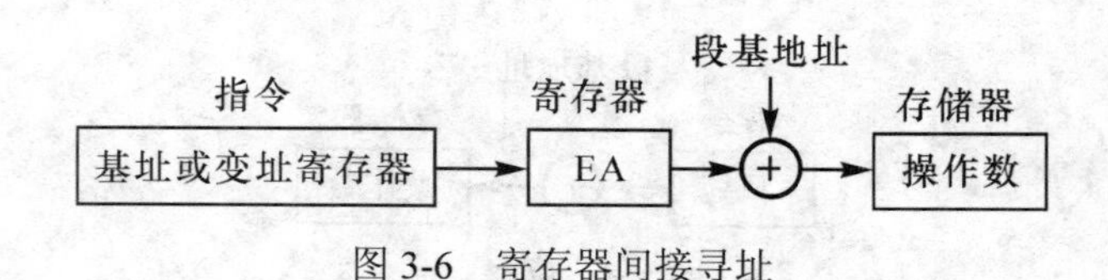

图 3-6　寄存器间接寻址

例 3.7　MOV　　AX，[BX]

如果　　(DS)＝13BEH，(BX)＝2000H

则　　物理地址：13BE0+2000＝15BE0H

执行情况如图 3-7 所示。执行结果为：(AX)＝0A3FEH

指令中也可指定段跨越前缀来取得其他段中的数据，例如：

MOV　AX，ES:[BX]

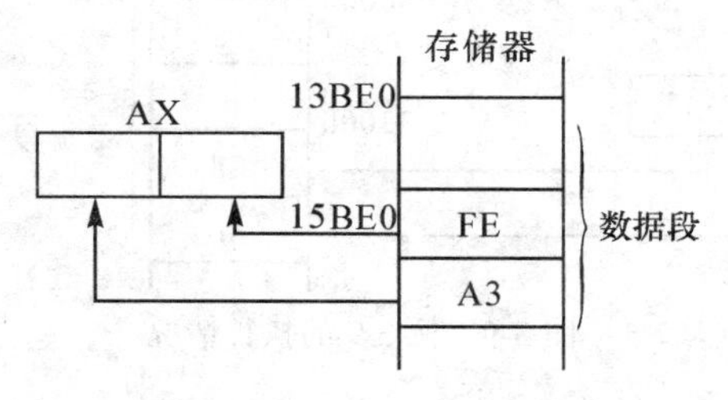

图 3-7　例 3.7 的执行情况

例 3.8　MOV　ECX，[EDX]

指令把数据段中有效地址存放在 EDX 寄存器中的 32 位操作数传送到 ECX 寄存器中。

这种寻址方式可以用于表格处理，执行完一条指令后，只需修改寄存器中的内容就可以取出表格的下一项。

5．寄存器相对寻址方式(Register Relative Addressing)(或称直接变址寻址方式)

操作数的有效地址由两部分组成，为基址寄存器或变址寄存器的内容与指令中指定的位移量之和。这种寻址方式如图 3-8 所示。它所允许使用的寄存器及其对应的默认段情况与"4. 寄存器间接寻址方式"中所说明的相同。

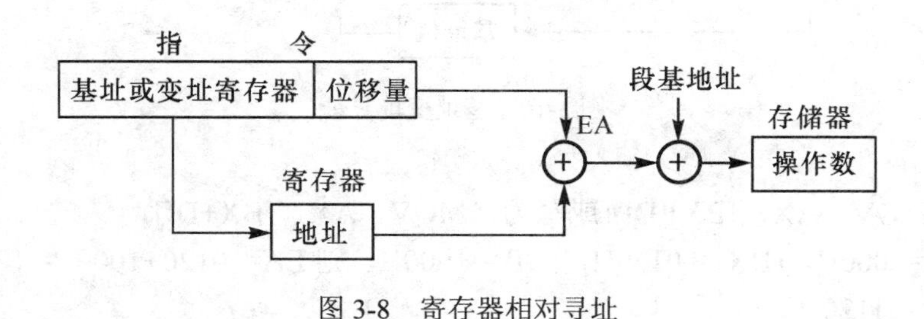

图 3-8　寄存器相对寻址

例 3.9　MOV　AX，ARRAY[SI](也可表示为 MOV　AX，[ARRAY+SI])，其中 ARRAY 为 16 位位移量的符号地址。

如果 (DS)＝3000H，(SI)＝1000H，ARRAY＝2000H，则物理地址＝30000+2000+1000＝33000H。指令执行情况如图 3-9 所示，执行结果：(AX)＝5678H

类似地，可有　MOV　　EAX，TABLE[ESI]

TABLE 为 32 位位移量的符号地址，ESI 的内容指向此表格中的一项。

这种寻址方式同样可用于表格处理，表格的首地址可设置为位移量，利用修改基址或变址寄存器的内容来取得表格中的值。

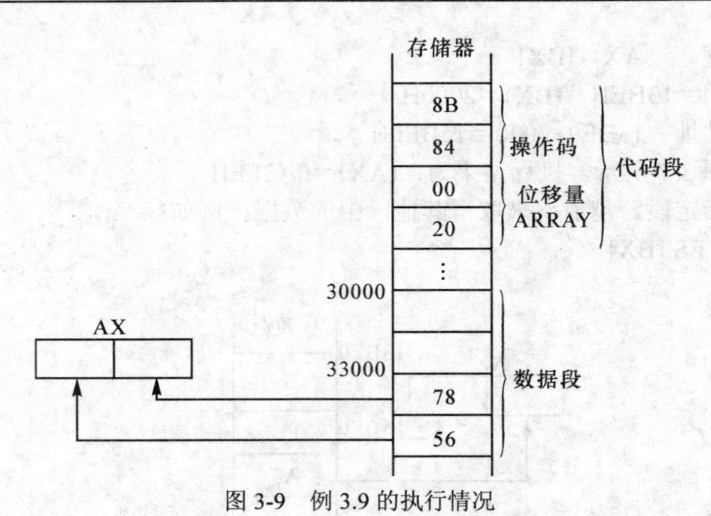

图 3-9 例 3.9 的执行情况

直接变址寻址方式也可以使用段跨越前缀，例如：

MOV DL，ES：STRING[SI]

6. 基址变址寻址方式(Based Indexed Addressing)

操作数的有效地址由两种成分组成：有效地址是一个基址寄存器和一个变址寄存器的内容之和。这种寻址方式如图 3-10 所示。它所允许使用的寄存器及其对应的默认段见表 3-1 和表 3-2。

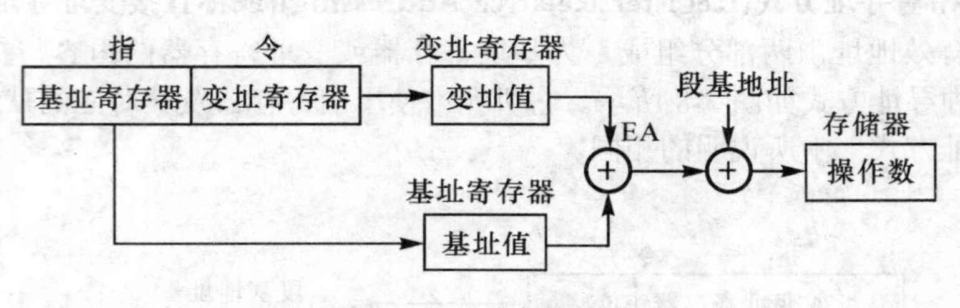

图 3-10 基址变址寻址

例 3. 10 MOV AX，[BX][DI](或写为：MOV AX，[BX+DI])

假设(DS)＝2000H，(BX)＝0120H，(DI)＝1000H，则 EA＝0120+1000＝1120H，物理地址＝20000+1120＝21120H

指令执行情况如图 3-11 所示。执行结果(AX)＝3412H。

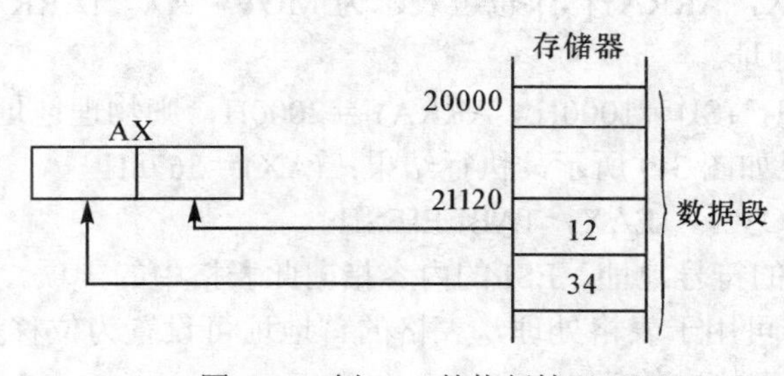

图 3-11 例 3.10 的执行情况

类似地，对于32位寻址方式可有：

MOV　　EDX，[EBX][ESI]

这种寻址方式同样适用于处理数组或表格，可将首地址存放在基址寄存器中，而用变址寄存器来访问数组中的各个元素。由于两个寄存器都可以修改，所以它比直接变址方式更加灵活。

该寻址方式使用段跨越前缀时的格式：

MOV　　AX，ES:[BX][SI]

7. 相对基址变址寻址方式(Relative Based Indexed Addressing)

操作数的有效地址由三种成分组成：有效地址是一个基址寄存器的内容、一个变址寄存器的内容和指令中指定的位移量三部分相加之和。这种寻址方式如图3-12所示。它所允许使用的寄存器及其对应的默认段见表3-1和表3-2。

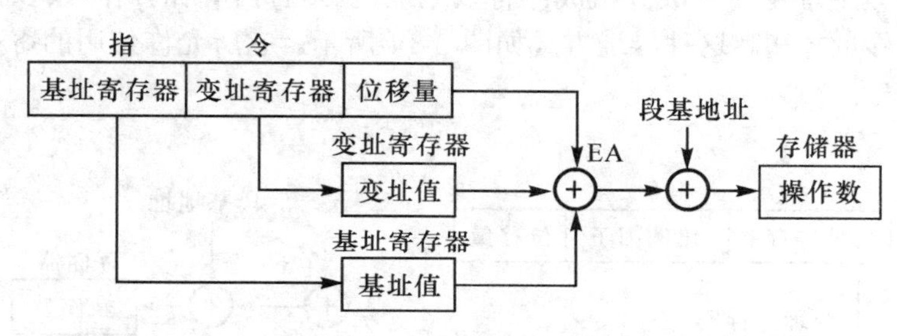

图3-12　相对基址变址寻址

例3.11　MOV　AX，CNT[BX][SI]

(也可写成　MOV　AX，CNT[BX+SI]或MOV　AX，[CNT+BX+SI])。

假如(DS)＝4000H，(BX)＝3000H，(SI)＝2000H，CNT＝0100H，

则物理地址＝16d ×(DS)+(BX)+(SI)+CNT＝40000+3000+2000+0100＝45100H，指令执行情况如图3-13所示，执行结果(AX)＝7856H。

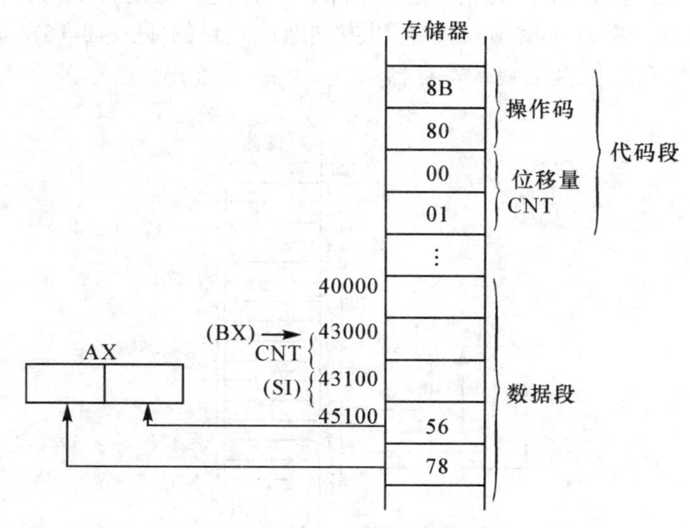

图3-13　例3.11的执行情况

类似地，对于 32 位寻址方式可有：

MOV　EAX，ARRAY[EBX][ECX]

这种寻址方式通常用于对二维数组的寻址。例如，存储器中存放着由多个记录组成的文件，则位移量可指向文件之首，基址寄存器指向某个记录，变址寄存器则指向该记录中的一个元素。这种寻址方式也为堆栈处理提供了方便，一般(BP)可指向栈顶，从栈顶到数组的首址可用位移量表示，变址寄存器可用来访问数组中的某个元素。

这种寻址方式及以下几种寻址方式使用段跨越前缀的方式与以前所述类似。

以下三种寻址方式均与比例因子有关，这些寻址方式只能用在 80386 及其后继机型中，8086 / 80286 不支持这几种寻址方式。

8. 比例变址寻址方式(Scaled Indexed Addressing)

操作数的有效地址由三种成分组成：有效地址是变址寄存器的内容乘以指令中指定的比例因子再加上位移量之和。这种寻址方式如图 3-14 所示。它所允许使用的寄存器及相应的默认段见表 3-1 和表 3-2。

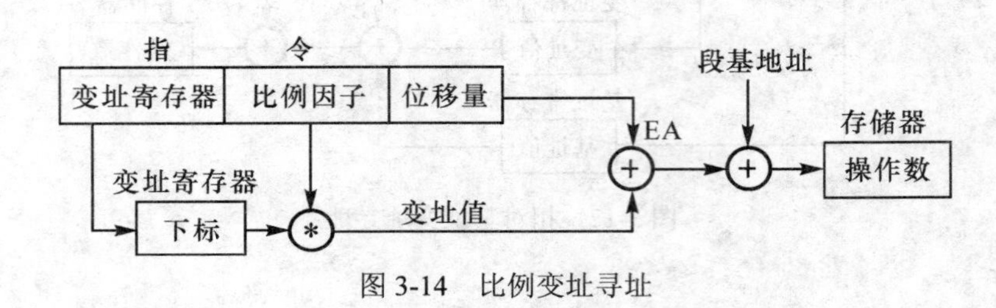

图 3-14　比例变址寻址

这种寻址方式与相对寄存器寻址相比，增加了比例因子，其优点是：对于元素大小为 2，4，8 字节的数组，可以在变址寄存器中给出数组元素下标，而由寻址方式控制直接用比例因子把下标转换为变址值。

例 3.12　MOV　　EAX，CNT[ESI×4]

如要求把双字数组 CNT 中的元素 3 送到 EAX 中，用这种寻址方式可直接在 ESI 中放入 3，选择比例因子 4(数组元素为 4 字节长)就可以方便地达到目的(见图 3-15)，而不必像在相对寄存器寻址方式中要把变址值直接装入寄存器中。

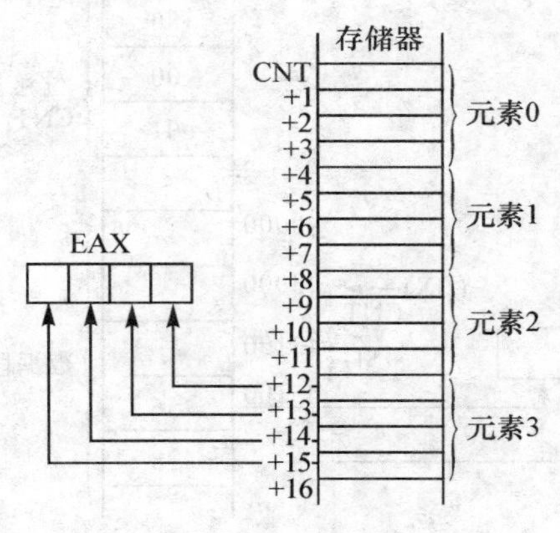

图 3-15　例 3.12 的执行情况

9. 基址比例变址寻址方式(Based Scaled Indexed Addressing)

操作数的有效地址由三种成分组成：有效地址是变址寄存器的内容乘以比例因子再加上基址寄存器的内容之和，这种寻址方式如图 3-16 所示。它所允许使用的寄存器及相应的默认段见表 3-1 和表 3-2。

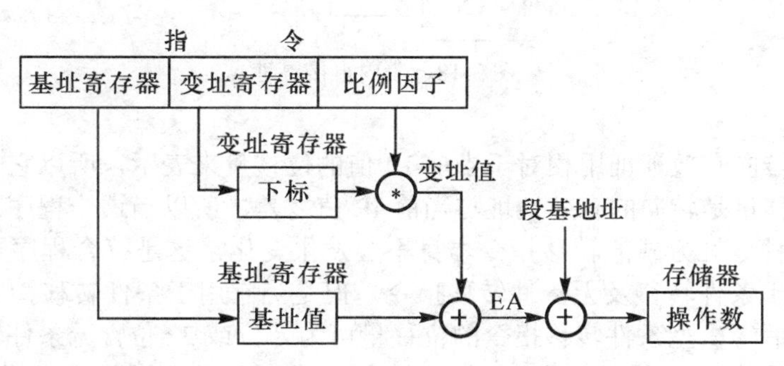

图 3-16 基址比例变址寻址

这种寻址方式与基址变址寻址方式相比，增加了比例因子，其优点是很明显的。

例 3.13 MOV ECX，[EAX][EDX×8]

10. 相对基址比例变址寻址方式(Relative Based Scaled Indexed Addressing)

操作数的有效地址由四种成分组成：有效地址是变址寄存器的内容乘以比例因子，加上基址寄存器的内容，再加上位移量之和。这种寻址方式如图 3-17 所示。它所允许使用的寄存器及相应的默认段见表 3-1 和表 3-2。

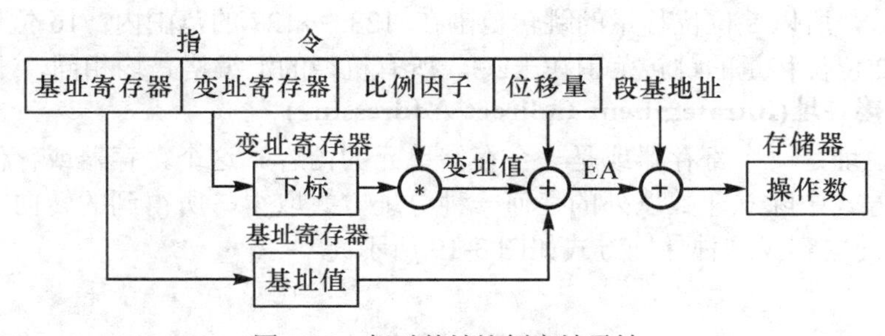

图 3-17 相对基址比例变址寻址

这种寻址方式比相对基址变址方式增加了比例因子，便于处理元素为 2，4，8 字节的二维数组。

例 3.14 MOV EAX，TABLE[EBP][EDI×4]

3.1.2 与地址有关的寻址方式

这种寻址方式用来确定转移指令及 CALL 指令的目标地址。

1. 段内直接寻址(Intrasegment Direct Addressing)

转向的有效地址是当前 IP 寄存器的内容和指令中指定的 8 位或 16 位位移量之和，如图 3-18 所示。

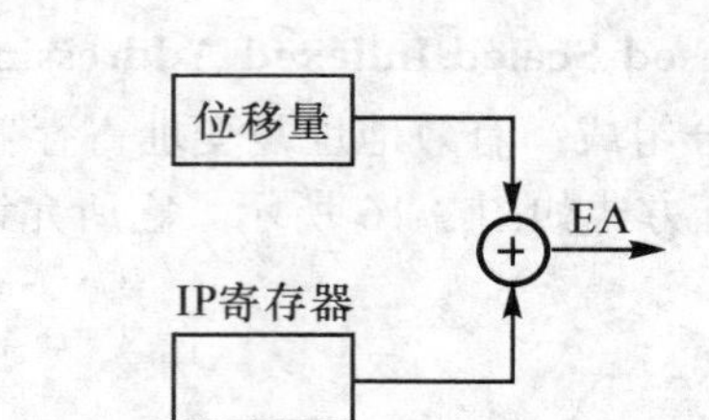

图 3-18　段内直接寻址

这种方式的转向有效地址用相对于当前 IP 值的位移量来表示，所以它是一种相对寻址方式。指令中的位移量是转向的有效地址与当前 IP 值之差，所以当这一程序段在段内中的不同区域运行时，这种寻址方式的转移指令本身不会发生变化，这是符合程序再定位要求的。这种寻址方式适用于条件转移及无条件转移指令，但是当它用于条件转移指令时，位移量只允许 8 位(386 及其后继机型条件转移指令的位移量可为 8 位或 32 位)。无条件转移指令在位移量为 8 位时称为短跳转(操作符 SHORT)，位移量为 16 位时则称为近跳转(操作符 SHORT PTR)。

指令的汇编语言格式表示为：

```
JMP     NEAR PTR PROGIA
JMP     SHORT QUEST
```

其中，PROGIA 和 QUEST 均为转向的符号地址，在机器指令中，用位移量来表示。在汇编指令中，如果位移量为 16 位，则在符号地址前加操作符 NEAR PTR；如果位移量为 8 位，则在符号地址前加操作符 SHORT。

对于 386 及其后继机型，代码段的偏移地址存放在 EIP 中，同样用相对寻址的段内直接方式，只是其位移量为 8 位或 32 位。8 位对应于短跳转；32 位对应于近跳转。由于位移量本身是个带符号数，所以 8 位位移量的跳转范围在-128～+127 的范围内；16 位位移量的跳转范围为±32K，32 位位移量的跳转范围在±2G。所有机型的汇编格式均相同。

2. 段内间接寻址(Intrasegment Indirect Addressing)

转向有效地址是一个寄存器或是一个存储单元的内容。这个寄存器或存储单元的内容可以用数据寻址方式中除立即数以外的任何一种寻址方式取得，所得到的转向的有效地址用来取代 IP 寄存器的内容，这种寻址方式如图 3-19 所示。

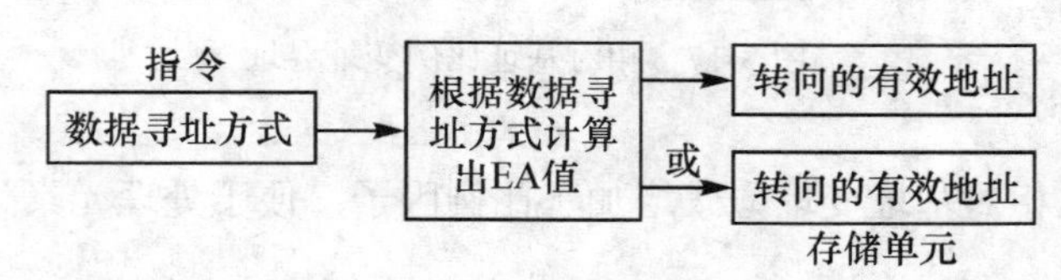

图 3-19　段内间接寻址

这种寻址方式以及以下的两种段间寻址方式都不能用于条件转移指令。也就是说，条件转移指令只能使用段内直接寻址的 8 位位移量(386 及其后继机型允许 8 位或 32 位位移量)，而 JMP 和 CALL 指令则可用四种寻址方式中的任何一种。

段内间接寻址转移指令的汇编格式可以表示为：

```
JMP     BX
```

JMP　　WORD PTR [BP+TABLE]

其中 WORD PTR 为操作符，用以指出其后的寻址方式所取得的转向地址是一个字的有效地址，也就是说它是一种段内转移。

以上两种寻址方式均为段内转移，所以直接把求得的转向的有效地址送到 IP 寄存器就可以了，CS 的值不变。

下面举例说明在段内间接寻址方式的转移指令中，转向的有效地址的计算方法。

假设：(DS)＝2000H，(BX)＝1256H，(SI)＝528FH，

位移量＝20AlH，(232F7H)＝3280H，(264E5H)＝2450H。

例 3.15　JMP　BX

则执行该指令后(IP)＝1256H

例 3.16　JMP　TABLE[BX]

则执行该指令后(IP)＝(16d×(DS)+(BX)+位移量)

＝(20000+1256+20A1)

＝(232F7)

＝3280H

例 3.17　JMP　[BX][SI]

则指令执行后(IP)＝(16d×(DS)+(BX)+(SI))

＝(20000+1256+528F)

＝(264E5)

＝2450H

以上说明及举例都是针对 8086 的 16 位寻址来分析的，对于 386 及其后继机型除 16 位寻址方式外，还可使用 32 位寻址方式，就方法而言与 16 位寻址完全相同。

例 3.18　JMP　ECX

例 3.19　JMP　WORD　PTR　TABLE[ESI]

3. 段间直接寻址(Intersegment Direct Addressing)

在指令中直接提供了转向段地址和偏移地址，所以只要用指令中指定的偏移地址取代 IP 寄存器的内容，用指令中指定的段地址取代 CS 寄存器的内容就完成了从一个段到另一个段的转移操作，如图 3-20 所示。

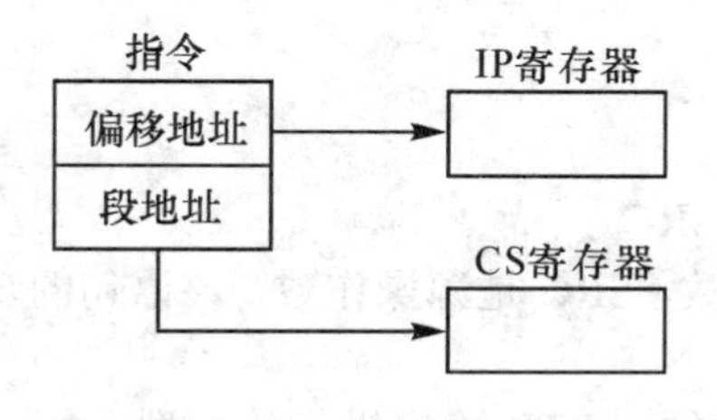

图 3-20　段间直接寻址

指令的汇编语言格式可表示为：

JMP　FAR　PTR　NEXTROUTINT

其中，NEXTROUTINT 为转向的符号地址，FAR　PTR 则是表示段间转移的操作符。

对于 386 及其后继机型，段间转移应修改 CS 和 EIP 的内容，方法仍然和 16 位寻址时一致。

4. 段间间接寻址(Intersegment Indirect Addressing)

用存储器中的两个相继字的内容来取代 IP 和 CS 寄存器中的原始内容，以达到段间转移的目的。这里，存储单元的地址是由指令指定除立即数方式和寄存器方式以外的任何一种数据寻址方式取得，如图 3-21 所示。

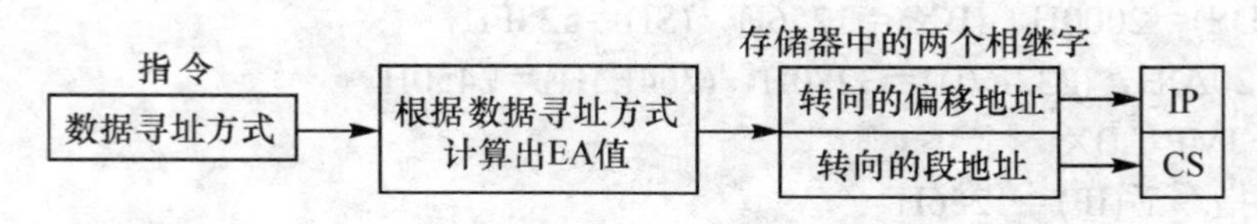

图 3-21　段间间接寻址

这种指令的汇编语言格式可表示为：

JMP　DWORD　PTR　[INTERS+BX]

其中，[INTERS+BX]说明数据寻址方式为直接变址寻址方式，DWORD PTR 为双字操作符，说明转向地址需取双字为段间转移指令。

对于 386 及其后继机型，除 16 位寻址方式外，还可使用 32 位寻址方式，方法上也与 16 位寻址相同，如：

JMP　DWORD　PTR　[EDI]

3.2　8086 指令系统

8088／8086 CPU 指令系统可以分为以下 5 类：数据传送类指令、算术运算类指令、逻辑运算指令和移位类指令、控制转移类指令、处理器控制类指令。下面分别介绍各指令的格式及功能。

3.2.1　数据传送类指令

数据传送指令用来实现寄存器和存储器间的字节或字的数据传送，其中包括堆栈操作、地址传送等。

1. 通用数据传送指令

(1) 数据传送指令 MOV

格式为：MOV　DEST，SRC

功能：DEST 是目的操作数，SRC 是源操作数，该语句的功能是将源操作数送至目的地址中，即 SRC→DEST。

立即数到存储单元，但必须用 PTR 确定操作数类型，如：

MOV　BYTE　PRT [5000H]，78H　　；将立即数 78H 送到数据段的(5000H)中

存储单元到寄存器，如：

MOV　AX，[BX]　　；将地址为(DS)左移 4 位+BX 的存储单元的内容送到 AX 中

寄存器到存储单元，如：

MOV　TABLE，AX　；将寄存器 AX 中的内容送到 TABLE 存储单元中

寄存器或存储单元到除 CS 外的段寄存器，如：

MOV　DS，DATA　　；将 DATA 存储单元的内容送到 DS 中

段寄存器到寄存器或存储单元，如：

MOV　AX，DS　　　；将段寄存器的内容送到 AX 中

使用 MOV 指令时要注意以下一些问题：

① MOV 指令不允许在两个存储单元之间直接传送数据。

② MOV 指令不允许在两个段寄存器之间直接传送数据。

③ MOV 指令不允许用立即数直接为段寄存器赋值。

④ MOV 指令不影响标志位。

(2) 堆栈操作指令

堆栈是内存中的一块特殊的存储区。一般情况下，堆栈中的数据只能通过堆栈的一端进行存取，这一端称为“栈顶”。由于堆栈数据总是通过栈顶进行存取，因此，最后压入堆栈的数据总是最先被取出，称为“先进后出”。

IBM-PC 机的堆栈操作必须以“字”为单位进行，堆栈中的数据在堆栈段中从地址高端向低端存放，栈顶指针用 SP 寄存器表示。堆栈操作指令包括入栈指令 PUSH 和出栈指令 POP。

● PUSH 入栈指令

格式：PUSH　SRC

功能：将寄存器、段寄存器或存储器中的一个字数据压入堆栈中。

执行的操作：SP←SP-2

(SP+1，SP)←SRC

例 3.20　PUSH　AX

执行前：AX=0A7B8H，SP=1000H，堆栈情况如图 3-22(a)所示。

执行后：(0FFEH)=0A7B8H，AX 的内容不变。堆栈情况如图 3-22(b)所示。

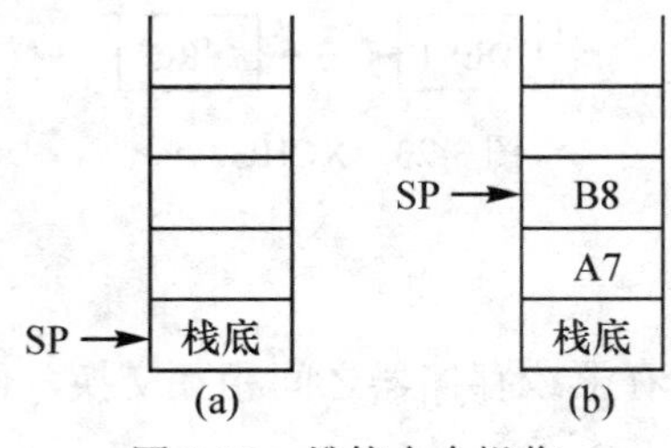

图 3-22　堆栈命令操作

寄存器到寄存器，如：

NOV　AX，BX　　；将 BX 的内容送到 AX 中

立即数到寄存器，如：

MOV　AX，03H　　；将立即数 03H 送到 AX 中

● POP 出栈指令

格式：POP　SRC

功能：将堆栈栈顶内容弹入寄存器、段寄存器或存储器中。

执行的操作：SRC←(SP+1，SP)

SP←SP+2

例 3. 21　POP　AX

执行前：AX＝1111H，堆栈情况如图 3-22(b)所示。

执行后：AX＝0A7B8H，堆栈情况如图 3-22(a)所示。

说明：

① PUSH 指令的操作数不能是“立即数”，POP 指令的操作数不能是段寄存器 CS。

② PUSH 和 POP 指令都不影响标志位。

③ 在堆栈操作中，堆栈的正确存取顺序十分重要。当多个数据暂存时，PUSH 压入数据的顺序与 POP 弹出的顺序正好相反。

例 3. 22　依次用堆栈保存 AX、BX、CX、DX 寄存器的内容，然后再将它们复原。

```
PUSH    AX
PUSH    BX
PUSH    CX
PUSH    DX
POP     DX
POP     CX
POP     BX
POP     AX
```

(3) 交换指令与换码指令

● 交换指令 XCHG

格式：XCHG　DEST，SRC

功能：将两个操作数的内容互换，如图 3-23 所示。

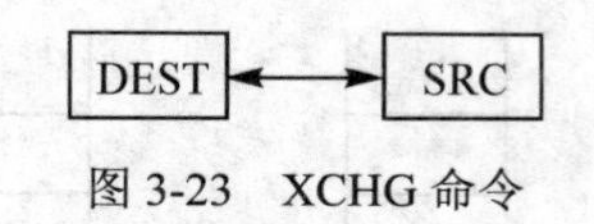

图 3-23　XCHG 命令

说明：

① 它可在累加器、通用寄存器或存储器之间相互交换，但两个存储器间不能直接交换，也不允许使用段寄存器。

② XCHG 指令可以是字节或字操作，且不影响标志位，如：

XCHG　　AX，[2000H]

其功能为交换 AX 寄存器和 2000H 地址单元的内容，如指令执行前 AX=01F0H，DS=F000H，(F2000H)=4AB7H，则指令执行后 AX=4AB7H，(F2000H)=01F0H。

例 3. 23　写出使两个内存单元 NUMl 和 NUM2 的内容互换的指令。

```
MOV   AX，NUMl
XCHG  AX，NUM2
MOV   NUMl，AX
```

由于 XCHG 指令不允许同时对两个存储单元进行操作，因而借助于一个通用寄存器 AX。先把 NUMl 中的数据传送到 AX，再将 AX 中的内容与 NUM2 进行交换。

● 换码指令 XLAT

格式：XLAT

或　　XLAT　SRC

功能：XLAT 指令将一种代码转换成另一种代码。

说明：SRC 是一个换码表首地址，执行该命令后，换码表的一个字节内容送到 AL 中。XLAT 指令所需的数据表格是预先建立的。当需要进行代码转换时，应先将表格的首地址存入 BX 寄存器，并把需要转换的代码(即相对于首地址的偏移值)存入 AL 寄存器。执行 XLAT 指令则可把(BX+AL)内存地址单元的内容装入 AL 寄存器，如图 3-24 所示。

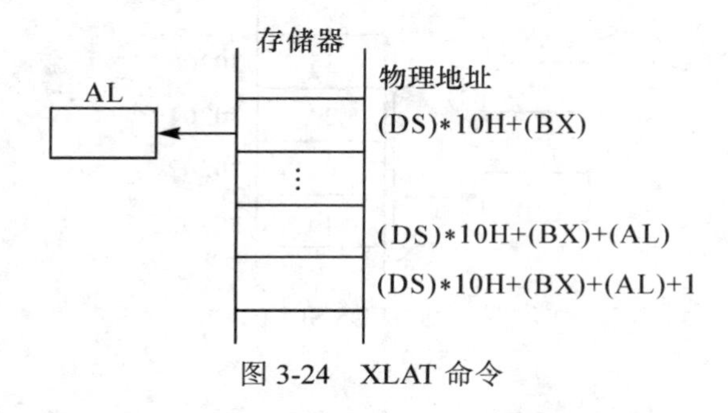

图 3-24　XLAT 命令

该指令的执行结果不影响标志位。

由于 AL 寄存器只有 8 位，所以表格长度不能超过 256 个字节。

2. 地址传送指令

(1) 有效地址送寄存器指令 LEA

格式：LEA　DEST，SRC

功能：该指令把源操作数的偏移地址送到指定的寄存器中。

说明：

① DEST 可以为任一个 16 位通用寄存器，SRC 可以是变量名、标号或地址表达式，如：

LEA　AX,TABLE　　；TABLE 为标号

LEA　CX，[BX+SI]

LEA　DX，NUM[SI+BX]　　；NUM 为变量

② LEA 指令取的是变量的偏移地址，而不是变量的值。

例 3. 24　比较以下两条指令的区别，

LEA　DX，VALUE

MOV　AX，VALUE

如果指令执行前，VALUE 的有效地址为 100H，以 VALUE 为符号地址的字单元的内容为 3056H，则指令执行后 DX=0100H，AX=3056H。

(2) 数据段指针送寄存器指令 LDS

格式：LDS　DEST，SRC

功能：该指令把源操作数指定的内存中连续 4 个字节单元(即双字)中的低地址中的字（标号或变量所在段的地址偏移量)送到由指令指定的通用寄存器中，通常指定 SI 寄存器，将双字的高地址中的字(标号或变量所在的段基址)送到 DS 寄存器中。

说明：DEST 是一个 16 位通用寄存器，SRC 是存储器地址。

例 3.25 LDS SI，[BX]

该指令执行前 DS=30000H，BX=0200H，(30200H)=2A35H，(30202H)=4000H，则执行后 DS=4000H，SI=2A35H。指令执行过程如图 3-25 所示。

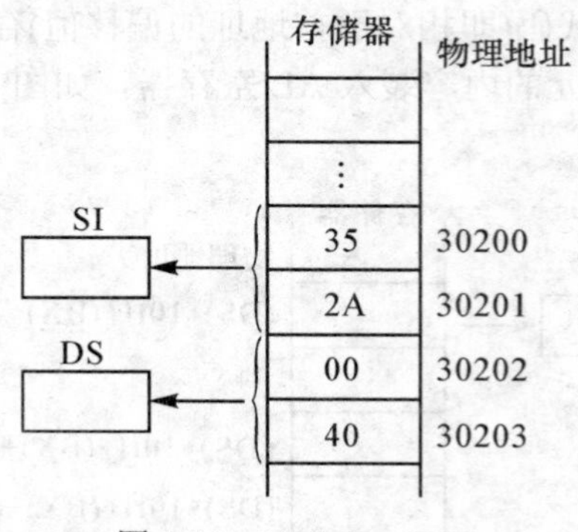

图 3-25 LDS SI，[BX]

(3) 附加段指针送寄存器指令 LES

格式：LES DEST，SRC

功能：该指令与 LDS 相似，但它是对附加数据段工作。它把源操作数指定的内存中连续 4 个字节单元(即双字)中的低地址中的字(标号或变量所在段的地址偏移量)，送到由指令指定的通用寄存器中，通常指定 DI 寄存器，将双字的高地址中的字(标号或变量所在的段基址)，送到 ES 寄存器中。

例 3.26 LES DI，[BX]

如该指令执行前 DS=B0000H，BX=0020H，(B0020H)=0076H，(B0022H)=1F00H，则执行后 ES=1F00H，DI=0076H。

3 条地址传送指令的目的操作数都不为段寄存器，且源操作数寻址方式必须是除立即数方式和寄存器方式以外的其他寻址方式，它们不影响标志位。

3. 标志寄存器传送指令

(1) 标志寄存器送 AH 指令 LAHF

格式：LAHF

功能：将标志寄存器的低 8 位送到 AH 中。

(2) AH 送标志寄存器指令

格式：SAHF

功能：将 AH 的内容送到标志寄存器的低 8 位中。

(3) 标志寄存器入栈指令

格式：PUSHF

功能：将标志寄存器的内容压入堆栈。

(4) 标志出栈指令

格式：POPF

功能：将栈顶内容弹出，送入标志寄存器中。

以上4条指令中，LAHF和PUSHF不影响标志位，SAHF和POPF则由装入值来确定标志位的值。

4. 输入／输出指令

输入／输出指令用于主机与外设端口间的数据交换。输入／输出指令又可分为长格式和短格式两种，这是因为在IBM-PC里，外部设备最多可有65536个I／O端口，端口(即外设的端口地址)为0000～FFFFH。其中前256个端口(0～FFH)可以直接在指令中指定，这就是长格式中的PORT，此时机器指令用两个字节表示，第二个字节就是端口号。所以用长格式时可以在指令中直接指定端口号，但只限于前256个端口。当端口号大于256时，只能使用短格式，此时，必须先把端口号放到DX寄存器中(端口号可以为0000～0FFFFH)，然后再用IN或OUT指令来传送信息。

(1) 输入指令IN

长格式为：IN AL，PORT (字节)

　　　　　IN AX，PORT (字)

执行的操作：AL←(PORT) (字节)

　　　　　　AX←(PORT+1，PORT) (字)

短格式为：IN AL，DX (字节)

　　　　　IN AX，DX (字)

执行的操作：AL←DX (字节)

　　　　　　AX←(DX+1，DX) (字)

功能：把指定的端口中的数据送到累加器AL(字节)或AX(字)中。

说明：本指令不影响标志位。

(2) 输出指令OUT

长格式为：OUT PORT，AL (字节)

　　　　　OUT PORT，AX (字)

执行的操作：(PORT)←AL (字节)

　　　　　　(PORT+1，PORT)←AX (字)

短格式为：OUT DX，AL (字节)

　　　　　OUT DX，AX (字)

执行的操作：[DX]←AL (字节)

　　　　　　([DX]+1，[DX])←AX (字)

功能：把累加器AL(字节)或AX(字)中的数据送到指定的端口中。

说明：本指令不影响标志位。

例3.27

```
IN   AL，40H        ；40H号端口的内容→AL
OUT  80H，AL        ；(AL)→80H号端口
MOV  DX，259H       ；259H→DX
```

IN AL，DX ；([DX])→AL

3.2.2 算术运算类指令

IBM-PC算术运算指令可以对无符号或有符号二进制数以及十进制数进行算术运算。其中包括四种标准算术运算指令加、减、乘、除，以及十进制调整指令和操作数符号扩展指令。

1. 加法指令

(1) 普通加法指令ADD

格式：ADD DEST，SRC

功能：DEST←DEST+SRC，即源操作数与目的操作数相加，其和送入目的地址中。

说明：该指令的操作数可以是字节或字，源操作数可以存放在通用寄存器或存储单元中，也可以是立即数；目的操作数只能在寄存器或存储单元中，不能是立即数。该指令进行运算的结果对CF、OF、SF、PF、ZF、AF有影响。

(2) 加1指令INC

格式：INC DEST

功能：DEST←DEST+1，即目的操作数加1再送回目的地址中。

该指令不影响标志位CF，只影响AF、OF、PF、SF、ZF。

(3) 带进位加法指令ADC

格式：ADC DEST，SRC

功能：DEST←DEST+SRC+CF，即将源操作数、目的操作数和标志位CF相加，结果送回目的操作数地址。

该指令影响标志位CF、AF、OF、PF、SF、ZF。

显然，ADD指令和ADC指令的差别只是在ADC指令中多加了一个进位位CF的值。

对无符号数来说，进位位CF在有限的数位范围内说明了结果的溢出情况。进行高精度运算时，可把CF作为低位向高位的进位，计入高位字中参加运算。一般在进行单精度运算时用ADD指令。进行高精度运算时，低位用ADD指令，高位用ADC指令，以接收低位产生的进位。

例3.28 16位单精度加法运算，其指令为：

ADD BX，0F0F0H

设指令执行前，BX=1234H，则

指令执行后，BX=0324H，CF=1，ZF=0，SF=0，OF=0。

例3.29 双精度(32位)加法运算。

设目的操作数存放在DX和AX寄存器中，其中DX存放高位字。源操作数存放在CX和BX寄存器中，其中CX存放高位字。

如果指令执行前：DX=0067H，AX=F000H

CX=0001H，BX=2345H

指令序列为：

ADD AX，BX

ADC DX，CX

第一条指令执行后：AX=1345H，CF=1，ZF=0，SF=0，OF=0。

第二条指令执行后：DX=0069H，CF=0，ZF=0，SF=0，OF=0。

该指令序列执行完后，DX=0069H，AX=1345H，结果正确。

2. 减法指令

(1) 普通减法指令 SUB

格式：SUB DEST，SRC

功能： DEST←DEST-SRC，即从目的操作数中减去源操作数，其差值送入目的地址中。

本指令影响标志位 AF、CF、OF、PF、SF、ZF。

(2) 带借位减法指令 SBB

格式：SBB DEST，SRC

功能：DEST←DEST-SRC-CF，即从目的操作数中减去源操作数和标志位 CF，结果送入目的地址中。

其中 CF 为进位位，在减法指令中表示向高位的借位。减法指令其他特征与加法指令相同。本指令只影响标志位 AF，CF，OF，PF，SF，ZF。

(3) 减 1 指令 DEC

格式：DEC　DEST

功能：(DEST)←(DEST)-1 即目的操作数减 1，结果送回目的地址中。

本指令影响标志位 AF，OF，PF，SF，ZF。

例 3.30　求两个 3 字节数之差。

```
A1   DB 105，36，59
A2   DB   120，64，72
     MOV   Al，A1
     SUB   AL, A2            ；低字节数之差
     MOV   AH，A1+1
     SBB   AH，A2+l          ；带借位中间字节数之差
     MOV   DL，Al+2
     SBB   DL，A2+2          ；高位字节数之差
```

(4) 比较指令 CMP

格式：CMP DEST，SRC

功能：DEST-SRC，CMP 指令与 SUB 指令一样都是执行减法操作，但它并不保存运算的结果，而只是根据结果设置条件标志位，即 CMP 指令执行后 DEST 的内容不变。在 CMP 指令后面常跟一条条件转移指令，以便根据比较结果产生不同的程序分支。

(5) 求补指令 NEG

格式：NEG　OPR

功能：操作数求反再加 1。

NEG 指令的条件码按求补后的结果设置：当操作数为 0 时，求补运算的结果使 CF=0，其他情况 CF 均为 1，只有当字节运算对-128 求补以及字运算对-32768 求补时 OF=1，其他情况 OF 均为 0。

3. 乘法指令

(1) 无符号数乘法指令 MUL

格式：MUL SRC

功能：字节操作　AX←AL*SRC

　　　字操作　　DX.AX←AX*SRC

(2) 有符号数乘法指令 IMUL

格式：IMUL SRC

功能：字节操作　AX←AL*SRC

　　　字操作　　DX.AX←AX*SRC

乘法指令格式中的操作数为源操作数，可以使用除立即数以外的任何一种寻址方式。乘法指令的目的操作数为隐含操作数，隐含累加器 AX(字节操作用 AL，字操作用 AX)。乘法运算的结果，如果源操作数是字节类型，则 16 位乘积存放在 AX 中；如果源操作数是字类型，

```
MUL     BL
IMUL    BL
```

设 AL=9CH，BL=14H，分别作为无符号数和有符号数参加运算。

① 当作为无符号数时，使用 MUL 指令。

AL=9CH 的十进制数为 156D。

BL=14H 的十进制数为 20D。

其结果为：AX=C30H=3120D，CF=OF=1。

② 当作为有符号数时，使用 IMUL 指令。

AL=9CH 的十进制为-100D。

BL=14H 的十进制数为 20D。

其结果为：AX=7D0H=-2000D，CF=OF=1。

4. 除法指令

(1) 无符号数除法指令 DIV

格式：DIV SRC

功能：实现两个无符号二进制数除法运算。字节相除，被除数放在 AX 中；字相除，被除数存放在 DX、AX 中，除数在 SRC 中。

字节操作：AL←AX/(SRC)的商

　　　　　AH←AX/(SRC)的余数

字操作：　AX←(DX.AX)/(SRC)的商

　　　　　DX←(DX.AX)/(SRC)的余数

字节操作的 16 位被除数存放在 AX 中，8 位商存放在 AL 中，8 位余数在 AH 中。字操作的 32 位被除数存放在 DX 和 AX 中(其中 DX 存放高位字)，16 位商存放在 AX 中，16 位余数存放在 DX 中。

(2) 有符号数除法指令 IDIV

格式：IDIV SRC

功能：与 DIV 相同，但操作数必须为有符号数。计算的商和余数也为有符号数，且余数的符号和被除数相同。

除法指令的寻址方式与乘法指令相同。其源操作数可以用除立即数以外的任何一种寻址方式，而目的操作数隐含，必须存放在 AX 或(DX.AX)寄存器中。

除法指令中所有条件码标志均不定。

例 3.31 除法指令举例

```
DIV   CL
IDIV  CL
```

设 AX=0400H，CL=A0H，分别作为无符号数和有符号数参加运算。

① 为无符号数时，使用 DIV 指令。

AX=0400H 的十进制数为 1024D。

CL=0A0H 的十进制数为 160D。

其结果为：

AL=06H=06D(商)

AH=40H=64D(余数)

② 当作为有符号数时，使用 IDIV 指令。

AX=00H 的十进制数为+1024D。

CL=0A0H 的十进制数为-96H。

其结果为：

F6H=-10D(商)

AH=40H=+64D(余数)

在使用除法指令时还应注意，除法指令的字节除法的商为 8 位，字除法的商为 16 位。如果字节除法时被除数高 8 位的绝对值大于除数的绝对值，或字除法时被除数高 16 位的绝对值大于除数的绝对值，得到的商就会产生溢出。这种溢出在 IBM-PC 中是由系统直接转入 0 型中断处理的。

5. 符号扩展指令

由于字节除法要求被除数为 16 位，字除法要求被除数为 32 位，往往需要用符号扩展的方法来得到所需的被除数格式，为此系统提供了两条符号扩展指令。

(1) 字节转换为字指令 CBW

格式：CBW

功能：把 AL 中的符号位扩展到 AH。即如果 AL 的最高位为 0，则 AH=00H；如果 AL 的最高位为 1，则 AH=FFH。

(2) 字转换为双字指令 CWD

格式：CWD

功能：把 AX 的符号位扩展到 DX。即如果 AX 的最高位为 0，则 DX=0000H；如果 AX 的最高位为 0，则 DX=FFFFH。

这两条指令不影响条件码的标志。

例 3.32 在 A，B，C 这 3 个字型变量中各存有 16 位有符号数 a，b，c。用程序实现(a*b+c)/a 的运算，结果的商存入 AX 寄存器，余数存入 DX 寄存器。

```
MOV   AX，A          ；取操作数 A
IMUL  B              ；A*B，乘积为 32 位
MOV   BX，AX         ；乘积暂存 CX，BX
MOV   CX，DX
```

```
MOV   AX，C          ；取操作数 2
CWD                  ；符号扩展为 32 位
ADD   AX，BX         ；32 位加法
ADC   DX，CX
IDIV A               ；除以 A
```

程序开始时是 16 位操作数参加运算，但 X 和 Y 的乘积为 32 位，因此则后续运算转为 32 位运算。

6. BCD 码调整指令

BCD 码是利用二进制形式来表示十进制数，即用 4 位二进制数(0000B～100lB)表示一位十进制数(0～9)，而每 4 位二进制数之间的进位又是十进制的形式。因此，BCD 码既具有二进制的特点又具有十进制的特点，例如：

2068=0010000001101000BCD

99=10011001BCD

BCD 码的使用为十进制数在计算机内的表示提供了一种简单而实用的手段，在 8086 中，根据在存储器中的不同存放方式，BCD 码又分为非压缩的 BCD 码和压缩的 BCD 码。非压缩的 BCD 码每个字节只存放一个十进制数字位，而压缩的 BCD 码是在一个字节中存放两个十进制数字位。

例如，将十进制数 8962 用压缩的 BCD 码表示，则为：

1000100101100010

在主存中的存放形式为：

1	0	0	0	1	0	0	1
0	1	1	0	0	0	1	0

而用非压缩的 BCD 码表示为：

00001000000010010000011000000010

在主存中的存放形式为：

0	0	0	0	1	0	0	0
0	0	0	0	1	0	0	1
0	0	0	0	0	1	1	0
0	0	0	0	0	0	1	0

压缩的 BCD 码是一个字节含有两个十进制数位的二进制数，计算机所提供的 ADD、ADC 以及 SUB、SBB 指令只适用于二进制加、减法，在使用加、减法指令对 BCD 码运算后必须经调整后才能得到正确的结果。加法的调整规则是：任意两个用 BCD 码表示的十进制数位相加的结果，如果数值在 1010 和 1111 之间或者产生了向高位的进位，则在其上加 6 可得到正确的结果。

可见第一次得到的 1100 不是 BCD 码，根据调整规则应在其上加 6，得到个位为 2 并向高位进位的正确结果。

第一次加法得到的结果有向高位的进位，根据调整规则在其上加 6，得到个位为 6 并保留进位值，得到正确的结果。

(1) 压缩的 BCD 码调整指令

● 加法的十进制调整指令 DAA

功能：AL←把 AL 中的和调整到压缩的 BCD 码格式。这条指令之前必须执行 ADD 或 ADC 指令，加法指令必须把两个压缩的 BCD 码相加，并把结果存放在 AL 寄存器中。

本指令的调整方法如下：

如果 AF 标志(辅助进位位)为 1，或者 AL 寄存器的低 4 位是十六进制的 A～F，则 AL 寄存器内容加 06H，且将 AF 位置 1。

如果 CF 标志为 1，或者 AL 寄存器的高 4 位是十六进制的 A～F，则 AL 寄存器内容加 60H，且将 CF 位置 1。

DAA 指令对 OF 标志无定义，但影响所有其他条件标志。

例 3.33　ADD AL，BL

　　　　　DAA

如果指令执行前：AL=18H，BL=03H

执行 ADD 指令后：AL=1BH，CF=0，AF=1

执行 DAA 指令时，因 AF=1 则 AL←AL+06H。

得 AL=21H，CF=0，AF=1，结果正确。

● 减法的十进制调整指令 DAS

功能：AL←把 AL 中的差调整到压缩的 BCD 格式。这条指令之前必须执行 SUB 或 SBB 指令，减法指令必须把两个 BCD 码相减并把结果存放在 AL 寄存器中。

本指令的调整方法如下：

如果 AF 的标志为 1，或者 AL 寄存器的低 4 位是十六进制的 A～F，则使 AL 寄存器的内容减去 06H，并将 AF 位置 1；

如果 CF 的标志为 1，或者 AL 寄存器的高 4 位是十六进制的 A～F，则使 AL 寄存器的内容减去 60H，并将 CF 位置 1。

DAS 指令对 OF 标志无定义，但影响所有其他条件标志。

例 3.34　SUB AL，AH

　　　　　DAS

如果指令执行前 AL=86H，AH=07H，则执行 SUB 指令后 AL=7FH，CF=0，AF=1。执行 DAS 指令时，因 AF=1，则 AL←AL-60H。

得 AL=79H，CF=0，AF=1，结果正确。

(2) 非压缩的 BCD 码调整指令

这一组指令适用于数字 ASCII 的调整，也适用于一般的非压缩 BCD 码的十进制调整。

● 加法的 ASCII 调整指令 AAA

功能：AL←把 AL 中的和调整到非压缩的 BCD 格式；AH←AH+调整产生的进位值。

这条指令执行之前必须执行 ADD 或 ADC 指令，加法指令必须把两个非压缩的 BCD 码相加，并把结果存放在 AL 寄存器中。

本指令的调整步骤如下：

① 如果 AL 寄存器的低 4 位在 0～9 之间，且 AF 位为 0，则跳过第②步，执行第③步。

② 如果 AL 寄存器的低 4 位在十六进制数 A～F 之间或 AF 为 1，则 AL 寄存器的内容加

6，AH 寄存器的内容加 1，并将 AF 位置 1。

③ 清除 AL 寄存器的高 4 位。

④ AF 位的值送 CF 位。

AAA 指令除影响 AF 和 CF 标志外，其余标志位均无定义。

例 3.35　ADD AL，BL

　　　　AAA

如果指令执行前，AL=0038H，BL=33H，可见 AL 和 BL 寄存器的内容分别为 8 和 3 的 ASCII 码。第一条指令执行完后，AL=0BH，AF=0；第二条指令进行 ASCII 调整的结果使 (AX)=0101H，AF=1，CF=1。

● AAS 减法的 ASCII 调整指令

功能：AL←把 AL 中的差调整到非压缩的 BCD 格式：AH←AH-调整产生的借位值。

这条指令执行之前必须执行 SUB 或 SBB 指令，减法指令必须把两个非压缩的 BCD 码相减，并把结果存放在 AL 寄存器中。

本指令的调整步骤如下：

① 如果 AL 寄存器的低 4 位在 0～9 之间，且 AF 位为 0，则跳过第②步，执行第③步。

② 如果 AL 寄存器的低 4 位在十六进制数 A～F 之间或 AF 为 1，则 AL 寄存器的内容减去 6，AH 寄存器的内容减 1，并将 AF 位置 1。

③ 清除 AL 寄存器的高 4 位。

④ AF 位的值送 CF 位。

AAS 指令除影响 AF 和 CF 标志外，其余标志位均无定义。

● 乘法的 ASCII 调整指令 AAM

功能：AX←把 AL 中的和调整到非压缩的 BCD 格式。

这条指令之前必须执行 MUL 指令把两个非压缩的 BCD 码相乘(此时要求其高 4 位为 0)，结果放在 AL 寄存器中。

本指令的调整方法是：把 AL 寄存器的内容除以 0AH，商放在 AH 寄存器中，余数保存在 AL 寄存器中。

本指令根据 AL 寄存器的内容设置条件码 SF、ZF 和 PF，但 OF、CF 和 AF 位无定义。

例 3.36　MUL AL，BL

　　　　AAM

如果指令执行前：AL=08H，BL=05H。

执行 MUL 后：AL=28H。

执行 AAM 后：AH=04H，AL=00H。

● 除法的 ASCII 调整指令 AAD

前面所述的加法、减法和乘法的 ASCII 调整指令都是用加法、减法和乘法指令对两个非压缩的 BCD 码运算以后，再使用 AAA、AAS、AAM 指令来对运算结果进行十进制调整的。除法的情况却不同，它是针对以下情况而设立的。

如果被除数是存放在 AX 寄存器中的两位非压缩 BCD 数，AH 中存放十位数，AL 中存放个位数，而且要求 AH 和 AL 中的高 4 位均为 0。除数是一位非压缩的 BCD 数，同样要求高 4 位为 0。在把这两个数用 DIV 指令相除以前，必须先用 AAD 指令把 AX 中的被除数调整成二进制数，并存放在 AL 寄存器中。

AAD 指令执行的操作是：AL←10*AH+AL；AH←0。

本指令根据 AL 寄存器的结果设置 SF，ZF 和 PF 位，OF，CF 和 AF 无定义。

例 3.37
```
MOV BL，5
MOV  AX，0508H
AAD
DIV BL
```

AAD 指令执行后 AX=003AH。

3.2.3 逻辑运算指令

1. 逻辑与指令 AND

格式：AND DEST, SRC

功能：DEST←DEST∧SRC

本指令影响标志位 PF、SF、ZF、CF=0，OF=0。

例 3.38 AND AX，0FH

执行前：AX=0FBFAH。

```
   1111101111111010
∧  0000000000001111
-------------------
   0000000000001010
```

故执行后：AX=000AH。

2. 逻辑或指令 OR

格式：OR DEST, SRC

功能：DEST∨SRC←DEST

本指令只影响标志位 CF=0，OF=0，PF，SF，ZF。

例 3.39 OR AX，55H

执行前：AX=0AAAAH。

```
   1010101010101010
∨  0000000001010101
-------------------
   1010101011111111
```

故执行后：AX=0AAFFH。

3. 逻辑非指令 NOT

格式：NOT DEST

功能：DEST←$\overline{\text{DEST}}$

本指令不影响标志位。

4. 异或指令 XOR

格式：XOR DEST, SRC

功能：DEST←DEST⊕SRC

例 3.40 XOR AX，0FFFFH

执行前：AX=0AAAAH。

```
  1010101010101010
⊕ 1111111111111111
  0101010101010101
```

故执行后：AX=5555H。

5. 测试指令 TEST

格式：TEST DEST, SRC

功能：DEST∧SRC

本指令根据 DEST 和 SRC 逻辑与的结果置标志位 SF、ZF、PF，操作结束后，源操作数和目的操作数内容不变。

逻辑运算指令可以对字节或字进行逻辑运算操作。由于逻辑运算是按位操作的，其操作数一般应是位串而不是数，其逻辑操作结果如表 3-3 所示。

表 3-3　AND、OR 和 XOR 操作

源操作数	目的操作数	AND	OR	XOR
0	0	0	0	0
0	1	0	1	1
1	0	0	1	1
1	1	1	1	0

逻辑运算指令可以对特定的位进行操作，在各种操作及端口操作中会经常用到。利用逻辑运算指令可以完成屏蔽、置位以及测试等操作。

3.2.4　移位类指令

1. 逻辑左移指令 SHL 与算术左移指令 SAL

格式：SHL DEST, COUNT

SAL　DEST, COUNT

功能：将 DEST 向左移动指定的位数，而最低位补入相应个数的 0。CF 的内容为最后移入位的值。

其中 DEST 可以是除立即数以外的任何寻址方式，移位次数由 COUNT 决定，COUNT 可以是 1 或 CL(当移位次数大于 1 时，需先将移位次数放入 CL 中)，其执行过程如图 3-26 所示。

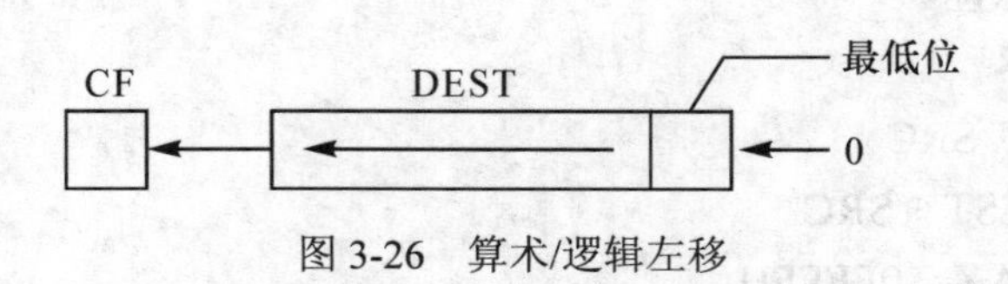

图 3-26　算术/逻辑左移

SAL 和 SHL 常用来作乘以 2^n (n 为移位次数)的运算。使用时要注意是否发生溢出，若有溢出则应使用乘法指令。

例 3.41　设 DI=00FFH，计算 DI*4→DI。

MOV　CL，2

SAL　DI，CL

执行后：DI=03FCH。

2. 算术右移指令 SAR

格式：SAR DEST, COUNT

功能：将 DEST 向右移动指定的位数，这里是将最高有效位右移，同时再用它自身的值填入，即如果原来是 0 则仍为 0，原来是 1 则仍为 1。CF 的内容为最后移入位的值。

其中 DEST 可以是除立即数以外的任何寻址方式，移位次数由 COUNT 决定，COUNT 可以是 1 或 CL(当移位次数大于 1 时，需先将移位次数放入 CL 中)，其执行过程如图 3-27 所示。

图 3-27　算术右移

3. 逻辑右移指令 SHR

格式：SHR DEST, COUNT

功能：将 DEST 向右移动指定的位数，最高位补以相应个数的 0， CF 的内容为最后移入位的值。

其中 DEST 可以是除立即数以外的任何寻址方式，移位次数由 COUNT 决定，COUNT 可以是 1 或 CL(当移位次数大于 1 时，需先将移位次数放入 CL 中)，其执行过程如图 3-28 所示。

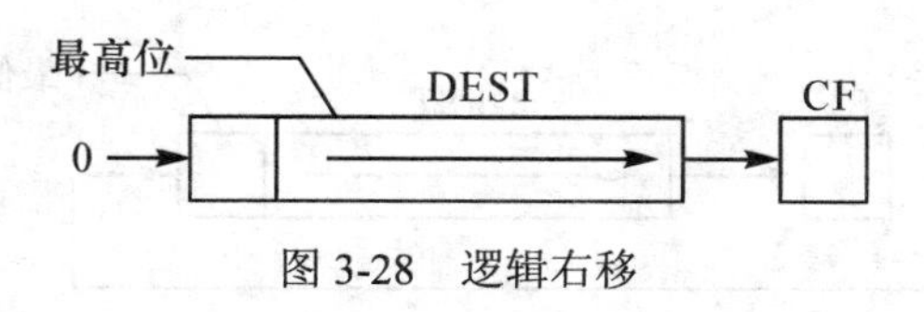

图 3-28　逻辑右移

SAR 和 SHR 指令常用来作除以 2^n(n 为移位次数)的运算。SAR 用于有符号数，SHR 用于无符号数。

例 3.42　MOV CL, 2

SHR　VALUE, CL

如果指令执行前 DS=20000H，VALUE=200H，(20200H)=0008H，则指令执行后(20200H)=0002H，CF=0，相当于 VALUE 除以 4。

4. 循环左移指令 ROL

格式：ROL DEST, COUNT

功能：将目的操作数的最高位与最低位连接起来，组成一个环，将环中所有位一起向左移动由 COUNT 指定的次数。CF 的内容为最后移入位的值。COUNT 的含义与前面相同，其执行过程如图 3-29 所示。

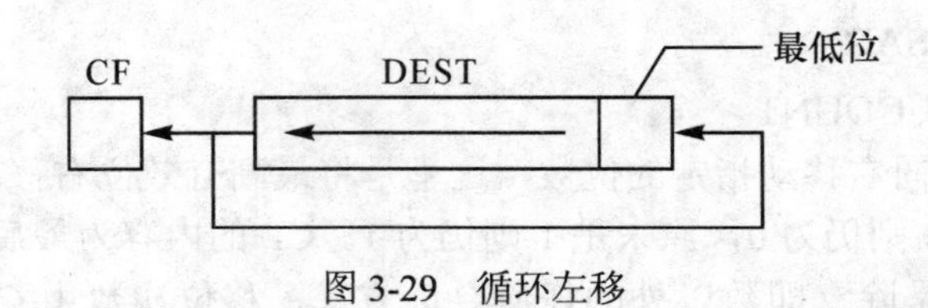

图 3-29 循环左移

5. 循环右移指令 ROR

格式：ROR DEST, COUNT

功能：将目的操作数的最高位与最低位连接起来，组成一个环，将环中所有位一起向右移动由 COUNT 指定的次数。CF 的内容为最后移入位的值。COUNT 的含义与前面相同，其执行过程如图 3-30 所示。

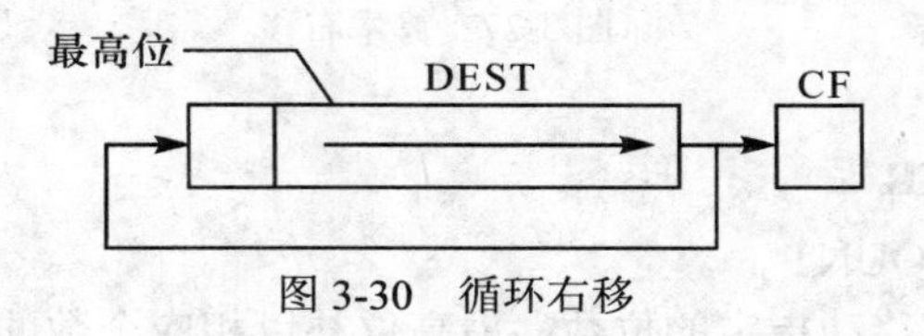

图 3-30 循环右移

6. 带进位循环左移 RCL

格式：RCL DEST, COUNT

功能：将目的操作数连同 CF 标志位一起向左循环由 COUNT 指定的次数，其执行过程如图 3-31 所示。

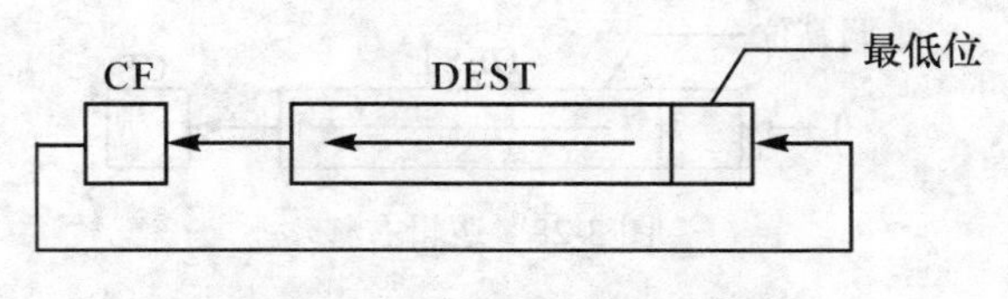

图 3-31 带进位循环左移

7. 带进位循环右移指令 RCR

格式：RCR DEST, COUNT

功能：将目的操作数连同 CF 标志位一起向右循环由 COUNT 指定的次数，其执行过程如图 3-32 所示。

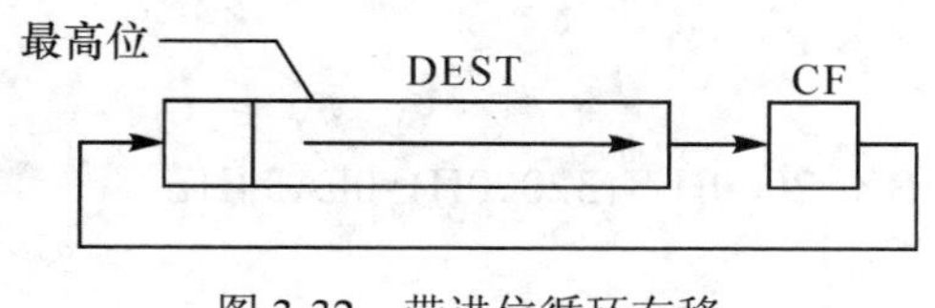

图 3-32 带进位循环右移

循环移位指令可以改变操作数中所有位的位置。

例 3.43 如果 AX=0012H，BX=0034H。要求指导它们装配在一起形成 AX=1234H，可编程如下：

```
MOV   CL, 8
ROL   AX, CL
ADD   AX, BX
```

可以看出，这 8 种指令可以分为两组，前 4 种为移位指令，后 4 种为循环指令。所有移位指令都可以作字或字节操作。所有移位指令都影响 CF 和 OF 标志位。其中，CF 位根据各条指令的规定设置；OF 位只有当 COUNT=1 时才有效，当移位后最高有效位的值发生变化时(原来为 0，移位后为 1；或原来为 1，移位后为 0)，OF 位置 1，否则置 0。循环移位指令不影响除 CF 和 OF 以外的其他条件标志。而算术和逻辑移位指令则根据移位后的结果设置 SF、ZF 和 PF 位，AF 位则无定义。

3.2.5 控制转移类指令

8086/8088 提供了四种转移指令：无条件转移指令、条件转移指令、重复控制指令和子程序调用指令。下面分别来介绍这四种指令。

1. 无条件转移指令 JMP

无条件转移指令可以转到内存的任何地方，该指令不影响标志位的值，但它改变 IP 寄存器或 CS 寄存器的内容。它有如下五种方式：

(1) 段内直接短转移

格式：JMP SHORT DEST

执行的操作：IP←IP+8 位位移量

(2) 段内直接近转移

格式：JMP NEAR PTR DEST

执行的操作：IP←IP+16 位位移量

说明：上述两条指令汇编时，目的地址的值是用当前 IP 的值加上 DEST 与当前 IP 值的和，其中 DEST 常用标号表示。

这两条指令也可以直接写成 JMP DEST，在这种格式中，用户不需要考虑是短转移，还是近转移，汇编程序在汇编时，计算出 JMP 下一条指令与目标地址间的相对偏移量，若该偏移格式：JMP WORD PTR DEST

执行的操作：IP←(EA)

说明：在这种指令中，转移的偏移地址放在一个寄存器或一个存储单元中，可以用除立即数以外的任何一种寻址方式取得。再将取得的偏移地址装入指令寄存器 IP，实现程序转移。

(3) 段内间接转移

例 3.44 JMP [BX]

执行前：DS=3000H，BX=2000H，(32000H)=0FA34H。

执行后：IP=0FA34H。

执行过程如图 3-33 所示。

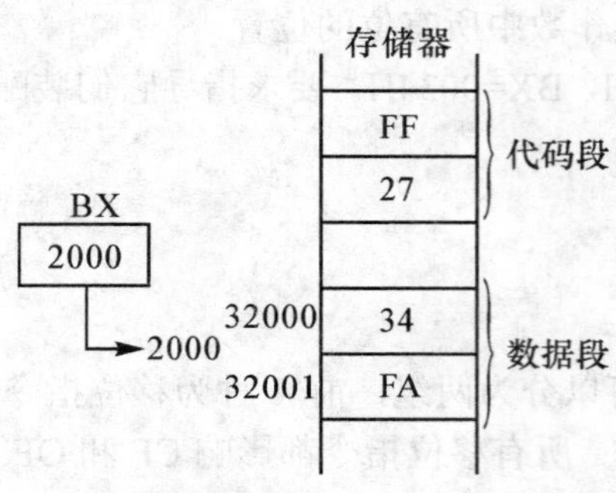

图 3-33 段内间接转移

(4) 段间直接(远)转移

格式：JMP FAR PTR DEST

执行的操作：IP←DEST 的段内偏移地址

CS←DEST 所在段的段地址

说明：在这种指令寻址方式中，指令转移的段地址和偏移地址直接存放在指令的操作数字段中，所以只要用其中的段地址和偏移地址分别取代 CS 和 IP 寄存器中的内容，就可以实现从一个段到另一个段的转移操作。

(5) 段间间接转移

格式：JMP DWORD PTR DEST

执行的操作：IP←(EA)

CS←(EA+2)

说明：这种指令寻址方式，转移的段地址和偏移地址存放在内存中 4 个相邻的字节单元中，指令只能用存储器寻址方式取得段地址和偏移地址的值，修改 CS 寄存器和 IP 寄存器的内容。

例 3.45 JMP DWORD PTR BUF[BX]

执行前：DS=3000H，BX=0020H，BUF=0100H

(30120H)=1234H，(30122H)=5678H

其物理地址 PA=30000H+0100H+0020H=30120H

故执行后：CS=5678H，IP=1234H。

2. 条件转移指令

条件转移指令是根据标志寄存器的单个条件标志的设置情况进行相应的转移。条件转移指令有如下几种：

(1) 根据标志位的条件转移指令

① JZ(或 JE)　结果为零(或相等)则转移

格式：JE/JZ　DEST

测试条件：ZF=1

② JNZ(或 JNE)　结果不为零(或不相等)则转移

格式：JNZ/JNE　DEST

测试条件：ZF=0

③ JS　结果为负则转移

格式：JS DEST

测试条件：SF=1

④ JNS　结果为正则转移

格式：JNS　DEST

测试条件：SF=0

⑤ JO　溢出则转移

格式：JO DEST

测试条件：OF=1

⑥ JNO　不溢出则转移

格式：JNO DEST

测试条件：OF=0

⑦ JP(或 JPE)　奇偶校验位为 1 则转移

格式：JP/JPE DEST

测试条件：PF=1

⑧ JNP(或 JPO)　奇偶校验位为 0 则转移

格式：JNP/JPO DEST

测试条件：PF=0

(2) 比较两个无符号数，并根据比较的结果转移

① JB(或 JNAE，JC)　低于或不高于，且不等于，或进位位为 1 则转移

格式：JB/JNAE/JC　DEST

测试条件：CF=1

② JNB(或 JAE，JNC)　不低于，或者高于，或者等于，或进位位为 0 则转移

格式：JNB/JAE/JNC DEST

测试条件：CF=0

③ JBE(或 JNA)　低于或等于或不高于则转移

格式：JBE/JNA DEST

测试条件：CF=1 或 ZF=1

④ JNBE(或 JA)　不低于或不等于或者高于则转移

格式：JNBE/JA DEST

测试条件：CF=0 且 ZF=0

(3) 比较两个带符号数，并根据比较的结果转移

① JL(或 JNGE)　小于或者不大于且不等于则转移

格式：JL/JNGE DEST

测试条件：SF、OF 异号

② JNL(或 JGE)　不小于，或者大于，或者等于则转移

格式：JNL /JGE DEST

测试条件：SF、OF 同号

③ JLE(或 JNG)　小于或等于，或者不大于则转移

格式：JLE/JNG DEST

测试条件：SF、OF 异号或 ZF=1

④ JNLE(或 JG)　不小于且不等于，或者大于则转移

格式：JNLE/JG DEST

测试条件：SF、OF 同号且 ZF=0

(4) 测试 CX 的值为 0 则转移指令

CX　寄存器的内容为零则转移

格式：JCXZ　DEST

测试条件：(CX)=0

注意：上述条件转移全为 8 位短跳。

3. 循环指令

该组指令使用 CX 寄存器作计数器作为控制条件实现转移，它要求目标地址在本指令的 -128～+127 字节范围内。该组指令不影响标志位。

(1) 循环指令 LOOP

格式：LOOP DEST

测试条件：CX≠0

循环次数初值置 CX 寄存器中，每执行 LOOP 指令一次，使 CX 减 1，并判断 CX，当 CX 不等于 0 则转至标号处，直到 CX=0，才执行后面的指令。

(2) 当为零或相等时循环指令 LOOPZ / LOOPE

格式：　LOOPZ/LOOPE DEST

测试条件：CX≠0 且 ZF=1

循环次数初值置 CX 寄存器中。每执行该指令一次，CX 减 1，并判断 CX 和 ZF，当 CX≠0 且 ZF=1 时，转到标号处；否则执行后续指令。

(3) 当不为零或不相等时循环指令 LOOPNZ / LOOPNE

格式：LOOPNZ/LOOPNE　DEST

测试条件：CX≠0 且 ZF=0

循环次数初值置 CX 中，每执行该指令一次，CX 减 1，并判断 CX 和 ZF 的值，当 CX≠0 且 ZF=0 时转到标号处，否则执行后续指令。

这三条指令的步骤如下：

① CX←CX-1；

② 检查是否满足测试条件，如满足则 IP←IP+D8。

4. 子程序

(1) 调用指令 CALL

格式：CALL DEST

功能：把返回点(即 CALL 指令的下一条指令地址)压入堆栈保护后，转向目标地址处执行子程序。本指令不影响标志位的值。

该指令有如下四种形式：

① 段内直接调用

格式：CALL　NEAR PTR DEST

功能：先将指令指针的值入栈保护，然后将目标地址与调用指令地址相减的相对偏移量加到指令指针 IP 上，实现过程调用。

② 段内间接调用

格式：CALL　WORD PTR DEST

功能：先将指令指针入栈保护，然后从 16 位通用寄存器或所寻址的存储器字中取出目标地址，替换 IP，实现过程调用。

③ 段间直接调用

格式：CALL　FAR PTR DEST

功能：显示当前 CS 入栈后，把指令中的段地址字送入 CS，然后将指令指针 IP 入栈，再将指令中的偏移量送入 IP，实现不同段的过程转移。

④ 段间间接调用

格式：CALL　DWORD PTR DEST

功能：先将当前 CS 入栈，把所寻址的存储器双字中的第 2 个字的内容送入 CS，然后让指令指针 IP 入栈，再把存储器双字中的第 1 个字的内容送入 IP，以实现段间调用。

(2) RET 返回指令

格式：RET

功能：过程执行完后，通过本指令返回原调用程序的返回处。本指令不影响标志位。

对段内调用，返回指令由堆栈弹回返回点的偏移量到 IP 中实现调用返回。

对段间调用，返回指令处从堆栈弹回返回点的偏移量到指令指针 IP 处，还把返回点所在的段基址寄存器 CS 内容弹回代码段寄存器 CS 中，才能实现返回。

5. 中断指令

(1) 中断指令 INT

格式 1：INT　n

格式 2：INT

功能：该指令将产生一个软件中断，把控制转向一个类型号为 n 的软中断。该中断服务处理程序入口地址在 n×4 处的两个存储器字中。

执行的操作如下：

① 把标志寄存器的内容压栈 SP←SP−2，(SP+1，SP)←(FLAGS)；

② 清中断标志位和陷阱标志位 IP←0，TF←0；

③ 将现行程序的 CS 和 IP 的内容压栈；

SP←SP−2，(SP+1，SP)←CS

SP←SP−2，(SP+1，SP)←(IP)

④ 将中断服务程序的代码段地址和偏移地址分别送 CS 和 IP。

IP←(n×4+1，n×4)

CS←(n×4+3，n×4+2)

说明：n 是中断类型号，它是一个立即数，范围为 00～FF；该指令影响标志位 IP、TF。

(2) 溢出中断指令 INTO

格式：INTO

功能：该指令检测 OF 标志位，当 OF=1 时，将立即产生一个中断类型为 4 的中断。当 OF=0 时，本指令不起作用。

若 OF=1 则：

① 把标志寄存器的内容压栈，SP←SP−2，(SP+1，SP)←(PLAGS)；

② 清中断标志位和陷阱标志位，IP←0，TF←0；

③ 将现行程序的 CS 和 IP 的内容压栈；

SP←SP−2，(SP+1，SP)←CS

SP←SP−2，(SP+1，SP)←(IP)

④ 将 10H 地址的第二个字送入 CS，将 10H 地址的第一个字送入 IP。

IP←(10H)

CS←(12H)

(3) 中断返回指令 IRET

格式：IRET

功能：用于中断处理程序中，返回被中断程序的断点处继续执行。

执行的操作：从堆栈中取出被中断的程序的代码段地址、偏移地址和标志状态分别送入 CS、IP 和标志寄存器 FLAGS。

IP←(SP+1，SP)，　SP←SP+2

CS←(SP+1，SP)，　SP←SP+2

(FLAGS)←(SP+1，SP)，SP←SP+2

说明：任何一个中断服务程序的尾部都要有一条 IRET 指令，它使 CPU 从中断服务程序返回中断的程序。

3.2.6　处理器控制类指令

1. 标志操作指令

程序状态寄存器的条件标志位记录着程序运行的状态信息。IBM-PC 中除了算术运算指令、逻辑运算指令及移位指令等在执行中会影响标志位外，还专门提供了一组用于设置或清除标志位的指令。这些指令如下：

(1) CLC：进位位清 0 指令，即置 CF=0。

(2) CMC：进位位求反指令，即置 CF=CF。

(3) STC：进位位置 1 指令，即置 CF=1。

(4) CLD：方向标志清 0 指令，即置 DF=0。

(5) STD：方向标志置 1 指令，即置 DF=1。

(6) CLI：中断标志清 0 指令，即置 IF=0，禁止 CPU 相应外部中断。

(7) STI：中断标志置1指令，即置IF=1，允许CPU相应外部中断。

说明：这些指令只影响自身的标志位，而不影响其他标志位。

2. 其他处理器控制指令

(1) 空操作指令NOP

格式：NOP

功能：本指令不执行任何操作，它的机器码占用一个字节单元。通常用在调试程序时替代被删除指令的机器码而无需重新汇编连接。

(2) 停机指令HLT

格式：HLT

功能：本指令使处理器暂停工作，等待一次外部中断，中断处理结束后继续执行后续指令。该指令只有RESET(复位)、NMI(非屏蔽中断请求)、INTR(中断请求)信号可以使其退出暂停状态。

(3) 等待指令WAIT

格式：WAIT

功能：该指令使处理器处于空转等待状态，等待期间不断检测TEST引脚，若为1则继续等待，若为0则结束等待。

(4) 换码指令ESC

格式：ESC MEM

功能：指令中的MEM指出一个存储单元。执行ESC指令，处理器放权，由协处理器执行指令流中的浮点数运算指令。处理器把该存储单元的内容送到数据总线完成其任务。

(5) LOCK封锁指令

格式：LOCK指令

功能：LOCK是指令前缀，它与其他指令配合，用来维持总线的控制权不为其他处理器占有，直到与其配合的指令执行完为止。

这些指令可以控制处理器状态，它们都不影响标志位。

3.2.7 字符串操作指令

为了方便字符串的处理，8088 / 8086 系统设置了一组字符串指令，且可以在字符串操作指令前加上重复前缀，以实现字符串的循环处理。

字符串操作指令中，使用SI寄存器(且在现行数据段中)寻址源操作数，段基址使用DS寄存器。用DI寄存器(且在现行附加数据段中)寻址目的操作数，段基址使用ES寄存器。字符串指令执行时将自动修改SI、DI地址指针。

1. 与REP相配合工作的MOVS、STOS和LODS指令

(1) 重复串操作指令REP

格式：REP字符串指令

其中，字符串指令可为MOVS、LODS或STOS指令。

操作步骤如下：

① 如果CX=0则退出REP，否则往下执行；

② CX←CX-1；

③ 执行 REP 后的串操作：

```
MOV CX，10          ；置长度
MOV AL，20H         ；将空格的 ASCII 码放入 AL
CLD                 ；设 DF=0
REP  STOSB          ；存入串
```

(2) 从串取指令 LODS

格式：LODS SRC　　(一般格式)

LODSB　　(字节格式)

LODSW　　(字格式)

功能：该指令把由 SI 指定的数据段中某单元的内容送到 AL 或 AX 中，并根据方向标志及数据类型修改 SI 的内容。指令允许使用段越前缀来指定非数据段的存储区。该指令也不影响条件码。

执行的操作如下：

① 字节操作：AL←([SI])，SI←SI±1

② 字操作：　AX←([SI])，SI←SI±2

一般说来，该指令不与 REP 联用。有时缓冲区中的一串字符需要逐次取出进行测试时，可使用本指令。

(3) 字符串存储指令 STOS

指令格式：STOS OPRD　（一般格式）

STOSB　（字节格式）

STOSW　（字格式）

功能：把 AL（字节）或 AX（字）中的数据存储到 DI 为目的串地址指针所寻址的存储器单元中去。指针 DI 将根据 DF 的值进行自动调整。

本指令不影响标志位。当不使用操作数时，可用 STOSB 或 STOSW 分别表示字节串或字串的操作。

2. 与 REPE / REPZ 和 REPNZ / REPNE 配合工作的 CMPS 和 SCAS 指令

(1) 相等 / 为零时重复串操作指令 REPE / REPZ

格式：REPE|REPZ　串指令

其中，串指令可为 CMPS 或 SCAS 指令。

执行的操作如下：

① 如 CX=0 或 ZF=0(即某次比较结果的两个操作数不等)时退出，否则往下执行；

② CX←CX-1；

③ 执行其后的串指令；

④ 重复①～③。

这两条指令只能使用 CX 作为计数器。

(2) 串比较指令 CMPS

格式：CMPS　DEST，SRC　　(一般格式)

CMPSB　　(字节格式)

CMPSW　　(字格式)

功能：该指令把由SI指向的数据段中的一个字(或字节)与由DI指向的附加段中的一个字(或字节)相减，但不保存结果，只根据结果设置条件码，指令的其他特性和MOVS指令的规定相同，并自动修改地址指针SI和DI。

执行的操作：([SI])←([DI])

① 字节操作：SI←SI±1，DI←DI±1

② 字操作：　SI←SI±2，DI←DI±2

该指令影响标志位AF、CF、OF、PF、SF、ZF。

例3.46　比较长度为100的两个字符串STRl和STR2，找出不匹配的字符。

```
        MOV   AX，SEG STRl
        MOV   DS，AX          ；将STRl的段地址放到DS中
        LEA   SI，STRl        ；将STRl的偏移地址放到SI中
        MOV   AX，SEG STR2
        MOV   ES，AX          ；将STR2的段地址放到ES中
        LEA   DI，STR2        ；将STR2的偏移地址放到DI中
        MOV   CX，100
        CLD
        REPE      CMPSB       ；比较[SI]与[DI]的值
        JNE FIND              ；若不等，转FIND
NOFIND：⋮
        JMP EXIT
FIND：  ⋮
EXIT：  ⋮
```

(3) 串扫描指令SCAS

格式：SCAS　DEST　　(一般格式)

SCASB　　(字节格式)

SCASW　　(字格式)

功能：把AL(字节操作)或AX(字操作)的内容与由DI寄存器寻址的目的串中的数据相减，结果置标志位，但不修改操作数及累加器中的值，同时地址指针DI自动调整。

执行的操作如下:

① 字节操作：AL←([DI])，DI←DI±1

② 字操作：AX←([DI])，DI←DI±2

该指令把AL(或AX)的内容与由(DI)指定的在附加段中的一个字节(或字)进行比较，并不保存结果，只根据结果置条件码，指令的其他特性和MOVS的规定相同。

该指令影响标志位 AF、CF、OF、PF、SF、ZF。

例 3.47　寻找字符串中是否包含字符“A”。

```
        MOV DI，OFFSET STRN
        MOV CX，N         ；置串长
        MOV AL，'A'       ；关键字符
        CLD
AGN：   SCASB
        JZ FIND           ；找到转 FIND
        DEC CX
        JNZ AGN
        MOV AL，0         ；未找到，AL 置 0
        JMP OVR
FIND：  MOV AL，0FFH
OVR：   MOV RSLT，AL
```

3.3　80x86 的扩展指令

3.3.1　80386 的指令系统

80386 的指令系统是在 8086 指令系统基础上设计的，并完全兼容 8086 指令系统，主要差别是 80386 指令系统扩展了数据宽度，对存储器寻址方式也进行了扩充，另外，增加了少量指令。

本节在讲述 80386 指令系统过程中，对 8086 系统中已有的指令将简略，主要指出两者的差别和使用时的注意点，对新增加的指令将详细讲述并举例说明。实际上，这里所讲的指令系统也是 Intel 系列 32 位微处理器的指令系统，因为 80486 和 Pentium 仅仅在此基础上分别增加了几条指令。

1. 数据传送指令

有五组传送指令，即通用传送指令、累加器传送指令、标志传送指令、地址传送指令和数据类型转换指令。

(1) 通用传送指令

通用传送指令的操作数之一为寄存器或存储器，另一个为寄存器或立即数。用操作符 MOV 时，两个操作数的位数必须相同，如不同，则要用 MOVZX 或 MOVSX 作为操作符，如：

```
MOVZX   AX, BL
MOVSX   AX, BI
```

若 BL 中内容为 80H，那么，前一条指令执行时，80H 被零扩展为 0080H 送入 AX；后一条指令执行时，80H 则用符号扩展为 FF80H 送入 AX。

表 3-4 列出了 MOV 和 MOVZX、MOVSX 类指令的一些例子。

表 3-4 通用传送指令 MOV、MOVZX 和 MOVSX

从寄存器到寄存器	MOV AH, BH
	MOV CX, AX
	MOV EAX, ESI
	MOVSX AX, BL
	MOVSX EDX, AL
	MOVSX ECX, AX
	MOVZX AX, CL
	MOVZX EBX, DL
	MOVZX EAX, CX
		立即数传送到寄存器	MOV AH, 20H
			MOV AX, 0472H
			MOV EDI, OFFSET TABLE
			MOVSX EAX, 20H
			MOVSX AX, 10H
			MOVZX BX, 88H
			MOVZX ESI, 80H

从寄存器到存储器	MOV MEM_BYTE, AL
	MOV MEM_WORD, DX
	MOV MEM_DWORD, ECX
	MOVSX MEM_WORD, BL
	MOVSX MEM_DWORD, BX
	MOVZX EME_W()RD, AL
	MOVZX MEM_DWORD, CX
		从存储器到寄存器	MOV Cl, MEM BYTE
			MOV AX, MEM WORD
			MOV EAX, MEM DWORD
			MOVSX BX, MEM BYTE
			MOVSX EDX, MEM_WORD
			MOVSX EBP, MEM BYTE
			MOVZX SI, MEM_BYTE
			MOVZX EDX, MEM BYTE
			MOVZX EAX, MEM WORD

在 80386 指令系统中，XCHG 指令除了可进行字节交换、字交换外，还可以实现双字交换。如：

```
XCHG   EAX，EDI           ；寄存器和寄存器进行双字交换
XCHG   ESI，MEM_DWORD     ；寄存器和内存进行双字交换
```

在 80386 指令系统中，PUSH 指令的操作数除了可以是寄存器或存储器地址外，还可以是立即数(POP 指令不能)，如：

```
PUSH   0870H              ；将立即数 0870H 推入堆栈
```

这一功能在 8086 中是不具备的。另外，80386 中，用 PUSHA 一条指令就可以将全部的 16 位寄存器推入堆栈。而用 PUSHAD 一条指令则可将全部的 32 位寄存器推入堆栈。POPA、POPAD 则进行相反的弹出操作。编程时用这两组指令可节省许多指令。

PUSHAD 推入堆栈的次序为：EAX、ECX、EDX、EBX、ESP、EBP、ESI、EDI。其中，进栈的 ESP 内容是在 EAX 推入堆栈前的值。

在一个段寄存器和另一个段寄存器之间传送时，常用 PUSH 和 POP 指令来实现，但没有 POPCS 指令。

(2) 累加器传送指令

累加器传送指令包括 IN、OUT 以及 XLAT、XLATB 指令。

这里，IN 和 OUT 指令的使用方法和 8086 的一样，端口地址可直接在指令中给出，也可由 DX 寄存器给出。

XLAT 和 XLATB 指令功能相同，都称为换码指令。前者是 8086 中延续下来的指令，以 BX 为基址，而后者以 EBX 为基址。

(3) 标志传送指令

标志传送指令除了 8086 中已有的 LAHF、SAHF、PUSHF、POP 外，增加了两条指令，即：

PUSHFD　　；将标志寄存器的内容作为一个双字推入堆栈

POPFD　　；从堆栈顶弹出双字到标志寄存器

在 PUSHFD 指令执行后，栈顶四个单元内容如图 3-34 所示。

ESP	SF	ZF	0	AF	0	PF	1	CF
+1	0	NT	I	OPL	OF	DF	IF	TF
+2	0	0	0	0	0	0	VM	RF
+3	0	0	0	0	0	0	0	0

图 3-34　PUSHFD 指令执行后的栈顶内容

(4) 地址传送指令

80386 的地址传送指令实现 6 字节地址指针的传送。地址指针来自存储单元，目的地址为两个寄存器，其中一个是段寄存器，一个为双字通用寄存器，举例如下：

```
LDS  EBX，MEMLOC     ；把 MEMLOC 开始的指针送 DS 和 EBX
LES  EDI，MEMLOC     ；把 MEMLOC 开始的指针送 ES 和 EDI
LSS  ESP，MEMLOC     ；把 MEMLOC 开始的指针送 SS 和 ESP
LFS  EDX，MEMLOC     ；把 MEMLOC 开始的指针送 FS 和 EDX
LGS  ESI，MEMLOC     ；把 MEMLOC 开始的指针送 GS 和 ESI
```

这些指令适合于 32 位微型机系统的多任务操作。在任务切换时，需要改变段寄存器和偏移量指针的值，有了上述指令就很方便，尤其是 LSS 指令，因为多任务处理中，每个任务都有自己的堆栈，在任务交替时，堆栈指针要随之改变。在 8086 中，如要改变堆栈指针，就必须使用两条 MOV 指令，先改变 SS，再改变 SP，而且为了防止两条指令之间有外部中断而引起堆栈操作错误(此时堆栈段地址 SS 为新值，但 SP 还是旧值，进入中断时要使用堆栈，但显然，SS 和 SP 并没有指向真正的栈顶)，特意从软件上作出了规定，但 80386 只要一条 LSS 指令即可，程序员不再受规定的限制。

(5) 数据类型转换指令

这组指令中除了和 8086 中完全一样的 CBW、CWD 指令外，还增加了两条指令，即

CWDE　　；将 AX 中的字进行高位扩展，成为 EAX 中的双字

CDQ　　；将 EAX 中的双字进行高位扩展，得到 EDX 和 EAX 中的 4 字

2. 算术运算指令

(1) 除法运算指令 DIV 和 IDIV 用 AX、DX+AX 或者 EDX+EAX 存放 16 位、32 位或者 64 位被除数，除数的长度为被除数的一半，可放在寄存器或存储器中，指令执行后，商放在

原存放被除数的寄存器的低半部分，余数放在高半部分。

除法有一种特殊情况，比如被除数为1000，放在AX中，除以2。结果商为500，应放在AL中；余数为0，应放在AH中。此时500超过了AL的最大范围256，会产生0号中断。0号中断通常称为除数为0中断，实际上称为除数过小(极限为0)中断更合适。

(2) 乘法运算指令MUL、IMUL的操作数可为2个8位数、2个16位数或2个32位数。寄存器AL、AX或EAX存放其中一个操作数并保存乘积的低半部分，另一个操作数来自寄存器和存储器，也可为立即数。乘积的高半部分在8位×8位时放在AH，在16位×16位时放在EAX的高16位，且同时放在DX中(为了和8086兼容)，在32位×32位时则放在EDX中。

下面重点讲解IMUL指令在80386中的两种扩充形式。

先看第一组指令：

```
IMUL   DX，BX，300              ；将BX中内容乘以300送DX中
IMUL   CX，23                   ；将CX中内容乘以23，再送CX
IMUL   EBP，200                 ；将EBP内容乘以200，再送EBP
IMUL   ECX，EDX，2000           ；将EDX内容乘以2000，再送ECX
IMUL   BX，MEM_WORD，300        ；将存储器中字乘以300，结果送BX
IMUL   EDX，MEM_DWORD，20       ；将存储器中双字乘以20，结果送EDX
```

上面指令是 IMUL 指令的第一种扩充形式。这类指令用一个立即数去乘一个放在寄存器或存储器中的操作数，结果放在指定寄存器。

再看第二组指令：

```
IMUL   BX，CX              ；BX中的内容乘以CX中内容，结果在BX
IMUL   EDX，ECX            ；EDX中的内容乘以ECX中的内容，结果在EDX
IMUL   DI，MEM_WORD        ；DI中的内容和内存中字相乘，结果送DI
IMUL   EDX，MEM_DWORD      ；EDX中的内容和内存中双字相乘，结果在EDX
```

上面指令是 IMUL 指令的第二种扩充形式，允许任何一个字节寄存器、字寄存器或双字寄存器操作数和另一个来自寄存器或存储器的同样长度的操作数相乘，乘积放在前一个操作数所在的寄存器中。

在IMUL的两种扩充形式中，由于被乘数、乘数和乘积的长度一样，所以，有时会溢出。遇溢出时，溢出部分抛弃，且溢出标志OF置1。

算术运算指令中还包含一条有效地址计算指令，如：

```
LEA   ESI，[EBX+EDI+21)   ；将指针EBX+EDI+21放入ESI中
```

这条指令相当于下面三条指令：

```
MOV    ESI，21
ADD    ESI，EBX
ADD    ESI，EDI
```

只是LEA指令执行时不改变任何标志。

32位微处理器在对BCD码进行运算时，也要用到十进制调整指令，这些指令的形式及功能和8086的完全一样，而且只限于对单字节的组合BCD码或非组合BCD码进行调整。

3．逻辑指令

逻辑指令包括运算指令和移位指令。这两组指令的用法及含义和 8086 中一样，只是在

80386 中，操作数除了字节和字外，还可以是双字，比如：

```
AND  EAX，EDX          ；2 个 32 位数相与
XOR  ECX，100          ；寄存器和立即数相异或
RCR  EBX，CL           ；按 CL 中指定的次数将 EBX 中的 32 位数连同进位循环右移
ROL  MEM_DWORD，CL；按 CL 中指定的次数将内存 MEM_DWORD 中的双字循环左移
ROR  MEM_WORD，10     ；将内存 MEM_WORD 中的字循环右移 10 次
TEST EAX，EBX          ；将 EAX 和 EBX 中内容逐位相与，如两数对应位均为 1，则
```

结果位为 1，否则为 0，本指令只影响标志。

在 80386 中，还增加了两条专用的双精度移位指令，即双精度左移指令 SHLD 和双精度右移指令 SHRD，它们可以对 64 位的 4 字进行移位，如：

```
SHRD    EAX，EBX，10
```

这一指令将 EAX 中内容右移 10 位，右移时，高 10 位由 EBX 的低 10 位来补充，而 EBX 的内容不变。

以下是一些例子：

```
SHLD  EAX，EBX，3          ；EAX 左移 3 位，EBX 的高位移入 EAX 低位
SHRD  AX，BX，2            ；AX 右移 2 位，高位由 BX 的低位补充
SHLD  MEM_WORD，DX，8 ；MEM_WORD 中内存字左移 8 位，DX 高位移入内存单元
SHRD  MEM_WORD，DX，6 ；内存字右移 6 位，DX 的低位移入内存单元
SHLD  ECX，EDX，21         ；ECX 左移 21 位，EDX 高位移入 ECX
SHRD  ECX，EDX，19         ；ECX 右移 19 位，EDX 低位移入 ECX
SHLD  MEM_DWORD，EAX，2  ；内存双字左移 2 位，EAX 的高位移入内存单元
SHRD  MEM_DWORD，EAX，3  ；内存双字右移 3 位，EAX 的低位移入内存单元
SHLD  AL，BL，CL          ；AL 中数左移，左移次数由 CL 指出，BL 高位移入 AL 中
SHRD  EAX，EBX，CL        ；EAX 中数右移，右移次数由 CL 指出，EBX 低位移入
```

EAX 中

4．串操作指令

80386 的串操作指令基本上和 8086 的一样，包括字符串传送指令 MOVS、字符串比较指令 CMPS、字符串检索指令 SCAS、取字符指令 LODS、存字符指令 STOS。此外，比 8086 增加了字符串输入指令 INS 和字符串输出指令 OUTS。

使用串操作指令时，用 ESI 作为源变址寄存器，EDI 作为目的变址寄存器，ECX 给出要传送的字节数、字数或双字数。传送过程中，ESI 和 EDI 的修改受方向标志 DF 控制，若 DF 为 1，则每次传送后，ESI 和 EDI 作减量修改；若 DF 为 0，则每次传送后，ESI 和 EDI 作增量修改。

串操作指令在实际使用时，指令后面要加 1 个字母以区分每次传送是以字节为单位、还是以字或双字为单位。比如，MOVSB 表示每次传送 1 个字节，传送后，ESI 和 EDI 随 DF 设置均加 1 或减 1；MOVSW 表示每次传送 1 个字，传送后，ESI 和 EDI 按 DF 设置均加 2 或减 2；MOVSD 则表示每次传送 1 个双字，传送后，ESI 和 EDI 按 DF 值均加 4 或减 4。但 ECX 在每次传送后均减 1，含义可能为 1 个字节、1 个字或 1 个双字。

CMPS 和 SCAS 指令执行时会影响 ZF 标志，当比较结果相同或检索到匹配字符时，ZF

置 1，而其他串操作指令不影响 ZF 标志。另外 CMPS 指令还影响 CF 标志，这与 8086 的规则相同。

使用串操作指令时，可以在前面加重复前缀 REP、REPE、REPZ、REPNE 或 REPNZ，从而使指令的效能很高。重复前缀的使用原理和 8086 的一样，但在 80386 中，严格禁止在重复串操作指令中加 LOCK 前缀。这是因为串操作可能会跨越访问不驻留在内存的页面，此时，操作系统须将所访问的页调入内存，如用了 LOCK 指令，就无法实现调页功能。

INS 和 OUTS 是 80386 中新加的两条串操作指令，前者允许从一个输入端口读入数据送到一串连续的存储单元，后者则从连续的存储单元往输出端口写数据，从而实现如磁盘读写这样的数据块传送。

INS 指令在使用时，以 INSB、INSW 或 INSD 的形式出现，分别代表字节串输入、字串输入或双字串输入。和其他串操作指令一样，INS 指令受 DF 控制，每输入一次，EDI 作增量修改或减量修改。与此类似，OUTS 的使用形式为 OUTSB、OUTSW 或 OUTSD，传送过程中，ESI 按 DF 为 0 或 1 作增量修改或减量修改。

要注意的是，INS 和 OUTS 要求用 DX 存放端口号，而不能用直接寻址方式在指令中给出端口号。

5. 转移、循环和调用指令

80386 的转移指令在形式和含义上均与 8086 的转移指令相同，故不再陈述。但需要指出一点，在 8086 中，条件转移的目的地址必须为指令前后-128～+127 范围内的相对地址，而在 80386 中，条件转移指令的相对转移地址不受范围限制，这样，目的地址可以是存储空间的任何地方。相对转移地址用 4 个字节表示，加上 2 个字节的操作码，80386 的条件转移指令长达 6 个字节，这和 8086 中只含 1 个字节操作码和 1 个字节相对地址的条件转移指令差别甚大。这样做的主要原因是为了提高汇编语言对高级语言的支持性。

条件转移指令中还包括 JCXZ 和 JECXZ 指令。前者在执行过程中当 CX 为 0 时转移，CX 不为 0 则执行下一条指令。后者是 80386 中新增加的，其功能为当 ECX 为 0 时转移，否则执行下一条指令。

循环控制指令 LOOP、LOOPZ/LOOPE、LOOPNZ/LOOPNE 也归为条件转移指令一类，这一组指令的含义和用法与 8086 的完全相同，转移范围也仍限于-128～+127。

调用指令 CALL 和返回指令 RET 在用法和含义上类同于 8086，只是 80386 中，EIP 寄存器为 4 个字节，所以，堆栈操作时，对应 EIP 的操作为 4 个字节。80386 的返回指令和 8086 的一样，RET 后面也可带一个偶数，比如，RET 8，以便返回时丢弃栈顶下面一些用过的参数。

6. 条件设置指令

条件设置指令是 80386 中新增加的，用来帮助高级语言估价布尔代数式，从而简化编译结果。比如，在高级语言中，有如下一个对布尔变量赋值的语句：

WITHIN LIMIT＝(VAR≤10000)

其中 WITHIN_LIMIT 是一个布尔变量，VAR 是无符号整数。上述语句表示 VAR 如小于或等于 10000，则 WITHIN_LIMIT 为真，否则为假。此语句编译后产生如下代码：

```
CMP     VAR，10000              ；比较 VAR 是否小于或等于 10000
MOV     WITHIN—LIMIT，1         ；设变量为 1
JBE     ABC                     ；如满足条件则转移
```

```
    DEC     WITHIN LIMIT                ；否则变量为 0
ABC: ⋮
```

有时，编译程序对一个语句产生的代码比人工演绎的还要多得多，但有了条件设置指令 SETcond，就可以简化编译结果。使用时通常在 SET 后面加上条件，来实现将判断结果直接存入一个 8 位寄存器或一个存储单元。比如，上述指令序列用 SETBE 指令后变成只含两条汇编指令：

```
    CMP     VAR，10000          ；将 VAR 和 10000 比较
    SETBE   WITHIN_LIMIT        ；如 VAR 小于或等于 10000，则将 1 存入 WITHIN_LIMIT 单元
```

下面是条件设置指令的一些例子。表 3-5 则为条件设置指令的各种形式。

```
    SETZ    AL              ；ZF 为 1，则 AL 为 1，否则 AL 为 0
    SETGE   CL              ；大于或等于时，CL 为 1，否则为 0
    SETO    DH              ；溢出时，则 DH 为 1，否则为 0
    SETC    MEM_BYTE        ；CF 为 1 时，MEM_BYTE 所指单元为 1，否则为 0
    SETA    MEM_BYTE        ；如高于，则 MEM_BYTE 所指单元为 1，否则为 0
    SETNZ   MEM_BYTE        ；如不为零，则 MEM_BYTE 所指单元为 1，否则为 0
```

表 3-5　**条件设置指令的各种形式**

指　令	含　义	指　令	含　义
SETO	如溢出，则为 1	SETNGE	如不大于也不等于，则为 1
SETB	如低于，则为 1	SETNL	如不小于，则为 1
SETNO	如不溢出，则为 1	SETGE	如大于或等于，则为 1
SETA	如高于，则为 1	SETNBE	如不低于也不等于，则为 1
SETC	如 CF 为 1，则为 1	SETNA	如不高于，则为 1
SETNAE	如不高于也不等于，则为 1	SETBE	如低于或等于，则为 1
SETNB	如不低于，则为 1	SETNE	如不等于，则为 1
SETNC	如 CF＝0，则为 1	SETNZ	如不为 0，则为 1
SETAE	如高于或等于，则为 1	SETNS	如不是负数，则为 1
SETE	如相等，则为 1	SETNP	如 PF 等于 0，则为 1
SETZ	如等于 0，则为 1	SETG	如大于，则为 1
SETS	如为负数，则为 1	SETNLE	如不小于也不等于，则为 1
SETP	如 PF 等于 1，则为 1	SETNG	如不大于，则为 1
SETL	如小于，则为 1	SETLE	如小于或等于，则为 1

7. 中断指令

和中断有关的指令为 INT　n、INTO 及 IRET，这些指令的含义和 8086 的一样。此外，80386 还增加了 IRETD 指令，这条指令功能上和 IRET 类似，但执行时，从堆栈中先弹出 4 个字节装入 EIP，再弹出 2 个字节装入 CS。

8. 标志指令

80386 的标志指令和 8086 的完全一样，包含清除进位标志指令 CLC、设置进位标志指令

STC、进位标志求反指令 CMC、清除方向标志指令 CLD、设置方向标志指令 STD 以及中断允许标志清除指令 CLI 和中断允许标志设置指令 STI。

9. 位处理指令

32 位系统常常用来处理大块数据，其中，也常对大量数据的某些位组成的阵列进行操作。比如，随着存储器容量越来越大，价格越来越低，使计算机可以处理图像数据和语音数据，在这两类数据处理中就常用到位处理。还有，在高级语言编译过程中，编译程序常常希望通过位处理来有效地压缩布尔阵列。

为了进行位处理，就需要有读某位或写某位的指令，为此，80386 设置了一系列位处理指令，这是 8086 所不具备的。

位处理指令有如下几条：

(1) BTS　将指定位置 1。

(2) BTR　将指定位置 0。

(3) BTC　对指定位求反。

(4) BT　对指定位测试。

(5) BSF　从最低位往高位扫描，如全为 0，则 ZF 置 1，如有某位为 1，则 ZF 置 0，并把此位的序号放入目的寄存器。

(6) BSR　从最高位往低位扫描，如全为 0，则 ZF 置 1，如有某位为 1，则 ZF 置 0，并把此位的序号放入目的寄存器。

上述指令都包含两个操作数。前 4 条指令的形式类似，前一个操作数为寄存器或存储器，指出数据的位置，后一个操作数一般为立即数，用来指出是对哪一位进行操作，但有时也用寄存器指出。指令执行时，CF 用来保存要操作的位。后两条指令形式也类似，它们的前一个操作数用来放扫描结果，后一个操作数则指出要扫描的数据所在的位置。

下面是一些实例：

BTC　AX，2　　；将 AX 的 D_2 位装入 CF，再对 AX 的 D_2 位求反

BT　AL，BL　　；将 BL 所给出的值作为位的序号，对 AL 的此位测试，如 BL 的值大于 8，则取 8 的模为位序号

BTS　MEM_BYTE，4；将内存单元 D_4 位装入 CF，再将 D_4 位置 1

BTR　　AL，AL　　；先将 AL 对 8 取模得到位序号，再将指定位送 CF，并将指定位置 0

BSF　AX，MEM_WORD；从 D_0 往 D_{15} 扫描，如全为 0，则 ZF 为 1，如有某位为 1，则 ZF 为 0，并将此位序号送 AX

BSR　EAX，ECX　　；从 D_{31} 往 D_0 扫描，如全为 0，则 ZF 为 1，否则 ZF 为 0，并将此序号送 EAX

在磁盘操作系统中，经常用位图来表示扇区使用情况。位图实际就是一个布尔阵列，若 N 扇区为空，则第 N 位为 1，否则为 0，因此，操作系统如要寻找一个扇区，就要在布尔阵列中寻找为 1 的位，确定位置后，便可在对应扇区进行写操作。以下是实现此功能的程序段。设位图从地址 MAP 开始，整个位图由 N 个双字组成。

```
SSS:  CLD              ；方向标志清 0，使串操作时，EDI 自动加 4
MOV     EDI，MAP       ；EDI 指向位图起始地址
```

```
MOV    ECX，N          ；位图的双字数送 ECX
SUB    EAX，EAX        ；EAX 清 0
REPZ   SCASD           ；检索位图，寻找非零双字
JZ     FAIL            ；如未找到非零双字，则转 FAIL
BSF    EAX，[EDI-4]    ；如找到，则此双字在 EDI-4 所指的内存，于是对此双字进行扫描，以找到为 1 的位
FAIL：……
```

最后一条指令中，之所以将 EDI-4 作为要扫描的双字，是因为此处串操作指令每执行一次，EDI 自动加 4。在找到非零双字后，EDI 已指向下一个双字，上一个即 EDI-4 所指的才是所找到的第一个非零双字。这条指令对此双字从 D_0 位往 D_{31} 位扫描，找到为 1 的位序号(比如 D_{17}=1，则位序号为 17)，送入 EAX 中。

10. LOCK 前缀和可使用 LOCK 前缀的指令

在前面讲串操作指令时，已经提到，32 位系统不允许 LOCK 前缀用在重复串操作指令中，即 LOCK 前缀和 REP 类前缀不能出现在同一条指令中，以防串操作所访问的页不在内存时，由于 LOCK 前缀毫无间隙地长期封锁总线而妨碍操作系统将所需要的页面调入内存，引起不该有的故障。

实际上，和 16 位 CPU 不同，32 位微处理器对可以接受 LOCK 前缀的指令作了限制，表 3-6 列出了可以使用 LOCK 前缀的指令，其中 mem 表示存储器，reg 表示寄存器，imm 表示立即数。

表 3-6　**可以使用 LOCK 前缀的指令**

ADD　mern，reg	BTC　mem，reg	BTR　mem，imm
ADC　mem，reg	ADD　mem，imm	BTS　mem，iinm
AND　mem，reg	ADC　mem，imm	BTC　mem，imm
OR　mem，reg	AND　mem，imm	DEC　mem
SBB　mem，reg	OR　mem，imm	INC　mem
SUB　mere，reg	SBB　mem，imm	NEG　mem
XOR　mem，reg	SUB　mem，imm	NOT　mem
BT　mem，reg	XOR　mem，imm	XCHG　reg，mem
BTR　mem，reg	BT　mem，imm	XCHG　mem，reg
BTS　mem，reg		

11. 处理器控制和特权指令

这组指令中，除了 HLT、WAIT、ESC、NOP 这些处理器控制和特权指令外，80386 中还增加了以 MOV 形式提供的几条特权指令，这些指令一般用在系统初始化程序或测试程序中。

(1) 与控制寄存器有关的传送指令，如：

MOV　CRn，EAX　　；往控制寄存器 CRn 中设置一个 32 位值，其中 CRn 可为 CR_0、CR_2、CR_3

MOV　EBX，CRn　　；将控制寄存器 CRn 的值送到寄存器 EBX，其中 CRn 可为 CR_0、CR_2

或 CR_3

(2) 与调试寄存器有关的传送指令，如：

MOV DRn，EAX ；往调试寄存器 DRn 设置一个初值，DRn 可为 DR_0～DR_3、DR_6、DR_7
MOV EBX，DR3 ；将调试寄存器 DR_3 的值送到寄存器 EBX

(3) 与测试寄存器有关的传送指令，如：

MOV TRn，EAX ；往测试寄存器送一个 32 位值，TRn 可为 TR_6 或 TR_7
MOV EBX，TRn ；将测试寄存器 TRn 的值送到寄存器 EBX

12. 支持高级语言的指令

80386 提供了 3 条与高级语言有关的指令 BOUND、ENTER 和 LEAVE。实际上，这些指令主要用在高级语言程序的编译结果中，有了这 3 条指令，可以简化如数组、过程等经过编译后所得到的代码。

BOUND 用来检查 16 位寄存器或 32 位寄存器中的值是否符合给定的界限，此界限在存储器的两个相邻的字或字节中给出，这条指令一般用来检查数组下标是否超出范围，如：

BOUND EBX，MEM_DWORD
BOUND CX，MEM_WORD

前一条指令检查 EBX 中的值是否超过 MEM_DWORD 至 MEM_DWORD+3 中的界限，如超过，则产生 5 号中断。后一条指令检查 CX 中的值是否超过 MEM_WORD 和 MEM_WORD+1 中的界限，如超过，则产生 5 号中断。

ENTER 和 LEAVE 主要用在过程调用中。ENTER 在进入过程时使用，它用来建立一个堆栈框架，这条指令带 2 个操作数，第一个操作数指出过程中各个局部变量所需要的总的存储器字节数，据此，建立局部堆栈，第二个变量指出过程嵌套的级别，可为 0～31，最外层为 0 级。这条指令执行后，EBP 作为过程用的局部堆栈指针，如：

ENTER 48，3

表示过程中需要用 48 个字节容纳局部变量，过程的嵌套级别为 3 级。如果第 2 个操作数为 0，则表示不允许嵌套。

LEAVE 指令不带参数，它用来产生一个过程返回，功能与 ENTER 相反。LEAVE 消除所有局部变量，从而释放过程所占用的堆栈空间，执行 LEAVE 指令后，堆栈指针恢复为系统堆栈指针 ESP。

13. 系统设置和测试指令

这一组指令是 80386 中新增加的，它们一般出现在操作系统中，用于对系统的设置和测试，具体如下：

(1) CLTS 清 TS 标志指令

这条指令用来清除机器状态字中的任务切换标志 TS。

(2) SGDT/SLDT/SIDT 存储全局/局部/中断描述符表寄存器指令

这 3 条指令分别将全局描述符表寄存器、局部描述符表寄存器或中断描述符表寄存器的内容送到存储器中，如：

SGDT MEMl ；将 GDTR 的内容存入 MEM1 开始的 6 个存储单元
SLDT [EBX] ；将 LDTR 的内容存入 EBX 指出的 2 个存储单元
SIDT MEM2 ；将 IDTR 的内容存入起始地址由 MEM2 指出的 6 个存储单元

(3) LTR　装入任务寄存器指令

这条指令一般用于多任务操作系统中，它将内存中 2 字节装入任务寄存器 TR。执行 ITR 指令后，相应的任务状态段 TSS 标上“忙”标志，如：

LTR　MEM1　；将 MEM1 开始的 2 字节送到 TR 中

(4) STR　存储任务寄存器指令，如：

STR　[EBX]　；将任务寄存器的 2 字节内容送到内存，内存首字节地址由 EBX 指出

(5) LAR　装入访问权指令

本指令将 2 字节选择字中的访问权字节送到目的寄存器，如：

LAR　AX，SELECT　；把选择字中的访问权字节送 AH，Al 清 0

(6) LSL 装入段界限值指令

LSL 将描述符中的段界限值送目的寄存器，在指令中，由选择字来指出段描述符，如：

LSL　BX，SELE2　；将 SELE2 选择字所对应的描述符中 2 字节的界限值送 BX

(7) LGDT/LLDT/LIDT　装入全局/局部/中断描述符表寄存器指令

这 3 条指令分别将存储器中的字节装入全局描述符表寄存器、局部描述符表寄存器或中断描述符表寄存器。局部描述符表寄存器为 2 字节，另外两者分别为 6 字节，如：

LGDT　MEM1　；将 MEM1 开始的 6 字节装入全局描述符表寄存器

(8) VERR/VERW　检测段类型指令

VERR 检测一个选择字所对应的段是否可读，VERW 则检测一个选择字所对应的段是否可写，如：

VERR　SELE1　；检测选择字 SELE1 对应的段是否可读

VERW　SELE2　；检测选择字 SELE2 对应的段是否可写

(9) LMSW　装入机器状态字指令

本指令将存储器中 2 字节送到机器状态字 MSW。通过这种方式，可以使 CPU 切换到保护方式，如：

LMSW　[SP]　；将堆找指针 SP 所指出的 2 字节送 MSW

(10) SMSW　存储机器状态字指令

将机器状态字 MSW 存入内存 2 字节中，如

SMSW　MEM1　；将 MSW 存入 MEMl 指出的 2 字节中

(11) ARPL　调整请求特权级指令

这条指令的功能为调整选择字的 RPL 字段，由此常用来阻止应用程序访问操作系统中涉及安全的高级别的子程序。ARPL 的第一个操作数可由存储器或寄存器指出，第二个操作数则必定为寄存器。如果前者的 RPL(最后 2 位)小于后者的 RPL，则 ZF 置 1，且将前者的 RPL 增值，使其等于后者的 RPL；否则，ZF＝0，并不改变前者的 RPL，如：

ARPL　MEM_WORD，BX

3.3.2　80486 新增加的指令

80486 在 80386 基础上增加了六条指令，具体如下所述：

(1) BSWAP　r　双字交换指令

本指令将指定的32位寄存器中双字第31位～第24位与第7位～第0位交换，第23位～第16位与第15位～第8位交换，以此改变数据的存放方式，如：

[EAX]＝01234567H

则执行指令

BSWAP　　EAX

以后，[EAX]＝76543210H

(2) CMPXCHG　r/m，r　　32位比较指令

本指令将目的寄存器或存储器中数和累加器中数比较，如相等，则ZF为1，并将源操作数送目的操作数；否则ZF为0，并将目的操作数送累加器，如：

[AL]＝11H

[BL]＝24H

[1000H]＝22H

执行指令

CMPXCHG　[1000H]，BL

则先比较AL和1000H单元中的数据，由于两者不等，所以，ZF置0，且将[1000H]中的22H送AL中。所以，最后

[AL]＝22H

[BL]＝24H

[1000H]＝22H

又如：

[EBX]＝76543210H

[ECX]＝01234567H

[EAX]＝01234567H

则执行指令CMPXCHG ECX，EBX时，由于ECX和EAX中数相等，所以，ZF为1，且EBX中数送ECX。最后

[ECX]＝76543210H

[EAX]＝01234567H

[EBX]＝76543210H

(3) XADD　r/m，r　　字交换加法指令

本指令将源操作数和目的操作数相加，其中，源操作数必须为寄存器，目的操作数可为寄存器或存储器，结果送目的操作数处，而目的操作数送源操作数处，如：

[AX]＝1234H

[BX]＝1111H

执行指令

XADD　AX，BX

以后，

[AX]＝2345H

[BX]＝1234H

又如：

[EAX]＝20000002H

而[1000H]开始的内存单元中为20000001H，则执行指令

XADD　[1000H]，EAX

以后，

[1000H]＝40000003H

[EAX]＝20000001H

(4) INVD　Cache清除指令

本指令将片内 Cache 中的内容清除，并且启动一个擦除总线周期，使外部电路清除外部Cache中的内容。

(5) WBINVD　　Cache清除和回写指令

本指令将片内Cache中的内容清除，并启动一个回写总线周期，使外部电路将外部Cache中的数据回写到主存，再清除外部Cache中的内容。

(6) INVLPG　m　TLB项清除指令

本指令使转换检测缓冲器TLB的32个表项中用m指出的当前项清除。

3.3.3 Pentium新增加的指令

Pentium在80486基础上增加了3条处理器专用指令和5条系统控制指令，具体如下所述。

(1) CMPXCHG8B　m　8字节即64位比较指令

本指令与CMPXCHG　r/m，r指令类似，将EDX：EAX中的8个字节与m所指的存储器中的8个字节比较，如相等，则ZF为1，并将ECX:EBX中8个字节数据送到目的存储单元；否则ZF为0，并将目的存储器中8个字节数据送EDX:EAX中。

比如：

[EAX]＝11111111H

[EBX]＝22222222H

[ECX]＝33333333H

[EDX]＝44444444H

设DS:1000H所指的存储器单元开始的8个单元中为4444444411111111H，执行指令

CMPXCHG8B　[1000H]

便将DS:1000H所指单元开始的8个字节和EDX.EAX中8个字节比较，由于[EDX.EAX]中为4444444411111111H，而存储器[DS:1000H]中开始的8字节也是4444444411111111H，所以ZF为1，并将ECX.EBX中数送DS:1000H处，使得[1000H]开始的8字节为3333333322222222H。

(2) RDTSC　　读时钟周期数指令

本指令读取CPU中用来记录时钟周期数的64位计数器的值，并将读取的值送EDX.EAX，供有些应用软件通过前后两次执行RDTSC指令来确定执行某段程序需要多少时钟周期。

(3) CPUID　　读取CPU的标识等有关信息

本指令用来获得Pentium处理器的类型等有关信息。在执行此指令前，EAX中如为0，则指令执行后，EAX、EBX、ECX、EDX中内容合起来即为Intel产品的标识字符串，如此前EAX中为1，则指令执行后，在EAX、EBX、ECX、EDX中得到CPU的级别(如PⅣ、PⅢ)、

工作模式、可设置的断点数等。

(4) RDMSR　　读取模式专用寄存器的指令

本指令用来读取 Pentium 模式专用寄存器中的值。执行此指令前，在 ECX 中设置寄存器号，可为 0～14H，指令执行后，读取的内容在 EDX.EAX 中。

(5) WRMSR　　写入模式专用寄存器的指令

本指令将 EDX.EAX 中 64 位数写入模式专用寄存器，此前，ECX 中先设置模式专用寄存器号，可为 0～14H。

(6) RSM　　复位到系统管理模式

(7) MOV　CR4，R32　　将 32 位寄存器中的内容送控制寄存器 CR4

(8) MOV　R32，CR4　　将 CR4 中的内容送 32 位寄存器 R32

上述指令中，前三条为处理器专用指令，后五条为系统控制指令。

习　题　3

3.1　8086/8088 微处理器有哪些寻址方式？并写出各种寻址方式的传送指令 2 条(源操作数和目的操作数寻址)。

3.2　有关寄存器和内存单元的内容如下：
DS=2000H，SS=1000H，BX=0BBH，BP=02H，SI=0100H，DI=0200H，(200BBH)=1AH，(201BBH)=34H，(200CCH)=68H，(200CDH)=3FH，(10202H)=78H，(10203H)=67H，(21200H)=2AH，(21201H)=4CH，(21202H)=0B7H，(201CCH)=56H, (201CDH)=5BH，(201BCH)=89H，(200BCH)=23H，试写出表 3-7 中源操作数的寻址方式和寄存器 AX 的内容。

表 3-7　　习题 3. 2

指　令	源操作数寻址方式	AX 的内容
MOV　AX，1200H		
MOV　AX，BX		
MOV　AX，[1200H]		
MOV　AX，[BX]		
MOV　AX，[BX+11H]		
MOV　AX，[BX+SI]		
MOV　AX，[BX+SI+11H]		
MOV　AX，[BP+DI]		

3.3　指出下列语句的错误。

(1) MOV　[SI]，34H

(2) MOV　45H，AX

(3) INC　12

(4) MOV　[BX]，[SI+BP+BUF]

(5) MOV　BL，AX

(6) MOV　CS，AX

(7) OUT　240H，AL

(8) MOV　SS，2000H

(9) LEA　BX，AX

(10) XCHG　AL，78H

3.4　已知 DS=2000H，(21000H)=2234H，(21002H)=5566H，试区别以下 3 条指令。

```
MOV   SI，[1000H]
LEA   SI，[1000H]
LDS   SI，[1000H]
```

3.5　简述堆栈的性质。如果 SS=9B9FH，SP=200H，连续执行两条 PUSH 指令后，栈顶的物理地址是多少？SS，SP 的值是多少?再执行一条 POP 指令后，栈顶的物理地址又是多少？SS、SP 的值又是多少？

3.6　写出将 AX 和 BX 寄存器内容进行交换的堆栈操作指令序列，并画出堆栈变化过程示意图。

3.7　用两条指令把 FLAGS 中的 SF 位置 1。

3.8　用一条指令完成下列各题。

(1) AL 内容加上 12H，结果送入 AL。

(2) 用 BX 寄存器间接寻址方式把存储器中的一个内存单元加上 AX 的内容，并加上 CF 位，结果送入该内存单元。

(3) AX 的内容减去 BX 的内容，结果送入 AX。

(4) 将用 BX、SI 构成的基址变址寻址方式所得到的内容送入 AX。

(5) 将变量 BUF1 中前两个字节的内容送入寄存器 SI 中。

3.9　下面的程序段执行后，DX、AX 的内容是什么?

```
MOV   DX，0EFADH
MOV   AX，1234H
MOV   CL，4
SHL   DX，CL
MOV   BL，AH
SHL   AX，CL
SHR   BL，CL
OR    DL，BL
```

3.10　写出下面的指令序列中各条指令执行后的 AX 内容。

```
MOV   AX，7865H
MOV   CL，8
SAR   AX，CL
DEC   AX
MOV   CX，8
MUL   CX
```

```
NOT   AL
AND   AL，10H
```

3.11 如果要将 AL 中的高 4 位移至低 4 位，有几种方法?请分别写出实现这些方法的程序段。

3.12 利用串操作指令，将 AREA1 起始的区域 1 中的 200 个字节数据传送到以 AREA2 为起始地址的区域 2(两个区域有重叠)。

3.13 寄存器 BX 中有 4 位 0~F 的十六进制数，编写程序段，将其转换为对应字符(即 ASCII 码)，按从高到低的顺序分别存入 L1、L2、L3、L4 这 4 个字节单元中。

3.14 试将 BUF 起始的 100 个字节的组合 BCD 码数字，转换成 ASCII 码，并存放在以 ASC 为起始地址的单元中。已知高位 BCD 码位于较高地址中。

3.15 请给出以下各指令序列执行完后目的寄存器的内容。

```
(1) MOV      BX，-78
    MOVSX   EBX，BX
(2) MOV      CL，-5
    MOVSX   EDX，CL
(3) MOV      AH，9
    MOVZX   ECX，AH
(4) MOV      AX，87H
    MOVZX   EBX，AX
```

3.16 请给出以下各指令序列执行完后 EAX 和 EBX 的内容。

```
MOV    ECX，12345678H
BSF    EAX，ECX
BSR    EBX，ECX
```

3.17 给以 TAB 为首地址的 100 个 ASCII 码字符添加奇偶校验位(bit7)，使每个字节中的“1”的个数为偶数，在顺序输出到 10H 号端口。

3.18 编写一段程序，要求在长度为 100H 字节的数组中，找出正数的个数并存入字节单元 POSIT 中，找出负数的个数并存入字节单元 NEGAT 中。

第4章 8086/8088汇编语言程序设计

4.1 汇编语言语句格式

汇编语言是计算机能够提供给用户使用的最快速有效的语言，它是以处理器指令系统为基础的低级程序设计语言，采用助记符表示指令操作码，采用标识符表示指令操作数。利用汇编语言编写程序的主要优点是可以直接、有效地控制计算机硬件，因而容易创建代码序列短小、运行快速的可执行程序。在对程序的空间和时间要求高的应用领域，汇编语言的作用是不容置疑和无可替代的。然而，汇编语言作为一种低级语言也存在很多不足，例如，功能有限、编程难度大、依赖处理器指令，这也限制了它的应用范围。

汇编语言源程序由若干语句组成，通常这些语句可以分为三类，分别是：

(1) 指令语句。汇编指令是用助记符表示的机器指令，所以这类语句又称机器指令语句，它们由汇编程序汇编成相应的能被CPU直接识别并执行的目标代码，也称机器代码。例如，MOV、ADD、CMP、XOR等指令均属指令语句。

(2) 宏指令语句。在8088/8086和80x86系列的汇编语言中，允许用户为多次重复使用的程序段命一个名字，然后就可以在程序中用这个名字代替该程序段，将定义的过程称为宏定义，将该程序段称为宏。宏的定义必须按相应的规定进行，每个宏都有相应的宏名。在程序的任意位置，若需要使用这段程序，只要在相应的位置使用宏名即相当于使用了这段程序。因此，宏指令语句就是宏的引用。宏的引用语句就是宏指令语句。汇编程序遇到宏指令语句时将它还原成一组机器指令。

指令语句和宏指令语句都是指令性语句。

(3) 伪指令语句。伪指令语句是一种指示性语句，这类语句向汇编程序提供汇编过程要求的一些辅助信息，如给变量分配内存单元地址、定义各种符号、实现分段等。

伪指令语句与指令性语句的最大区别是：伪指令语句经汇编后不产生任何机器代码，而指令性语句经汇编后会产生相应的机器代码；其次，伪指令语句所指示的操作是在程序汇编时就完成了的，而指令性语句的操作必须在程序运行时才能完成。

汇编语言的三类语句可以用以下格式统一表示：

[名字项]　操作项　[操作数项]　[; 注释项]

其中带方括号的项表示可选项：名字项是用标识符表示的符号；操作项是语句要进行某种操作的助记符，它可以是前述三类语句之一；根据不同的语句，操作数项由零个、一个或者多个表达式组成，并由它提供执行指定操作所需要的操作数或地址，当操作数不止一个时，相互之间应该用逗号隔开；注释项必须以分号开头，主要用来说明程序或重要语句的功能，它也可单独出现在程序的任何位置。

语句书写时，项与项之间必须用空格或 TAB 符分隔。

下面对语句格式的各个组成项分别进行说明。

① 名字项

在三类语句中，名字项有不同的名称和含义。名字项出现在指令语句或宏指令语句前时，称该名字项为标号且对应的标识符后面必须跟冒号，标号在汇编以后分配有地址。标号又称为符号地址，可作为转移指令或子程序调用的目标地址。若名字项出现在伪指令语句前，则该名字项称为符号名，根据不同的伪指令，这些符号名又可分为变量名、符号常数名、子程序名或段名等。

名字项的书写有严格的规定，它可使用下列字符：

- 字母 A～Z、a～z
- 数字 0～9
- 特殊符号?、· 、@ 、— 、$等

名字项的第一个字符不可以是数字，必须是字母或特殊字符，但是问号本身不能单独作为名字；如果用到特殊符号，则它必须是首字符。名字最多由 31 个字符组成，多则无效。注意：汇编语言的专用保留字、寄存器名、8088/8086 汇编语言中的指令助记符、伪指令名、表达式中使用的运算符和属性运算符等均不能作为名字项，否则汇编会给出错误信息：名字项在程序中不能重复定义。

② 操作项

操作项表示语句要实现的具体操作，可以是指令、宏指令语句、伪指令的助记符。操作项是汇编语句中不可缺少的部分。汇编程序对上述三类语句会作不同的处理。对指令语句，汇编程序会将它翻译成二进制指令代码；对于宏指令语句，汇编程序将其展开，也就是用宏体替代原来的宏指令语句，并翻译成机器指令；对于伪指令语句，汇编程序会依照指令对操作进行处理。

③ 操作数项

操作数项根据不同的语句由一个或多个表达式组成，它给执行的操作提供原始数据并指出结果数据存储的位置。

操作数项的常见形式有：常数(参见 4.2.7)、寄存器、标号、变量或表达式等。

其中，表达式是由常数、变量、标号通过操作运算符(MASM 中称为 Operator)连接而成的式子，注意：表达式的值是在汇编过程中计算出来的，根据表达式计算出来的结果可能是操作数的地址值，也可能就是操作数。两个以上的表达式之间要用逗号分开。汇编程序在汇编过程中计算表达式，最终得到一个确定的数值。汇编语言支持的运算符如表 4-1 所示。

表 4-1 汇编语言支持的运算符

类 型	运算符及其说明
算术运算符	+(加) -(减) *(乘) /(除) MOD(取余)
逻辑运算符	AND(与) OR(或) XOR(异或) NOT(非)
移位运算符	SHL(左移) SHR(右移)
关系运算符	EQ(相等) NE(不相等) GT(大于) LT(小于)GE(大于或等于) LE(小于或等于)

对于基于关系运算符的表达式，如果表达式条件为真，那么该表达式的值即为 0FFFFH，否则表达式的值即为 0。例如：对于表达式 CNT　LT　55，如果 CNT<55，那么该表达式的值是常数 0FFFFH；否则，该表达式的值是 0。

应用举例：

```
mov cx, 4*5+4                ; 等价于 mov cx, 24
or al, 03h AND 75h           ; 等价于 or al, 1
mov dl, 0011b SHL (2*2)      ; 等价于 mov dl, 00110000b
mov bx, ((CNT LT 55) AND 0) OR ((CNT GE 55) AND 100)
                    ; 当 CNT<5 时，汇编结果为 mov bx, 0；否则汇编结果为 mov bx, 100
```

④ 注释项

注释项主要用来说明程序或语句功能，增加程序的可读性。对于较大的程序，注释项更不能缺少。分号(；)放在语句后，用来说明该语句的功能；分号放在某一行的开头，用来说明下面一段程序的功能；分号加到指令前，可暂时冻结有疑问的指令，调试正确后，再把这些指令解冻或删除，这样可减少语句增、删的编辑工作。

4.2 汇编语言伪指令

汇编语言程序的语句可以由指令、伪指令或宏指令组成。宏指令将在稍后介绍。伪指令不像机器指令那样是在程序运行期间由计算机来执行的，而是在汇编程序对源程序汇编期间由汇编程序处理的操作，它们可以完成如处理器选择、定义程序模式、定义数据、分配存储区、指示程序结束等功能。在本节只介绍一些常用的伪指令。有些伪指令，如有关过程定义及外部过程所使用的伪指令、有关宏汇编及条件汇编所使用的伪指令将在下一节讨论。此外，还有一些内容在本书中未涉及，若读者有兴趣，请查阅相关手册。

4.2.1 处理器选择伪指令

80x86 的所有处理器都支持 8086 / 8088 指令系统，但每一种高档的机型又都增加一些新的指令，因此在编写程序时，要告诉汇编程序你所使用的指令是针对哪一种机型，比如是 80386CPU 还是 80486CPU。

这类伪指令主要有以下几种：

. 8086　　选择 8086 指令系统
. 286　　选择 80286 指令系统
. 286 P　　选择保护方式下的 80286 指令系统
. 386　　选择 80386 指令系统
. 386 P　　选择保护方式下的 80386 指令系统
. 486　　选择 80486 指令系统
. 486 P　　选择保护方式下的 80486 指令系统
. 586　　选择 Pentium 指令系统
. 586 P　　选择保护方式下的 Pentium 指令系统

有关“选择保护方式下的 XXXX 指令系统”的含义是指包括特权指令在内的指令系统。

此外，上述伪指令均支持相应的协处理器指令。

这类伪指令一般放在整个程序的最前面。如果不给出，则汇编程序认为其默认值为．8086。它们也可放在程序中，如程序中使用了一条80486所增加的指令，则可在该指令的上一行加上.486。

4.2.2 段定义伪指令

1．完整段定义伪指令

存储器的物理地址是由段地址和偏移地址组合而成的，汇编程序在把源程序转换为目标程序时，必须确定标号和变量(代码段和数据段的符号地址)的偏移地址，并且需要把有关信息通过目标模块(如 test1.obj)传送给连接程序(对于 MASM5.0，连接程序为 LINK.EXE)，以便连接程序把不同的段和模块连接在一起，形成一个可执行程序。为此，需要用段定义伪指令，其格式如下：

```
segment name    SEGMENT
  ⋮
segment name    ENDS
```

其中删节号部分，对于数据段、附加段和堆栈段来说，一般是存储单元的定义、分配等伪指令；对于代码段则是指令及伪指令。

此外，还必须明确段和段寄存器的关系，这可用 ASSUME 伪指令来实现，其格式为：

ASSUME   assignment，…，assignment

其中 assignment 说明分配情况，其格式为：

段寄存器名 ：段名

其中段寄存器名必须是 CS，DS，ES 和 SS(对于 386 及其后继机型还有 FS 和 GS)中的一个，而段名则必须是由 SEGMENT 定义的段中的段名。ASSUME NOTHING 则可取消前面由 ASSUME 所指定的段寄存器。

举例说明如下：

例 4.1 完整段定义格式。

```
;**************************************************
data_seg  segment                            ; 定义数据段
          ⋮
data_seg  ends
;**************************************************
extra_seg  segment                           ; 定义附加段
           ⋮
extra_seg  ends
;**************************************************
code_seg     segment                         ; 定义代码段
             assume   cs：code_seg，ds：data_seg，es：extra_seg
start：                                      ; 程序执行的入口点
; 将当前的数据段地址的值放入DS寄存器
             mov    ax，  data_seg           ; 数据段地址
```

```
        mov     ds,  ax                 ;  放入DS寄存器
;将当前的附加段地址的值放入ES寄存器
        mov     ax,  extra_seg          ;  附加段地址
        mov     es,  ax                 ;  放入ES寄存器
        ⋮
code_seg    ends                        ;  代码段结束
;************************************************
        end   start
```

因为ASSUME伪指令只是指定某个段分配给哪一个段寄存器，它并不能把段地址的值装入段寄存器中，所以在代码段中，还必须把段地址的值装入相应的段寄存器中。在例4.1的程序中，分别用两条MOV指令完成此操作。如果程序包含堆栈段，那么同样需要将堆栈段的段地址值存入SS寄存器。代码段不需要这样做，因为代码段的这一操作是在程序初始化时完成的。

为了对段定义作进一步地控制，SEGMENT伪指令还可以增加类型及属性的说明，其格式如下：

```
segname   SEGMENT [align_type] [combine_type] [use_type] ['class']
            ⋮
segname   ENDS
```

一般情况下，这些说明可以不用。但是，如果需要用连接程序把本程序与其他程序模块相连接时，就需要使用这些说明，分别叙述如下：

(1) 定位类型(align_type)说明段的起始地址应有怎样的边界值，可以是：

PARA　指定段的起始地址必须从小段边界开始，即段起始地址以16进制数表示时，其最低位必须为0。这样，偏移地址可以从0开始。

BYTE　该段可以从任何地址开始。这样，起始偏移地址可能不是0。

WORD　该段必须从字的边界开始，即段起始地址必须为偶数。

DWORD　该段必须从双字的边界开始，即段起始地址以16进制数表示时，其最低位必须为4的倍数。

PAGE　该段必须从页的边界开始，即段起始地址以16进制数表示时，其最低两位必须为0(即该地址能被256整除)。

若程序中未指定定位类型，则汇编程序默认为PARA。

(2) 组合类型(combine_type)说明程序连接时的段合并方法，可以是：

PRIVATE　该段为私有段，在连接时将不与其他模块中的同名分段合并。

PUBLIC　该段连接时可以把不同模块中的同名段相连接而形成一个段，其连接次序由连接命令指定。每一分段都从小段的边界开始，因此各模块的原有段之间可能存在小于16个字节的间隙。

COMMON　该段在连接时可以把不同模块中的同名段重叠而形成一个段，由于各同名分段有相同的起始地址，所以会产生覆盖。COMMON的连接长度是各分段中的最大长度。重叠部分的内容取决于排列在最后一段的内容。

AT　expression　使段地址为表达式所计算出来的16位值，但它不能用来指定代码段。

MEMORY　与PUBLIC同义。

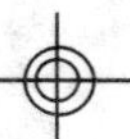

STACK 把不同模块中的同名段组合而形成一个堆栈段。该段的长度为各原有段的总和，各原有段之间并无 PUBLIC 所连接段中的间隙，而且栈顶可自动指向连接后形成的大堆栈段的栈顶。

组合类型的默认项是PRIVATE。

(3) 使用类型(use_type)只适用于386及其后继机型，它可用来指定寻址方式如下：

USE16 使用16位寻址方式。

USE32 使用32位寻址方式。

当使用16位寻址方式时，段长不超过64KB，地址的形式是16位段地址和16位偏移地址；当使用32位寻址方式时，段长可达4GB，地址的形式是16位段地址和32位偏移地址。因此，在实模式下，应该使用USEl6。

使用类型的默认项是USEl6。

(4) 类别('class')在引号中给出连接时组成段组的类型名。类别说明并不能把相同类别的段合并起来，但在连接后形成的装入模块中，可以把它们的位置靠在一起。

2．存储模型与简化段定义伪指令

较新版本的汇编程序(MASM5.0与MASM6.0)除支持"1．完整段定义伪指令"中所讨论的segment伪指令外，还支持一种新的较简单的段定义方法。下面开始讨论"存储模型与简化段定义伪指令"。

(1) MODEL伪指令

MODEL伪指令的格式如下：

.MODEL memory_model [，model options]

它用来表示存储模型(memory_model)，即用来说明在存储器中是如何安放各个段的。它说明代码段在程序中如何安排，代码的寻址是近还是远；数据段在程序中又是如何安排的，数据的寻址是近还是远。根据它们的不同组合，可以建立如下七种存储模型：

① Tiny 所有数据和代码都放在一个段内，其数据和代码都是近访问。Tiny程序可以写成．COM文件格式，COM程序必须从0100H的存储单元开始。这种模型一般用于小程序。

② Small 所有数据放在一个64KB的数据段内，所有代码放在另一个64KB的代码段内，数据和代码也都是近访问的。这是一般应用程序最常用的一种模型。

③ Medium 代码使用多个段，一般一个模块一个段，而数据则合并成一个64KB的段组。这样，数据是近访问的，而代码则可远访问。

④ Compact 所有代码都放在一个 64KB 的代码段内，数据则可放在多个段内，形成代码是近访问的，而数据则可为远访问的格式。

⑤ Large 代码和数据都可用多个段，所以数据和代码都可以远访问。

⑥ Huge 与Large模型相同，其差别是允许数据段的大小超过64KB。

⑦ Flat 允许用户用32位偏移量，但DOS下不允许使用这种模型，只能在OS / 2下或其他保护模式的操作系统下使用。MASM 5版本不支持这种模型，但MASM 6可以支持。

model options允许用户指定三种选项：高级语言接口、操作系统和堆栈距离。

高级语言接口选项是指该汇编语言程序作为某一种高级语言程序的过程而为该高级语言程序调用时，应该用如C、BASIC、FORTRAN、PASCAL等来说明。

操作系统选项是要说明程序运行于哪个操作系统之下，可用OS_DOS或OS_OS2来说明，默认项是 OS_DOS。

堆栈距离选项可用 NEARSTACK 或 FARSTACK 来说明。其中 NEARSTACK 是指把堆栈段和数据段组合到一个 DGROUP 段中，DS 和 SS 均指向 DGROUP 段；FARSTACK 是指堆栈段和数据段并不合并。当存储模型为 TINY，SMALL，MEDIUM 和 FIAT 时，默认项为 NEARSTACK；当存储模型为 COMPACT、LARGE 和 HUGE 时，默认项为 FARSTACK。

例如：

```
.MODEL    SMALL，C
.MODEL    LARGE，PASCAL，OS_DOS，FARSTACK
```

(2) 简化的段定义伪操作

汇编程序给出的标准段有下列几种：

① code	代码段
② initialized data	初始化数据段
③ uninitialized data	未初始化数据段
④ farinitialized data	远初始化数据段
⑤ far uninitialized data	远未初始化数据段
⑥ constants	常数段
⑦ stack	堆栈段

可以看出，这种分段方法把数据段分得更细：①把常数段和数据段分开；②把初始化数据段和未初始化数据段分开(其中初始化数据是指程序中已指定初始值的数据)；③把近和远的数据段分开。这样做的结果可便于与高级语言兼容。如果是为高级语言编写一个汇编语言过程，可以使用以上标准段模式；如果编写一个独立的汇编语言程序，一般采用下述的.CODE、.DATA 和.STACK 等定义三个标准段就可以了。

对应以上的标准段，有以下简化段伪指令：

.CODE [name]	对于一个代码段的模型，段名为可选项； 对于多个代码段的模型，则应为每个代码段指定段名。
.DATA	
.DATA?	
.FARDATA [name]	可指定段名。如不指定，则将以 FAR_DATA 命名。
.FARDATA? [name]	可指定段名。如不指定，则将以 FAR_BSS 命名。
.CONST	
.STACK [size]	可指定堆栈段大小。如不指定，则默认值为 1KB。

注意：当使用简化段伪指令时，必须在程序的开始先用.MODEL 伪指令定义存储模型，然后再用简化段伪指令定义段。每一个新段的开始就是上一段的结束，而不必用 ENDS 作为段的结束符。

(3) 与简化段定义有关的预定义符号

汇编程序给出了与简化段定义有关的一组预定义符号，它们可在程序中出现，并由汇编程序识别使用。若在完整的段定义情况下，在程序的开始，需要用段名装入数据段寄存器，例如：

```
mov    ax，data_seg
mov    ds，ax
```

若用简化段定义，则数据段只用.data 来定义，而并未给出段名，此时可用：

```
mov     ax，@data
mov     ds，ax
```

这里预定义符号@data 就给出了数据段的段名。

(4) 用 MODEL 定义存储模型时的段默认属性

表 4-2 给出了使用 MODEL 伪指令时的段默认情况。

表 4-2 用 MODEL 伪指令时的段默认属性

模 型	伪指令	名 字	定 位	组 合	类	组
Tiny	CODE	_TEXT	Word	PUBLIC	'CODE'	DGROUP
	.FARDATA	FAR_DATA	Para	Private	'FAR_DATA'	
	.FARDATA?	FAR_BSS	Para	Private	'FAR_BSS'	
	.DATA	DATA	Word	PUBLIC	'DATA'	DGROUP
	.CONST	CONST	Word	PUBLIC	'CONST'	DGROUP
	.DATA?	_BSS	Word	PUBLIC	'BSS'	DGROUP
Small	.CODE	_TEXT	Word	PUBLIC	'CODE'	
	.FARDATA	FAR_DATA	Para	Private	'FAR_DATA'	
	.FARDATA?	FAR_BSS	Para	Private	'FAR_BSS	
	.DATA	DATA	Word	PUBLIC	'DATA'	DGROUP
	.CONST	CONST	Word	PUBLIC	'CONST’	DGROUP
	.DATA?	_BSS	Word	PUBLIC	'BSS'	DGROUP
	.STACK	STACK	Para	STACK	'STACK'	DGROUP
Medium	.CODE	name TEXT	Word	PUBLIC	'CODE'	
	.FARDATA	FAR_DATA	Para	Private	'FAR_DATA'	
	.FARDATA?	FAR_BSS	Para	Private	'FAR_BSS'	
	.DATA	DATA	Word	PUBLIC	'DATA'	DGROUP
	.CONST	CONST	Word	PUBLIC	'CONST'	DGROUP
	.DATA?	_BSS	Word	PUBLIC	'BSS'	DGROUP
	.STACK	STACK	Para	STACK	'STACK'	DGROUP
Compact	.CODE	_TEXT	Word	PUBLIC	'CODE'	
	.FARDATA	FAR_DATA	Para	Private	'FAR_DATA'	
	.FARDATA?	FAR_BSS	Para	Private	'FAR_BSS'	
	.DATA	DATA	Word	PUBLIC	'DATA'	DGROUP
	.CONST	CONST	Word	PUBLIC	'CONST'	DGROUP
	.DATA?	_BSS	Word	PUBLIC	'BSS'	DGROUP
	.STACK	STACK	Para	STACK	'STACK'	DGROUP
Large	.CODE	name_TEXT	Word	PUBLIC	'CODE'	
	.FARDATA	FAR_DATA	Para	Private	'FAR_DATA'	
Huge	.FARDATA?	FAR_BSS	Para	Private	'FAR_BSS'	
	.DATA	_DATA	Word	PUBLIC	'DATA'	DGROUP
	.CONST	CONST	Word	PUBLIC	'CONST'	DGROUP
	.DATA?	_BSS	Word	PUBLIC	'BSS'	DGROUP
	.STACK	STACK	Para	STACK	'STACK'	DGROUP
Flat	.CODE	_TEXT	Dword	PUBLIC	'CODE'	

续表

模 型	伪指令	名 字	定 位	组 合	类	组
	.FARDATA	_DATA	Dword	PUBIAC	'DATA'	
	.FARDATA?	_BSS	Dword	PUBLIC	'BSS'	
	.DATA	_DATA	Dword	PUBLIC	'DATA	
	.CONST	CONST	Dword	PUBIAC	'CONST'	
	.DATA?	_BSS	Dword	PUBLIC	'BSS'	
	.STACK	STACK	Dword	PUBLIC	'STACK'	

其中，模型列给出了可定义的七种模型。伪指令列给出了对应每一种模型可定义七种段的伪指令。名字列给出对应各段所用段名，其中可有多个代码的模型 medium、large 和 huge 中的段，可以在.CODE 伪指令中定义段名 name。此外，可以看到凡未初始化的数据段给出的段扩展名为 BSS。定位列给出段的起始地址边界的类型，组合列给出段的组合类型，类列给出了各段所属类，组列则给出各种模型下所建立的段组。

(5) 简化段定义举例

例 4. 2 简化段定义格式(含数据段)。

```
        .MODEL      SMALL
        .STACK      100H            ; 定义堆栈段
        .DATA                       ; 定义数据段
          ⋮
        .CODE                       ; 定义代码段
START:                              ; 程序入口点
        MOV     AX，@DATA           ; 数据段地址
        MOV     DS，AX              ; 放入 DS 寄存器
        MOV     AX，4C00H
          ⋮
        INT     21H
        END     START
```

可见其比完整的段定义简单得多。但由于完整的段定义可以全面地说明段的各种类型与属性，因此在很多情况下仍需使用它。

例 4. 3 简化段定义格式(含常数段和数据段)。

```
        .MODEL      SMALL
        .STACK  100H
        .CONST                      ; 定义常数段
        .DATA                       ; 定义数据段
        .CODE                       ; 定义代码段
START:
        MOV     AX, DGROUP          ; 数据段地址
        MOV     DS, AX              ; 装入 DS 寄存器
```

```
        ⋮
        MOV     AX，4C00H
        INT     21H
        END     START
```

此时，也可把段组名 DGROUP 作为段地址装入 DS 寄存器中。这样，在访问 CONST 段和 DATA 段中的变量时，都用 DS 作为段寄存器来访问，以提高运行效率。

例 4.4 简化段定义格式(含远数据段)。

```
        .MODEL          SMALL
        .FARDATA
        .CODE
START:
        MOV     AX，@DATA
        MOV     DS，AX
        MOV     AX，@FARDATA
        MOV     ES，AX
        ASSUME      ES：@FARDATA
        ⋮
        MOV     AX，4C00H
        INT     21H
        END     START
```

.FARDATA 和.FARDATA?建立的是独立的段，所以必须为它们建立一个段寄存器(常用 ES)，本例就说明了其定义方法。应当注意其中 ASSUME 伪指令的使用方法。

3. 段组定义伪指令

从存储模型与简化段定义伪指令中已经知道在各种存储模型中，汇编程序自动地把各数据段组成一个段组 DGROUP，以便程序在访问各数据段时使用一个数据段寄存器 DS。下面所给出的 GROUP 伪指令允许用户自行指定段组，其格式如下：

```
    grpname      GROUP      segname [，segname …]
```

其中 grpname 为段组名，segname 则为段名。

例 4.5 完整段定义格式(含段组)。

```
DSEG1        SEGMENT         WORD       PUBLIC       'DATA'
                ⋮
DSEG1        ENDS
DSEG2        SEGMENT         WORD       PUBLIC       'DATA'
                ⋮
DSEG2        ENDS
DATAGROUP        GROUP          DSEG1，DSEG2
CSEG         SEGMENT        PARA       PUBLIC       'CODE'
             ASSUME      CS：CSEG，DS：DATAGROUP
START：      MOV      AX，DATAGROUP
             MOV      DS，AX
```

```
        ⋮
        MOV     AX，4C00H
        INT     21H
CSEG    ENDS
        END     START
```

这样，程序中对定义在不同段中的变量，都可以用同一个段寄存器进行访问。

4.2.3 程序开始和结束伪指令

在程序的开始可以用 NAME 或 TITLE 作为模块的名字，NAME 的格式是：

NAME   module_name

汇编程序将以给出的 module_name 作为模块的名字。如果程序中没有使用 NAME 伪指令，则也可使用 TITLE 伪指令，其格式为：

TITLE   text

TITLE 伪指令可指定列表文件的每一页上打印的标题。同时，如果程序中没有使用 NAME 伪指令，则汇编程序将用 text 中的前六个字符作为模块名。text 最多可有 60 个字符。如果程序中既无 NAME 又无 TITLE 伪操作，则将用源文件名作为模块名。所以 NAME 及 TITLE 伪指令并不是必要的，但一般经常使用 TITLE，以便在列表文件中能打印出标题来。

表示源程序结束的伪指令的格式为：

END   [label]

其中标号[label]指示程序开始执行的起始地址。如果多个程序模块相连接，则只有主程序要使用标号，其他子程序模块则只用 END 而不必指定标号。例 4.1～例 4.5 已使用 END START 表示程序结束。汇编程序将在遇 END 时结束汇编，而程序则将从 START 开始执行。

MASM 6.0 版的汇编程序还增加了定义程序的入口点和出口点的伪指令。

.STARTUP   用来定义程序的初始入口点，并且产生设置 DS，SS 和 SP 的代码。如果程序中使用了.STARTUP，则结束程序的 END 伪指令中不必再指定程序的入口点标号。

.EXIT   用来产生退出程序并返回操作系统的代码，其格式为：

.EXIT   [return_value]

其中 return_value 为返回给操作系统的值，常用 0 作为返回值。

例 4.6　MASM 6.0 支持的简化段定义格式。

```
.MOOEL SMALL
.DATA
⋮
.CODE
.STARTUP
⋮
.EXIT    0
END
```

4.2.4 数据定义及存储器分配伪指令

这一类伪指令的格式是：

[Variable]　Mnemonic　Operand，…，Operand　[；Comments]
其中变量(Variable)字段是可有可无的，它用符号地址表示，其作用与指令语句前的标号相同，但它的后面不跟冒号。如果语句中有变量，则汇编程序使其记以第一个字节的偏移地址。

注释(Comments)字段用来说明该伪指令的功能，可有可无。

助记符(Mnemonic)字段说明所用伪指令的助记符。即伪指令，说明所定义的数据类型，常用的有以下几种：

DB　用来定义字节，其后的每个操作数都占有一个字节(8 位)。

DW　用来定义字，其后的每个操作数占有一个字(16 位，其低位字节在第一个字节地址中，高位字节在第二个字节地址中)。

DD　用来定义双字，其后的每个操作数占有两个字(32 位)。

DF　用来定义 6 个字节的字，其后的每个操作数占有 48 位，可用来存放远地址。这一伪操作只能用于 386 及其后继机型中。

DQ　用来定义 4 字，其后的每个操作数占有 4 个字(64 位)，可用来存放双精度浮点数。

DT　用来定义 10 个字节，其后的每个操作数占有 10 个字节，形成压缩的 BCD 码。

这些伪指令可以把其后跟着的数据存入指定的存储单元，形成初始化数据；或者只分配存储空间而并不存入确定的数值，形成未初始化数据。DW 和 DD 伪指令还可存储地址，DF 伪指令则可存储由 16 位段地址及 32 位偏移地址组成的远地址指针。

例 4.7　操作数可以是常数，或者是表达式(根据该表达式可以求得一个常数)，如：

```
DATA_BYTE    DB    15，8，15H
DATA_WORD    DW    200，200H，-10
DATA_DW      DD    4*30，0AFFDH
```

汇编程序可以在汇编期间在存储器中存入数据，如图 4-1 所示。

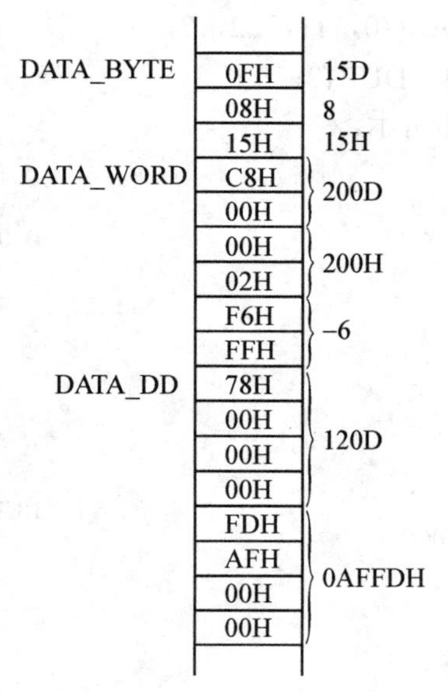

图 4-1　例 4.7 的汇编结果

例 4.8　操作数也可以是字符串，如：

STRING　　DB　　'Hello'

则存储器存储情况如图 4-2(a)所示，而 DB　'AB'和 DW　'AB'的存储情况则分别如图 4-2(b)和图 4-2(c)所示。

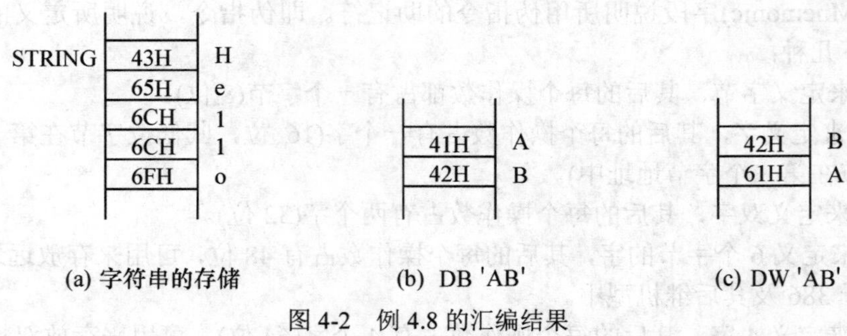

图 4-2　例 4.8 的汇编结果

操作数“？”用于保留存储空间，但不存入数据，例如：

CNT1　　DB　　0，?，?，0

CNT2　　DW　　?，100，?

经汇编后的存储情况如图 4-3 所示。

操作数字段还可以使用复制操作符来复制某些操作数，其格式为：

repeat_count　DUP(operand，…，operand)

其中 repeat_count 可以是一个表达式，它的值应该是一个正整数，用来指定括号中的操作数的重复次数。

例 4.9　DUP 的使用

BUFl　　DB　　2　DUP (0，11，22，?)

BUF2　　DB　　100H　DUP (?)

汇编后的存储情况如图 4-4 所示。

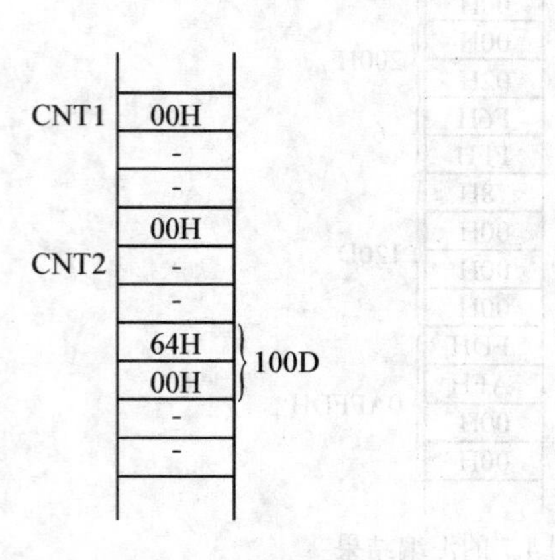

图 4-3　使用“？”的汇编结果

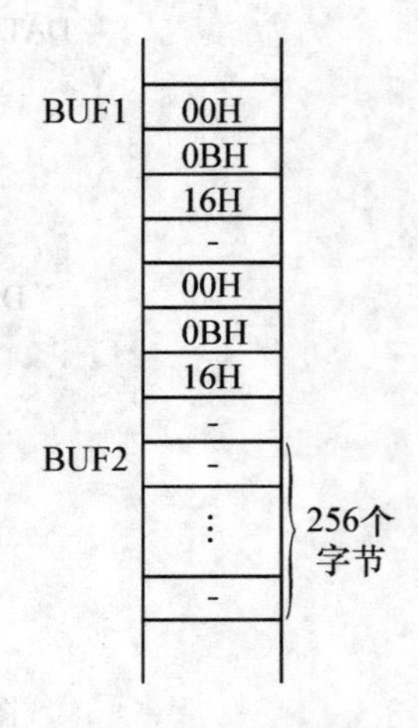

图 4-4　例 4.9 的汇编结果

由图 4-4 可见，例 4.9 中的第一个语句和语句 BUFl DB 0，11，22，?，0，11，22，? 是等价的。

此外，DUP 还可以嵌套使用。

注意：

① 这里操作数字段中的变量或标号可以使用表达式，如：

variable±constant expression

label±constant expression

在这种情况下，汇编后，存储器中应该存入表达式的值。

② DB、DW、DD、DF、DQ、DT 等伪指令在 MASM6 中可用 BYTE、WORD、DWORD、FWORD、QWORD、TBYTE 来取代，含义相同。

③ 变量的类型属性(type attribute)：在数据定义伪指令前面的变量的值，是该伪指令中的第一个数据项在当前段内的第一个字节的偏移地址；此外它还有一个类型属性，用来表示该语句中的每一个数据项的长度(以字节为单位表示)，因此，DB 伪操作的类型属性为 1，DW 为 2，DD 为 4，DF 为 6，DQ 为 8，DT 为 10。 变量表达式的属性和变量是相同的。汇编程序可以用这种隐含的类型属性来确定某些指令是字指令还是字节指令。

例 4. 10 分析下面 OP1 和 OP2 的类型属性。

```
OPl     DB   ?，?
OP2     DW   ?，?
        ⋮
        MOV   OPl，0
        MOV   OP2，0
```

则第 1 条 MOV 指令应为字节指令，而第 2 条 MOV 指令应为字指令。

例 4. 11 分析下面 OP1 和 OP2 的类型属性，再看两条 MOV 指令的操作数是否正确。

```
OPl     DB   1，2
OP2     DW   1234H，5678H
        ⋮
        MOV   AX，OPl+1
        MOV   AL，OP2
```

汇编程序在汇编这一段程序时，能发现两条 MOV 指令的两个操作数的类型属性不相同：OP1+1 为字节类型属性，而 AX 为字类型属性；OP2 为字类型属性，而 AL 为字节类型属性。因此，汇编程序将指示出错：这两条 MO V 指令中的两个操作数的类型不匹配。

有一个办法可以指定操作数的类型属性，这种指定优先于隐含的类型属性，即使用 PTR 属性操作符，其格式为：

type PTR Variable±constant expression

其中类型可以是 BYTE，WORD，DWORD，FWORD，QWORD 或 TBYTE，这样变量的类型就可以指定了。例 4.11 第一条指令可以写成：

```
MOV      AX，WORD  PTR   OP1+1
```

这样就把 OP1+1 的类型属性指定为字，两个操作数的属性也就一致了，汇编时不会出错。而运行时应把 OP1+1 的字内容送 AX，即把 OP1+1 的内容送 AL，把 OP2 的第一个字节的内容送 AH。所以指令执行完后，(AX)＝3402H。

例 4.11 的第二条指令应写成：

```
MOV      AL，BYTE   PTR   OP2
```

汇编时不会出错，运行时应把 OP2 的第一个字节的内容送 AL，即(AL)＝34H。而

```
MOV      AL，BYTE   PTR   OP2+1
```

则应把 OP2 中的第一个字的高位字节送 AL，即(AL)＝12H。

从例 4.11 可以看出：同一个变量可以具有不同的类型属性。除了用属性操作符给以定义外，还可以用 LABEL 伪指令来定义，其格式为：

```
name      LABEL   type
```

对于数据项可表示为：

```
variable_name      LABEL      type
```

其中类型可以是 BYTE，WORD，DWORD，FWORD，QWORD 或 TBYTE。

对于可执行的代码，则可表示为：

```
label_name      LABEL   type
```

其中类型可以是 NEAR 或 FAR。对于 16 位段，NEAR 为 2 字节，FAR 为 4 字节；对于 32 位段，NEAR 为 4 字节，FAR 是 6 字节。

例 4.12　LABEL 的使用。

```
BYTE_ARRAY          LABEL        BYTE
WORD_ARRAY          DW           10 DUP (?)
```

这样，在 20 个字节数组中的第一个字节的地址赋予二个不同类型的变量名：字节类型的变量 BYTE_ARRAY 和字类型变量 WORD_ARRAY。

4.2.5　表达式赋值伪指令 EQU

有时程序中多次出现同一个表达式，为方便起见，可以用赋值伪指令给表达式赋予一个名字，其格式如下：

```
Expression_name   EQU   Expression
```

此后，程序中凡需要用到该表达式之处，就可以用表达式名来代替了。可见，EQU 的引入提高了程序的可读性，也使其更加易于修改。上式中的表达式可以是任何有效的操作数格式，可以是任何可求出常数值的表达式，也可以是任何有效的助记符，举例如下：

```
CONSTANT   EQU    256              ；数赋予符号名
DATA       EQU    HEIGHT+12        ；地址表达式赋予符号名
ALPHA      EQU    7                ；这是一组赋值伪操作
BETA       EQU    ALPHA-2          ；把 7-2＝5 赋予符号名 BETA
ADDR       EQU    VAR+BETA         ；VAR+5 赋予符号名 ADDR
B          EQU    [BP+8]           ；变址引用赋予符号名 B
P8         EQU    DS：[BP+8]       ；加段前缀的变址引用赋予符号名 P8
```

注意：

在 EQU 语句的表达式中，如果有变量或标号的表达式，则在该语句前应该先给出它们的定义，例如语句：

```
AB   EQU   DATA_ONE+2
```

则必须放在 DATA_ONE 的定义之后才行，否则汇编程序将指示出错。

另外还有一个与 EQU 相类似的＝伪指令也可以作为赋值伪指令使用。它们之间的区别是 EQU 伪指令中的表达式名是不允许重复定义的，而＝伪指令则允许重复定义。

例如 EMP＝6 或 EMP EQU 6 都可以使数 6 赋以符号名 EMP，然而不允许两者同时使用。但是

```
⋮
EMP＝7
⋮
EMP＝EMP+1
⋮
```

在程序中是允许使用的，因为＝伪指令允许重复定义。这样，在第一个语句后的指令中 EMP 的值为 7，而在第二个语句后的指令中 EMP 的值为 8。

4.2.6 地址计数器与对准伪操作

(1) 地址计数器$

在汇编程序对源程序汇编的过程中，使用地址计数器(location counter)来保存当前正在汇编的指令的偏移地址。当开始汇编或在每一段开始时，把地址计数器初始化为零，以后在汇编过程中，每处理一条指令，地址计数器就增加一个值，此值为该指令所需要的字节数。地址计数器的值可用$来表示，汇编语言允许用户直接用$来引用地址计数器的值，因此指令

```
JNE   $ + 6
```

的转向地址是 JNE 指令的首地址加上 6。当$用在指令中时，它表示本条指令的第一个字节的地址。在这里，$+6 必须是另一条指令的首地址。否则，汇编程序将指示出错信息。当$用在伪操作的参数字段时，和它用在指令中的情况不同，它所表示的是地址计数器的当前值。

例 4.13 $的使用。

```
BUFFER   DW   1, 2, $+4, 3, 4, $+4
```

假设汇编时 BUFFER 分配的偏移地址为 0074H，则汇编后的存储区将如图 4-5 所示。

	内容	地址
BUFFER	01H	0074H
	00H	0075H
	02H	0076H
	00H	0077H
	7CH	0078H
	00H	0079H
	03H	007AH
	00H	007BH
	04H	007CH
	00H	007DH
	82H	007EH
	00H	007FH

图 4-5 例 4.13 的汇编结果

注意：BUFFER 数组中的两个$+4 得到的结果是不同的，这是由于$的值是在不断变化的缘故。当在指令中用到$时，它只代表该指令的首地址，而与$本身所在的字节无关。

(2) ORG 伪操作

ORG 伪操作用来设置当前地址计数器的值，其格式为：

```
ORG   constant   expression
```

如常数表达式的值为 n，则 ORG 伪指令可以使下一个字节的地址成为常数表达式的值 n，例如：

```
VECTORS   SEGMENT
          ORG     10
VECT1     DW      47A5H
          ORG     20
```

```
VECT2       DW     0C596H
                ⋮
VECTORS     ENDS
```

则 VECT1 的偏移地址值为 0AH，而 VECT2 的偏移地址值为 14H。

常数表达式也可以表示从当前已定义过的符号开始的位移量，或表示从当前地址计数器值$开始的位移量，如：

```
ORG   $+8
```

可以表示跳过 8 个字节的存储区，亦即建立了一个 8 字节的未初始化的数据缓冲区。如程序中需要访问该缓冲区，则可用 label 伪指令来定义该缓冲区的如下变量名：

```
BUFFER      LABEL  BYTE
            ORG   $+8
```

当然，其完成的功能和

```
BUFFER        DB   8   DUP(?)
```

是一样的。

(3) EVEN 伪指令

EVEN 伪指令使下一个变量或指令开始于偶数字节地址。一个字的地址最好从偶地址开始，所以对于字数组为保证其从偶地址开始，可以在其前用 EVEN 伪操作来达到这一目的。例如：

```
DATA_SEG          SEGMENT
                     ⋮
EVEN
WORD_ARRAY        DW   100   DUP(?)
                     ⋮
DATA_SEG          ENDS
```

(4) ALIGN 伪指令

ALIGN 伪指令为保证双字数组边界从 4 的倍数开始创造了条件，其格式为：

```
ALIGN       boundary
```

其中，boundary 必须是 2 的幂，例如：

```
        .DATA
          ⋮
        ALIGN   4
ARRAY   DB    100H DUP (?)
          ⋮
```

这样可以保证 ARRAY 的值为 4 的倍数。显然，ALIGN　2 和 EVEN 的作用相同。

4.2.7　基数控制伪指令

除非有专门的指定，汇编程序把程序中出现的数都作为十进制处理。因此，当使用以其他基数表示的常数，需要专门作出如下标记：

(1) 二进制数：由一串 0 和 1 组成，后面跟字母 B，如 10011000B。

(2) 十进制数：由0～9的数字组成。一般后面不加标记，也可以在后面跟字母D，如126D。

(3) 十六进制数：由0～9和A～F组成的数，后面跟字母H。在汇编程序中，十六进制数的第一个字符必须是0～9，因此，如果数字的第一位是A～F，那么必须在其前面加上0，如0FFE4H。

(4) 八进制数：由0～7组成的数，后面跟字母O或者Q，如657Q。

(5) .RADIX伪指令可以把默认的基数改变为2～16范围内的任何基数，其格式如下：

```
.RADIX       expression
```

其中表达式是用十进制数表示的基数值，例如：

```
    MOV     AX，0AEH
    MOV     BX，1234
```

与

```
    .RADIX  16
    MOV     AX，0AE
    MOV     BX，1234D
```

是等价的。

(6) 常数不一定只是数字，也可以是字符串，但必须用单引号或双引号标示，得到的结果是字符串的ASCII值，如：

```
    MOV     DL，'A'
```

这条指令执行后，(DL)=41H。

4.3 汇编语言源程序的汇编与连接

本节以Microsoft提供的MASM5.0为基础介绍汇编语言程序从建立到执行的过程。

若要在Windows 2000/XP操作系统环境下运行汇编语言程序，相应的文件夹中至少应该有以下两个文件：

汇编程序，如MASM.EXE；

连接程序，如LINK.EXE；

有时还需要CREF.EXE文件。

4.3.1 建立ASM文件

用Windows操作系统中自带的文本编辑器——记事本，在磁盘上建立汇编源文件test1.asm.，其源代码如下：

```
data    segment                                  ；定义数据段
str     db 'Hello World!'，0dh，0ah，'$'
data    ends
code    segment                                  ；定义代码段
        assume  cs：code，ds：data
start：  mov ax，data                             ；程序入口点
        mov ds，ax                               ；将数据段的段地址值赋给DS段寄存器
```

```
        lea dx，str             ；取字符串偏移地址的首地址，赋给 DX
        mov ah，9               ；显示字符串
        int 21h
        mov ah，4ch             ；返回 DOS
        int 21h
code    ends                    ；代码段结束
        end  start              ；结束汇编
```

4.3.2 用 MASM 程序产生 OBJ 文件

源文件建立好以后，用汇编程序对源文件进行汇编，汇编后产生二进制的目标文件(OBJ 文件)，其操作如下：

```
D：\>masm  test1 ↙
Microsoft(R)Macro Assembler Version 5.0
Copyright(C)Microsoft Corp 1981-1985，1987.All rights reserved.
Object filename [TEST1.OBJ]：↙
Sourse listing [NUL.LST]：test1↙
Cross-reference [NUL.CRF]：test1↙
  49802 + 451430 Bytes symbol space free

    0 Warning Errors
    0 Severe  Errors
```

汇编程序的输入文件是 ASM 文件，输出文件有三个，分别是：

(1) OBJ 文件，这是汇编以后最重要的结果，是必须的。因此，在[TEST1.OBJ]：后面直接键入回车符。

(2) LST 文件，即列表文件。在该文件中同时列出了汇编语言程序和机器语言程序清单，方便用户调试。此文件可有可无，如果需要，在[NUL.LST]：后面键入文件名 test1，若不需要，则在[NUL.LST]：后面键入回车符。

(3) CRF 文件，该文件用来产生交叉引用表 REF。此文件可有可无，如果需要，则在[NUL.CRF]：后面键入文件名 test1，若不需要，则在[NUL.CRF]：后面键入回车符。若要建立交叉引用表，必须用 CREF 程序。如果磁盘上已经有了 CREF.EXE，进行以下操作即可得到交叉引用表。

```
    D：\>cref test1↙
Microsoft (R) Cross-Reference Utility  Version 5.00
Copyright (C) Microsoft Corp 1981-1985, 1987.  All rights reserved.

Listing [TEST1.REF]: ↙
4 Symbols
```

在[TEST1.REF]：后面键入回车就得到了 TEST1.REF。

4.3.3 用LINK程序产生EXE文件

源程序经过汇编程序汇编以后，产生了二进制的目标文件(OBJ)，但是，二进制的目标文件还不是可执行文件，必须使用连接程序(LINK.EXE)把OBJ文件转换成可执行的EXE文件。

```
D:\>link test1↙
Microsoft (R) Overlay Linker   Version 3.60
Copyright   (C)   Microsoft Corp 1983-1987.   All rights reserved.

Run File [TEST1.EXE]: ↙
List File [NUL.MAP]: test1↙
Libraries [.LIB]: ↙
LINK :warning L4021: no stack segment
```

连接程序有两个输入文件OBJ和LIB，OBJ是必须输入的目标文件，在[TEST1.EXE]: 后面键入回车符；LIB是程序中需要用到的库文件，如果不需要，则在[.LIB]:后面键入回车符即可。

连接程序有两个输出文件，一个是EXE文件，这是我们必须得到的可执行文件，因此在[TEST1.EXE]:后面键入回车符即可。另一个是MAP文件，它是连接程序的列表文件，给出了每个段在存储器中的分配情况。此文件若需要，则在[NUL.MAP]:后面键入test1，若不需要，则在[NUL.MAP]:后面键入回车符。

在得到EXE文件后，就可以在DOS下执行程序，如下面所示：

```
D:\>test1↙
Hello World!
D:\>
```

程序运行结束后返回DOS，结果也已经在屏幕上显示。但是，大多数情况下，结果都不会直接显示在屏幕上，而是要通过查看计算机的存储器和寄存器，才能知道程序运行后的结果正确与否。

对于初学者来说，必须明白：源程序经过汇编、连接成功后，并不能说明程序就正确无误。通常还要利用调试工具(如DEBUG)，来查找程序中的逻辑错误，并在内存和寄存器中查看结果，并修改源程序中的错误，重新汇编、连接、调试程序，直到结果正确。

4.3.4 可执行程序的结构

DOS操作系统支持两种不同结构的可执行程序：EXE程序和COM程序。

1. EXE程序

利用程序开发工具，通常会生成EXE结构的可执行程序(扩展名为.EXE的文件)。它有独立的代码、数据和堆栈段，还可以有多个代码段或多个数据段，程序长度可以超过64KB，程序开始执行的指令可以任意指定。

EXE文件在磁盘上由两部分组成：文件头和装入模块。装入模块就是程序本身。文件头则由连接程序生成，含有文件的控制信息和重定位信息，供DOS装入EXE文件时使用。

DOS装入EXE文件的过程是：

(1) DOS 确定当前主存最低的可用地址作为该程序的装入起始点。

(2) DOS 在偏移地址 00H～FFH 的 256(=100H)个字节空间，为该程序建立一个程序段前缀控制块(Program Segment Prefix，PSP)；PSP 中具有环境参数、命令行参数缓冲区等程序运行时可以利用的信息。每个可执行程序加载到主存时，DOS 都要为其创建 PSP 区域。

(3) DOS 利用文件头对有关数据进行重新定位，从偏移地址 100H 开始装入程序本身。

(4) 程序装载成功，DOS 将控制权交给该程序，开始执行 CS 和 IP 指向的第一条指令。

EXE 文件装入内存的映像如图 4-6 所示，请注意：

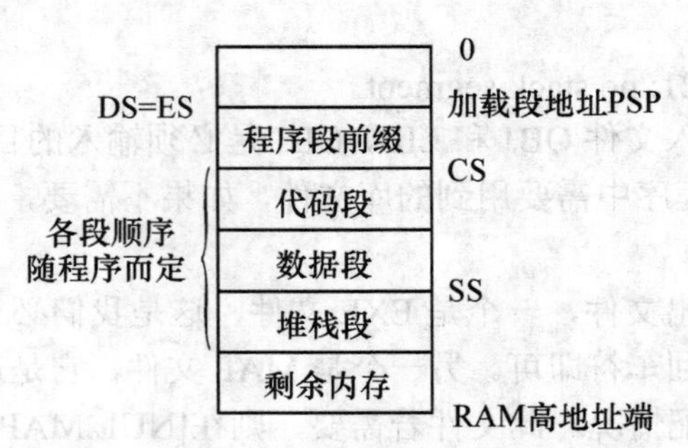

图 4-6　EXE 程序的内存映像

① DS 和 ES 指向 PSP，而不是程序的数据段和附加段，所以需在程序中根据实际的数据段和附加段改变 DS 和 ES 值。

② CS 和 IP 指向代码段程序开始执行的指令，SS 和 SP 指向堆栈段。源程序中如果没有堆栈段，则 SS=PSP 段地址、SP=100H，堆栈段占用 PSP 中部分区域。因此有时不设堆栈段也能正常工作。但为了安全起见，程序应该设置足够的堆栈空间。

EXE 程序没有规定各个逻辑段的先后顺序。在源程序中，通常按照便于阅读的原则或个人习惯书写各个逻辑段，也可以利用段顺序伪指令设置每个逻辑段在主存的顺序：

```
. SEG       ; 按照源程序的各段顺序
. DOSSEG    ; 按照标准 DOS 程序顺序
. ALPHA     ; 按照段名的字母顺序
```

由完整段定义源程序生成的 EXE 程序，默认按照源程序各段的书写顺序安排(即. SEG 伪指令规定)。采用. MODEL 伪指令的简化段定义源程序，默认是. DOSSEG 规定的标准 DOS 程序顺序：地址从小到大依次为代码段、数据段、堆栈段。

2. COM 程序

COM 文件只有一个逻辑段，其中包含有代码区、数据区和堆栈区，大小不超过 64KB。COM 文件存储在磁盘上是主存的完全映像，与 EXE 文件相比其装入速度快，占用的磁盘空间小。

DOS 装入 COM 文件的过程类似于 EXE 文件的装入过程，也要建立程序段前缀 PSP，但不需要重新定位，而是直接将程序装入偏移地址 100H 开始的区域，并从 100H 处开始执行程序。COM 文件加载到主存的映像如图 4-7 所示，请注意：

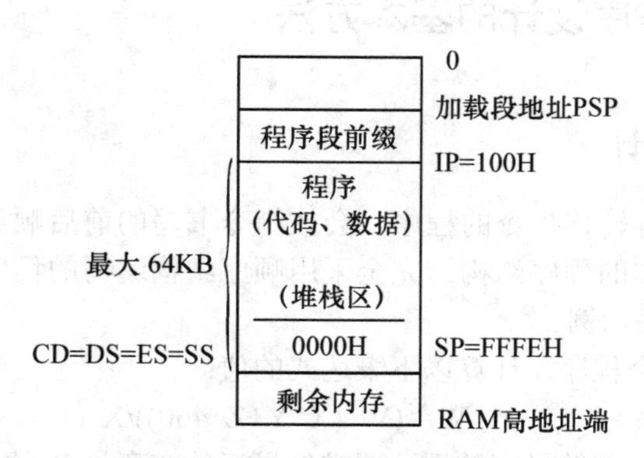

图 4-7 COM 程序的内存映像

① 所有段寄存器都指向 PSP 的段地址。

② 程序执行起点是 PSP 后的第一条指令，既 IP=100H。这就要求 COM 程序的第一条指令必须是可执行指令，即程序的开始执行点是程序头部。

③ 堆栈区设在 64KB 物理段尾部(通常为 FFFEH)，在栈底置 0000 字。

由此可见，创建 COM 结构的程序，需要满足一定的条件。源程序只设置代码段，不能设置数据、堆栈等其他逻辑段；程序必须从偏移地址 100H 处开始执行；数据安排在代码段中，但不能与可执行代码冲突，通常在程序最后。

使用 MASM 5. x 只能生成 EXE 文件，然后用一个 EXE2BIN. EXE 程序将符合 COM 程序条件的文件转换为 COM 文件。采用 MASM 6. x 可以直接生成 COM 文件，只要具有 TINY 模式即可。

创建 COM 文件的简化段定义源程序格式如下：

```
        . model tiny        ；采用微型模式
        . code              ；只有一个段，没有数据段和堆栈段
        org 100h            ；指定偏移地址 100H
start：                     ；偏移地址 100H 为程序开始点
          ⋮                 ；程序代码
        mov ax，4c00h       ；执行结束，返回 DOS
        int 2lh
          ⋮                 ；子程序代码
          ⋮                 ；数据定义(不能与代码冲突)
        end    start
```

用户利用以上格式建立源文件后，经过汇编、连接形成可执行文件，然后通过 EXE2BIN 程序(该程序 Windows2000/XP 操作系统自带)，将具有 COM 源程序格式的 EXE 文件转换成 COM 文件，其方法如下：

D：\>exe2bin filename1 filename2.com↙

其中 filename1 是被转换的 EXE 文件的文件名，它不必带扩展名；filename2 是即将得到的 COM 文件的文件名，它必须带扩展名 COM。

4.4 汇编语言程序设计的基本方法

4.4.1 顺序程序设计

没有分支、循环等转移指令的程序，会按指令书写的前后顺利依次执行，这就是顺序程序。顺序结构是最基本的程序结构。完全采用顺序结构编写的程序并不多见，以下是一个采用换码指令的顺序程序示例。

例 4.14 编写一个程序，计算以下表达式的值：

$$W=(V-(X*Y+Z-460))/X$$

式中 X、Y、Z、V 均为带符号字数据，要求结果存放在变量 W 中。

由于 X、Y、Z、V 均为带符号字数据，因此在进行表达式计算时应该注意字扩展指令 CWD 的使用。首先，需要将 Z 扩展成双字，完成加法运算，其次要将 V 扩展成双字，完成减法运算，其程序流程图如图 4-8 所示。

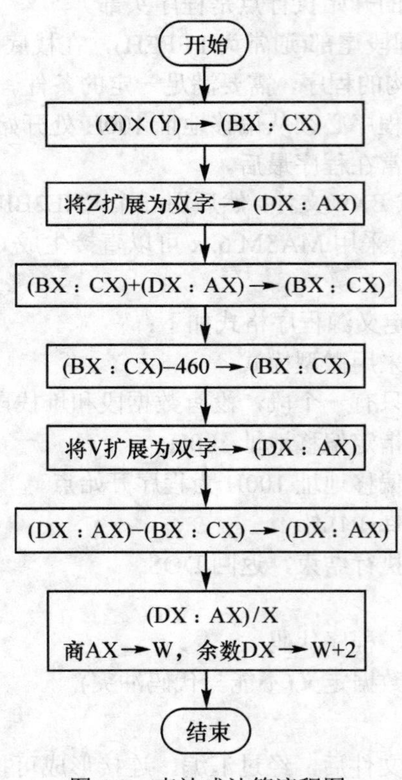

图 4-8 表达式计算流程图

```
        .model small
        .stack
; 数据段
        .data
```

```
x       dw 200
y       dw 300
z       dw 460
v       dw 10000
w       dw ?,?
；代码段
        .code
main    proc far
start:  mov ax,@data
        mov ds,ax
        mov ax,x                ；dx:ax=x*y
        imul y
        mov cx,ax               ；bx:cx=dx:ax
        mov bx,dx
        mov ax,z                ；dx:ax=z
        cwd
        add cx,ax               ；bx:cx=x*y+z
        adc bx,dx
        sub cx,460              ；bx:cx=x*y+z-460
        sbb bx,0
        mov ax,v                ；dx:ax=v
        cwd
        sub ax,cx
        sbb dx,bx
        idiv x
        mov w,ax
        mov w+2,dx
        mov ax,4c00h
        int 21h
main    endp
        end start
```

例 4.15 采用查表法，实现一位 16 进制数转换为 ASCII 显示。

```
；数据段
ASCII   db 30h，31h，32h，33h，34h，35h，36h，37h，38h，39h
        db 41h，42h. 43h. 44h. 45h，46h
hex     db 04h，0bh
；代码段
        mov bx，offset ASCII    ；BX 指向 ASCII 码表
        mov a1，hex             ；AL 取得一位 16 进制数，恰好就是 ASCII 码表中的位移
        and al, 0fh             ；只有低 4 位是有效的，高 4 位清 0
```

```
        xlat                ; 换码：AL←DS：[BX+AL]
        mov dl，al          ; 入口参数：DL←AL
        mov ah，2           ; 02 号 DOS 功能调用
        int 21h             ; 显示一个 ASCII 码字符
        mov al，hex+1       ; 转换并显示下一个数据
        and  al，0fh
        xlat
        mov dl，al
        mov ah，2
        int 21h
```

4.4.2 分支程序设计

汇编语言中，使用条件转移 Jcc 指令和无条件转移 JMP 指令实现分支程序结构。条件转移指令判断的条件是标志位。因此，需要在条件转移指令前安排算术运算、比较、测试等影响相应标志位的指令。

分支程序结构有单分支和双分支两种基本形式。例如，计算某个数据的绝对值，就是一个典型的单分支结构：

```
        cmp ax，0           ; 比较 AX 与 0
        jge nonneg          ; 条件满足：AX≥0，转移
        neg ax              ; 条件不满足：AX<0，为负数，需要求补得正值
nonneg：mov result，ax      ; 分支结束，保存结果
```

单分支结构要注意采用正确的条件转移指令。若条件满足(成立)，则发生转移，跳过分支体；若条件不满足，则是顺序向下执行分支体，如图 4-9(a)所示。

双分支程序结构是条件满足发生转移执行分支体 2，而条件不满足则顺序执行分支体 1；顺序执行的分支体 1 最后一定要有一条 JMP 指令跳过分支体 2，否则将进入分支体 2 而出现错误，如图 4-9(b)所示。

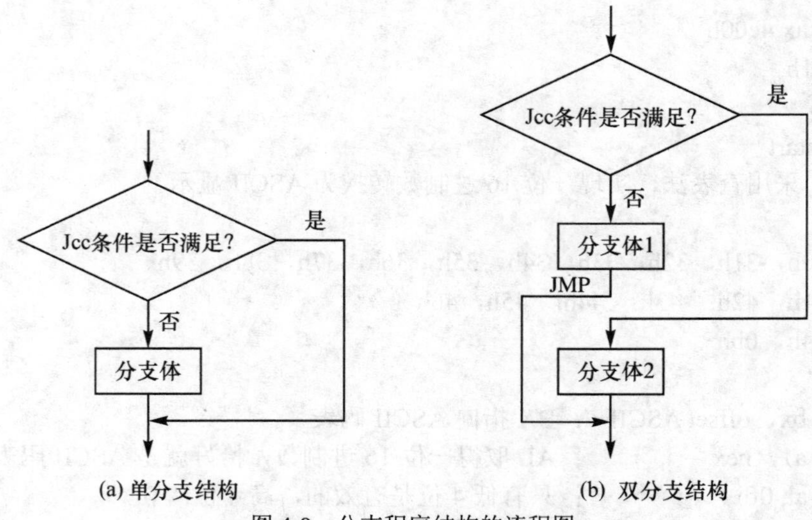

图 4-9 分支程序结构的流程图

例如，将BX最高位显示出来就可以采用双分支结构：

```
        shl bx，1          ；BX最高位移入CF标志
        jc one             ；CF=1，即最高位为1，转移
        mov dl，30h        ；CF=0，即最高位为0：DL←'0'
        jmp two            ；一定要跳过另一个分支体
one：   mov dl，31h        ；DL←'1'
two：   mov ah，2
        int 21h            ；显示
```

实际的程序结构要比这两个基本分支结构复杂得多，下面我们再举几个示例。

例4.16 判断方程 $ax^2+bx+c=0$ 是否有实根，若有实根则将字节变量tag置1，否则置0(假设a、b、c均为字节变量)。

二元一次方程有实根的条件是：$b^2-4ac \geqslant 0$。依据题意，首先计算出 b^2 和4ac，然后比较二者的大小，再根据比较结果给tag赋不同的值，程序流程图如图4-10所示。

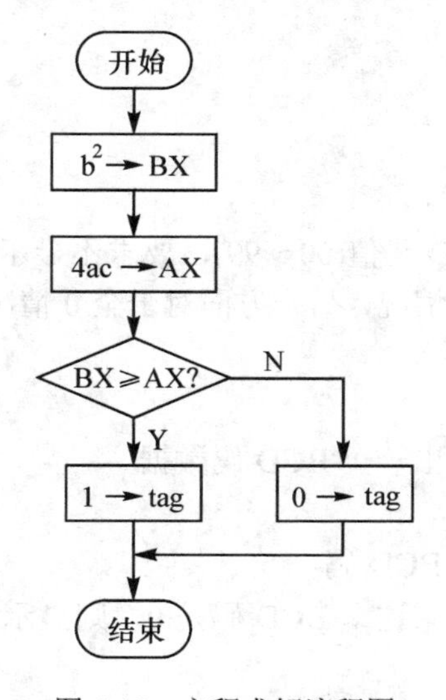

图4-10 方程求解流程图

```
；数据段
data    segment
a       db 1
b       db 2
c       db 1
tag     db ?
data    ends
；代码段
code    segment
        assume cs:code,ds:data
```

```
start:  mov ax,data
        mov ds,ax
        mov al,b
        imul al
        mov bx,ax           ; b*b → bx
        mov al,a
        imul c
        mov cx,4
        imul cx             ; 4ac → ax
        cmp bx,ax           ; b*b≥4ac?
        jge yes             ; 满足条件，转到yes
        mov tag,0           ; 不满足条件，0 → tag
        jmp exit
yes:    mov tag,1
exit:   mov ah,4ch
        int 21h
code    ends
        end start
```

例 4.17 显示两位压缩 BCD 码值(00～99)，要求不显示前导 0。

本例一方面要排除前导 0 的情况，另一方面对于全 0 情况又必须显示一个 0，所以形成了两个双分支结构的程序。

```
；数据段
BCD     db 04h              ；给出一个 BCD 码数据
；代码段
        mov dl，BCD         ；取 BCD 码
        test dl，0ffh       ；如果这个 BCD 码是 0，则显示为 0
        jz zero
        rest dl，0f0h       ；如果这个 BCD 码高位是 0，则不显示
        jz one
        mov cl，4           ；BCD 码高位右移为低位
        shr dl，cl
        or dl，30h          ；转换为 ASCII 码
        mov ah，2           ；显示
        int 21h
        mov dl，BCD         ；取 BCD 码
        and dl，0fh         ；BCD 码低位转换为 ASCII 码
one：   or dl，30h
        jmp two
zero：  mov dl，'0'
```

```
two:    mov ah，2              ；显示
        int 21h
```

例 4.18 从键盘输入一个字符串，将其中小写字母转换为大写字母，然后原样显示。

要实现小写字母转换为大写字母，首先需要判断字符是否为小写(a～z 的 ASCII 码是 61H～7AH)，然后转换为大写(A～Z 的 ASCH 码是 41H～5AH)。本例采用 DOS 的 0AH 号功能获取字符串，注意实际输入的字符个数在缓冲区的第 2 个字节单元，从第 3 个字节位置开始存放输入字符的 ASCII 码。

```
        ；数据段
        keynum=255
keybuf  db keynum                      ；定义键盘输入需要的缓冲区
        db 0
        db keynum dup(0)
；代码段
        mov dx，offset keybuf          ；用 DOS 的 0AH 号功能，输入一个字符串
        mov ah，0ah
        int 21h                        ；最后，用回车结束
        mov dl，0ah                    ；再进行换行，以便在下一行显示转换后的字符串
        mov ah，2
        int 21h
        mov bx. offset keybuf+1        ；取出字符串的字符个数
        mov cl，[bx]
        mov ch，0                      ；作为循环的次数
again:  inc bx
        mov dl，[bx]                   ；取出一个字符
        cmp dl，'a'                    ；小于小写字母 a，不需要处理
        jb disp
        cmp dl，'z'                    ；大于小写字母 z，也不需要处理
        ja disp
        sub dl，20h                    ；是小写字母，则转换为大写字母
disp:   mov ah，2                      ；显示一个字符
        int 21h
        loop again                     ；循环，处理完整个字符串
```

利用单分支和双分支这两个基本结构，就可以解决程序中多个分支结构的情况。例如，DOS 功能调用利用 AH 指定各个子功能，我们就可以采用如下程序段，实现多分支：

```
        or ah，ah                      ；等效于 cmp  ah，0
        jz function0                   ；ah=0，转向 function0
        dec ah                         ；等效于 cmp ah，1
        jz function1                   ；ah=1，转向 functionl
        dec ah                         ；等效于 cmp ah，2
```

```
        jz function2                ; ah=2，转向 function2
        ⋮
```

如果分支较多，上述方法显得有些繁琐。在实际的多分支程序设计中，常采用入口地址表的方法实现多分支，我们通过下面一个简单的示例说明。

例 4.19 利用地址表实现多分支结构。

从低到高逐位检测一个字节数据，为 0 时继续，为 1 时则转移到对应的处理程序段，换句话说，若字节 number 中有若干个二进制位 1，那么找出其中位数最低的那位 1，并显示这是第几位，在本例中，应该显示 3。

各个处理程序段的起始地址(偏移地址)顺序存放在数据段的一个地址表中。随着移位检测的进行，同时记录为 1 的位数，乘 2 后作为地址表中的正确位移，利用段内间接寻址的 JMP 转移指令从地址表取出偏移地址，实现跳转。为了简化处理程序段，假设它们只是分别显示 0～7 的数字，表示产生分支 1 的位数。

```
;数据段
number  db  78h                     ; 事先假设的一个数值
addrs   dw  offset fun0，offset funl，offset fun2，offset fun3
        dw  offset fun4，offset fun5，offset fun6，offset fun7
;取得各处理程序开始的偏移地址
;代码段
        mov al，number
        mov dl，'?'                 ; 若数值为全 0，显示一个问号“?”
        cmp al，0                   ; 排除 AL=0 的特殊情况，以免陷入死循环
        jz disp
        mov bx.0                    ; BX←记录为 1 的位数
again:  shr al，1                   ; 最低位右移进入 CF
        jc next                     ; 为 1，转移
        inc bx                      ; 不为 1，继续
        jmp again
next:   shl bx，1                   ; 位数乘以 2 (偏移地址要用 2 个字节单元)
        jmp addrs[bx]               ; 间接转移：IP←[table+BX]
;以下是各个处理程序段
fun0:   mov dl，'0'
        jmp disp
funl:   mov dl，'1'
        jmp disp
fun2:   mov dl，'2'
        jmp disp
fun3:  mov dl，'3'
        jmp disp
fun4:  mov dl，'4'
```

```
        jmp disp
fun5：  mov dl，'5'
        jmp disp
fun6：  mov dl，'6'
        jmp disp
fun7：  mov dl，'7'
        jmp disp
        ⋮
disp：  mov ah，2          ；显示一个字符
        int 21h
```

4.4.3　循环程序设计

循环程序结构是在满足一定条件的情况下，重复执行某段程序。循环结构的程序通常有三个部分：

循环初始部分：为开始循环准备必要的条件，如循环次数、循环体需要的数值等。

循环体部分：指重复执行的程序部分，其中包括对循环条件修改等的程序段。

循环控制部分：判断循环条件是否成立，决定是否继续循环。循环控制(即：条件判断)可以在进入循环之前进行(形成“先判断、后循环”结构)，也可以在循环体之后进行(形成“先循环、后判断”结构)。

8088 指令系统的循环指令可以方便地实现计数循环，更复杂的循环控制要利用转移指令。另外，8088 串操作类指令主要用于处理多个数据，通常也要形成循环程序。

(1) 计数控制循环

计数控制循环是利用循环次数作为控制条件，它是最简单和典型的循环程序。这种循环程序易于采用循环指令 LOOP 和 JCXZ 实现。只要将循环次数或最大循环次数置入 CX 寄存器，就可以开始循环体，最后用 LOOP 指令对 CX 减 1 并判断是否为 0。

例 4.20　用二进制显示从键盘输入的一个字符的 ASCII 码。

一个 ASCII 码有 8 位，就是循环次数为 8；循环体根据是 0 或 1 分别显示；最后用 LOOP 指令决定是否循环结束。

```
；代码段
        mov ah，1          ；从键盘输入一个字符
        int 21h
        mov bl，al         ；BL←AL 二字符的 ASCII 码　ASCII 码存 BL
        mov ah，2          ；DOS 功能会改变 AL 内容，故字符 ASCIrM 存 ABm
        mov dl，':'        ；显示一个分号，用于分隔
        int 21h
        mov cx，8          ；CX←8(循环次数)
again：  shl bl，1          ；左移进 CF，从高位开始显示
        mov dl，0          ；MOV 指令不改变 CF
        adc dl，30h        ；DL←0+30H+CF
```

```
        mov ah，2           ；CF 若是 0，则 DL←'0'；若是 1，则 DL←'1'
        int 21h             ；显示
        loop again          ；CX 减 1，如果 CX 未减至 0，则循环
```

例 4.21 求数组元素的最大值和最小值。

假设数组 array 由有符号字量元素组成，其首个字存储单元是数组元素个数。

求最大值、最小值的基本方法就是逐个元素比较。由于数组元素个数已知，所以可以采用计数控制循环，每次循环完成一个元素的比较。循环体中包含两个分支程序结构。

```
；数据段
array   dw 10，-3，0，20，900，587，-632，777，234，-34，-56
；假设一个数组，其中头个数据 10 表示元素个数
maxay   dw  ?           ；存放最大值
minay   dw  ?           ；存放最小值
；代码段
        lea si，array
        mov cx，[si]        ；取得元素个数
        dec cx              ；减 1 后是循环次数
        add si，2
        mov ax，[si]        ；取出第一个元素给 AX，AX 用于暂存最大值
        mov bx，ax          ；取出第一个元素给 AX，BX 用于暂存最小值
maxck:  add si，2
        cmp [si]，ax        ；与下一个数据比较
        jle minck
        mov ax，[si]        ；AX 取得更大的数据
        jmp next
minck:  cmp  [si]，bx
        jge next
        mov bx,[si]         ；BX 取得更小的数据
next:   loop maxck          ；计数循环
        mov maxay，ax       ；保存最大值
        mov minay，bx       ；保存最小值
```

例 4.22 从键盘接受一个十进制个位数 N，然后显示 N 次问号“?”。

“显示 N 次”显然是计数循环。但是为了避免输入 0 的特殊情况，循环前用 JCXZ 指令进行排除。

```
；代码段
        mov ah，1           ；接受键盘输入
        int 21h
        and al，0fh         ；只取低 4 位
        xor ah，ah
        mov cx，ax          ；作为循环次数
```

```
        jcxz done           ；次数为 0，则结束
again:  mov dl，'?'         ；循环体
        mov ah，2
        int 21h
        loop again          ；循环控制
done:   ⋮                   ；结束
```

(2) 条件控制循环

许多实际的循环应用问题，其循环控制条件有时比较复杂，不能用循环次数控制，需要用转移指令判断循环条件，这就是所谓的条件控制循环。

转移指令可以指定目的标号来改变程序的运行顺序，如果目的标号指向一个重复执行的语句体的开始或结束，实际上便构成了循环控制结构。这时，程序重复执行该标号的语句至转移指令之间的循环体。事实上，利用条件转移指令支持的转移条件作为循环控制条件，可以更方便地构造复杂的循环程序结构；例如，循环体中嵌套有循环(多重循环结构)，循环体中具有分支结构，分支体中采用循环结构。

例 4.23 记录某个字存储单元数据中 1 的个数，以十进制形式显示结果。

这个问题可以用从高到低(或从低到高)逐位查看的方法解决，显然这是一个最大循环次数为 16 的循环程序。但是，当数据逐位移出后，如果数据低位已经是 0 就没有必要再进行下去了，即利用数据是否为 0 的条件控制循环结束。

另一方面，由于每执行一次循环体就要花费一定时间，减少循环次数就可以提高程序执行速度。这是进行程序优化的一个方面。由于需要判断是 1 才进行增量，这通常需要一个分支结构，但本例中利用 ADC 指令的特点，化解了这个分支，这也是程序优化的一个方面。

```
；数据段
number  dw 1110111111100100B    ；给一个数据
；代码段
        mov bx，number
        xor dl，dl              ；循环初值：DL←0(用于记录 1 的个数)
again:  test bx，0ffffh         ；也可以用 cmp bx，0
        jz done                 ；全部是 0 就可以退出循环，减少循环次数
        shl bx，1               ；用指令 shr bx，1 也可以，即左移、右移均可
        adc dl，0               ；利用 ADC 指令加 CF 的特点进行计数
        jmp again
；以下进行显示，最大值是 16
done:   cmp dl，10              ；判断 1 的个数是否小于 10
        jb digit                ；1 的个数小于 10，则转换为 ASCII 码显示
        push dx
        mov dl，'1'             ；1 的个数大于或等于 10，则要先显示一个 1
        mov  ah，2
        int 21h
        pop dx
```

```
        sub dl，10
digit:  add dl，'0'                ；显示个数
        mov ah，2
        int 21h
```

例 4.24 现有一个以“0”结尾的字符串，要求剔除其中的空格字符。

这是一个循环次数不定的循环程序结构，显然应该用判断字符是否为 0 作为循环控制条件。循环体判断每个字符，如果不是空格，不予处理，继续循环；是空格，则进行剔除，也就是将后续字符前移一个字符位置，将空格覆盖，这又需要一个循环，循环结束条件仍然用字符是否为 0 进行判断。可见，这是一个双重循环的程序结构。

```
；数据段
string  db 'Let us have a try!'，0   ；假设一个字符串
；代码段
        mov al，' '                ；AL←空格的 ASCII 码值(20H)
        mov di，offset string
outlp:  cmp byte ptr[di]，0         ；外循环，先判断后循环
        jz done                    ；为 0 结束
        cmp al，[di]               ；检测是否是空格
        jnz next                   ；不是空格继续循环
        mov si,di                  ；是空格，进入剔除空格分支。该分支是循环程序段
inlp:   inc si
        mov ah,[si]                ；前移一个位置
        mov [si－1]，ah
        cmp byte ptr[si]，0         ；内循环，先循环后判断
        jnz inlp
next:   inc di                     ；继续对后续字符进行判断处理
        jmp outlp
done:   ⋮                          ；结束
```

为了便于观察程序运行结果，可以将字符串结尾字符改为“$”，然后用 DOS 的 9 号功能调用进行显示。

4.4.4 子程序设计

子程序是功能相对独立并具有一定通用性的程序段，有时还将它作为一个独立的模块供多个程序使用。将常用功能编成通用的子程序是一个经常采用的程序设计方法。这种方法不仅可以简化主程序、实现模块化；还可以重复利用已有的子程序，提高编程效率。

子程序需要调用才能被执行，所以也被称为“被调用程序”；与之相对应，使用子程序的程序就是主程序，也称为“调用程序”。

1. 过程定义和子程序编写

在汇编语言中，子程序(Subroutine)要用过程(Procedure)伪指令定义。过程声明由一对过程伪指令 PROC 和 ENDP 完成，格式如下：

```
过程名    PROC[NEAR|FAR]
            ⋮                    ；过程体
过程名    ENDP
```

其中，过程名为符合语法的标识符，每个子程序应该具有一个唯一的子程序名。可选的参数指定过程的调用属性。没有指定过程属性，则采用默认属性。

对简化段定义格式，在微型、小型和紧凑存储模式下，过程的默认属性为 NEAR；在中型、大型和巨型存储模式下，过程的默认属性为 FAR。对完整段定义格式，过程的默认属性为 NEAR。当然，用户可以在过程定义时用 NEAR 或 FAR 改变默认属性。段内近调用 NEAR 属性的过程只能被相同代码段的其他程序调用；段间远调用 FAR 属性的过程可以被相同或不同代码段的程序调用。

子程序也是一段程序，其编写方法与主程序一样，可以采用顺序、分支、循环结构。但是作为相对独立和通用的一段程序，它具有一定的特殊性，需要留意以下几个问题：

(1) 子程序要利用过程定义伪指令声明，获得子程序名和调用属性。

(2) 子程序最后利用 RET 指令返回主程序，主程序执行 CALL 指令调用子程序。

(3) 子程序中对堆栈的压入和弹出操作要成对使用，保持堆栈的平衡。

主程序 CALL 指令将返回地址压入堆栈，子程序 RET 指令将返回地址弹出堆栈。只有堆栈平衡，才能保证执行 RET 指令时当前栈顶的内容刚好是返回地址，即相应 CALL 指令压栈的内容，才能返回正确的位置。

(4) 子程序开始应该保护用到的寄存器内容，子程序返回前进行相应恢复。

因为处理器内的通用寄存器数量有限，同一个寄存器主程序和子程序可能都会使用。为了不影响主程序调用子程序后的指令执行，子程序应该把用到的寄存器内容保护好。常用的方法是在子程序开始时，将要修改内容的寄存器顺序压栈(注意不要包括将带回结果的寄存器)；而在子程序返回前，再将这些寄存器内容逆序弹出恢复到原来的寄存器中。

(5) 子程序应安排在代码段的主程序之外，最好放在主程序执行终止后的位置(返回 DOS 后、汇编结束 END 伪指令前)，也可以放在主程序开始执行之前的位置。

例 4.25 用显示器功能调用输出一个字符的子程序。

```
；代码段
        mov al，'?'        ；主程序提供显示字符
        call dpchar        ；调用子程序
        mov ax，4c00h      ；主程序执行终止，返回 DOS
        int 21b
；子程序 dpchar：显示 AL 中的字符
dpchar  proc               ；过程定义，过程名为如 char，采用默认属性
        push ax            ；顺序入栈，保护寄存器
        push bx
        mov bx，0
        mov ah，0eh        ；显示器 0EH 号输出一个字符功能
        int 10h
        pop bx             ；逆序出栈，恢复寄存器
```

普通高等教育『十三五』教材

```
        pop ax
        ret                 ；子程序返回
dpchar  endp                ；过程结束
        end start           ；源程序汇编结束
```

(6) 子程序允许嵌套和递归。

子程序内包含有子程序的调用，这就是子程序嵌套。嵌套深度(层次)在逻辑上没有限制，但受限于开设的堆栈空间。相对于没有嵌套的子程序，设计嵌套子程序并没有什么特殊要求；只是有些问题更要小心，例如正确的调用和返回、寄存器的保护与恢复等。

当子程序直接或间接地嵌套调用自身时称为递归调用，含有递归调用的子程序称为递归子程序。递归子程序的设计有一定难度，但往往能设计出效率较高的程序。

例 4.26 显示以“0”结尾字符串的嵌套子程序。

```
；数据段
msg     db 'Well， I made it !'，0
；代码段
        mov si，offset msg    ；主程序提供显示字符串
        call dpstr            ；调用子程序
        mov ax，4c00h         ；主程序执行终止
        int 21h
dpstri  proc                  ；子程序 dpstri：显示 DS：SI 指向的字符串(以 0 结尾)
        push ax
dpsl:   lodsb                 ；取显示字符
        cmp al，0             ；是结尾，则显示结束
        jz dps2
        call dpchar           ；调用字符显示子程序
        jmp dpsl
dps2：  pop ax
        ret
dpstri  endp
dpchar  proc                  ；子程序 dpchar：显示 AL 中的字符
        ⋮
```

(7) 子程序可以与主程序共用一个数据段，也可以使用不同的数据段(注意修改 DS)。如果子程序使用的数据或变量不需要与其他程序共享，可以在子程序最后设置数据区、定义局部变量。此时，子程序应该采用 CS 寻址这些数据。

例如，将例 4.15 改写成通用的子程序。

```
HTOASC      proc                    ；将 AL 低 4 位表达的一位 16 进制数转换为 ASCII 码
            push bx
            mov bx，offset ASCII    ；BX 指向 ASCII 码表
            and al，0fh             ；取得一位 16 进制数
            xlat CS：ASCII          ；换码：AL←CS：[BX+AL]，注意数据在代码段 CS
```

```
        pop bx
        ret
；数据区
ASCII   db  30h，31h，32h，33h，34h，35h，36h，37h，38h，39h
        db 41h，42h，43h，44h，45h，46h
HTOASC  endp
```

因为数据区与子程序都在代码段，所以利用了换码指令 XLAT 的另一种助记格式。写出指向缓冲区的变量名，目的是便于指明段超越前缀。串操作 MOVS、LODS 和 CMPS 指令也可以这样使用，以便使用段超越前缀。

除采用段超越方法外，子程序与主程序的数据段不同时，还可以通过修改 DS 值实现数据存取；但需要保护和恢复 DS 寄存器。

(8) 子程序的编写可以很灵活，例如具有多个出口(多个 RET 指令)和入口，但一定要保证堆栈操作的正确性。

例如，一位 16 进制数转换成 ASCII 码的子程序可以写为：

```
HTOASC    proc                  ；将 AL 低 4 位表达的一位 16 进制数转换为 ASCII 码
          and al，0fh
          cmp al，9
          jbe htoascl
          add al，37h           ；是 0AH～0FH，加 37H 转换为 ASCII 码
          ret                   ；子程序返回
htoascl:  add al，30h           ；是 0～9，加 30H 转换为 ASCII 码
          ret                   ；子程序返回
HTOASC    endp
```

(9) 处理好子程序与主程序间的参数传递问题。

主程序在调用子程序时，通常需要向其提供一些数据，对于子程序来说就是入口参数(输入参数)；同样，子程序执行结束也要返回给主程序必要的数据，这就是子程序的出口参数(输出参数)。主程序与子程序间通过参数传递建立联系，相互配合共同完成处理工作。

传递参数的多少反映程序模块间的耦合程度。根据实际情况，子程序可以只有入口参数或只有出口参数，也可以入口参数和出口参数都有。汇编语言中参数传递可通过寄存器、变量或堆栈来实现，参数的具体内容可以是数据本身(传数值)也可以是数据的存储地址(传地址)。

参数传递是子程序设计的难点，也是决定子程序是否通用的关键，下节将详细讨论。

(10) 提供必要的子程序说明信息。

为了使子程序调用更加方便，编写子程序时很有必要提供适当的注释。完整的注释应该包括子程序名、子程序功能、入口参数和出口参数、调用注意事项和其他说明等。这样，程序员只要阅读了子程序的说明就可以调用该子程序，而不必关心子程序是如何编程实现该功能的。这正像我们使用 DOS 功能调用一样。

2．用寄存器传递参数

最简单和常用的参数传递方法是通过寄存器，只要把参数存于约定的寄存器中就可以了。由于通用寄存器个数有限，这种方法对少量数据可以直接传递数值，而对大量数据只能传递

地址。采用寄存器传递参数，注意，带有出口参数的寄存器不能保护和恢复，带有入口参数的寄存器可以保护也可以不保护，但最好能够保持一致。

前面例题中的子程序都是采用寄存器传递参数。例题 3.16 的 dpchar 子程序用 AL 传递入口参数(传值)，dpstri 子程序用 DS：BX 传递入口参数(传址)。DOS 功能调用都采用寄存器传递参数，例如 2 号和 9 号 DOS 功能调用。注意，为了简单，在一般子程序设计时没有保护带入口参数的寄存器，包括 DOS 功能调用，例如，反映功能号的 AX、09 号调用的偏移地址 DX 等。

例 4. 27 从键盘输入有符号 10 进制数的子程序。

子程序从键盘输入一个有符号 10 进制数。负数用“-”号引导，正数直接输入或用“+”号引导。子程序还包含将 ASCII 码转换为二进制数的过程，其算法如下：

① 首先判断输入正数还是负数，并用一个寄存器记录下来。

② 接着输入 0～9 数字(ASCII 码)，并减 30H 转换为二进制数。

③ 然后将前面输入的数值乘 10，并与刚输入的数字相加得到新的数值。

④ 重复②、③步，直到输入一个非数字字符结束。

⑤ 如果是负数则进行求补，转换成补码；否则直接将数值保存。

本例采用 16 位寄存器表达结果数值，所以输入的数据范围是+32767～-32768，但该算法适合更大范围的数据输入。

子程序的出口参数用寄存器 AX 传递。主程序调用该子程序输入 10 个数据。

```
；数据段
count     = 10
array     dw count dup(0)
；代码段
          mov cx，count
          mov bx，offset array
again：   call read              ；调用子程序，输入一个数据
          mov [bx]，ax           ；将出口参数存放到数据缓冲区
          inc bx
          inc bx
          call dpcrlf            ；调用子程序，回车换行以便输入下一个数据
          loop again
          mov ax，4c00h
          int 21h
read      proc                   ；输入有符号 10 进制数的通用子程序：read
          push bx                ；出口参数：AX=补码表示的二进制数值
          push cx                ；说明：负数用“-”号引导，数据范围是+32767～-32768
          push dx
          xor bx，bx             ；BX 保存结果
          xor cx，cx             ；CX 为正负标志，0 为正，-1 为负
          mov ah，1              ；输入一个字符
```

```
        int  21h
        cmp a1，'+'         ；是“+”，继续输入字符
        jz read1
        cmp al，'-'         ；是“-”，设置-1标志
        jnz read2
        mov cx，-1
read1:  mov ah，1           ；继续输入字符
        int 21h
read2:  cmp al，0，         ；不是0～9的字符，则输入数据结束
        jb read3
        cmp al，'9'
        ja read3
        sub al，30h         ；是0～9的字符，则转换为二进制数
；利用移位指令，实现数值乘10：BX←BX*l0
        shl bx，1
        mov dx，bx
        shl bx，1
        shl bx，1
        add bx，dx
        mov ah，0
        add bx，ax          ；已输入数值乘10后，与新输入数值相加
        jmp read1           ；继续输入字符
read3:  cmp cx，0           ；是负数，进行求补
        jz read4
        neg bx
read4:  mov ax，bx          ；设置出口参数
        pop dx
        pop cx
        pop bx
        ret                 ；子程序返回
read    endp
dpcrlf  proc                ；使用回车换行的子程序
        push ax
        push dx
        mov ah，2
        mov dl，0dh
        int 21h
        mov ah，2
        mov dl，0ah
```

```
        int 21h
        pop dx
        pop ax
        ret
dpcrlf  endp
        end start
```

3. 用共享变量传递参数

子程序和主程序使用同一个变量名存取数据就是利用共享变量(全局变量)进行参数传递。如果变量定义和使用不在同一个源程序中，需要利用 PUBLIC、EXTREN 声明。如果主程序还要利用原来的变量值，则需要保护和恢复。

利用共享变量传递参数，子程序的通用性较差，但特别适合在多个程序段间，尤其在不同的程序模块间传递数据。

例 4.28 向显示器输出有符号 10 进制数的子程序。

子程序在屏幕上显示一个有符号 10 进制数，负数用“-”号引导。子程序还包含将二进制数转换为 ASCⅡ码的过程，其算法如下：

① 首先判断数据是零、正数或负数，是零显示“0”退出。

② 是负数，显示“-”，求数据的绝对值。

③ 接着数据除以 10，余数加 30H 转换为 ASCII 码压入堆栈。

④ 重复③步，直到余数为 0 结束。

⑤ 依次从堆栈弹出各位数字，进行显示。

本例采用 16 位寄存器表达数据，所以只能显示-32768～+32767 之间的数值，但该算法适合更大范围的数据。

子程序的入口参数用共享变量 wtemp 传递。主程序调用子程序显示 10 个数据。

```
；数据段
count   = 10
array   dw 1234，-1234，0，1，-l，32767，-32768，5678，-5678，9000
wtemp   dw  ?
；代码段
        mov cx，count
        mov bx，offset array
again:  mov ax，[bx]
        mov wtemp，ax           ；将入口参数存放到共享变量
        call wrlte              ；调用子程序，显示一个数据
        inc bx
        inc bx
        call dpcrlf             ；回车换行以便显示下一个数据
        loop again
        mov ax，4c00h
        int 21h
```

```
write   proc                ; 显示有符号10进制数的通用子程序：write
        push ax             ; 入口参数：共享变量wtemp
        push bx
        push dx
        mov ax，wtemp       ; 取出显示数据
        test ax，ax         ; 判断数据是零、正数或负数
        jnz write1
        mov dl，0，         ; 是零，显示"0"后退出
        mov ah，2
        int 21h
        jmp write5
write1：jns write2          ; 是负数，显示"-"
        mov bx，ax          ; AX数据暂存于BX
        mov dl，'-'
        mov ah，2
        int 21h
        mov ax，bx
        neg ax              ; 数据求补(绝对值)
write2：mov bx，10
        push bx             ; 10压入堆栈，作为退出标志
write3：cmp ax，0           ; 数据(余数)为零，转向显示
        jz write4
        sub dx，dx          ; 扩展被除数DX.AX
        div bx              ; 数据除以10：DX.AX÷10
        add dl，30h         ; 余数(0～9)转换为ASCII码
        push dx             ; 数据各位先低位后高位压入堆栈
        jmp write3
write4：pop dx              ; 数据各位先高位后低位弹出堆栈
        cmp dl，10          ; 是结束标志10，则退出
        je write5
        mov ah，2           ; 进行显示
        int 21h
        jmp write4
write5：pop dx
        pop bx
        pop ax
        ret.                ; 子程序返回
write   endp
        ⋮
```

4. 用堆栈传递参数

参数传递还可以通过堆栈这个临时存储区。主程序将入口参数压入堆栈，子程序从堆栈中取出参数；子程序将出口参数压入堆栈，主程序弹出堆栈取得它们。采用堆栈传递参数是程式化的，它是编译程序处理参数传递以及汇编语言与高级语言混合编程时的常规方法。

例 4.29 计算有符号数平均值的子程序。

子程序将 16 位有符号二进制数求和，然后除以数据个数得到平均值。为了避免溢出，被加数要进行符号扩展，得到倍长数据(大小没有变化)，然后求和。因为采用 16 位二进制数表示数据个数，最大是 2^{16}，这样扩展到 32 位二进制数表达累加和，不再会出现溢出(考虑极端情况：数据全是 -2^{15}，共有 2^{16} 个，求和结果是 -2^{31}，32 位数据仍然可以表达)。

子程序的入口参数利用堆栈传递，主程序需要压入数据个数和数据缓冲区的偏移地址。子程序通过 BP 寄存器从堆栈段相应位置取出参数(非栈顶数据)，子程序的出口参数用寄存器 AX 传递。主程序提供 10 个数据，并保存平均值。

```
；数据段
count   = 10
array   dw 1234，-1234，0，1，-1，32767，-32768，5678，-5678，9000
wmed    dw ?                        ；存放平均值
；代码段
        mov ax，count
        push ax                     ；压入数据个数
        mov ax. offset array
        push ax                     ；压入数据缓冲区的偏移地址
        call mean                   ；调用子程序，求平均值
        add sp，4                   ；平衡堆栈
        mov wmed，ax                ；保存出口参数(未保留余数部分)
        mov ax，4c00h
        int 21h
mean    proc                        ；计算 16 位有符号数平均值子程序：mean
        push bp                     ；入口参数：顺序压入数据个数和数据缓冲区偏移地址
        mov bp，sp                  ；出口参数：AX= 平均值
        push bx                     ；保护寄存器
        push cx
        push dx
        push si
        push di
        mov bx，[bp+4]              ；从堆栈中取出缓冲区偏移地址→BX
        mov cx，[bp+6]              ；从堆栈中数据个数→CX
        xor si，si                  ；SI 保存求和的低 16 位值
        mov di，si                  ；DI 保存求和的高 16 位值
mean1： mov ax，[bx]                ；取出一个数据→AX
```

```
        cwd                    ; 符号扩展→DX
        add si，ax             ; 求和低16位
        adc di，dx             ; 求和高16位
        inc bx                 ; 指向下一个数据
        inc bx
        loop mean1             ; 循环
        mov ax，si             ; 累加和在DX.AX中
        mov dx，di
        mov cx，[bp+6]         ; 数据个数在CX中
        idiv cx                ; 有符号数除法，求出的平均值在AX中(余数在DX中)
        pop di                 ; 恢复寄存器
        pop si
        pop dx
        pop cx
        pop bx
        pop bp
        ret
mean    endp
        end start
```

上述程序执行过程中利用堆栈传递参数的情况如图 3-4 所示。主程序依次压入数据个数count和数组偏移地址(offset array)，段内近调用压入返回的偏移地址(IP)。进入子程序后，压入BP寄存器保护；然后设置基址指针BP等于当前堆栈指针SP，这样利用BP相对寻址(缺省采用堆栈段SS)可以存取堆栈段中的数据。主程序压入了2个参数，使用了堆栈区的4个字节；为了保持堆栈的平衡，主程序在调用CALL指令后用一条“add sp,4”指令平衡堆栈。平衡堆栈也可以利用子程序实现，返回指令则采用“ret 4”，使SP加4。由此可见，由于堆栈是采用“先进后出”的原则存取的，而且返回地址和保护的寄存器等也要存于堆栈；因此，用堆栈传递参数时，要时刻注意堆栈的分配情况，保证参数的正确存取以及子程序的正确返回。

5. 子程序模块和子程序库

为了使子程序更加通用和得到复用，我们可以将子程序单独编写成一个源程序文件，经过汇编之后形成目标模块OBJ文件，这就是子程序模块。如果进一步将这些子程序模块让库管理程序LIB.EXE统一管理作为库中的一部分，就形成了子程序库。这样，某个程序使用到该子程序，只要在连接时输入子程序模块文件名或者库文件名就可以了。

将子程序汇编成独立的模块，编写源程序文件时，需要注意以下几个问题：

(1) 子程序文件中的子程序名、定义的共享变量名要用共用伪指令PUBLIC声明以便为其他程序使用。子程序使用了其他模块或主程序中定义的子程序或共享变量，也要用外部伪指令EXTERN(MASM 5.x是EXTRN)声明为在其他模块当中。主程序文件同样也要进行声明，即本程序定义的共享变量、过程等需要用PUBLIC声明为共用；使用其他程序定义的共享变量、过程等需要用EXTERN声明为来自外部。

PUBLIC 标识符[，标识符…]　　；定义标识符的模块使用

EXTERN 标识符：类型[，标识符：类型…]　　；调用标识符的模块使用

其中标识符是变量名、过程名等；类型是 NEAR，FAR(过程)或 BYTE，WORD，DWORD(变量)等。在一个源程序中，PUBLIC / EXTERN 语句可以有多条。

(2) 子程序必须在代码段中，但没有主程序那样的开始执行和结束执行点。

子程序文件允许具有局部变量，局部变量可以定义在代码段也可以定义在数据段。当各个程序段使用不同的数据段时，要正确设置数据段 DS 寄存器的段基地址或采用段超越前缀。

(3) 如果采用简化段源程序格式，子程序文件的存储模式要与主程序文件保持一致。

如果采用完整段源程序格式，子程序定义时的类型和实际调用时的类型要一致。为了实现段内近调用(NEAR 类型)，各个源程序定义的代码段名、类别必须相同，组合类型都是 PUBLIC；因为这是多个逻辑段能够组合成一个物理段的条件。如果不易实现段同名或类别相同，可以索性定义成远调用(FAR 类型)。定义数据段时，也要注意逻辑段的属性问题，以实现正确的逻辑段组合。

(4) 子程序与主程序之间的参数传递仍然是个难点。参数可以是数据本身或数据缓冲区地址，可以采用寄存器、共享变量或堆栈等传递方法。利用共享变量传递参数，要利用 PUBLIC / EXTERN 声明。

例 4.30　输入有符号 10 进制数，求平均值输出。

我们将本小节中例 4.27～例 4.29 的子程序编写成模块，供主程序调用。

```
;子程序文件(简化段源程序格式)
        .model small                        ;相同的存储模式
        public  read，write，mean           ;子程序共用
        extern wtemp：word                  ;外部变量
        .code                               ;代码段
read    proc
        ⋮                                   ;输入子程序 read(例题 4.24)
write   proc
        ⋮                                   ;输出子程序 write(例题 4.25)
mean    proc
        ⋮                                   ;计算平均值子程序 mean(例题 4.6)
        end
;主程序文件(简化段源程序格式)
        .model small                        ;相同的存储模式(小型模式)
        extern  read：near，write：near，mean：near   ;外部子程序
        public wtemp                        ;变量共用
        ⋮                                   ;输入、计算和输出
```

实际上，进行连接的目标模块文件可以用汇编程序产生，也可以用其他编译程序产生。所以，利用这种方法还可实现汇编语言程序模块和高级语言程序模块的连接，即实现汇编语言和高级语言的混合编程。

当子程序模块很多时，记住各个模块文件名就是件麻烦事，有时还会把没有用的子程序也连接到可执行程序中。但是，我们可以把它们统一管理起来，存入一个或多个子程序库中。

子程序库文件(. LIB)就是子程序模块的集合，其中存放着各子程序的名称、目标代码以及有关定位信息等。

存入库的子程序的编写与子程序模块中的要求一样，只是为方便调用，最好遵循一致的规则。例如参数传递方法、子程序调用类型、存储模式、寄存器保护措施和堆栈平衡措施等都最好相同。子程序文件编写完成、汇编形成目标模块；然后利用库管理工具程序 LIB.EXE，把子程序模块逐个加入到库中，连接时就可以使用了。

4.4.5　宏汇编

宏(Macro)是汇编语言程序设计当中颇具特色的一个方面，微软就称其汇编程序为宏汇编程序(Macro Assembler，MASM)。利用宏汇编和经常与宏配合的重复汇编和条件汇编，可以使程序员编写的源程序更加灵活方便、提高工作效率。本节主要介绍利用宏汇编进行程序设计的基本方法。

宏是具有宏名的一段汇编语句序列。宏需要先定义，然后在程序中进行宏调用。由于形式上类似其他指令，所以常称其为宏指令。与伪指令主要指示如何汇编不同，宏指令实际上是一段代码序列的缩写；在汇编时，汇编程序用对应的代码序列替代宏指令。因为是在汇编过程中实现的宏展开，所以常称为宏汇编。

(1) 宏定义

宏定义由一对宏汇编伪指令 MACRO 和 ENDM 完成，其格式如下：

```
宏名    MACRO [形参表]
        ⋮       ；宏定义体
        ENDM
```

其中，宏名是符合语法的标识符，同一源程序中该名字定义唯一。宏定义体中不仅可以是硬指令语句序列，还可以是伪指令语句序列。宏可以带显式参数表。可选的形参表给出了宏定义中用到的形式参数，每个形式参数之间用逗号分隔。

例如，程序经常需要用 DOS 的 2 号功能调用显示一个字符，3 条指令编写成子程序有些得不偿失，于是可以利用宏：

```
dispchar    macro char          ;；定义宏，宏名 dispchar，带有形参 char
            mov ah，2
            mov dl，char        ;；宏定义中使用参数
            int 21h
            endm                ;；宏定义结束
```

宏定义中的注释如果用两个分号分隔，则在后面的宏展开中将不出现该注释。

程序经常需要输出一段信息，该程序段也可以定义成宏：

```
dispmsg     macro message
            mov ah，9
            lea dx，message     ;；也可以用 mov dx，offset message
            int 21h
            endm
```

(2) 宏调用

宏定义之后就可以使用它，即宏调用。宏调用遵循先定义后调用的原则，格式为：

宏名 [实参表]

可见，宏调用的格式同一般指令一样，在使用宏指令的位置写下宏名，后跟实体参数；如果有多个参数，应按形参顺序填入实参，也用逗号分隔。

在汇编时，宏指令被汇编程序用对应的代码序列替代，称之为宏展开。汇编后的列表文件中带“+”或“1”等数字的语句为相应的宏定义体。宏展开的具体过程是：当汇编程序扫描源程序遇到已有定义的宏调用时，即用相应的宏定义体取代源程序的宏指令，同时用位置匹配的实参对形参进行取代。实参与形参的个数可以不等，多余的实参不予考虑，缺少的实参对相应的形参做“空”处理(以空格取代)；另外汇编程序不对实参和形参进行类型检查，完全是字符串的替代，至于宏展开后是否有效则由汇编程序翻译时进行语法检查。

例如，程序中需要显示一个问号“?”，只要如下书写：

```
dispchar '?'        ；宏调用(源程序中的宏指令)
```

汇编程序将其展开后的列表文件如下(注释是另加上的)：

```
1  mov ah，2      ；宏展开
1  mov dl，'?'    ；实参替代形参
l   int 21h
```

当在数据段定义了字符串 string 后，要想显示它，利用宏指令简单方便：

```
dispmsg strlng     ；宏指令
1  mov ah，9      ；宏展开
1  lea dx，string
l   int 21h
```

由此可见，宏像子程序一样可以简化源程序的书写，但注意它们是有本质区别的。

宏调用在汇编时将相应的宏定义语句复制到宏指令的位置，执行时不存在控制的转移与返回。多次宏调用，多次复制宏定义体，并没有减少汇编后的目标代码，因而执行速度也没有改变。

子程序调用在执行时由主程序的调用 CALL 指令实现，控制转移到子程序，子程序需要执行返回 RET 指令将控制再转移到主程序。多次调用子程序，多次控制转移，子程序并多次执行，但没有被复制多次；所以汇编后的目标代码较短。但是，多次的控制转移以及子程序中寄存器保护、恢复等操作，要占用一定的时间，因而会影响程序执行速度。

另外，宏调用的参数通过形参、实参结合实现传递，简洁直观、灵活多变。宏汇编的一大特色是它的参数，宏定义时既可以无参数，也可以有一个或多个参数；宏调用时实参的形式也非常灵活，可以是常数、变量、存储单元、指令(操作码)或它们的一部分，也可以是表达式；只要宏展开后符合汇编语言的语法规则即可。为此，汇编程序还设计了几个宏操作符，例如将参数与其他字符分开的替换操作符&，用于括起字符串的传递操作符<>等。

相对而言，子程序一般只能利用寄存器、存储单元或堆栈等传递参数，较烦琐。

由此可见，宏与子程序各有特点，程序员应该根据具体问题选择使用哪种方法。通常来说，当程序段较短或要求较快执行时，应选用宏；当程序段较长或为减小目标代码时，应选用子程序。

(3) 局部标号

当宏定义体具有分支、循环等程序结构时，需要标号。宏定义体中的标号必须用 LOCAL 伪指令声明为局部标号，否则多次宏调用将出现标号的重复定义语法错误。

局部标号伪指令 LOCAL 只能用在宏定义体内，而且是宏定义 MACRO 语句之后的第一条语句，两者间也不允许有注释和分号，格式如下：

LOCAL 标号列表

其中，标号列表由宏定义体内使用的标号组成，用逗号分隔。这样，每次宏展开时汇编程序将对其中的标号自动产生一个唯一的标识符(其形式为“??0000”到“??FFFF”)，避免宏展开后的标号重复。

例如，设计一个将 16 进制数码(0～9、A～F、a～f)的 ASCII 码值(对应为 30H～39H、41H～46H、61H～66H)转换为对应一位 16 进制数的宏。假设转换前的 ASCII 码值在 AL 中，转换后的 16 进制数也在 AL(低 4 位)中，不进行错误检测，宏定义如下：

```
ASCTOH      macro
            local asctoh1，asctoh2
            cmp al，'9'
            jbe asctoh1       ;；小于或等于'9'，说明是 0～9，只需减去 30H
            cmp al，'a'
            jb asctoh2        ;；大于'9'、小于'a'，说明是 A～F，还要减 7
            sub al，20h       ;；大于或等于'a'，说明是 a～f，再减去 20H
asctoh2:    sub al，7
asctoh1:    sub al，30h
            endm
```

这是一个没有参数的宏定义，但因有分支而采用了标号，将前两次宏调用展开为：

```
asctoh                  ；第一次宏调用
1   cmp al，'9'         ；第一次宏展开
1   jbe ??0000          ；局部标号被汇编程序改变
1   cmp al，'a'
1   jb ??0001           ；局部标号被汇编程序改变
1   sub al，20h
1 ??0001：sup al，7
1 ??0000：sub al，30h
asctoh                  ；第二次宏调用
1   cmp al，'9'         ；第二次宏展开
1   jbe ??0002          ；局部标号被汇编程序改变
1   cmp al，'a'
1   jb   ??0003         ；局部标号被汇编程序改变
1   sub al，20h
1 ??0003：sub al，7
1 ??0002：sub al，30h
```

宏定义中可以有宏调用，只要遵循先定义后调用的原则；宏定义中还可以具有子程序调

用；子程序中也可以进行宏调用，只要事先有宏定义。为了使定义的宏更加通用，可以像子程序一样对使用的寄存器进行保护和恢复。

例如，将一个字量数据按 16 进制数 4 位显示出来的宏定义如下：

```
disphex     macro hexdata
            local disphex1
            push ax             ；保护寄存器
            push bx
            push cx
            push dx
            mov bx，hexdata     ；参数是要显示的一个 4 位 16 进制数
            mov cx，0404h       ；CH=4，作为循环次数；CL=4，作为循环移位次数
disphex1：  rol bx，cl          ；高 4 位循环移位到低 4 位
            mov al，bl
            and al，0fh
            call htoasc         ；调用子程序，转换成 ASCII 码(见第 4.4.4 节)
            dispchar al         ；显示该位数值(见宏定义)
            dec ch
            jnz disphexl
            pop dx              ；恢复寄存器
            pop cx
            pop bx
            pop ax
            endm
```

(4) 文件包含

宏必须先定义后使用，不必在任何逻辑段中，所以宏定义通常书写在源程序的开头。为了使宏定义为多个源程序使用，可以将常用的宏定义单独写成一个宏库文件。使用这些宏的源程序运用包含伪指令 INCLUDE 将它们结合成一体。包含伪指令的格式为：

INCLUDE　文件名

文件名的给定要符合 DOS 规范，可以含有路径，指明文件的存储位置；如果没有路径名，汇编程序将在默认目录、当前目录和指定目录下寻找。汇编程序在对 INCLUDE 伪指令进行汇编时将它指定的文本文件内容插入在该伪指令所在的位置，与其他部分同时汇编。

文件包含方法不限于对宏定义库，实际上可以针对任何文本文件。例如，程序员可以把一些常用的或有价值的宏定义存放在. MAC 宏库文件中；也可以将各种常量定义、声明语句等组织在. INC 包含文件中；还可以将常用的子程序形成. ASM 汇编语言源文件。有了这些文件以后，只要在源程序中使用包含伪指令，就能方便地调用它们，同时也利于这些文件内容的重复应用。这是子程序模块和子程序库之外的另一种开发大型程序的模块化方法。请注意：利用 INCLUDE 伪指令包含其他文件，其实质仍然是一个源程序，只不过是分在了几个文件书写；被包含的文件不能独立汇编，而是依附主程序而存在的。所以，合并的源程序之间的各种标识符，如标号和名字等，应该统一规定，不能发生冲突。

例 4.31 输入中断向量号，显示其中断向量。

8088 CPU 的 256 个中断服务程序的入口地址(即中断向量)存放在内存最低的 1KB 物理地址处，从向量号 0 的中断向量顺序存放，每 4 个字节存放一个中断向量。现编写一个程序从键盘输入 16 进制形式的两位中断向量号，然后显示当前该向量号的中断向量(也就知道中断服务程序在内存的逻辑地址)。该程序要利用本小节的 4 个宏定义，我们把它们写入一个宏库文件当中，主程序文件包含它就可以了。

```
        inciude wj321. mac          ；宏库文件 wj321. mac 中是前面的 4 个宏定义
；数据段
msgl    db 'Enter  number(XX) ：$'
msg2    db 'The  Interrupt  Vecter：$'
crlf    db 0dh，0ah，'$'
；代码段
        displnsg msgl               ；提示输入一个两位 16 进制数
        mov ah，1                   ；接受高位
        int 21h
        ASCTOH                      ；宏指令，将 ASCII 码转换为 16 进制数
        mov bl，al                  ；存入 BL
        shl bl，1
        shl bl，1
        shl bl，1
        shl b1, 1
        mov ah, 1                   ；接受低位
        int 21h
        ASCTOH
        or bl, al                   ；合成一个字节在 BL，作为中断向量号
        xor bh, bh
        ;
        dispmsg crlf                ；回车换行
        dispmsg msg2                ；提示输出中断向量(入口地址)
        shl bx, 1                   ；中断向量号* 4 为偏移地址
        shl bx, 1
        mov ax, 0                   ；中断向量表的段地址是 0
        mov es, ax
        disphex es：[bx+2]          ；显示中断向量的段地址
        dispchar ':'                ；显示“：”字符，分隔段地址和偏移地址
        disphex es：[bx]            ；显示中断向量的偏移地址
        ⋮                           ；主程序结束，后面含有 HTOASC 子程序
```

只对主程序文件进行汇编、连接就可以形成可执行文件。注意将创建列表文件对比一下。

4.4.6 条件汇编

汇编程序能根据条件把一段源程序包含在汇编语言程序之内或者把它排除在外，这就要用到条件汇编伪指令，条件伪指令的格式是：

```
IF  XX<表达式>
{程序段 1}
[ELSE]
{程序段 2)
ENDIF
```

功能：对程序有选择地进行汇编。汇编时根据条件是否满足，对某段程序进行汇编或不汇编。

说明：

(1) 表达式的值表示条件，其值可为真(TRUE)或假(FLASE)，当它为真时执行程序段 1，否则，若有 ELSE 语句则执行程序段 2，若无 ELSE 语句就跳过 ENDIP 语句汇编以下的程序；ELSE 及程序段 2 为可选项。

(2) 条件伪指令中的 XX 表示条件汇编的多种伪操作指令，常用的 XX 有如下几种：

① IF<表达式>：汇编程序求出表达式的值，若此值不为 0 则满足条件，执行程序段 1，否则跳过。

② IFE<表达式>：若求出表达式的值为 0 则满足条件，执行程序段 1，否则跳过。

③ IFDEF<符号>：若符号已在程序中定义，或者已用 EXTRN 伪指令说明该符号是在外部定义的，则满足条件，执行程序段 1，否则跳过。

④ IFNDEF<符号>：若符号未定义或未通过 EXTRN 说明为外部符号则满足条件，执行程序段 1，否则跳过。

⑤ IFB<参数>：若参数为空则满足条件，执行程序段 1，否则跳过。

⑥ IFNB<参数>：若参数不为空则满足条件，执行程序段 1，否则跳过。

⑦ IFIDN<参数 1>，<参数 2>：如果字符串<参数 1>和字符串<参数 2>相同，则满足条件，执行程序段 1，否则跳过。

⑧ IFDIF<参数 1>，<参数 2>：如果字符串<参数 1>和字符串<参数 2>不相同，则满足条件，执行程序段 1，否则跳过。

在实际使用时，根据情况选用上述伪指令。

例 4.32 条件汇编的应用。

```
A   EQU   40H
    ⋮
    IF  A-40H
    MOV   CL，4
    SAL   AL，CL
    ELSE
    MOV   CL，4
    SAR   AL，CL
```

```
    ENDIF
M   EQU 100
    ⋮
    IF  M  GT  50
D1  DB  100 DUP(?)
    ELSE
D2  DW  100 DUP(?)
    ENDIF
```

在上面的程序中，因为 A-40H=0，所以运行时执行第一个 ELSE 后面紧接着的两条语句："MOV CL，4 / SAR AL，CL"，而"MOV CL，4 / SAL AL，CL"这两条语句跳过不执行。又因为 M GT 50(即 M50)成立，所以"D1 DB 100 DUP(?)"起作用，而第二个 ELSE 后面的语句"D2 DW 100 DUP(?)"被跳过。

4.5 程序设计举例

例 4.33 接收键盘输入的字符，将其中的小写字母转变为大写字母，存放到输入缓冲区中。遇到回车符表示本次输入结束，^C 表示程序结束。

要求将输入的小写字母转变为大写字母，以回车表示本次输入结束，然后继续下一个字符串的输入，以^C 结束程序。

通过 DOS 功能调用的 01H 号接收的是相应按键的 ASCII 码，因此首先要判断输入的字符是否为^C 键，若是则结束程序；否则接着判断是否为回车键，若是则转下一个字符串的输入；若不是回车键，则判断输入的字符是否为小写字母，若是则转换为大写字母，然后把字符存入字符缓冲区，准备接收下一个字符。程序结束前显示转换后的结果。程序流程图如图 4-11 所示。

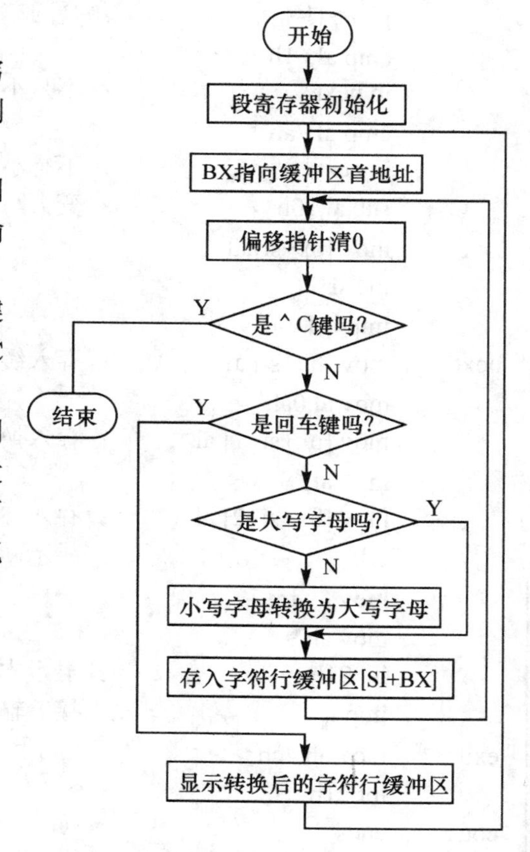

图 4-11 键盘处理程序流程图

```
crlf    macro           ；实现回车换行的宏
        mov dl,0dh
        mov ah,2
        int 21h
        mov dl,0ah
        int 21h
        endm
；数据段
data    segment
buf     db 80 dup (?)
```

```
data    ends
；代码段
code    segment
        assume cs:code,ds:data
start:  mov ax,data             ；段寄存器初始化
        mov ds,ax
        mov es,ax
        mov bx,offset buf       ；BX指向缓冲区的首地址
lp:     mov si,0
lp1:    mov ah,1
        int 21h                 ；接收键盘输入
        cmp al,3
        jz exit                 ；是 ^C 则退出
        cmp al,0dh
        jz next1                ；是回车则存储，再在字符串后加"$"，然后显示该行字符串
        cmp al,61h
        jb next                 ；不是小写字母则存盘
        cmp al,7ah
        ja next                 ；不是小写字母则存盘
        sub al,20h              ；变大写字母
next:   mov [bx+si],al
        inc si
        jmp lp1
next1:  mov [bx+si],al          ；存入缓冲区
        mov al,0ah
        mov [bx+si+1],al        ；存入换行符
        mov al,'$'
        mov [bx+si+2],al        ；存入"$"
        crlf                    ；显示回车换行
        mov dx,bx
        mov ah,9
        int 21h                 ；显示本行字符串
        jmp lp                  ；接着输入下一行
exit:   mov ah,4ch
        int 21h
code    ends
        end start
```

例 4.34 编写一个程序，在 256 色 320×200 像素的图形显示模式下，从屏幕最左边向最右边，依次画竖线(从顶到底)，线的颜色依次加 1，要求用中断调用的方法来实现。

要求在图形显示方式下画线，所以要利用功能号为 0CH 的 BIOS 显示中断调用。该中断

调用的方法如下：

功能 0CH

功能描述：写图形像素

入口参数：AH＝0CH

AL＝像素值

BH＝页码

(CX、DX)＝图形坐标列(X)、行(Y)

出口参数：无

图形显示方式下首先利用功能号为 0 的显示中断调用设置显示方式，然后开始画线，画线可以采用子程序来实现。在子程序中，线所在列和行的颜色，然后利用功能号为 0CH 的显示中断调用从顶端到底端画像素点，其结果构成一条直线，直到画足 320 条为止。程序流程图如图 4-12 所示。

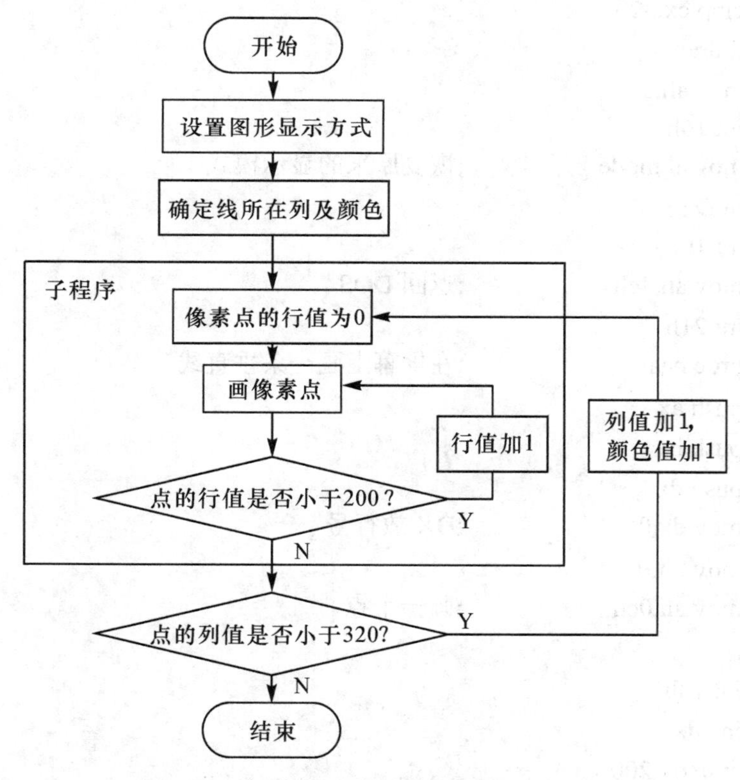

图 4-12　在图形显示方式下画线流程图

```
.model small
.data
        mode db ?
.code
start:  mov ax,@data
```

```
         mov ds,ax
         mov ah,0fh            ;保存当前的显示方式
         int 10h
         mov mode,al
         mov ah,0              ;设置成 320×200，256 色
         mov al,13h
         int 10h
         mov cx,0              ;CX 放列号
         mov al,01h            ;AL 放显示的颜色值
draw:    call vline
         inc al
         inc cx
         cmp cx,320
         jl draw
         mov ah,0
         int 16h
         mov al,mode           ;恢复原来的显示模式
         mov ah,0
         int 10h
         mov ah,4ch            ;返回 DOS
         int 21h
vline    proc near             ;在屏幕上画一条垂直线
         push ax
         push bx
         push dx
         mov dx,0              ;DX 放行号
         mov bh,0
         mov ah,0ch            ;画一个点
line:
         int 10h
         inc dx
         cmp dx,200
         jl line
         pop dx
         pop bx
         pop ax
         ret
vline    endp
         end start
```

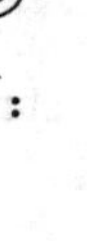

例 4.35 要求采用汇编语言编制计算N！(N>0)的程序。N！的递归定义可以表示如下：

0！＝1

N！＝N×(N－1)！(N>0)

可以根据递归定义来编写该程序。求 N！本身是一个子程序，由于 N！是 N 和(N－1)！的乘积，所以为求(N－1)！必须递归调用求 N！的子程序，但是，每一次调用所使用的参数都不同。递归子程序的设计必须保证每次调用都不破坏以前调用时所用的参数和中间结果，所以，一般把每次调用的参数、寄存器内容以及所有的中间结果都存放在堆栈中。我们把一次调用所保存的信息称为帧，一般一帧包含所保存的寄存器内容、参数或参数地址和中间结果等，每次调用把一帧信息存入堆栈。递归子程序还必须包括基数的设置，当调用参数到达基数时，还必须有一条转移指令实现嵌套的退出，保证能反向次序退出并返回主程序。程序流程图如图 4-13 所示。

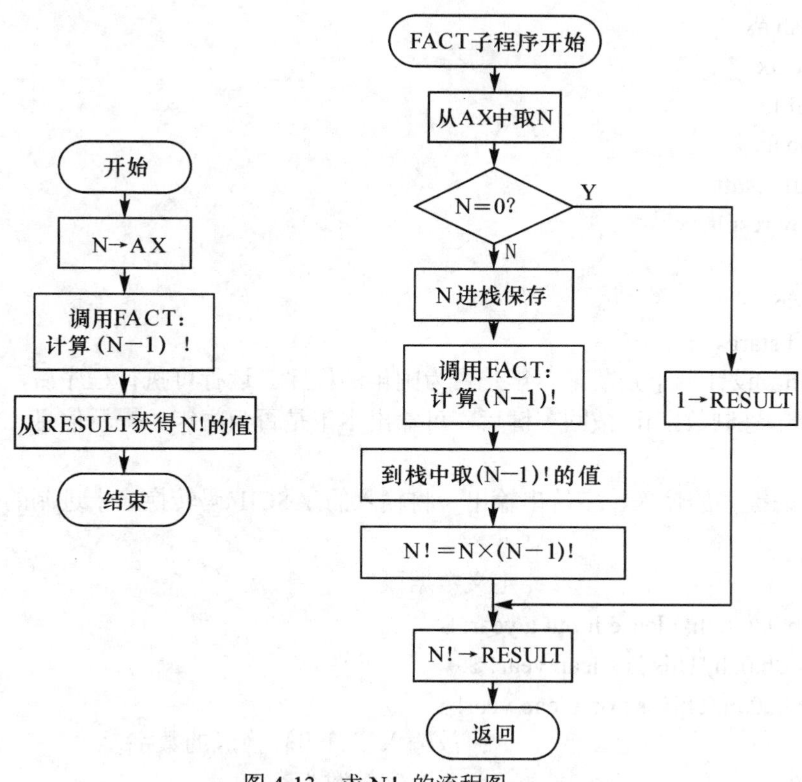

图 4-13 求 N！的流程图

```
        .model small
        .stack
        .data
n       dw 5
result  dw ?
        .code
```

```
start:  mov ax,@data
        mov ds,ax
        mov ax,n
        call fact
        mov ax,result
        mov ah,4ch
        int 21h
fact    proc
        cmp ax,0
        jne l1
        mov result,1
        ret
l1:     push ax
        dec ax
        call fact
        pop ax
        mul result
        mov result,ax
        ret
fact    endp
        end start
```

例 4.36 设计一个判断某一年是否为闰年的程序。运行可执行程序后，从键盘输入具体的年份(4 位十进制数字)，按回车键后，可输出本年是否为闰年的提示信息。按任意键后，关闭窗口。

主要考虑键盘的输入、字符串输出、将输入的 ASCII 码转换成十进制的数、判断闰年的算法等。

```
data segment                        ；定义数据段
    infon db 0dh,0ah,'Please input a year: $'
    yes db 0dh,0ah,'This is a leap year! $'
    no db 0dh,0ah,'This is not a leap year! $'
    w dw 0                          ；放输入字符串转换成的数字
    buf db 8                        ；最大字符数为8
        db ?                        ；放输入字符的个数
        db 8 dup(?)
data ends

stack segment stack
    db 200 dup(0)
stack ends
```

```
code segment
        assume ds:data,ss:stack,cs:code
   start:mov ax,data
        mov ds,ax
        lea dx,infon                    ；在屏幕上显示提示信息
        mov ah,9
        int 21h

        lea dx,buf                      ；从键盘输入年份字符串
        mov ah,10
        int 21h
        mov ch,0
        mov cl, [buf+1]                 ；取输入字符的个数
        lea di,buf+2
        call datacate
        call ifyears
        jc a/

        lea dx,n
        mov ah,9
        int 21h
        jmp exit
  al:   lea dx,y
        mov ah,9
        int 21h
  exit: mov ah,4ch
        int 21h

datacate proc near                      ；把输入的年份变成数字
        push cx
        dec cx
        lea si,buf+2
   tt1: inc si
        loop tt1

        pop cx

        mov bh,30h
        mov bl,10
        mov ax,1
```

```
    ll: push ax
        mov di,ax
        sub byte ptr    [si],bh
        muv al,byte ptr [si]
        cbw
        mul di
        add w,ax
        pop ax
        mul bl
        dec si
        loop 11
        ret
datacate endp

  ifyears proc near
          push bx
          push cx
          push dx
          mov ax,w
          mov cx,ax
          mov dx,0
          mov bx,4
          div bx
          cmp dx,0
          jnz lab1                        ；不能被4整除不是闰年
          mov ax,cx
          mov bx,100
          div bx
          cmp dx,0
          jnz lab2                      ；能被4整除不能被100整除是闰年
          mov ax,cx
          mov bx,400
          div bx
          cmp dx,0
          jz lab2                       ；能被400整除是闰年
     lab1: clc
          jmp lab3
     lab2:stc
     lab3:pop dx
```

```
        pop cx
        pop bx
        ret
ifyears endp
code ends
        end start
```

例 4.37 设计一个显示系统时间的程序。在 DOS 下运行时，在屏幕的右上角将以“时：分：秒”的形式显示本机系统的时间。

编程序时，要考虑如何利用 BIOS 和 DOS 功能调用来读取系统时间、读取当前光标位置、在屏幕指定位置显示字符、改变光标位置后又恢复原来光标位置、程序驻留内存以及中断驻留程序等。

```
CURSOR      EQU 45H
ATTRIB      EQU 2FH
CODE        SEGMENT
            ASSUME CS:CODE,DS:CODE
START:      JMP GO
OLDCUR      DW ?
OLD1C       DW 2 DUP(?)
NEWINT1C:
            PUSHF
            CALL DWORD PTR CS:OLD1C
            PUSH AX
            PUSH BX
            PUSH CX
            PUSH DX
            XOR BH,BH                ；读当前光标位置
            MOV AH,3
            INT 10H
            MOV CS:OLDCUR,DX         ；将读出的光标位置保存在OLDCUR字单元
            MOV AH,2                 ；置光标位置
            XOR BH,BH
            MOV DX,CURSOR
            INT 10H
            MOV AH,2                 ；读取系统时钟时间
            INT 1AH
            PUSH DX                  ；保存时间
            PUSH CX
            POP BX
            PUSH BX
```

```
            CALL SHOWBYTE
            CALL SHOWCOLON
            POP BX
            XCHG BH,BL
            CALL SHOWBYTE
            CALL SHOWCOLON
            POP BX
            CALL SHOWBYTE
            MOV DX,CS:OLDCUR
            MOV AH,2
            XOR BH,BH
            INT 10H
            POP DX
            POP CX
            POP BX
            POP AX
            IRET
SHOWBYTE        PROC NEAR                   ; 显示一个字节
            PUSH BX
            MOV CL,4
            MOV AL,BH
            SHR AL,CL
            ADD AL,30H
            CALL SHOW
            CALL CURMOVE
            POP BX
            MOV AL,BH
            AND AL,0FH
            ADD AL,30H
            CALL SHOW
            CALL CURMOVE
            RET
SHOWBYTE ENDP

SHOWCOLON PROC NEAR                         ; 显示冒号
            MOV AL,':'
            CALL SHOW
            CALL CURMOVE
            RET
```

```
SHOWCOLON ENDP

CURMOVE   PROC NEAR            ；移动光标
          PUSH AX
          PUSH BX
          PUSH CX
          PUSH DX
          MOV AH,3             ；读当前光标位置
          MOV BH,0
          INT 10H
          INC DL               ；移动一列
          MOV AH,2
          INT 10H
          POP DX
          POP CX
          POP BX
          POP AX
          RET
CURMOVE   ENDP

SHOW      PROC NEAR            ；显示字符
          PUSH AX
          PUSH BX
          PUSH CX
          MOV AH,09H           ；在光标位置显示字符和属性
          MOV BX,ATTRIB
          MOV CX,1
          INT 10H
          POP CX
          POP BX
          POP AX
          RET
SHOW      ENDP

GO:       PUSH CS
          POP DS
          MOV AX,351CH                 ；取中断向量
          INT 21H
          MOV OLD1C,BX                 ；保存原中断向量
```

```
        MOV BX,ES
        MOV OLD1C+2,BX
        MOV DX,OFFSET NEWINT1C          ；置新的中断向量
        MOV AX,251CH
        INT 21H
        MOV DX,OFFSET GO
        SUB DX,OFFSET START
        MOV CL,4
        SHR DX,CL
        ADD DX,11H
        MOV AX,3100H                ；结束并驻留
        INT 21H
CODE    ENDS
        END START
```

习 题 4

4.1 汇编语言有何特点？编写汇编语言源程序时，一般的组成原则是什么？

4.2 .MODEL 伪指令是简化段定义源程序格式中必不可少的语句，它设计了哪几种存储模式，各用于创建什么性质的程序？

4.3 如何规定一个程序执行的开始位置，主程序执行结束应该如何返回 DOS，源程序在何处停止汇编过程?

4.4 逻辑段具有哪些属性？完整代码段定义时的默认属性是什么？小型模式下的简化代码段定义具有的默认属性是什么?

4.5 DOS 支持哪两种可执行程序结构，编写这两种程序时需要注意什么?

4.6 给出下列语句中，指令立即数(数值表达式)的值：

(1) mov al，23h AND 45h OR 67h

(2) mov ax，1234h / 16+10h

(3) mov ax，254h SHL 4

(4) mov al，'a' AND (NOT('b'−'B'))

(5) mov ax，(76543 LT 32768) XOR 7654h

4.7 画图说明下列语句分配的存储空间及初始化的数据值：

(1) byte_var db 'BCD'，10，10h，'EF'，2 dup (−1，?，3 dup(4))

(2) word_var dw 1234h，−5，6 dup(?)

4.8 设置一个数据段，按照如下要求定义变量：

(1) myl_b 为字符串变量，表示字符串“Personal Computer！”

(2) my2_b 为用十六进制数表示的字节变量，这个数的大小为 100

(3) my3_w 为 100 个未赋值的字变量

(4) my4_c 为 100 的符号常量

(5) my5_c 为字符串常量，代替字符串“Personal Computer！”

4.9 假设 opw 是一个字变量，opbl 和 opb2 是两个字节变量，指出下列语句中的具体错误原因并改正错误。

(1) mov byte ptr [bx],256

(2) mov bx,offset opw[si]

(3) add opbl,opb2

(4) mov opbl,al+1

(5) sub al,opw

(6) mov [di],1234h

4.10 编制一个程序，把字变量 X 和 Y 中数值较大者存入 MAX 字单元；若两者相等，则把-1 存入 MAX 中。假设变量存放的是有符号数。

4.11 设变量 DAT 为有符号 16 位数，请编写程序将它的符号状态保存在 sign 字节单元，即：如果变量值大于等于 0，保存 0；如果变量值小于 0，保存-1。

4.12 X、Y 和 Z 是 3 个有符号字节数据，编写一个比较相等关系的程序。

(1) 如果这 3 个数都不相等，则显示 N。

(2) 如果这 3 个数中有两个数相等，则显示 X。

(3) 如果这 3 个数都相等，则显示 Y。

4.13 编制程序完成 12H，23H，F3H，6AH，20H，FEH，10H，C8H，25H 和 34H 共 10 个无符号字节数据之和，并将结果存入字变量 SUM 中。

4.14 求出主存从 2000H：0 开始的一个 64KB 物理段中共有的空格个数，存入 DX 中。

4.15 过程定义的一般格式是什么？子程序开始为什么常有 PUSH 指令，返回前为什么有 POP 指令？下面完成 16 位无符号数累加的子程序是否正确？若有错，请改正。

```
jiafa   PROC
        push ax
        xor ax,ax
        xor dx,dx
again:  add ax, [bx]
        adc dx,0
        inc bx
        inc bx
        loop again
        ret
        ENDP jiafa
```

4.16 编写一个程序，统计寄存器 AX 中二进制数位“0”的个数，结果以二位十进制数形式显示到屏幕上。

4.17 子程序的参数传递有哪些方法？

4.18 编写一个求 32 位数据补码的子程序，通过寄存器传递入口参数。

4.19 所谓“校验和”是指不记进位的累加，常用于检查信息的正确性。编写一个计算字节校验和的子程序。主程序提供入口参数：数据个数和数据缓冲区的首地址。子程序回送求和结果这个出口参数。

4.20 编制一个子程序，把一个 16 位二进制数用 4 位 16 进制形式在屏幕上显示出来。

4.21　在以 BUF 为首地址的字缓冲区中有 3 个无符号数，编程将这 3 个数按升序排列，结果存回原缓冲区。

4.22　在 DAT 字节单元中有一个有符号数，判断其正负，若为正数，则在屏幕上显示“+”号；若为负数，则显示“-”号；若是 0，则显示 0。

4.23　编程求 1～400 中所有奇数的和，结果以十六进制数形式显示到屏幕上。

4.24　在以 DAT 为首地址的字节缓冲区中存有 100H 个无符号字节数据，编程求其最大值与最小值之和，结果存入 RESULT 字单元。

4.25　在内存单元 CNT 中有一个字数据，编程将其二进制数显示到屏幕上。

4.26　在以 STRG 为首地址的缓冲区中有一组字符串，长度为 100，编程实现将其中所有的英文小写字母转换成大写字母，其他的不变。

4.27　在以 DAT 为首地址的内存中有 100 个无符号数(数的长度为字)，编程统计其中奇数的个数，结果以十进制形式显示到屏幕上。要求分别用子程序完成奇数个数统计，用宏完成十进制数显示。

4.28　编写一段程序，使汇编程序根据 SIGN 的值分别产生不同的指令。

如果 SIGN＝ 0，则用字节变量 DATB 中的无符号数除以字节变量 SCALE；如果 SIGN＝1，则用字节变量 DATB 中的有符号数除以字节变量 SCALE，结果都存放在字节变量 RESULT 中。

第二篇　微机接口技术

第5章　半导体存储器和高速缓冲存储器

5.1　存储系统概述

存储器是用来存储信息的部件，有了存储器，计算机才具有信息记忆功能。计算机的存储器根据用途和特点，可以分为两大类：一类叫内部存储器，简称为内存或主存；另一类叫外部存储器，简称为外存。内存是计算机主机的一个组成部分，CPU 可以直接访问它，用来保存当前正在使用的或者经常要使用的程序和数据，如主板上的内存条。外存也是用来存储各种信息的，但是，CPU 不能直接访问外存，CPU 要使用这些信息时，必须通过专门的机制将信息先传送到内存中，如硬盘，光盘，磁带。因此，外存存放相对来说不经常使用的程序和数据，另外，外存总是和某个外部设备相关的。

因为内存可由 CPU 直接访问，再加上内存由快速存储器件来构成，所以内存的存取速度很快。但是，内存空间的大小受到 CPU 的地址总线位数的限制。比如，在 16 位微型机系统中，地址总线的宽度是 20 位(即 CPU 有 20 根地址线)，所以，最大的直接寻址空间为 2^{20} 个字节，即内存最大容量是 1MB。32 位地址总线的微型机系统中，直接寻址空间为 2^{32} 个字节，即内存最大容量是 4GB。

基于内存的快速存取和容量受限制的特点，内存被用来存放系统软件、系统参数和当前正在运行的应用软件和数据。系统软件中有一部分软件，如系统引导程序、监控程序以及操作系统中的基本输入、输出部分 BIOS，时刻都在被使用，它们必须常驻内存，更多的系统软件和应用软件则在用到时才传送到内存，比如，不用时通常放在硬盘中。整个内存区域由 ROM 和 RAM 两部分组成，但是，通常 RAM 的容量要大得多，所以，一般说的内存主要是指 RAM，而对于 PC 机，内存主要指主板上的内存条，目前容量大小是 512MB 或 1GB。

作为一个微型机系统，有很多程序和数据要存储，因此，光有内存是不够的，此外，人们希望既能方便地对其进行修改，又能对其作长期保存，而当前大多数内存不能满足此要求。于是，又设计出了各种外部存储器。当前，在微型机系统中常见的外存有软盘、硬盘、光盘和 U 盘。这些外部存储器的容量都不受限制，所以，外存也叫海量存储器。多数外存中的信息既可以方便地被修改，又可以长期保存。然而，外存都必须配置专门的驱动设备才能完成访问功能。比如，软盘要配置软盘驱动器，硬盘要配置硬盘驱动器，光盘则要配置光盘驱动器。

计算机工作时，一般先由内存、ROM 中的引导程序启动系统，再从外存中读取系统程序和应用程序送到内存 RAM 中。在程序运行过程中，中间结果一般放在内存 RAM 中，程序结束时，又将最后结果送入外存。保存在外存中的程序和数据随时可以被调入内存再次运行或者被修改。

本章重点讲述半导体存储器的分类、部件组成及其与 CPU 的连接，在此基础上讲述微机系统中的高速缓存技术。

5.1.1 半导体存储器的分类

半导体存储器从使用功能上来分，可分为：读写存储器 RAM(Random Access Memory)又称为随机存取存储器，只读存储器 ROM(Read Only Memory)两类。RAM 主要用来存放各种现场的输入、输出数据，中间计算结果，与外存交换的信息和用作堆栈，断电后，RAM 存储的信息会丢失。RAM 存储单元的内容按需要既可以读出，也可以写入或改写。而 ROM 的信息在使用时是不能改变的，即只能读出，不能写入，而且断电后，ROM 的存储的信息不会丢失，一般用来存放固定的程序，如微型机的管理、监控程序，汇编程序等，以及存放各种常数、函数库等。

半导体存储器的分类，可用图 5-1 来表示。

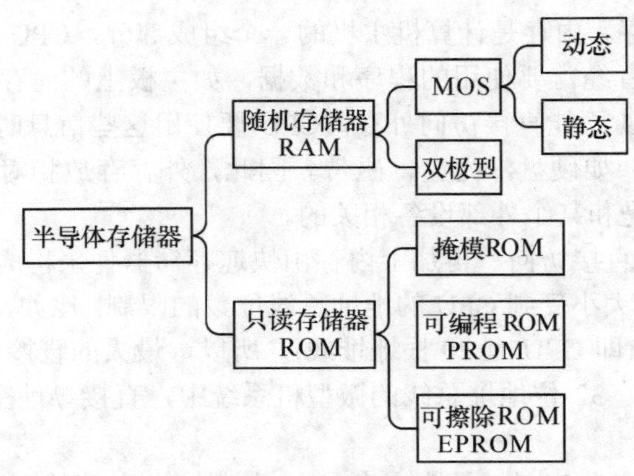

图 5-1 半导体存储器的分类

1. RAM 的种类

在 RAM 中，根据器件生产工艺的不同，又可以分为双极型(Bipolar)和 MOS RAM 两大类。当前，半导体存储器主要用两大类工艺，一类是双极型的 TTL (Transistor-Transistor Logic) 技术，一类是金属氧化物半导体 MOS (Metal Oxide Semiconductor) 技术，后者又分 CMOS (Complementary MOS) 和 HMOS (High Density MOS) 等技术。用前一类技术制造的器件速度快，但功耗大，价格贵；用后一类技术制造的器件功耗非常低，但速度较慢，不过，随着工艺的提高和改进，此类器件的速度也在不断提高。

(1) 双极型 RAM 的特点

① 存取速度高。

② 以晶体管的触发器(F-F——Flip-Flop)作为基本存储电路，故管子较多。

③ 集成度较低(与 MOS 相比)。

④ 功耗大。

⑤ 成本高。

所以，双极型 RAM 主要用在速度要求较高的微型机中或作为 Cache(高速缓冲存储器)。

(2) MOS RAM

用 MOS 器件构成的 RAM，又可分为静态(Static)RAM(有时用 SRAM 表示)和动态(Dynamic)RAM(有时用 DRAM 表示)两种。

静态 RAM 的特点：

① 6 管构成的触发器作为基本存储电路。

② 集成度高于双极型，但低于动态 RAM。

③ 不需要刷新，故可省去刷新电路。

④ 功耗比双极型的低，但比动态 RAM 高。

⑤ 易于用电池作为后备电源(RAM 的一个重大问题是当电源去掉后，RAM 中的信息就会丢失。为了解决这个问题，就要求当交流电源掉电时，能自动地转换到一个用电池供电的低压后备电源，以保持 RAM 中的信息)。

⑥ 存取速度较动态 RAM 快。

动态 RAM 的特点：

① 基本存储电路用单管线路组成(靠电容存储电荷，通常有电荷表示 1)。

② 集成度高。

③ 比静态 RAM 的功耗更低。

④ 价格比静态便宜。

⑤ 因动态存储器靠电容来存储信息，由于总是存在着泄漏电流，故需要定时刷新。典型的是要求每隔 lms 刷新一次。

2. ROM 的种类

(1) 掩模 ROM

早期的 ROM 由半导体厂按照某种固定线路制造的，制造好以后就只能读不能改变。这种 ROM 适用于批量生产的产品中，成本较低，但不适合在产品开发期间使用。

(2) 可编程序的只读存储器 PROM(Programmable ROM)

为了便于用户根据自己的需要来写 ROM，就发展了一种 PROM，可由用户对它进行编程，但这种 ROM 用户只能写一次，目前已不常用。

(3) 可擦除的可编程只读存储器 EPROM(Erasable PROM)

为了适应研发工作的需要，希望 ROM 能根据需要写，也希望能把已写上去的内容擦除，然后再写，能改写多次。EPROM 就是这样的一种存储器。EPROM 的写入速度较慢，而且需要专门的写入工具，因此，使用时仍作为只读存储器来用。

只读存储器电路比 RAM 简单，因而集成度更高，成本更低。而且有一个突出的优点，就是当电源去掉以后，它的信息不会丢失。所以，在计算机中尽可能地把一些管理、监控程序(Monitor)、操作系统的基本输入、输出程序(BIOS)、汇编程序，以及各种典型的程序(如调试、诊断程序等)放在 ROM 中。

随着技术的不断发展，ROM 也在不断发展，目前常用的还有电可擦除的可编程 ROM 及新一代可擦除 ROM(闪烁存储器)等。

5.1.2 存储器的主要技术指标

半导体存储器的主要技术指标：存储容量、存取速度、功耗。

(1) 存储容量

对于制造商，一般用总的位容量来描述存储容量，如某存储芯片的容量是 512M 位，对于用户，一般用“存储单元数×每个单元的存储位数”来表示容量，如某存储芯片的容量128KB，即表示该芯片有128×1024个存储单元，每个存储单元是一个字节(即8个二进制位)。在设计存储系统时，选用单片容量较大的存储芯片，不仅可减小电路板的面积，而且还可使系统工作更加可靠，简化译码、驱动电路。

(2) 存取速度

一般可以用下面的两个参数描述存取速度：

① 存取时间(Access Time)，用 T_A 表示，指从存取命令发出到操作完成所经历的时间。

② 存取周期(Access Cycle)，用 T_{AC} 表示，指两次存储器访问所允许的最小时间间隔。因为该时间包括了数据存取的准备和稳定时间，所以，T_{AC} 比 T_A 稍大。该参数常常表示为读周期 T_{RC} 或写周期 T_{WC}，而 T_{AC} 是它们的统称。

在微机系统中，存储器的存取速度必须和CPU的总线时序相匹配。一般来说，CPU的工作速度要比存储器快。如果存储器的存取速度跟不上CPU的时序，就要在CPU的总线周期中插入等待周期，以延长CPU的读、写操作时间，导致CPU工作效率降低。

(3) 功耗

存储器的功耗是指它在正常工作时所消耗的电功率，该功率由“维持功率”和“操作功率”两部分组成。“维持功率”是指存储芯片未被选中工作时所消耗的电能。“操作功率”是指存储芯片被选中工作时所消耗的电能。一般来讲，半导体存储器的功耗与其存取速度有关，速度越快功耗越大。CMOS能够很好地满足低功耗要求。但CMOS器件容量较小，并且速度慢。高密度金属氧化物半导体HMOS技术制造的存储器件在速度、功耗、器件容量方面得到了很好的折中。

5.2 随机存储器

RAM从字面上理解是随机存取存储器，其主要特点是既可读又可写。RAM按其结构和工作原理分为静态RAM即SRAM(Static RAM)和动态RAM即DRAM(Dynamic RAM)。SRAM速度快，不需要刷新，但片容量低，功耗大。DRAM片容量高，但需要刷新，否则其中的信息就会丢失。

5.2.1 静态RAM

1. SRAM的基本存储单元及其电路结构

SRAM保存信息的机制是基于双稳态触发器的工作原理，组成双稳态触发器的A、B两管中，A导通B截止时为1，反之，A截止B导通时为0。其内部基本电路中，用2个晶体管构成双稳态触发器，2个晶体管作为负载电阻，还有2个晶体管用来控制双稳态触发器。基本存储电路是组成存储器的基础和核心，它用以存储一位二进制信息：“0”或“1”。在MOS存储器中，基本存储电路分为静态和动态两大类。

静态存储电路是由两个增强型的NMOS反相器交叉耦合而成的触发器，如图5-2(a)所示。其中 T_1、T_2 为控制管，T_3、T_4 为负载管。这个电路具有两个不同的稳定状态：若 T_1 截止则A=“1”(高电平)，它使 T_2 开启，于是B=“0”(低电平)，而B=“0”又保证了 T_1 截止。所以，这种状态是稳定的。同样，T_1 导电，T_2 截止的状态也是互相保证而稳定的。因此，可以用这两种不同状态分别表示“1”或“0”。

当把触发器作为存储电路时，就要能控制是否被选中。这样，就形成了图 5-2(b)所示的 6 管基本存储电路。

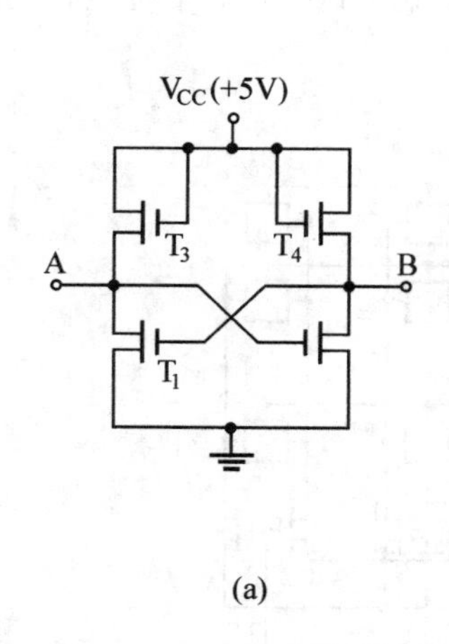

(a)

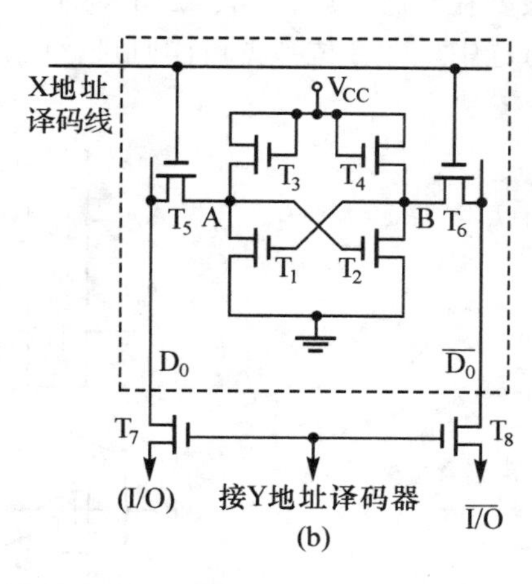

(b)

图 5-2　6 六管静态存储单元

当 X 的译码输出线为高电平时，则 T_5、T_6 管导通，A、B 端就与位线 D_0 和 $\overline{D_0}$ 相连；当这个电路被选中时，相应的 Y 译码输出也是高电平，故 T_7、T_8 管(它们是一列公用的)也是导通的，于是 D_0 和 $\overline{D_0}$ （这是存储器内部的位线)就与输入、输出电路 I/O 及 $\overline{I/O}$ （这是指存储器外部的数据线)相通。当写入时，写入信号自 I/O 和 $\overline{I/O}$ 线输入，如要写“1”，则 I/O 线为“1”，而 $\overline{I/O}$ 线为“0”。它们通过 T_7、T_8 管以及 T_5、T_6 管分别与 A 端和 B 端相连，使 A=“1”，B=“0”，就强迫 T_2 管导通，T_1 管截止，相当于把输入电荷存储于 T_1 和 T_2 管的栅极。当输入信号以及地址选择信号消失后，T_5、T_6、T_7、T_8 都截止，由于存储单元有电源和两负载管，可以不断地向栅极补充电荷，所以靠两个反相器的交叉控制，只要不掉电就能保持写入的信号“1”，而不用刷新。若要写入“0”，则 I/O 线为“0”，而 $\overline{I/O}$ 线为“1”，使 T_1 导通，而 T_2 截止，同样写入的“0”信号也可以保持住，一直到写入新的信号为止。

在读出时，只要某一电路被选中，相应的 T_5、T_6 导通，A 点和 B 点与位线 D_0 和 $\overline{D_0}$ 相通，且 T_7、T_8 也导通，故存储电路的信号被送至 I/O 与 $\overline{I/O}$ 线上。读出时可以把 I/O 与 $\overline{I/O}$ 线接到一个差动放大器，由其电流方向即可判定存储单元的信息是“1”还是“0”；也可以只有一个输出端接到外部，以其有无电流通过而判定所存储的信息。这种存储电路的读出是非破坏性的(即信息在读出后，仍保留在存储电路内)。

由此可见，SRAM 基本电路中包含的晶体管数目比较多，所以，一个 SRAM 器件的容量相对较小。另外，SRAM 基本电路中，双稳态触发器的 2 个管子总有 1 个处于导通状态，所以，就会持续消耗功率，使得 SRAM 的功耗较大。这是 SRAM 的两个缺点。SRAM 的主要优点是不需要刷新，因此简化了外部电路。SRAM 常常用在存储容量较小的系统中，或用做高速缓冲存储器。

图 5-3 是静态 RAM 的结构示意图，其容量为 256×1 位，图中每一个方框代表一个 6 管的基本存储单元。例如，当 A_7～A_0，输入地址 00000101 时，经过地址双译码，5 行 0 列的数

据通道开通：如果是读，那么数据从该单元 A 点输出；如果是写，那么数据通过互反的两路，同时送到该单元的 A 和 B 两点。对 256×8 位的 SRAM，可以将 256×1 位的电路想像为 1 页，相同的 8 页叠在一起，就构成了 256×8 位的 SRAM。访问时，8 页中位置相同的基本存储单元将被同时选中，即 8 位数据可同时进行读、写。

行地址译码
A_3
A_2
A_1
A_0
0
1
15
I/O
0
1
15
列地址译码
$\overline{CE}$
$\overline{OE}$
$\overline{WE}$
A_4 A_5 A_6 A_7

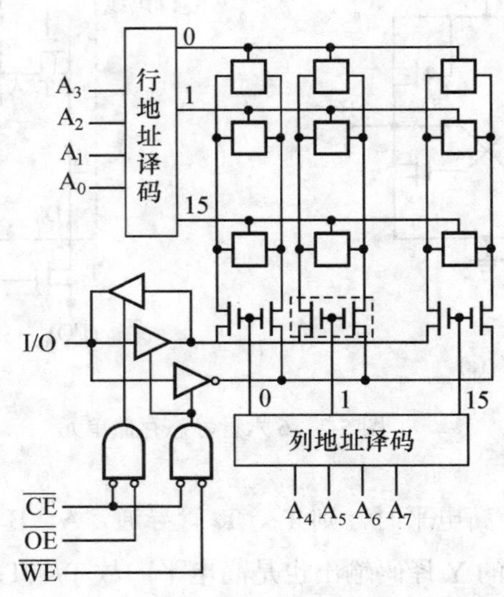

图 5-3　SRAM 结构示意图

2. SRAM 芯片 2114

2114 芯片为 18 引脚的 DIP 封装，如图 5-4 所示，容量为 1024×4 位，共有 10 根地址线 A_9～A_0和 4 根数据线 I/O_4～I/O_1 该芯片的读写控制比较简单：$\overline{CS}$无效时，数据线呈高阻；有效时选中芯片，允许读、写操作。此时，若 $\overline{WE}$ 有效则进行写操作，否则进行读操作(见表 5-1)。

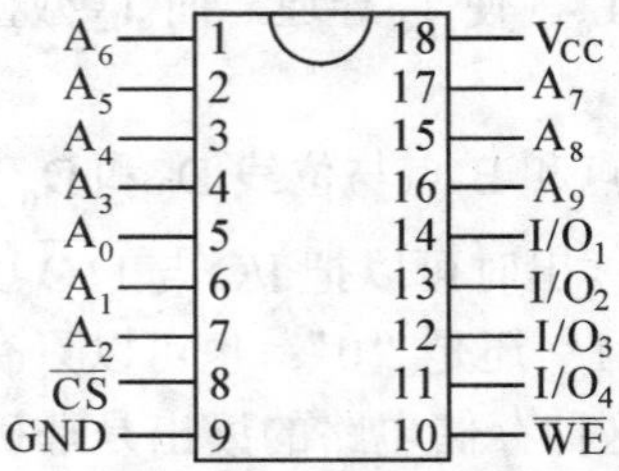

A_6 1
A_5 2
A_4 3
A_3 4
A_0 5
A_1 6
A_2 7
$\overline{CS}$ 8
GND 9
18 V_{CC}
17 A_7
15 A_8
16 A_9
14 I/O_1
13 I/O_2
12 I/O_3
11 I/O_4
10 $\overline{WE}$

图 5-4　SRAM 芯片 2114 引脚图

表 5-1　**2114 的功能**

工作方式	$\overline{CS}$	$\overline{WE}$	I/O_4～I/O_1
未选中	1	×	高阻
读	0	1	输出
写	0	0	输入

对于如何理解存储芯片的操作时序，需要作出如下三点说明：首先，所有的存储器访问(包括读、写和刷新)都伴随着特定的地址，所以，地址的切换标志着前一操作的结束和后一操作的开始。两次访问之间所允许的最小时间间隔就是存储芯片的存取周期 T_{AC}，存储芯片的读、写周期分别表示为 T_{RC} 和 T_{WC}，该项参数说明了芯片的工作速度。其次，用户需要知道当所有的条件都具备时，数据什么时候能够被读出或写入；由此倒推回去，用户最迟应在什么时候使片选信号和控制信号有效。最后，有效数据在引脚上维持一段时间后，总要过渡到下一操作。那么，当地址、片选或控制信号开始转为无效时，这一状态还能维持多久，即用户应在

何时提供退出这一操作的信号，以便使存储芯片能顺利地过渡到下一个操作。

(1) 2114 的读周期

请参见图 5-5 和表 5-2。进入读周期的前提是 $\overline{CS}$ 有效和 $\overline{WE}$ 无效。在给出地址信号后，如果允许数据输出，那么经过读取时间 T_A(最多 200ns)后，数据将出现在外部总线上。T_A 这段时间主要用于地址译码、存储单元读出和内部的输出驱动等；至于数据能否从芯片输出，取决于其内部的三态门在此前是否已经打开。三态门的延迟作用通过 T_{CX} 和 T_{CO} 来描述，前者指从 $\overline{CS}$ 有效到数据在外部数据线上最早出现要用的时间，后者指从 $\overline{CS}$ 有效到数据在外部数据线上稳定要用的时间。T_{CX} 最少为 20ns、T_{CO} 最多为 70ns，也就是说，在地址有效后最迟 130ns 内，$\overline{CS}$ 应该有效，否则会因为三态门未打开而延误数据的输出和稳定。参数 T_{RC} 描述有效地址码应有的维持时间，最小应为 200ns。

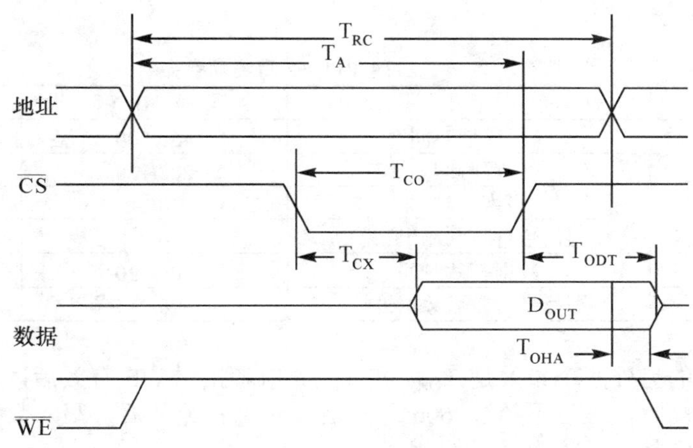

图 5-5　2114 读周期时序

表 5-2　**2114/2114-2 读周期参数**

参数	意义	最小(ns)	最大(ns)
T_{RA}	读周期时间	450/200	
T_A	读取时间		450/200
T_{CO}	片选有效到输出稳定		120/70
T_{CX}	片选有效到输出有效	20/20	
T_{ODT}	片选无效到输出三态	0/0	100/70
T_{OHA}	地址改变后数据维持	50/50	

参数 T_{ODT} 和 T_{OHA} 描述相关信号无效后输出数据的维持时间，前者为片选无效到输出转为三态的时间(最大为 60ns)，后者为地址无效到输出改变的时间(最小为 50ns)。

(2) 2114 的写周期

请参见图 5-6 和表 5-3。写周期的前提是 $\overline{CS}$ 和 $\overline{WE}$ 均有效。在写周期中有效的地址信号必须维持 T_{WC}(最少 200ns)。其间，为防止误写入，在地址有效后经过 T_{AW}，$\overline{WE}$ 方可有效；在地址改变前 T_{WR}，$\overline{WE}$ 应先转为无效。在地址有效的前提下，$\overline{WE}$ 有效应维持 T_W(最少 120ns)。

此前，写入数据当然应该先有效，并需维持 T_{DW}(至少 120ns)。

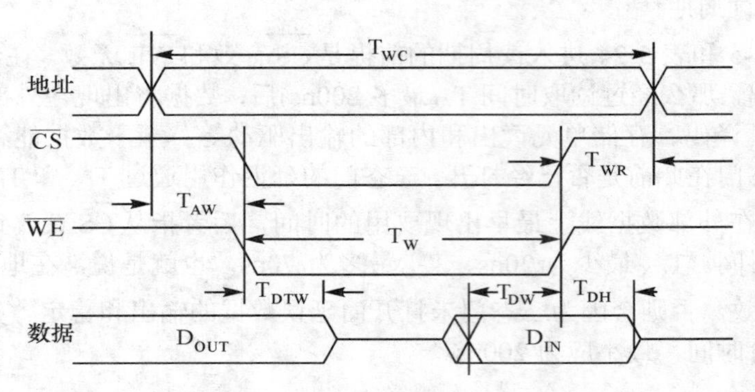

图 5-6　2114 写周期时序

表 5-3　　2114/2114-2 写周期参数

参数	意义	最小(ns)	最大(ns)
T_{WC}	写周期时间	450/200	
T_W	写时间	200/120	
T_{WR}	写恢复时间	0/0	
T_{DTW}	写信号有效到输出三态	0/0	100/60
T_{DW}	数据有效时间	200/120	
T_{DH}	写信号无效后数据维持	0/0	

与 $\overline{WE}$ 相关的另外两个参数是 T_{DRW} 和 T_{DH}。前者指示 $\overline{WE}$ 有效后，若前面为读操作，其数据输出将呈现高阻，最迟不超过 60ns；后者指示 $\overline{WE}$ 无效后，写入数据最少还应维持的时间，提供该参数也是为了防止误写入。

3. SRAM 芯片 6264

6264 芯片采用 28 脚 DIP 封装，如图 5-7 所示，容量为 8K×8 位，有 13 根地址线 A_{12}～A_0 和 8 根数据线 D_7～D_0。该芯片的控制端与 2114 不同，如表 5-4 所示。读、写控制采用了更具代表性的 $\overline{OE}$ 和 $\overline{WE}$ 方案：$\overline{OE}$ 有效时允许输出，$\overline{WE}$ 有效时允许写入。该芯片的片选端有两个：$\overline{CS1}$ 和 CS2，它们同时有效时芯片才被选中。安排两个互反的片选端，将为多个 6264 的译码带来方便。

引脚名	引脚号	引脚号	引脚名
NC	1	28	+5V
A_{12}	2	27	$\overline{WE}$
A_7	3	26	CS2
A_6	4	25	A_8
A_5	5	24	A_9
A_4	6	23	A_{11}
A_3	7	22	$\overline{OE}$
A_2	8	21	A_{10}
A_1	9	20	$\overline{CS1}$
A_0	10	19	D_7
D_0	11	18	D_6
D_1	12	17	D_5
D_2	13	16	D_4
GND	14	15	D_3

图 5-7　SRAM 芯 6264 引脚图

表 5-4　　6264 的功能

工作方式	$\overline{WE}$	$\overline{CS1}$	CS2	$\overline{OE}$	D_0～D_7
未选中	×	1	×	×	高阻
未选中	×	×	0	×	高阻
禁止输出	1	0	1	1	高阻
读	1	0	1	0	输出
写	0	0	1	1	输入
写	0	0	1	0	输入

5.2.2 动态 RAM

1. DRAM 的基本存储单元和电路结构

DRAM 是利用电容存储电荷的原理来保存信息的，它将晶体管结电容的充电状态和放电状态分别作为 1 和 0。

DRAM 的基本单元电路简单，最简单的 DRAM 单元只需 1 个管子构成，这使 DRAM 器件的芯片容量很高，而且功耗低。但是由于电容会逐渐放电，所以对 DRAM 必须不断进行读出和再写入，以使泄放的电荷得到补充，也就是进行刷新。

图 5-8 (a)是一种动态 RAM 的基本存储结构，虚线框内为一个基本存储单元。它由单个场效应管 T_1 构成，信息存放在极间电容 C_1 上，以其是否充电来表示两种信息状态：0 或 1(通常有电荷为 1)；该管还同时担负行选通任务。图中的 T_2 为列选通管，为一列基本存储单元所公用。C_2 是数据线上的分布电容，一般 $C_2>C_1$。当 T_1、T_2 均选通时，数据线开通，数据可以读出或写入。但是，由于 C_1 的容量很小，充电后电压的变化仅 0.2V 左右；所以，充电电压的维持时间很短，一般 2ms 左右就会泄漏，造成信息丢失；此外，数据一经读出，C_1 上信息也将遭到破坏。所以，必须配备“读出再生放大电路”，以便及时对各存储单元进行刷新(Refresh)，并在读出时进行再生和放大。

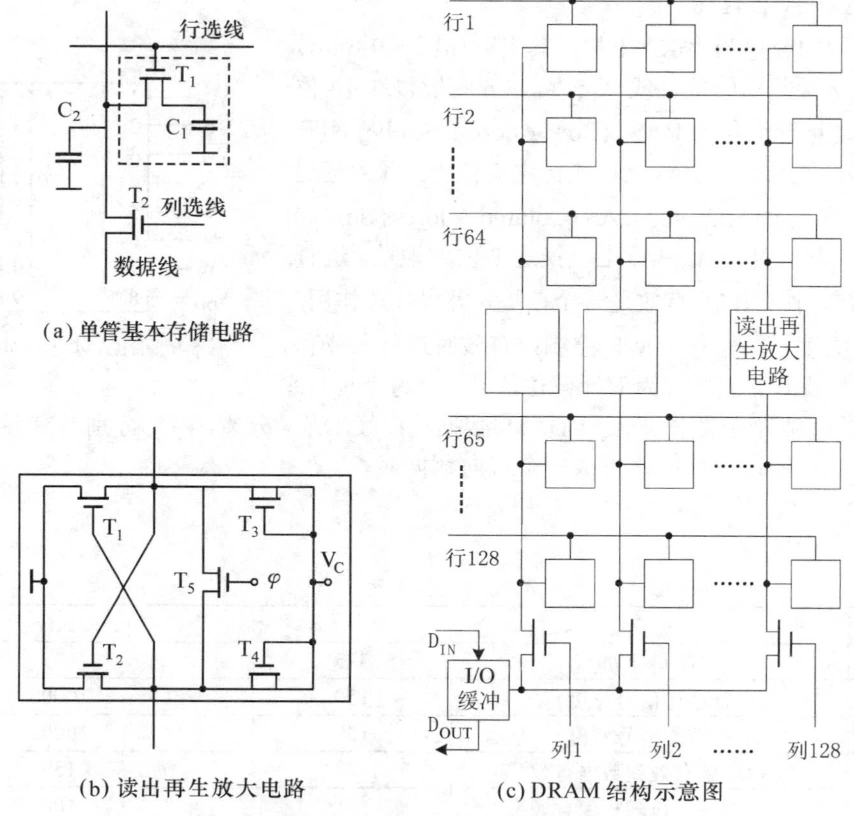

图 5-8 DRAM 的电路结构

为了节省集成电路的面积，这种单管存储电路的电容不可能做得很大，一般都比数据线上的分布电容 C_D 小，因此，每次读出后，存储内容就被破坏，要保存原先的信息必须采取恢复措施，也就是说，为了下次还能够从这个存储单元读出原来的数据，必须把刚刚读出的那个数据重新写入这个存储单元。

图 5-8 (b)是读出再生放大电路。该电路的核心是一个触发器，由 T_1～T_4 组成，通过两种稳定状态来表示信息；电路中增加了一个 T_5 管，用来进行预充电控制：读写操作前，T_5 导通，触发器及其周围电路处在平衡状态；在进行读写及刷新操作时，T_5 关断。

图 5-8(c)是一种动态 RAM 的结构示意。该电路为双译码位片结构，由 128 行和 128 列组成一个存储矩阵。图中有 128 个方框，表示 128 个读出再生放大电路，每个电路负责一列共 128 个基本存储单元，它们平衡配置在读出再生放大电路的两侧，每侧共有 64 个基本存储单元。

● 如果是写操作，则相应的行、列选通管开通；外部数据将先读出再生放大电路建立起稳定的状态，然后再由它对所选中单元完成写入。

● 如果是读操作，则相应的行、列选通管导通；从选中单元中读出的信号，首先使读出再生放大电路建立起稳定状态，该状态一方面向数据线输出；另一方面又反过来对存储单元进行刷新。

如果采用“仅行地址有效”进行刷新，外电路提供有效行地址，使存储体中的某一行被选中；同时，令列地址无效，即关闭所有的列选通管。这样，该行上所有 128 个存储单元中的数据将在内部读出，经过同一列上读出再生放大电路的刷新放大而得到加强(与读操作情况相同)。由于所有的列选通管都处在关闭状态，所以这时数据并不会输出到外部。

2. DRAM 芯片 4116

4116 芯片的容量为 16K×1 位，其引脚如图 5-9 所示。

4116 有 7 根复用的地址线 A_6～A_0，分两批传送 14 位地址：当行地址选通信号 $\overline{RAS}$ (Row Address Strobe) 刚开始有效时，表示引脚 A_6～A_0 上正在传送 7 位行地址；延迟一段时间，当列地址选通信号 $\overline{CAS}$ (Column Address Strobe) 开始有效时，表示引脚 A_6～A_0 上已换送 7 位列地址。进行读、写和刷新操作，$\overline{RAS}$ 有效是一个前提，类似片选作用。

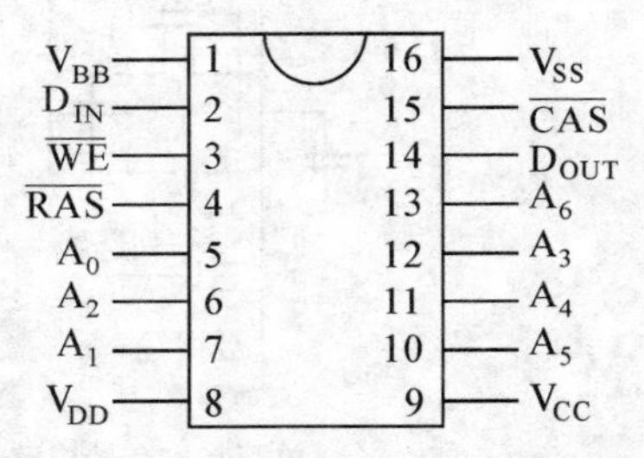

图 5-9　DRAM 芯片 4116 引脚图

该芯片的读、写操作由 $\overline{WE}$ 控制：有效时进行写操作，无效时进行读操作。该芯片为双译码位片结构，每个地址单元只存放一位数据。但数据输入线(D_{IN})与数据输出线(D_{OUT})分离，内部分别具有各自的锁存缓冲器，但它们可通过外部电路形成一个双向数据线。

(1) 4116 的读周期请参见图 5-10 和表 5-5。

表 5-5　**4116 读周期参数**

参数	意义	最小(ns)	最大(ns)
T_{RC}	读写周期	375	
T_{RAS}	行选通信号宽度	150	10000
T_{CAS}	列选通信号宽度	100	10000
T_{RAC}	行地址有效到数据有效		150
T_{CAC}	列地址有效到数据有效		100

续表

参数	意义	最小(ns)	最大(ns)
T_{RCD}	行选通超前列选通时间	20	50
T_{ASR}	行地址稳定时间	0	
T_{ASC}	列地址稳定时间	10	
T_{RAH}	行地址维持时间	20	
T_{CAH}	列地址维持时间	45	

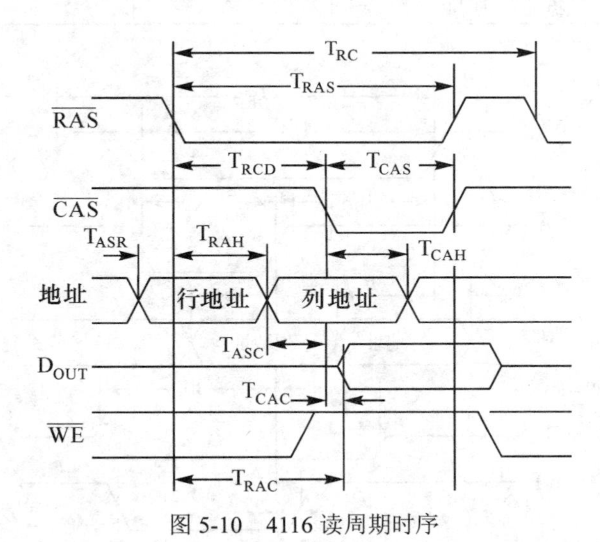

图 5-10 4116 读周期时序

读操作时 $\overline{WE}$ 无效。有效行地址的提供应领先于行地址选通信号 $\overline{RAS}$，其提前量为 T_{ASR}；在 $\overline{RAS}$ 有效后，行地址还应保持 T_{RAH} 时间，以便可靠锁存。由于 $\overline{RAS}$ 兼作片选，起码要维持 T_{RAS} 时间。最后，完成一次读操作需时间 T_{RC}(至少 375ns)。

列地址选通信号 $\overline{CAS}$ 开始有效的时间受到两个限制。一是不能过早，因为行地址稳定锁存需要时间；所以必须在 $\overline{RAS}$ 有效后，延迟 T_{RCD} 再有效。二是也不能太晚，否则列地址未就绪将影响内部的寻址，所以延迟不能超过 $T_{RAC}-T_{CAC}$。其中，T_{RAC} 为行地址有效到数据有效的时间(最多 150ns)，T_{CAC} 为列地址有效到数据有效的时间(最多 100ns)。也就是说，$\overline{CAS}$ 必须在数据读出前，提前一段时间(T_{CAC})开始有效。同样，有效列地址的提供也应领先于 $\overline{CAS}$，其提前量为 T_{ASC}；在 $\overline{CAS}$ 有效后，列地址也应再保持 T_{CAH} 时间。

(2) 4116 的写周期

请参见图 5-11 和表 5-6。

表 5-6 4116 写周期参数

参数	意义	最小(ns)	最大(ns)
T_{RC}	读写周期	375	
T_{RAS}	行选通信号宽度	150	10000
T_{CAS}	列选通信号宽度	100	10000

续表

参数	意义	最小(ns)	最大(ns)
T_{WR}	写命令宽度	45	150
T_{ASR}	行地址稳定时间	0	100
T_{ASC}	列地址稳定时间	10	50
T_{RAH}	行地址维持时间	20	
T_{CAH}	列地址维持时间	45	
T_{DS}	数据提前稳定时间	0	
T_{DH}	写数据维持时间	45	

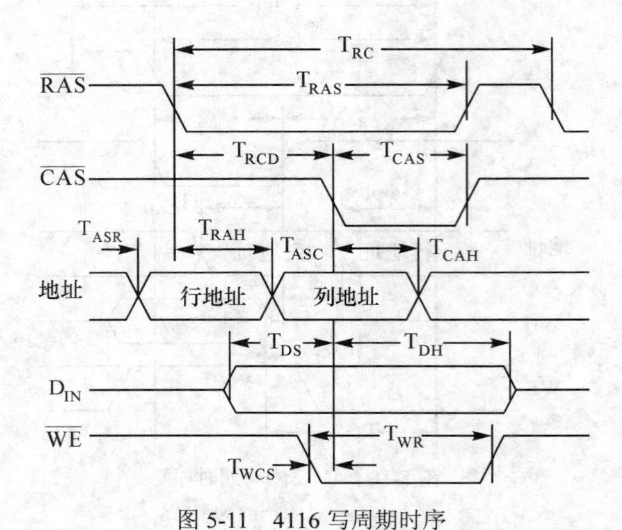

图 5-11　4116 写周期时序

在写周期中，$\overline{RAS}$和$\overline{CAS}$信号及与行地址、列地址的关系与读周期相同。写操作时$\overline{WE}$有效。为保证可靠写入，该信号要在$\overline{CAS}$有效前提前 T_{WCS} 有效(该操作被称为提前写，它可使 D_{OUT}，保持高阻，而将 D_{IN} 端数据写入)，并维持 T_{WR} 时间。要写入的数据也必须提前，在CAS和WE均有效前 T_{DS} 开始有效，并在CAS和WE均有效后维持 T_{DH} 时间。

(3) 4116 的刷新

请参见图 5-12。

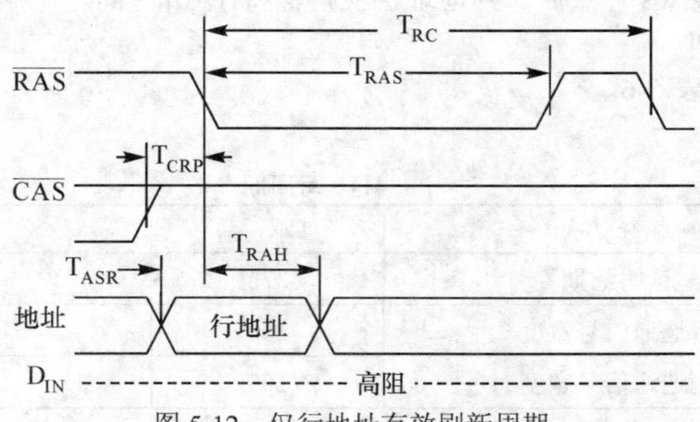

图 5-12　仅行地址有效刷新周期

实现刷新可以有多种方法，但一般采用“仅行地址有效”法进行刷新。进行“仅$\overline{RAS}$有效”刷新时，需要外电路先提供7位行地址，并使$\overline{RAS}$有效，而令$\overline{CAS}$无效。这时，被选中行上的128个存储单元，其数据将在内部读出、通过读出放大再生得到刷新。如果7位行地址每次加1，128次后可将芯片全部刷新一遍。由于这种工作方式$\overline{CAS}$始终无效，所以数据不会输出到芯片外部，数据线将呈现高阻状态。

实际上，读和写操作也具有刷新一行存储单元的功能。但是，由于读、写操作的行地址无规律性，又因为列选通并且驱动数据使消耗功率增大，所以不将它们用于刷新目的。

3. DRAM芯片2164

2164的容量为64K×1位，其引脚如图5-13所示，可以看做由4个像4116那样的存储模块组成了2164，因此，需要增加两根地址线来对4个模块进行寻址。实际上，2164只增加了一根复用的地址线A_7，通过2:4译码来进行模块的选择。读写时，A_7～A_0分两批传送16位地址。刷新时，只使用7位行地址，并仅使$\overline{RAS}$有效、$\overline{CAS}$无效；这样，4个模块中的同一行(共512个单元)将同时得到刷新；若刷新地址每次加1,128次后可将芯片全部刷新一遍。IBM PC/XT机即采用这种芯片组成其RAM内存。

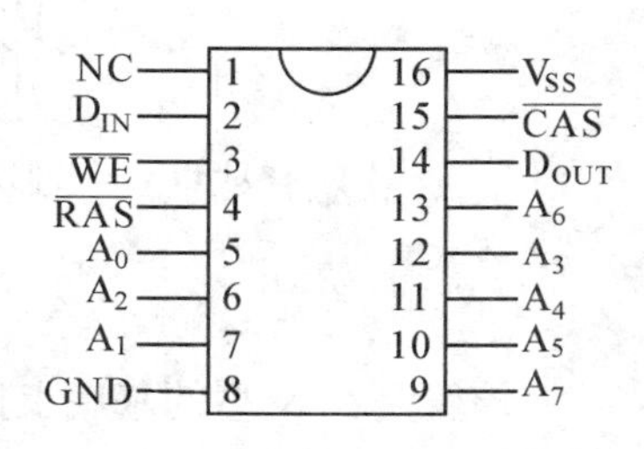

图5-13　DRAM芯片2164引脚图

5.3　只读存储器

除了可读写存储器以外，还有一类只读存储器ROM。ROM中一旦有了信息，就不能改变，也不会丢失。

ROM器件有两个显著的优点：

(1) 结构简单，所以位密度比可读写存储器高。

(2) 具有非易失性，所以可靠性高。

但是，由于ROM器件的功能是只许读出、不许写入，所以，它只能用在不需要经常对信息进行修改和写入的地方。在计算机系统中，ROM模块中常常用来存放系统启动程序和参数表，也用来存放常驻内存的监控程序或者操作系统的常驻内存部分，甚至还可以用来存放字库或者某些语言的编译程序及解释程序。

5.3.1　EPROM

EPROM通常是指可用紫外线擦除，然后进行编程的ROM芯片。这种芯片的外观有一个显著特征：顶部中间开有一个圆形的石英窗口，以便让紫外线照射，将片内的原有信息擦除掉，擦除后芯片内所有存储单元的值都是FFH，市场上可以买到专门用于擦除EPROM的紫外线擦除器。因为它既能长期保存信息，又可多次擦除和重新编程，所以在微机产品的研制、开发和生产中得到广泛应用。EPROM的编程一般通过专门的编程器(也称“烧写器”)来实现；编程后的芯片窗口必须贴上不透光封条(以免紫外线照入而导致信息被擦除)，这样信息可保存10年以上。

1. EPROM的基本存储电路和工作原理

EPROM的基本存储电路如图5-14(a)所示，关键部件是FAMOS场效应管。FAMOS(Floating

grid Avalanche injection MOS)的意思是浮置栅雪崩注入型 MOS(简称“浮置栅”场效应管)，图 5-14(b)示意了 FAMOS 管的结构。

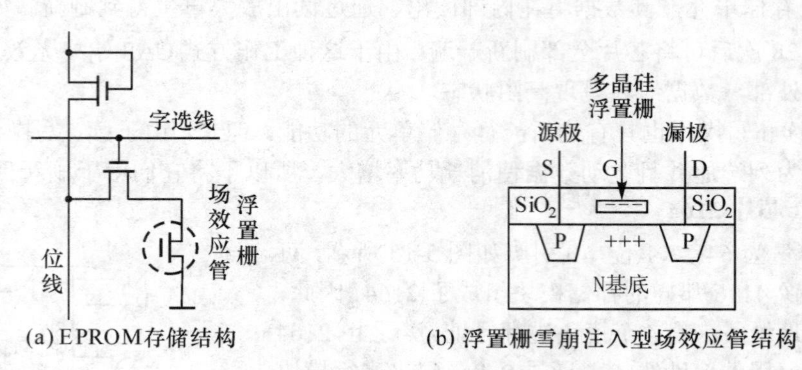

图 5-14　EPROM 的基本结构

该管是在 N 型的基底上做出两个高浓度的 P 型区，从中引出场效应管的源极 S 和漏极 D；其栅极 G 则由多晶硅构成，悬浮在 SiO_2 绝缘层中，故称浮置栅。出厂时，所有 FAMOS 管的栅极上无电子电荷，源、漏两极间无导电沟道形成，管子不导通，此时存放信息 1；如果设法向浮置栅注入电子电荷，就会在源、漏两极间感应出 P 沟道，使管子导通，此时存放信息 0。浮置栅悬浮在绝缘层中，断电后电子很难泄漏，所以信息得以长期保存。

EPROM 的编程过程实际上就是对某些单元写入 0 的过程，也就是向有关 FAMOS 管的浮置栅注入电子的过程。采用的办法是：在管子的漏极加一个高电压，使漏区附近的 PN 结雪崩击穿，在短时间内形成一个大电流，一部分热电子获得能量后将穿过绝缘层，注入浮置栅。由于该过程的时间被严格控制(几十毫秒以内)，所以不会损坏管子。

擦除的原理与编程正好相反，通过向浮置栅上的电子注入能量，使得它们逃逸。擦除时，一般采用波长为 2537 埃的 15W 紫外灯管，对准芯片窗口，在近距离内连续照射 15～20 分钟，即可将芯片内的信息全部擦除。信息能够保存的时间与芯片所处的环境(温度、光照)有关。所以，编程后的芯片窗口必须贴上不透光的封条，以保证其不受紫外线的照射。

2. EPROM 芯片 2716

Intel 2716 采用 NMOS 工艺制造，容量为 2K×8 位，读取时间为 350～450ns，24 脚 DIP 封装(图 5-15)。它有 11 根地址线 A_{10}～A_0，8 根数据线 D_7～D_0 及两个电源输入端 Vcc 和 Vpp：前者给芯片提供+5V 工作电压；后者在编程时给芯片提供+25V 高电压。片选/编程控制端 $\overline{CE}$ /PGM 有两个作用：正常工作时，通过向该引脚送入低电平，可选中芯片；编程时，通过向该引脚送 50ms 宽的正脉冲，可控制编程时间。$\overline{OE}$ 是允许芯片输出数据的输出控制端。

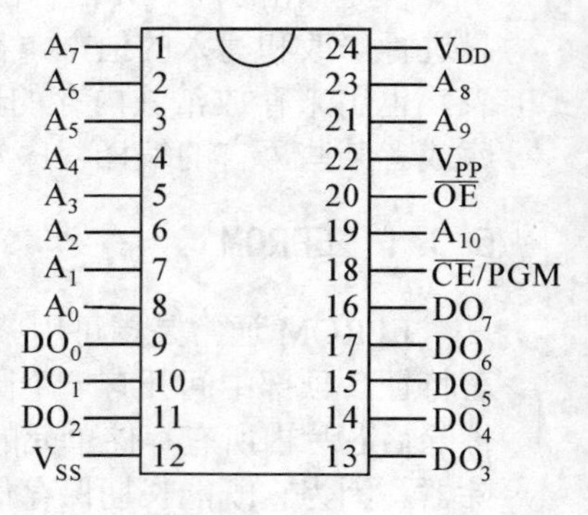

图 5-15　2716 引脚图

2716 有 6 种工作方式，如表 5-7 所示。前 3 种要求 Vpp 接+5V，为正常工作状态；后 3 种要求 Vpp 接+25V，为编程工作状态。

表 5-7　　2716 的功能表

工作方式	$\overline{CE}$/PGM	$\overline{OE}$	Vcc	Vpp	D_7～D_0
待用	1	×	+5V	+5V	高阻
读出	0	0	+5V	+5V	输出
读出禁止	0	1	+5V	+5V	高阻
编程写入	正脉冲	1	+5V	+25V	输入
编程校验	0	0	+5V	+25V	输出
编程禁止	0	1	+5V	+25V	高阻

(1) 待用方式——即未选中方式。当$\overline{CE}$无效时，芯片未被选中。此时，功耗将从 525mW 下降到 132mW，下降幅度约 75%。

(2) 读出方式——当$\overline{CE}$和$\overline{OE}$均有效时，读出指定存储单元中的内容。

(3) 读出禁止方式——当$\overline{OE}$无效时，禁止芯片输出，即输出呈高阻状态。

(4) 编程写入方式——该方式要求 Vpp 接+21V～+25V、并令$\overline{OE}$无效；待地址、数据就绪，由$\overline{CE}$/PGM 送入宽 50±5ms 的脉冲。于是，一个字节的数据被写进指定单元。重复这一过程，则整个芯片可在 2 分钟左右完成编程写入。

(5) 编程校验方式——这是编程状态下的读出方式。在编程中，当一个字节被写入后，总是随即就进行读出校验，判断读出数据是否与写入相同。除 Vpp 接+21V～+25V 外，该方式的其他信号与读出方式相同。

(6) 禁止编程方式——该方式下，禁止对芯片进行编程。

3. EPROM 芯片 2764

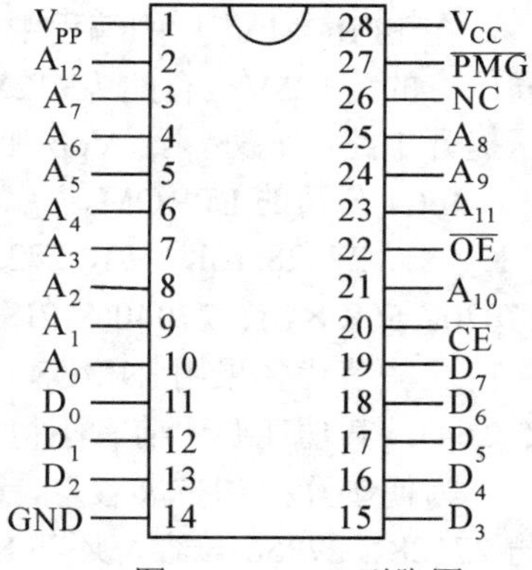

图 5-16　2764 引脚图

Intel 2764 的容量为 8K×8 位，采用 NMOS 工艺制造，读出时间 200～450ns，为 28 脚 DIP 封装(见图 5-16)。它有 13 根地址线 A_{12}～A_0，8 条数据线 D_7～D_0 及电源 Vcc 和编程电源 Vpp；并有一个编程控制端$\overline{PGM}$：编程时，该引脚需加较宽的负脉冲；正常读出时，该引脚应无效。另外，2764 还有一个片选端$\overline{CE}$和一个输出控制端$\overline{OE}$，有效时，分别选中芯片和允许芯片输出数据。

2764 共有 8 种工作方式，见表 5-8，前 4 种要求 V_{CC} 接+5V，为正常工作状态；后 4 种要求 Vpp 接+25V，为编程状态。对比 Intel 2716，2764 增加了两种工作方式。

表 5-8　　2764 的功能表

工作方式	$\overline{CE}$	$\overline{OE}$	$\overline{PGM}$	A_9	Vcc	Vpp	D_7～D_0
读出	0	0	1	×	+5V	+5V	输出
读出禁止	0	1	1	×	+5V	+5V	高阻
待用	1	×	×	×	+5V	+5V	高阻

续表

工作方式	$\overline{CE}$	$\overline{OE}$	$\overline{PGM}$	A_9	Vcc	Vpp	D_7～D_0
读 Intel 标识符	0	0	+12V	1	+5V	+5V	输出编码
标准编程	0	1	负脉冲	×	+5V	+25V	输入
Intel 编程	0	1	负脉冲	×	+5V	+25V	输入
编程校验	0	0	1	×	+5V	+25V	输出
编程禁止	1	×	×	×	+5V	+25V	高阻

(1) 读 Intel 标识符方式——当 Vcc 和 Vpp 接+5V、$\overline{PGM}$ 接+12V、$\overline{CE}$ 和 $\overline{OE}$ 均有效、且 A_9 引脚为高电平时，可从芯片中顺序读出两个字节的编码。编码的低字节(在 A_0=0 时读取)为制造厂商代码，高字节(在 A_0=1 时读取)为器件代码。

(2) Intel 编程方式——这是由 Intel 推荐的一种快速编程方式。在标准编程方式下，对每个单元的编程写入，均需向 $\overline{PGM}$ 提供 50ms 宽的负脉冲。而 Intel 编程方法是：对每个要写入的存储单元，在地址、数据就绪的前提下，向 $\overline{PGM}$ 重复送 1ms 宽的编程负脉冲，每送一个脉冲随即进行一次校验；若读出与写入相同，说明此时数据已经写入。随后，为保证可靠写入，可再向 $\overline{PGM}$ 送 4×N 宽度的脉冲来加以巩固；N 是此前已向 $\overline{PGM}$ 送进的 1ms 编程负脉冲个数。若 N=15 时仍不能读到正确的校验数据，则说明该单元已经损坏。

在 EPROM 芯片的编程中，请注意不同厂家和类型的 EPROM 芯片所要求的 Vpp 可能不同。有的为+25V，有的为+12V，而新的 EPROM 芯片可能只要求+5V，因为片内已安排有电压提升电路。此外，给 Vpp 加电时，用户不应插拔 EPROM 芯片。

Intel 公司的 EPROM 芯片以 27 系列为代表，例如：2716(2K×8)、2732(4K×8)、2764(8K×8)、27128(16K×8)、27256(32K×8)、27512(64K×8)；容量更大的，如 27010(128K×8)、27020(256K×8)、27040(512K×8)、27080(1M×8)等。

这些芯片多采用 NMOS 工艺制造；若采用 CMOS 工艺(常在其名称中加一个“C”，如 27C64)，其功耗要比前者小得多，多用于便携式仪器场合。

为便于互换和扩展容量，这些芯片的工作方式和外部引脚类似，如表 5-9 所示。例如 2764 与 27128、27256 兼容，还与 SRAM 芯片 6264 兼容。

表 5-9　Intel 27×× EPROM 引脚

27256	27128	2764	2732	2716	引脚	引脚	2716	2732	2764	27128	27256
Vpp	Vpp	Vpp			1	28			Vcc	Vcc	Vcc
A_{12}	A_{12}	A_{12}			2	27			$\overline{PGM}$	$\overline{PGM}$	A_{14}
A_7	A_7	A_7	A_7	A_7	3	26	Vcc	Vcc	NC	A_{13}	A_{13}
A_6	A_6	A_6	A_6	A_6	4	25	A_8	A_8	A_8	A_8	A_8
A_5	A_5	A_5	A_5	A_5	5	24	A_9	A_9	A_9	A_9	A_9
A_4	A_4	A_4	A_4	A_4	6	23	Vpp	A_{11}	A_{11}	A_{11}	A_{11}
A_3	A_3	A_3	A_3	A_3	7	22	$\overline{OE}$	$\overline{OE}$/V_{PP}	$\overline{OE}$	$\overline{OE}$	$\overline{OE}$
A_2	A_2	A_2	A_2	A_2	8	21	A_{10}	A_{10}	A_{10}	A_{10}	A_{10}
A_1	A_1	A_1	A_1	A_1	9	20	$\overline{CE}$	$\overline{CE}$	$\overline{CE}$	$\overline{CE}$	$\overline{CE}$

续表

27256	27128	2764	2732	2716	引脚	引脚	2716	2732	2764	27128	27256
A_0	A_0	A_0	A_0	A_0	10	19	D_7	D_7	D_7	D_7	D_7
D_0	D_0	D_0	D_0	D_0	11	18	D_6	D_6	D_6	D_6	D_6
D_1	D_1	D_1	D_1	D_1	12	17	D_5	D_5	D_5	D_5	D_5
D_2	D_2	D_2	D_2	D_2	13	16	D_4	D_4	D_4	D_4	D_4
GND	GND	GND	GND	GND	14	15	D_3	D_3	D_3	D_3	D_3

5.3.2 EEPROM

EEPROM(E^2PROM)是一种新型的 ROM 器件。可用加电的方法来进行在线的擦除和编程(简称擦写，编程时擦除和写入常一次完成)，其擦写次数大于 1 万次，数据可保存 10 年以上。电擦写的 EEPROM 较紫外光擦除的 EPROM，使用起来更加方便。

相对于读出操作来说，擦写所用的时间还是比较长的，完成一个字节的擦写约需 10ms。早期 EEPROM 产品一般需要外接+20V 左右的高压电源；但目前很多产品已将电压提升电路集成到了片内，所以只需单一的+5V 电源即可。

为了方便擦写，各种 EEPROM 芯片提供了不同的方法。例如，有些芯片有字节擦除和整片擦除两种擦除方式(EPROM 只能整片擦除)；有些芯片具有状态输出引脚 RDY / $\overline{\text{BUSY}}$，通过它，CPU 可查询擦写过程是否完成，或者用完成信号来引起 CPU 的中断；有些芯片具有页缓冲功能，编程时，可向片内缓冲器连续写入 1 页数据(16 个字节)，然后由芯片来自动完成 1 页的擦写，其费时与字节擦写差不多。

当前 EEPROM 有两类产品。一类是并行传送数据，称并行 EEPROM；这类芯片具有较高的传送速率，如 Intel 的 2817A(2K×8 位)；另一类是串行传送数据，称串行 EEPROM；这类芯片只用少数几个引脚来传送地址和数据，使引脚数、芯片体积和功耗大为减少，如 AT24C16(2K×8 位)。AT24C16 只有 8 个引脚，支持 I^2C 串行接口。

典型的并行 EEPROM 芯片有 Intel 的 28 系列，其主要性能如表 5-10 所示。其中，2816/2816A 不带查询端，2817/2817A 带有查询端，2864A 具有页缓冲写入方式和查询手段。

表 5-10　几种并行 EEPROM 芯片

型号	2816	2816A	2817	2817A	2864A
容量	2K×8	2K×8	2K×8	2K×8	8K×8
封装	DIP24	DIP24	DIP28	DIP28	DIP28
取数时间	250ns	200/250ns	250ns	200/250ns	250ns
字节擦写时间	10ms	9～15ms	10ms	10ms	10ms
读时 Vpp	5V	5V	5V	5V	5V
擦写时 Vpp	21V	5V	21V	5V	5V

1. EEPROM 芯片 2817A

Intel 2817A 是 2817 的改进型，用 HMOS 工艺制造，28 脚 DIP 封装(见图 5-17)，容量为 2K×8 位。其片内有编程电压提升电路，所以只用单+5V 供电，最大工作电流 150mA，维持电流 55mA。该芯片的读出时间最大 250ns，写入时间约 10ns。

在 2817A 的引脚中，地址线有 11 根 A_{10}～A_0、数据线有 8 根 I/O_7～I/O_0；$\overline{CE}$ 为片选端，有效时选中芯片；$\overline{OE}$ 和 $\overline{WE}$ 分别为输出允许和写入允许，有效时控制芯片的读、写操作；RDY/$\overline{BUSY}$ 为状态输出，一旦擦写过程开始，该引脚即呈低电平，直到擦写完成才恢复为高电平。RDY/$\overline{BUSY}$ 为开漏输出，使用时要通过电阻挂到高电平上。

RDY/$\overline{BUSY}$	1	28	V_{CC}
NC	2	27	$\overline{WE}$
A_7	3	26	NC
A_6	4	25	A_8
A_5	5	24	A_9
A_4	6	23	NC
A_3	7	22	$\overline{OE}$
A_2	8	21	A_{10}
A_1	9	20	$\overline{CE}$
A_0	10	19	I/O_7
I/O_0	11	18	I/O_6
I/O_1	12	17	I/O_5
I/O_2	13	16	I/O_4
GND	14	15	I/O_3

图 5-17　2817A 引脚图

表 5-11　　2817A 的功能表

工作方式	$\overline{CE}$	$\overline{OE}$	$\overline{WE}$	RDY/$\overline{BUSY}$	IO_7/IO_0
读出	0	0	1	高阻	输出
维持	1	×	×	高阻	高阻
字节写入	0	1	0	0	输入

2817A 有 3 种工作方式(见表 5-11)：读出、维持和字节写入。读出方式指正常的工作状态，其用法与 EPROM 和 SRAM 芯片相同。维持方式就是芯片未被选中时的待用方式。字节写入方式是指编程工作状态，芯片在字节写入的同时自动完成字节的擦除(该过程对用户透明)。用户可采用定时(即经过足够的时间认定擦写已经完成)、查询(通过测试 RDY/$\overline{BUSY}$ 引脚判断擦写是否完成)或中断的方法支持编程写入。

2. EEPROM 芯片 2864A

2864A 为并行 EEPROM 芯片，28 脚 DIP 封装，如图 5-18 所示，容量为 8K×8 位。其最大工作电流 160mA，维持电流 60mA，典型读出时间 250ns，最大写入时间 10ms，采用单+5V 供电。工作方式如表 5-12 所示，与 2187A 的工作方式基本相同，其最大的特点是片内设有 16 字节的静态 RAM 页缓冲器，支持页写入和写入查询。

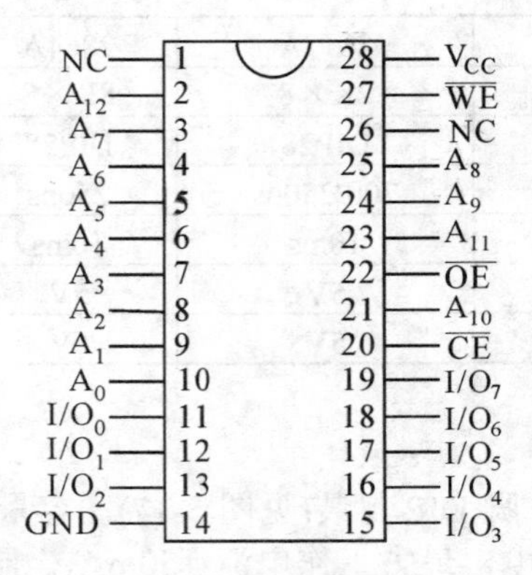

图 5-18　2864A 引脚图

表 5-12　　2864A 的功能表

工作方式	$\overline{CE}$	$\overline{OE}$	$\overline{WE}$	I/O_7～I/O_0
维持	1	×	×	高阻
读出	0	0	1	输出
写入	0	1	负脉冲	输入
数据查询	0	0	1	输出

页写入和写入查询的具体做法是：当用户启动写入后，应以每个字节 3～20μs 的速度，连续向有关地址写入 16 个字节的数据；整个芯片可分 512 页写入，这一过程被称为"页加载"；其中，页内字节地址由 A_3～A_0 确定，页地址由 A_{12}～A_4 确定。在芯片规定的 20μs 的"窗口时间"内，用户不再进行写入，则芯片会自动将页缓冲器内的数据转存到指定的存储单元，这一过程被称为"页存储"。在页存储期间芯片将不再接收外部数据。CPU 可通过读出最后一个字节来查询写入是否完成，若读出数据的最高位与写入前互反，说明写入尚未完成；否则，写入已经完成。

5.4 存储器部件的组成与连接

5.4.1 16 位微机的内存组织

8086 的地址总线宽度是 20 位，最大可寻址 1MB 主存储器空间，起始地址为 00000H，末尾地址为 FFFFFH。由两个 512KB 的存储体组成，一个为奇地址存储体，因为其数据线与数据总线的高 8 位相连，所以也称为高字节存储体；另一个为偶地址存储体，因为其数据线与数据总线的低 8 位相连，所以也叫低字节存储体。两个存储体均和地址线 A_{19}～A_1 相连，如图 5-19 所示。

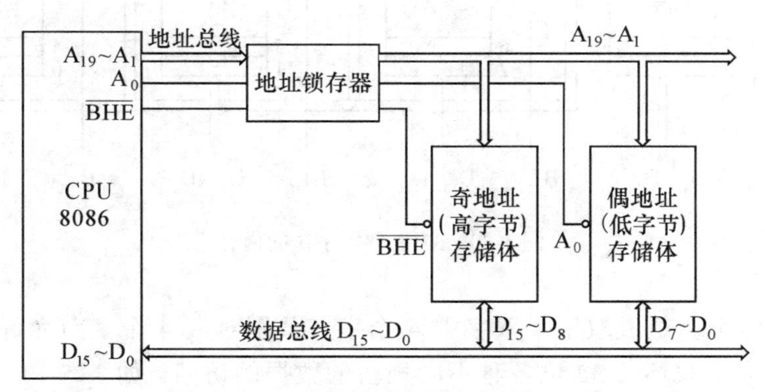

图 5-19　16 位微机系统的内存组织

16 位 CPU 对存储器访问时，分为按字节访问和按字访问两种方式。按字节访问时，可只访问奇地址存储体，也可只访问偶地址存储体。

$\overline{BHE}$ 作为存储体选择信号连接奇地址存储体，A_0 则作为另一个存储体选择信号连接偶地址存储体，因为每个偶地址的 A_0 位为 0。当 A_0=0 且 $\overline{BHE}$=1 时，按字节访问偶地址体，数据在 D_7～D_0 传输；当 A_0=1 且 $\overline{BHE}$=0 时，按字节访问奇地址存储体，数据在 D_{15}～D_8 传输；当 A_0 和 $\overline{BHE}$ 两者均为 0 时，按字访问两个存储体，数据在 D_{15}～D_0 上传输；当 A_0 和 $\overline{BHE}$ 两者均为 1 时，不能访问任何一个存储体。

按字访问时，有对准状态和非对准状态。在对准状态，1 个字的低 8 位在偶地址体中，高 8 位在奇地址体中，这种状态下，当 A_0 和 BHE 均为 0 时，用 1 个总线周期即可通过 D_{15}～D_0

完成 16 位的字传输。在非对准状态，1 个字的低 8 位在奇地址体中，高 8 位在偶地址体中，此时，CPU 会自动用两个总线周期完成 16 位的字传输，第一个总线周期访问奇地址体，用 D_{15}～D_8 传输低 8 位数据，第二个总线周期访问偶地址体，用 D_7～D_0 传输高 8 位数据。非对准状态是由于提供的对字访问的地址为奇地址造成的。在字访问时，CPU 把指令提供的地址作为字的起始地址，为了避免这种非对准状态造成的周期浪费，程序员编程时，应尽量用偶地址进行字访问。

5.4.2 32 位微机的内存组织

32 位微机系统的内存组织体系是在 16 位微机系统基础上扩展来的。32 位地址总线可寻址 4GB 的物理地址空间，地址范围为 0～FFFFFFFFH，分为 4 个存储体，每个为 1GB。4 个存储体均与 32 位数据总线相连，也均与地址线 A_{31}～A_2 相连。字节允许信号 $\overline{BE_3}$～$\overline{BE_0}$ 则作为存储体选择信号分别连接 1 个存储体，当某个字节允许信号为有效电平时，便选中对应的存储体。图 5-20 表示了 32 位微机系统的存储器组织。

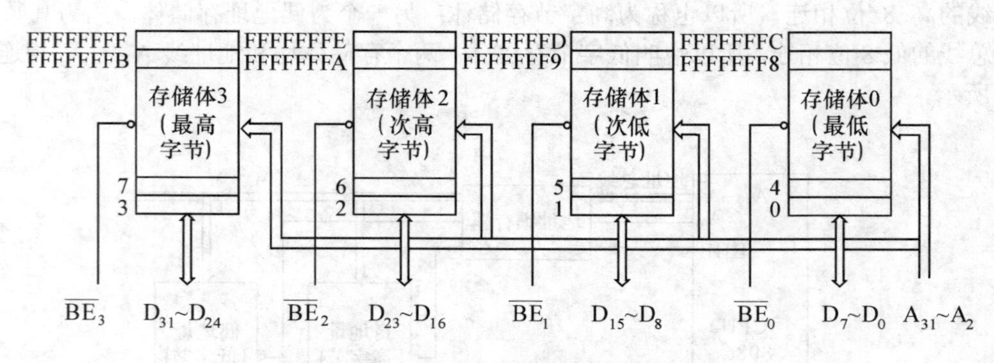

图 5-20 32 位微机系统的内存组织

4 个存储体可以组成双字。双字中 4 个字节分别对应 4 个字节允许信号，32 位存储器要满足对 8 位、16 位、32 位各种不同规格的数据的访问。如表 5-13 所示，当只有 $\overline{BE_0}$ 有效而其他字节允许信号无效时，通过 D_7～D_0 传输低字节；当只有 $\overline{BE_1}$ 有效而其他字节信号无效时，通过 D_{15}～D_8 传输次低字节；如果 $\overline{BE_0}$ 和 $\overline{BE_1}$ 有效而另外两个字节允许信号无效，则通过 D_{15}～D_0 传输低字，与此类似，如果 $\overline{BE_2}$ 和 $\overline{BE_3}$ 有效而另外两个字节允许信号无效，则通过 D_{31}～D_{16} 传输高字；如果 $\overline{BE_1}$ 和 $\overline{BE_2}$ 有效而其他两个字节允许信号无效，则在 D_{23}～D_8 上传输 1 个字；当只有 $\overline{BE_0}$ 无效或者只有 $\overline{BE_3}$ 无效时，分别在 D_{31}～D_8 或 D_{23}～D_0 上传输 3 个字节；而如果四个字节允许信号都有效，则通过 D_{31}～D_0 传输双字。

如表 5-13 所示，在 D_{23}～D_{16} 或 D_{31}～D_{24} 上进行 8 位传输时，分别在 D_7～D_0 或 D_{15}～D_8 上传输同样数据，而在 D_{31}～D_{16} 上进行 16 位传输时，在 D_{15}～D_0 上也传输同样数据。

表 5-13　　　　BE_3～BE_0和数据传输的对应关系

$\overline{DE_3}$	$\overline{DE_2}$	$\overline{DE_1}$	$\overline{DE_0}$	D_{31}～D_{24}	D_{23}～D_{16}	D_{15}～D_8	D_7～D_0
1	1	1	0				√
1	1	0	1			√	
1	0	1	1		√		D_{23}～D_{16}
0	1	1	1	√		D_{31}～D_{24}	
1	1	0	0			√	√
1	0	0	1		√	√	
0	0	1	1	√	√	D_{31}～D_{24}	D_{23}～D_{16}
0	0	0	1	√	√	√	
1	0	0	0		√	√	√
0	0	0	0	√	√	√	√

地址 A_{31}～A_2 选择双字的起始地址，此地址应该是 4 的倍数即 0、4、8……FFFFFFFCH。

和 16 位系统中类似，32 位系统中在对存储器访问时也有对准状态和非对准状态。如果用奇地址进行字访问或双字访问，或者用不是 4 的倍数的地址进行双字访问，就会出现非对准状态，这时需要用 2 个总线周期完成字传输或双字传输。

比如，要访问地址为 00000006 的双字，则 CPU 认为此双字在 6、7、8、9 这 4 个存储单元中，这 4 个字节分别在次高、最高、最低、次低字节存储体中。在传输时，CPU 会自动用第一个总线周期使 $\overline{BE_1}$ 和 $\overline{BE_0}$ 有效，从而传输低字，第二个总线周期使 $\overline{BE_3}$ 和 $\overline{BE_2}$ 有效，从而传输高字。所以，为减少总线周期的浪费，在 32 位系统中，如要对字或双字访问，编程时应注意尽量避免非对准状态。

在 Pentium 系统中，内部数据总线是 32 位的，但是其外部数据总线为 64 位。由于有 64 位数据线，所以，内存用 8 个存储体组织，每个存储体 8 位，Pentium 的寻址空间为 4GB，每个存储体为 512MB，用 $\overline{BE_0}$ ～ $\overline{BE_7}$ 作为存储体选择信号。Pentium Pro、Pentium Ⅱ、Pentium Ⅲ和 Pentium Ⅳ的寻址空间为 64GB，每个存储体为 8GB。

5.4.3　半导体存储器与 CPU 的连接

本小节介绍了 SRAM 和 EPROM 芯片与 CPU 的连接和配合，以及 DRAM 芯片与 CPU 的连接。本小节还对存储芯片片选端的处理，即存储芯片的寻址作了重点介绍。

1. SRAM 和 EPROM 芯片与 CPU 的连接

存储芯片与 CPU 的连接，就是将存储芯片的引脚与系统总线的连接。存储芯片的引脚主要包括：数据线、地址线、片选线和读写控制线等。

(1) 存储芯片数据线的处理

微机中普遍采用字节编址结构(即每个存储单元存放 8 位数据)，假设系统数据总线也是 8 位，这样：

① 若存储芯片的数据线正好是 8 根，说明一次可从该芯片中访问到 8 位数据；此时，芯片的全部数据线应与系统的 8 位数据总线相连。

② 若存储芯片的数据线不足 8 根，说明一次不能从一个芯片中访问到 8 位数据；此时，必须利用多个芯片扩充数据位。这种扩充方式简称“位扩充”。

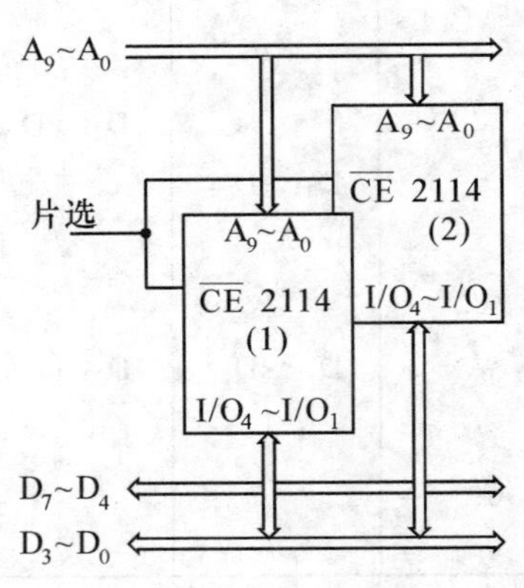

图 5-21　存储器的位扩充

用 1K×4 位的 SRAM 芯片 2114 为例说明。2114 芯片的每个存储单元存放 4 位数据，其数据线就是 4 根，每次读写操作只能从中访问到 4 位数据。显然，需要利用两个芯片才能同时提供 8 位数据。在使用中，这两个芯片应被看做是一个整体，它们同时被选中，共同组成容量为 1K×8 位的存储器模块(常被称为“芯片组”)。

图 5-21 为两个 2114 组成芯片组实现“位扩充”的连接示意图。两个 2114 的片选端和地址线被对应地连在一起，以保证对两个芯片内部存储单元的同时选中；它们的 4 位数据线分别连接系统数据总线的低 4 位和高 4 位，以保证通过数据总线一次可访问到 8 位数据。

(2) 存储芯片地址线的连接

存储芯片的地址线通常应全部与系统的低位地址总线相连。寻址时，CPU 如何选中存储芯片中的某个存储单元呢？这部分地址的译码是在存储芯片内完成的，称为“片内译码”。设某存储芯片有 N 根地址线，当该芯片被选中时，其地址线将输入 N 位地址，芯片在其内部进行 N:2^n 的译码；译码后的地址范围为 00…00(N 位全是 0)到 11…11(N 位全是 1)，称之为“全 0～全 1”。

(3) 存储芯片片选端的译码

一个存储芯片(组)的容量有限，存储系统常需利用很多个存储芯片(组)构成；同时，也就扩充了存储器地址范围。这种扩充方式简称为“地址扩充”。

进行“地址扩充”，需要利用存储芯片的片选端对多个存储芯片(组)进行寻址。这个寻址方法，主要通过将存储芯片的片选端与系统的高位地址线相关联来实现。

最简单的处理方法是令芯片(组)的片选端处于一直有效的状态，不与系统的高位地址线发生联系。此时，芯片(组)总是处在被选中的状态，其存储空间就是系统的存储空间。这种方法虽然简单易行，但无法再进行地址扩充，主要用于系统存储容量较小，采用单个存储芯片(组)即可满足使用需要的场合。

图 5-22 为芯片总是被选中的示例，采用 32K×8 位的 EPROM 芯片 27256 与 20 位地址线的 8088 系统进行连接。27256 有 15 根地址线 A_{14}～A_0，与系统低 15 位地址线相连，地址空间(存储容量)为 32KB。由于片选端接地，系统的高 5 位地址线 A_{19}～A_{15} 未被利用；所以，寻址每个存储单元的高位地址可以任意。也就是说，每个存储单元有多个存储地址(本例中是 2^5= 32 个)。出现一个存储单元具有多个存储地址的现象被称为“地址重复”。出现地址重复时，常选取其中既好用、又不冲突的一个“可用地址”。选取的原则，一般就是高位地址全为 0 的地址。本示例可选取 00000H～07FFFH 作为可用地址空间。

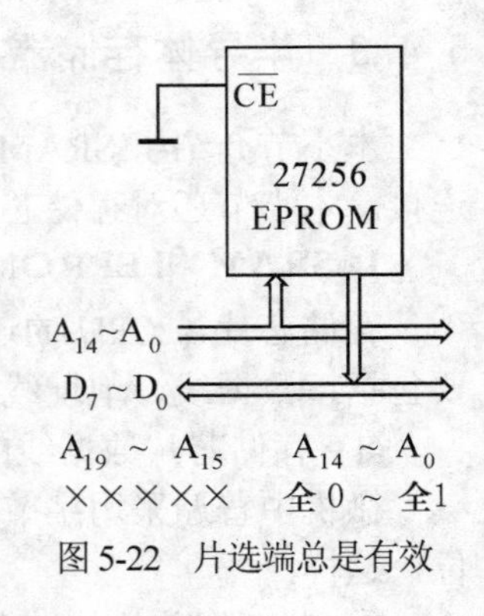

图 5-22　片选端总是有效

更常用的处理存储芯片片选端的方法，是将其与系统的高位地址线相关联；这样，只有当高位地址满足一定条件时，才会选中某个指定的芯片(组)，具体的

方法有三种：

- 全译码——使用系统的全部高位地址线参与对芯片(组)的译码寻址。
- 部分译码——只用一部分系统高位地址线参与对芯片(组)的译码寻址。
- 线选译码——仅用某一个系统高位地址线选中某个芯片(组)。

(1) 译码和译码器

所谓“译码”，就是将某个特定的“编码输入”翻译为唯一“有效输出”的过程。举例说明：假设一个屋内有8盏电灯，编号为0～7，对应的二进制编码为000～111。当给出编码101时，应使5号灯点亮(有效)，其余都不亮(无效)；当给出编码111时，应使7号灯点亮，其余都不亮……这就是“译码”。对每3位编码输入，最后仅得到一个有效的输出状态(其余无效)的译码，称为“3:8译码”或“8选1译码”。

最简单的译码为“1:2译码”或称“2选1译码”，如图5-23 (a)所示。

图中的方框部分相当一个“1:2译码器”：当输入 A_0=0时，仅 $\overline{Y0}$ 输出端低有效；输入 A_0=1时，仅 $\overline{Y1}$ 输出端低有效。其输出端各加有一个小圈，表示输出端为低电平有效(即负逻辑输出)。

译码电路可以使用门电路组合逻辑，如图5-23 (b)所示。当输入地址 A_{19}～A_{15}=00111时，将输出有效低电平，从而选中与其相连的某个器件。图中输入端的小圈，表示该输入端为低电平有效(即负逻辑输入)。

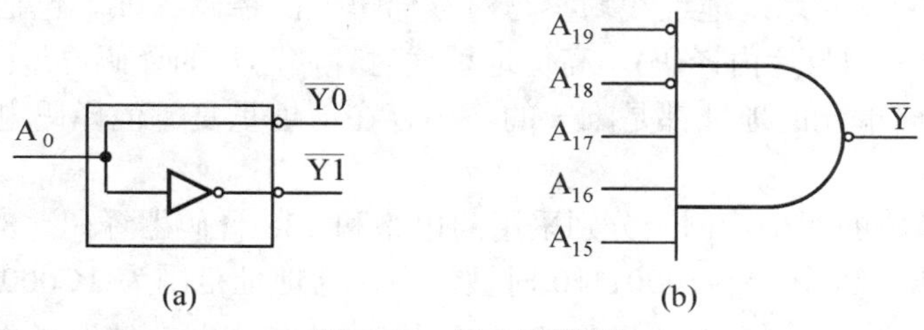

图5-23 门电路译码

译码电路更多的是采用集成译码器件，如74LS139(双2:4译码器)、74LS138(3:8译码器)和74LS154(4:16译码器)等。

图5-24(a)给出74LS138译码器的引脚图，表5-14描述了其功能。138译码器有3个编码输入端C、B、A和8个译码输出端 $\overline{Y7}$ ～ $\overline{Y0}$，并有控制输入端 $\overline{E1}$、$\overline{E2}$ 和E3(前两个低电平有效，后一个高电平有效)。只有当3个控制端同时有效时，译码器才进行正常译码；否则，译码器的所有输出均无效。在图5-24(b)的译码示例中，当控制输入和编码输入为 A_{19}～A_{15}= 00111时，输出端仅 $\overline{Y7}$ 有效，其余都无效。

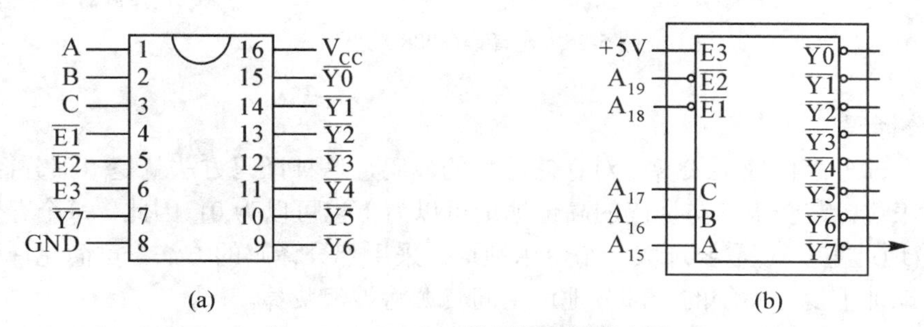

图5-24 74LS138的引脚与译码应用

表 5-14　　74LS138 的功能表

片选输入 E3 $\overline{E2}$ $\overline{E1}$	编码输入 C B A	输出 $\overline{Y7}$ ~ $\overline{Y0}$
1 0 0	0 0 0	11111110 (仅 $\overline{Y0}$ 有效)
1 0 0	0 0 1	11111101 (仅 $\overline{Y1}$ 有效)
1 0 0	0 1 0	11111011 (仅 $\overline{Y2}$ 有效)
1 0 0	0 1 1	11110111 (仅 $\overline{Y3}$ 有效)
1 0 0	1 0 0	11101111 (仅 $\overline{Y4}$ 有效)
1 0 0	1 0 1	11011111 (仅 $\overline{Y5}$ 有效)
1 0 0	1 1 0	10111111 (仅 $\overline{Y6}$ 有效)
1 0 0	1 1 1	01111111 (仅 $\overline{Y7}$ 有效)
非上述情况	× × ×	11111111 (全无效)

(2) 全译码

全译码方式是所有的系统地址线均参与对存储单元的译码寻址。包括低位地址线对芯片内各存储单元的译码寻址(片内译码)，高位地址线对存储芯片的译码寻址(片选译码)。采用全译码方法，每个存储单元的地址都是唯一的，不存在地址重复，但译码电路可能比较复杂、连线也比较多。

图 5-25 为全译码的两个示例，分别采用门电路和 138 译码器译码。8K×8 位的 EPROM 芯片 2764 在高位地址 A_{19}~A_{13}=0001110 时被选中，其地址范围为 1C000H~1DFFFH。图中 IO/$\overline{M}$ 是 8088 CPU 的外设与存储器操作的选择引脚，为低表示存储器操作，译码电路中作为控制端。

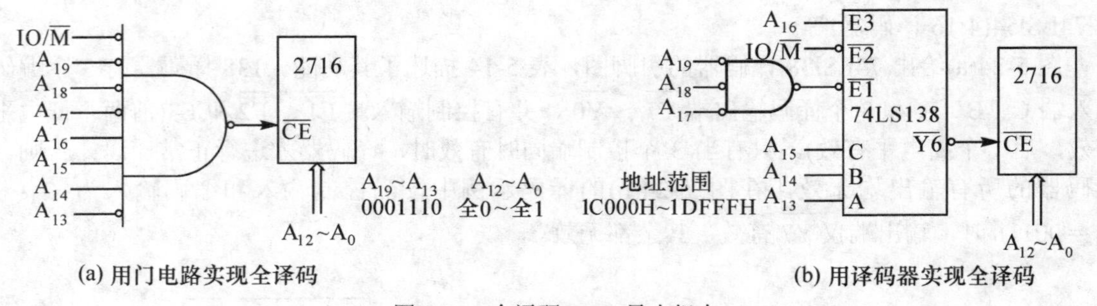

(a) 用门电路实现全译码　　(b) 用译码器实现全译码

图 5-25　全译码(8088 最小组态)

(3) 部分译码

如果只有部分高位地址线参与对存储芯片的译码，这种译码方法就是“部分译码”。对被选中的芯片来说，这些未参与译码的高位地址可以为 1 也可以为 0；因此，每个存储单元将对应多个地址(地址重复)，需要选取一个可用地址。采用部分译码的方法，可简化译码电路的设计，但由于地址重复，系统的一部分地址空间资源将被浪费掉。

图 5-26 示例采用部分译码对 4 片 2732(4K×8 位的 EPROM 芯片)进行寻址。译码时，有

意不使用高位地址线 A_{19}、A_{18} 和 A_{15}。也就是说，这 3 位无论是什么，对芯片寻址都没有影响。所以，每个芯片将同时具有 $2^3=8$ 个地址范围。对这 4 片 2732 所构成的存储空间，我们将选取其中连续、好用又不冲突的一组地址，如 20000H～23FFFH。

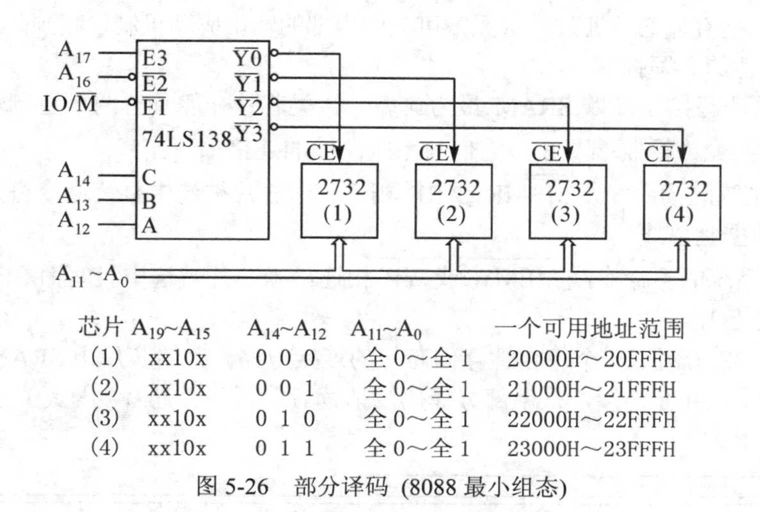

图 5-26　部分译码 (8088 最小组态)

采用部分译码时，一般应安排最高位的地址线不参与译码。像上例那样，如有 3 根地址线不能参与译码，那么首选方案应是高位地址线 A_{19}、A_{18} 和 A_{17}。

(4) 线选译码

如果只用少数几根高位地址线进行芯片的译码，且每根负责选中一个芯片(组)，这种方法被称为“线选译码”。线选法的优点是构成简单，缺点是地址空间的浪费严重。由于有些地址线未参与译码，必然会出现地址重复；而且将会出现一个存储地址对应多个存储单元的现象。多个存储单元共用的存储地址不应该使用。

图 5-27 的两个 2764 芯片(8K×8 位的 EPROM)采用线选译码，高位地址 A_{13} 和 A_{14} 分别接一个芯片的片选端。对于 $A_{14}A_{13}$=00 的情况，两个芯片被同时选中，存储地址 00000H～01FFFH 都将对应两个存储单元；这时的两个存储芯片只相当于一个存储芯片，一般不会这样使用。实际的选择只有：$A_{14}A_{13}$=10，选中芯片①和 $A_{14}A_{13}$=01，选中芯片②，它们的可用地址范围可取 02000H～05FFFH。

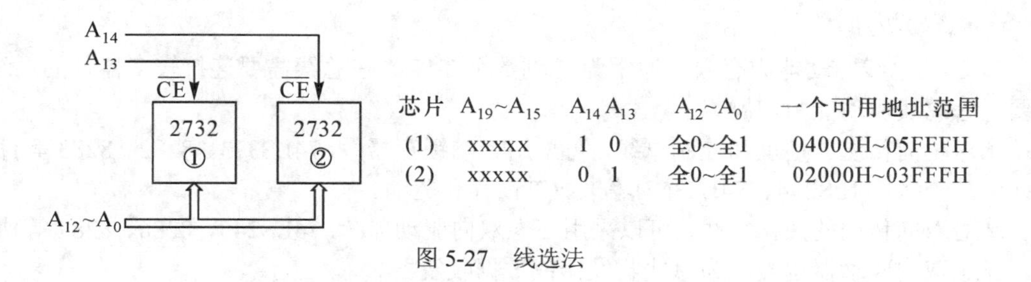

图 5-27　线选法

仔细分析会发现绝对不能出现 $A_{14}A_{13}$=00 的情况。因为当利用地址 00000H～01FFFH 读取数据时，将会同时从两个存储单元得到不同的数据，不但导致程序执行错误，严重时还会损坏器件。所以，线选译码必须注意此问题。

实际上，存储芯片的片选控制端可以被看做是一根最高位地址线。在系统中主要与地址发生联系：包括地址空间的选择(接系统的 IO/$\overline{M}$ 信号)和高位地址的译码选择(与系统的高位地址线相关联)。对一些存储芯片通过片选无效可关闭内部的输出驱动机制，起到降低功耗的作用。

(5) 存储芯片的读写控制

存储芯片的读写控制，以 SRAM 最为典型。该类芯片一般具有两个控制端，即输出允许控制端 $\overline{OE}$ 和写入允许控制端 $\overline{WE}$ ，它们与系统总线的连接如下：

① $\overline{OE}$ 与系统的读命令线 $\overline{MEMR}$ 或 $\overline{RD}$ 相连。当芯片被选中且读命令有效时，存储芯片将开放并驱动数据到总线。

② $\overline{WE}$ 与系统的写命令线 $\overline{MEMW}$ 或 $\overline{WR}$ 相连。当芯片被选中且写命令有效时，允许总线数据写入存储芯片。

最后，图 5-28 示例了一个综合性存储芯片的连接电路。存储芯片由 SRAM 和 EPROM 组成，与最大组态的 8088 连接，采用部分译码。请读者分析每个芯片的地址范围。

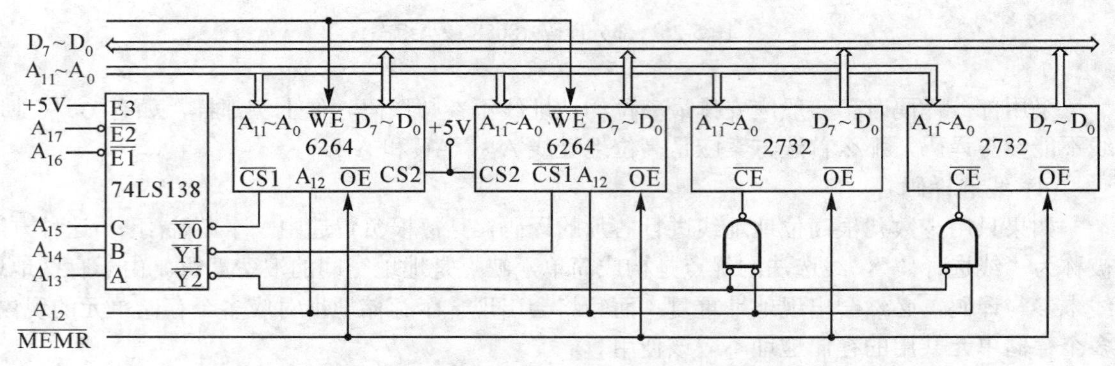

图 5-28　8088 在最大组态模式下与 RAM 和 EPROM 的连接

2. 存储芯片与 CPU 的配合

在前面介绍存储芯片与 CPU 及总线的连接时，有两个很重要的问题没有涉及：

- CPU 的总线负载能力——CPU 能否带动总线上包括存储器在内的连接器件。
- 存储芯片与 CPU，总线时序的配合——CPU 能否与存储器的存取速度相配合。

(1) 总线驱动

CPU 的总线驱动能力有限，通常为 1 到数个 TTL。在总线需要连接较多器件的系统中，需要考虑总线驱动能力问题。

①对单向传送的地址和控制总线，可采用三态锁存器(如 74LS373、8282、8283 等)和三态单向驱动器(如 74LS244、74LS367)等来加以锁存和驱动。

②对双向传送的数据总线，可以采用三态双向驱动器(如 74LS245、8286、8287 等)加以驱动。三态双向驱动器也被称为总线收发器或数据收发器。

IBM PC/XT 机的 CPU，总线通过 74LS373、74LS244、74LS245 等加以锁存和驱动。

(2) 时序配合

时序配合主要是分析存储器的存取速度是否满足 CPU 总线时序的要求，如果不能满足，就需要考虑更换芯片或在存储器访问的总线周期中插入等待状态 T_W。所以，选取存储芯片时要注意以下几点：

① 存储器的“存取周期” T_{AC}(Access Cycle)应小于 CPU 的总线读写周期，并留出一定余量。存储器的存取周期，是指两次存储器访问所允许的最小时间间隔，亦即有效地址在芯片中的维持时间。该参数在存储芯片读周期里表示为 T_{RC}，在存储芯片写周期里表示为 T_{WC}。为了与之配合，CPU 的读写周期即 CPU 地址的维持时间应大于 T_{AC}；考虑到其他一些因素(如地址在总线上稳定)也要用去总线周期的部分时间，所以还应该留出一些余量(比如 30%)。以 IBM PC/XT 机为例，其正常情况下的读写周期为 4 个 T(840ns)，所以要求存储芯片应满足 T_{AC} <840ns，并留出一定余量。

② 在存储芯片的读周期中，当芯片选中时，从输出允许 $\overline{OE}$ 有效到数据输出并稳定，需要一定的时间。这一时间应小于 CPU 读命令 $\overline{MEMR}$ 或 $\overline{RD}$ 的有效维持时间。同样，在存储芯片的写周期中，当芯片选中，从写入允许 $\overline{WE}$ 有效到数据可靠写入，也需要一定的时间；这一时间也应小于 CPU 写命令 $\overline{MEMW}$ 或 $\overline{WR}$ 的有效维持时间。

任何一个按一定时序工作的芯片或电路都有自己的时序参数，包括前面已学过的 8088 总线周期以及后面将学习的各种外设接口时序。在进行电路连接时，除按功能定义连接相应引脚外，还必须考虑所连接的器件其时序是否相配合，即对应时序参数值是否满足要求。

5.5 微机系统中的高速缓冲存储器

5.5.1 Cache 概述

随着计算机技术的高速发展，CPU 在一个周期内执行的指令条数越来越多，而这些指令和执行指令所需数据都要从主存储器中取得，但主存一般都是采用 DRAM 实现，其存取周期相对较长，因此主存储器的存取速度与 CPU 对主存储器的存取速度要求的差距很大，这样，会降低 CPU 的工作效率。为了缓解以上矛盾，32 位微型机系统普遍采用了高速缓存即 Cache 技术。在 80386 系统中，Cache 在 CPU 芯片外，对 80486 和 Pentium 来说，则采用 CPU 片内 Cache 技术。

Cache 技术的采用是与微处理器速度不断提高而 DRAM 速度不能与之匹配有关的。SRAM 的速度尽管相当快，但 SRAM 的价格很贵。Cache 技术的出发点就是利用 SRAM 和 DRAM 构成一个组合的存储系统，使它兼有 SRAM 和 DRAM 的优点。具体的做法就是在主存和高速 CPU 之间设置一个较小容量的 SRAM 作为高速存储器，其中存放 CPU 常用的指令和数据，这样，CPU 对存储器的访问主要体现在对 SRAM 的存取，因此可以不必加等待状态而保持高速操作。可见在 Cache 系统中，小容量的高速的 SRAM 作为面向 CPU 的即时存储部件，而大容量的较慢速的 DRAM 用作背景存储部件，因此，这样的系统以接近 DRAM 的价格

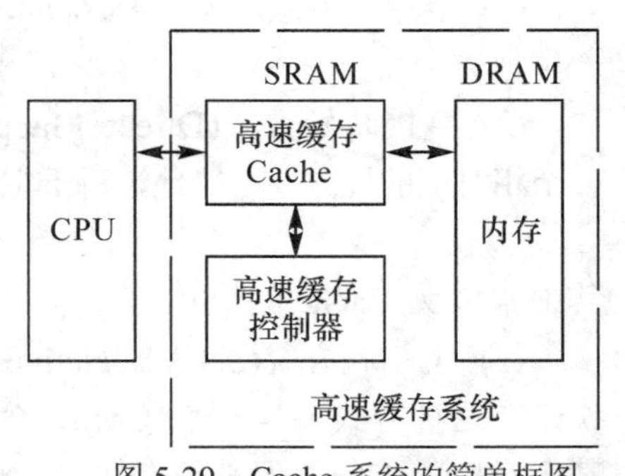

图 5-29 Cache 系统的简单框图

提供了 SRAM 的性能。

如图 5-29 所示，一个 Cache 系统包含三个部分：

(1) Cache 模块，即 CPU 和较慢速主存之间的 SRAM。

(2) 主存，即速度较慢的 DRAM。

(3) Cache 控制器，用来控制 Cache 系统。

在 Cache 系统中，主存保存所有的数据，Cache 中保存主存的部分副本。当 CPU 访问存储器时，首先检查 Cache，如果要存取的数据已经在 Cache 中，CPU 就能很快完成访问，这种情况称为命中 Cache；如果数据不在 Cache 中，那么，CPU 必须从主存中提取数据。Cache 控制器决定主存中的哪一部分存储块移入 Cache，哪一部分移出 Cache，移入和移出都在 SRAM 和 DRAM 之间进行。

如果有良好的组织方式，通常程序所用的大多数的数据都可在 Cache 中找到，即大多数情况下能命中 Cache。Cache 的命中率取决于 Cache 的容量、Cache 的控制算法和 Cache 的组织方式，当然还和所运行的程序有关。使用组织方式较好的 Cache 系统，命中率可达 95%。这样的系统，从速度上已经接近全部由 SRAM 组成的存储系统了。

实际上，大多数软件对存储器的访问并不是任意的、随机的，而是有着明显的局部性。也就是说，存在局部性定律(principle of locality)，具体表现在两个方面：

(1) 时间上的局部性。即存储体中某一个数据被存取后，可能很快又被存取。

(2) 空间上的局部性。存储体中某个数据被存取了，附近的数据也很快被存取。

正是这个局部性定律，导致了存储体设计的层次结构，即把存储体分为几层。把最接近 CPU 的层次称为最上层，最上层是容量最小且速度最快的，Cache 就是最上层的存储器部分。通常可以把正在执行的指令附近的一部分指令或数据从主存调入 Cache 中，供 CPU 在一段时间内使用。这样做大大减少了 CPU 访问容量较大、速度较慢的主存的次数，对提高存储器存取速度、从而提高程序执行速度十分有效。

5.5.2 Cache 的组织方式

在 Cache 系统中，主存总是以块为单位将其数据映像到 Cache 中。在 32 位微机系统中，通常用的块长度是 4 字节，即一个双字。CPU 访问 Cache 时，如果所需要的字节不在 Cache 内，则 Cache 控制器会把此字节所在的整个块从主存复制到 Cache。

按照主存和 Cache 之间的映像关系，Cache 有三种组织方式。即：

(1) 全相联方式(Fully Associative)。按这种方式，主存的一个块可能映像到 Cache 的任何一个地方。

(2) 直接映像方式(Direct Mapped)。在这种方式下，主存的一个块可能映像到 Cache 的一个相对应的地方。一般地，对于主存的第 i 块(即块地址为 i)，设它映像到 Cache 的第 j 块，则：

$$j = i \bmod M$$

其中，M 为 Cache 的块数。

(3) 组相联方式(Set Associative)。即主存的一个块可以映像到 Cache 的有限的地方。具体说，在这种方式下，一个 Cache 分为很多组，在一个组里有两个或多个块，主存的块映像到某个对应的组中，但是这个块可能出现在这个组内的任何地方。通常，若主存第 i 块映像到

Cache 的第 k 组，则

$$k = i \mod G$$

其中，G 为 Cache 的组数。

下面用图 5-30 来说明 Cache 的三种组织方式。

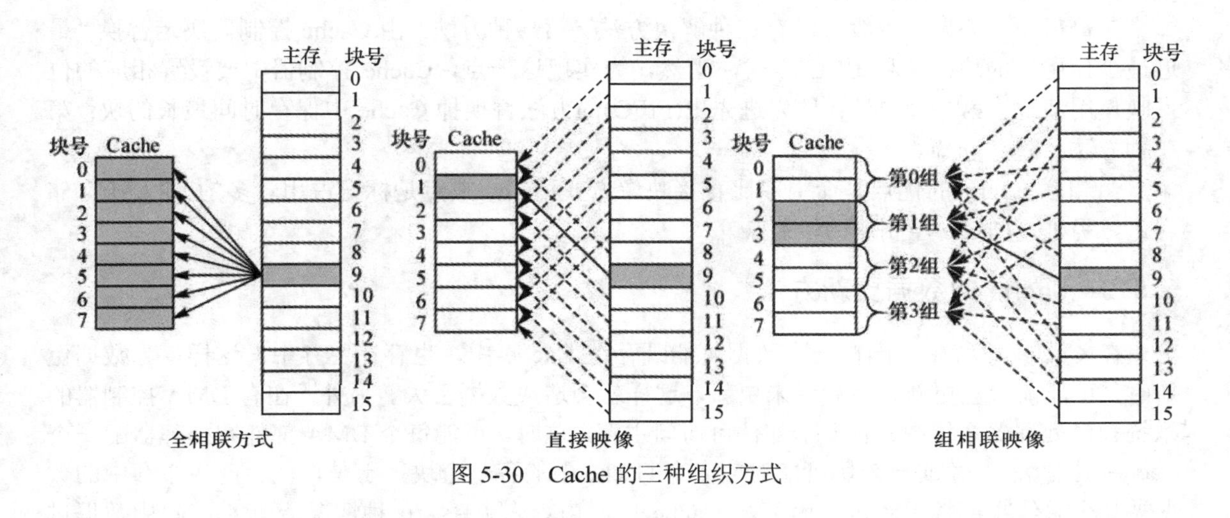

图 5-30　Cache 的三种组织方式

在图 5-30 中，设 Cache 有 8 个块(实际可能有几千个)，而主存有 16 个块(实际可能有几十万个)，按组相联方式时有 4 个组，每个组内有 2 个块。

以下分析主存第 9 块映像到 Cache 中哪一块。

在全相联方式，主存第 9 块可以映像到 Cache 8 个块的任何一个。在直接映像方式，主存第 9 块只能映像到 Cache 的块 1(9÷8 的余数)，在组相联方式，主存第 9 块则映像到 Cache 的第 1 组(9÷4 的余数)中，既可能是块 2，也可能是块 3。

Cache 的访问过程和组织方式密切相关。虽然全相联 Cache 结构为映像主存的块提供了很大的灵活性，但是，当 CPU 访问存储器时，为了确定所需要的数据是否在 Cache 中，Cache 控制器必须把所需数据块的地址和 Cache 中的每个块地址比较，而这个过程是很慢的。

和全相联方式不同，用直接映像方式时，只需要一次地址比较，就能确定 CPU 所需要的数据是否在 Cache 中。因为按这种方式，主存中的块映像到 Cache 中时，对每个块而言只有唯一的可能位置。为了实现这一点，将 Cache 的地址分为两部分。第一部分叫索引，用来表示一个块的位置；第二部分叫标记，用来选择 Cache 子系统。

例如，主存为 16MB，配备一个 64KB 的 Cache，每个块为 4 字节，这样，Cache 中可容纳 16K 个块，索引部分含 14 位，用来选择 16K 个块中的一个，另加 2 位用来区分块内的 4 个字节，共 16 位。按 64KB Cache 的容量，16MB 主存就有 256 个这样的 64KB 空间，故用 8 位标记选择 Cache 子系统。

但是，直接映像方式也有缺点。在这种方式中，主存中的每一块只能被放置到 Cache 中唯一的一个位置，当主存中的两个或两个以上的块都映像到 Cache 的同一块中，而这些块又都是当前的常用块时，就会出现 Cache 经常不命中的情况。不过，由于大多数程序符合局部性定律，所以，这种情况一般很少发生。

组相联方式中，通常将 2 个块或 4 个块作为一组，分别称为双路相联方式或 4 路相联方式。主存的每个块在 Cache 中可以有两个可能的映像位置，因此，判断一个块是否在 Cache 中，Cache 控制器要作两次地址比较。从另一个角度讲，组相联 Cache 所用的标记域比直接映像 Cache 大，因此，标记要用去较多的 SRAM 存储容量。此外，当进行块映像时，还要决定映像到一个组内的哪一个块。

对最后一个问题，一般可以有三种解决方法。第一种方法：由 Cache 控制器决定替换"最近最少使用"的块，简称 LRU 方式，当然，为实现这一点，Cache 控制器中要设置相应的位反映使用情况；第二种方法：按先进先出(FIFO)的方法替换掉 Cache 中保存时间最长的块；第三种方法：随意选择。

组相联 Cache 的优点是命中率比直接映像方式稍高，缺点是标记占用较多的 SRAM 存储容量，另外，Cache 控制器比较复杂。

5.5.3 Cache 的数据更新方法

在 Cache 系统中，同样一个数据可能既存在 Cache 中，也存在主存中。这样，当数据更新时，可能前者已更新，而后者未更新，这样就会造成数据丢失。另外，在有 DMA 控制器的系统和多处理器系统中，有多个部件可访问主存，这时，可能每个 DMA 部件和处理器配一个 Cache，因此，主存的一个块可能对应多个 Cache 中的各一个块，于是，就会产生主存中的数据被某个总线主部件更新过，而某个 Cache 中的内容未更新，这种情况造成 Cache 中数据过时。不管是数据丢失还是数据过时，都导致主存和 Cache 的数据不一致。如果不能保证数据一致性，那么，往下的程序运行就要出现问题。

对前一种一致性问题，有如下三个解决方法：

(1) 通写式(Write Through)

如果用这种方法，那么，每当 CPU 把数据写到 Cache 中时，Cache 控制器会立即把数据写入主存对应位置。所以，主存随时跟踪 Cache 的最新版本，从而，也就不会出现主存将新数据丢失的问题。此方法的优点是简单，缺点就是每次 Cache 内容有更新，就有对主存的写入操作，这样，造成总线活动频繁，系统速度较慢。

(2) 缓冲通写式(Buffered Write Through)

这种方式是在主存和 Cache 之间加一个缓冲器，每当 Cache 中作数据更新时，也对主存作更新，但是，要写入主存的数据先存在缓冲器中，在 CPU 进入下一个操作时，缓冲器中的数据写入主存，这样，避免了通写式频繁写主存而导致系统速度较慢的缺点。不过用此方式，缓冲器只能保持一次写入数据，如果有两次连续的写操作，CPU 还是要等待。

(3) 回写式(Write Back)

用这种方式时，Cache 每一个块的标记中都要设置一个更新位，CPU 对 Cache 中的一个块写入后，其更新位置 1。当 Cache 中的块要被新的主存块替换时，如更新位为 1，则 Cache 控制器先把 Cache 现有内容写入主存相应位置，并把更新位清 0，再作替换。所以，用回写式时，只要更新的块不被替换，那么就不会写入主存，这样，真正写入主存的次数可能少于程序的写入次数，从而，可以提高效率。但是，用这种方式，Cache 控制器比较复杂。

对后一种一致性问题即出现主存块更新而 Cache 未更新的情况，一般有以下四种防范方法。

① 总线监视法

在这种方法中，由 Cache 控制器随时监视系统的地址总线，如果其他部件将数据写到主存，并且写入的主存块正好是 Cache 中的块对应的位置，那么，Cache 控制器会自动将 Cache 中的块标为“无效”。

② 硬件监视法

我们把主存中映像到 Cache 的块称为已映像块，硬件监视法就是通过外加硬件电路，使 Cache 本身能“观察”到主存中已映像块的所有存取操作。要达到这个目的，最简单的办法是所有部件对主存的存取都通过同一个 Cache 完成。另一个办法是每个部件配备各自的 Cache，当一个 Cache 有写操作时，新数据既拷贝到主存，也拷贝到其他 Cache，从而防止数据过时，这种方法也称为广播式。

③ 划出不可高速缓存存储区法

按照这种方式，要在主存中划出一个区域作为各部件共享区，这个区域中的内容永远不能取到 Cache，因此，CPU 对此区域的访问也必须是直接的，而不是通过 Cache 来进行的。用这种方法，便可避免主存中一个块映像到多个 Cache 的情况，于是也避免了数据过时问题。

④ Cache 清除法

这种方法是将 Cache 中所有已更新的数据写回到主存，同时清除 Cache 中的所有数据。如果在进行一次这样的主存写入时，系统中所有的 Cache 作一次大清除，那么，Cache 中自然不会有过时的数据。

衡量 Cache 最主要的指标就是命中率。Cache 的命中率不仅和 Cache 的组织方式、Cache 的容量有关外，而且还和一个重要因素，即 Cache 和主存之间的数据一致性有关，当然，也和当前运行的程序本身有关。

习 题 5

5.1　选择题

(1) EPROM 虽然是只读存储器，但在编程时可向内部写入数据。(　　)

A.正确　　B.不正确

(2) 连接到 64000H～6FFFFH 地址范围上的存储器是用 8K×8 RAM 芯片构成的，该芯片要(　　)片。

A. 8 片　　B. 6 片　　C. 10 片　　D.12 片

(3) RAM 6116 芯片有 2K×8 位的容量，它的片内地址选择线和数据线分别是(　　)。

A. A_0～A_{15} 和 D_0～D_{15}　　B. A_0～A_{10} 和 D_0～D_7

C. A_0～A_{11} 和 D_0～D_7　　D. A_0～A_{11} 和 D_0～D_{15}

(4) 对存储器访问时，地址线有效和数据线有效的时间关系应该是(　　)。

A. 数据线较先有效　　B. 二者同时有效

C. 地址线较先有效　　D. 同时高电平

(5) 一台微型机，其存储器首地址为 2000H，末地址为 5FFFH，存储容量为(　　)KB。

A. 8　　B. 10　　C. 12　　D.16

(6) 下列哪一种存储器存取速度最快? (　　)

A. SRAM　　B. 磁盘　　C. DRAM　　D. EPROM

(7) 用 2164 DRAM 芯片构成 8086 内存的最小容量是(　　)。

A.16KB　　B.32KB　　C.64KB　　D.128KB

5.2　微机硬件存储器分成哪几级？

5.3　计算机的内存和外存有什么区别？

5.4　半导体存储器有哪些优点？

5.5　RAM 与 CPU 的连接主要有哪几部分？

5.6　EPROM 存储器芯片还没有写入信息时，各个单元的内容是什么？

5.7　在对存储器芯片进行片选时，全译码方式、部分译码方式和线选方式各有何特点？

5.8　某 ROM 芯片有 11 根地址线，8 根数据线，该芯片的存储容量是多少？

5.9　某 ROM 存储容量为 16K×1 位，芯片应该有多少根地址线，多少根数据线？

5.10　SRAM 靠________存储信息，DRAM 靠________存储信息，为保证 DRAM 中内容不丢失，需要进行________操作。

5.11　用 2K×8 的 SRAM 芯片组成 16K×16 的存储器，共需 SRAM 芯片________片，片内地址和产生片选信号的地址分别为________位。

5.12　已知某微机控制系统中，RAM 的容量为 8K×8 位，首地址为 4800H，求其最后一个单元的地址。

5.13　某以 8088 为 CPU 的微型计算机内存 RAM 区为 00000H～3FFFFH，若采用 6264(8K×8)、62256(32K×8)、2164(8K×4)、21256(32K×4)各需要多少芯片？其各自的片内和片间地址线分别是多少(全地址译码方式)？

5.14　利用全地址译码将 6264 芯片接在 8088 系统总线上，地址范围为 BE000H～BFFFFH，试画出连接电路图。

5.15　用两片 64K×8 位的 SRAM 芯片，组成 8086 最小模式下的存储器子系统，要求起始地址为 C0000H。试画出连接图，指出偶地址存储体和奇地址存储体，并对连接图作详细说明。

5.16　计算机中为什么要采用高速缓存(Cache)？

5.17　Cache 有哪几种组织方式？它们各有什么特点？

5.18　在 Cache 系统中，同一个数据既可能存储在 Cache 中，又有可能存储在内存中，这时数据的一致性如何解决？

第6章 中 断 技 术

中断是微机系统中普遍使用且非常重要的一种技术，利用这一技术可以消除CPU对慢速外设的查询与等待时间，从而有效提高CPU的利用率。

本章介绍微机系统中断功能、中断过程、中断管理、中断向量表等基本知识及80×86中断系统，重点讲述中断控制器8259A芯片的主要特性、内部结构、引脚功能、各初始化命令字和操作命令字以及初始化编程。

6.1 概述

6.1.1 中断的基本概念

1. 中断和中断源

在计算机的运行过程中，允许外部设备向CPU提出服务请求，当CPU接收到服务请求后，暂时停下当前正在运行的程序，转去执行外部设备服务程序，待外部设备服务程序运行完毕后，再返回原程序的断点处继续往下执行，这样的处理机制就称为中断技术。

发出CPU中断的来源叫做中断源，通常中断源有以下几种：

(1) 外部设备的I/O请求，如键盘、打印机等。

(2) 实时时钟，如定时器等。

(3) 硬件发生故障，如内存校验错、I/O通道错等。

(4) 软件中断，如程序出错、运算出错、断点等。

2. 中断系统的功能

要让中断技术很好地为计算机系统服务，中断系统应具备：

(1) 能实现中断响应、中断服务和中断返回

当某一中断源发出中断请求时，CPU能决定是否响应这一中断请求，如果允许响应这一中断请求，则CPU在保存好现场及断点信息后就转移到相应的中断服务程序中，待中断服务程序执行完毕后，CPU又能够返回原程序的断点处继续往下执行。

(2) 能实现中断优先级排队

当有多个中断源同时提出申请中断时，能根据事先设定的先后顺利响应中断，确保优先级高的中断请求优先得到处理。

(3) 能实现中断嵌套

当CPU在执行中断处理程序过程中又来了新的优先级更高的中断请求，则要能使中断系统暂时停止当前中断服务程序的运行，转去响应和执行优先级更高的中断请求，待处理完毕后再返回优先级较低的中断服务程序继续往下执行。

6.1.2 中断处理的一般过程

尽管不同的微机系统中的中断处理过程不完全一样，但一个完整的中断处理过程应包括以下五个基本阶段：

(1) 中断请求

对于硬件中断，当中断源要求CPU为其服务时，必须向CPU提出申请，即中断请求，CPU在执行完每条指令后，自动检测中断请求输入线，以确定是否有外部来的中断请求信号出现。

(2) 中断判优

中断判优也称为中断排队，当多个中断源同时发中断请求时，中断系统需根据事件的轻重缓急，给每个中断源确定一个中断优先级别，然后找出优先级别最高的中断源，并首先响应它的请求，处理完后，再处理级别较低的中断请求。

(3) 中断响应

经中断判优后，CPU收到了中断源中优先级别最高的中断请求信号，如果此时CPU允许响应中断(也就是中断允许标志位IF为1)，那么在执行完当前指令后，就中止执行现行程序，转去响应该中断请求。通常中断响应的操作过程应包括保护现场信息、保存断点、清除中断允许位、转到中断服务程序的入口处。

(4) 中断处理

中断处理通常是由中断服务程序完成的，在中断服务程序中，首先要进一步保护现场，也即把本中断服务程序中所要用到的寄存器内容通通保护起来，如将它们的内容压入堆栈进行保护，然后设置中断允许位（即将IF标志设置为1)以便开放优先级别较高的中断源，再进行与此次中断有关的相应服务处理。处理完毕后要恢复现场，即恢复中断前各寄存器的内容。

(5) 中断返回

执行中断返回指令，返回到原断点处继续执行。

6.1.3 中断优先级处理方式

当系统中有多个设备用中断方式和CPU进行数据传输时，就有一个中断优先级处理问题。在微型计算机系统中通常有软件查询、简单硬件和专用硬件等三种处理方式，下面分别加以介绍。

(1) 软件查询方式

软件查询方式是在CPU响应中断后通过执行查询程序来确定中断优先级。此方式需要借助简单的硬件电路，将若干个中断源发出的请求信号相“或”后，形成一个公共的中断请求信号INTR，这样，任何一个外部设备有中断请求时，都可以向CPU发INTR信号，CPU响应中断以后，进入中断处理子程序，该处理子程序的开始部分就是一段带优先级的查询程序，该查询程序首先检测优先级高的中断请求，然后再检测优先级低的中断请求，从而使不同的外部设备具有不同的优先级。

利用软件查询方式来确定中断优先级的优点是可以节省硬件开销，因为它不需要判断优先级的硬件排队电路，缺点是中断响应的时间较长，特别是在中断源较多的情况下。

(2) 简单硬件方式——菊花链法

菊花链法是解决中断优先级的一个简单硬件方法。其原理是在每个中断源的接口电路中连接一个逻辑电路，这些逻辑电路构成一个链，称为菊花链。由菊花链来控制中断回答信号的通路。

图 6-1 为菊花链式优先排队电路，其中图 6-1(a)为菊花链线路图，图 6-1(b)为菊花链上各个中断逻辑的逻辑电路图。

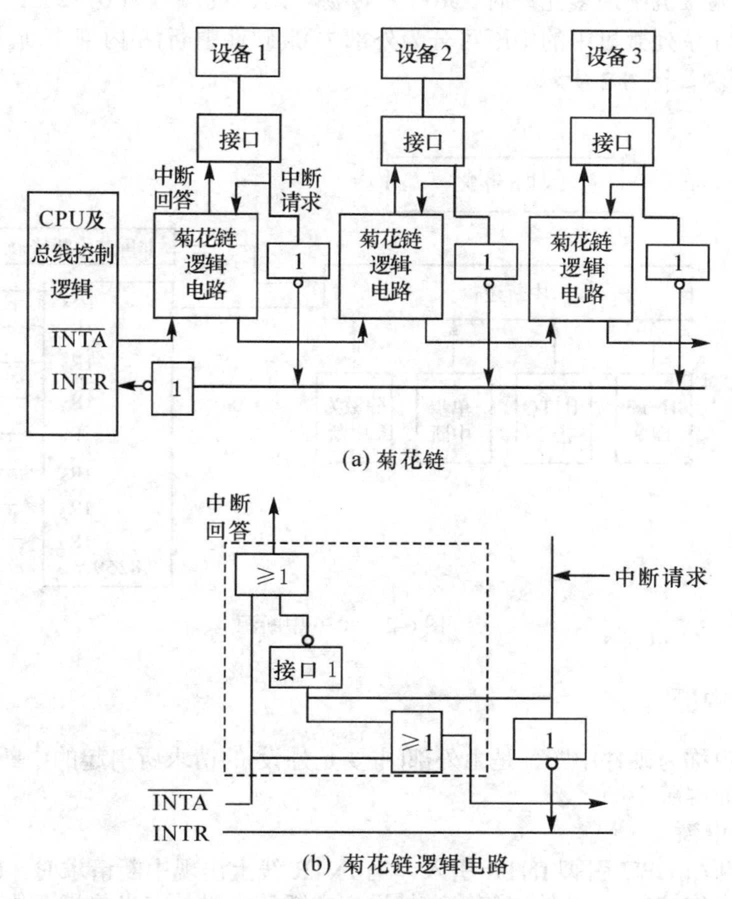

(a) 菊花链

(b) 菊花链逻辑电路

图 6-1 菊花链式优先排队电路

从图 6-1(a)中可以看出，当一个接口有中断请求时，如果 CPU 允许中断，则会发出低电平的中断应答信号 $\overline{\text{INTA}}$。$\overline{\text{INTA}}$ 信号在菊花链中传递，如果优先级别较高的外部设备没有发出中断请求，那么这级中断逻辑电路会允许 $\overline{\text{INTA}}$ 信号原封不动地向后传递，这样，$\overline{\text{INTA}}$ 信号就可以送到发出中断请求的接口；另一方面，如果某个接口发出了中断请求信号，那么本级的中断逻辑电路就会对后面的中断逻辑电路进行阻塞，后面的外设即使发出过中断请求信号，也会收不到 $\overline{\text{INTA}}$ 信号。显然，当有多个接口同时提出中断请求时，最靠近 CPU 的接口可以优先得到响应，也就是说，由菊花链电路控制的接口的优先级是由接口在链中的位置决定的，越靠近 CPU 的接口，优先级越高。

(3) 专用硬件方式——可编程中断控制器

当前微型机系统中解决中断优先级管理的最常用的方法是采用专用硬件方式，即采用可编程的中断控制器来解决中断请求、中断屏蔽、中断判优、中断源类型码提供等问题。8259A 是微机系统中普遍使用的可编程中断控制器，将在 6.3 节进行详细介绍。

6.2　80×86 中断系统

80×86 系列微机中最多允许有 256 个中断源，对应的编号为 0～255，这些编号也叫中断类型码。80×86 系列微机中的中断可分为外部中断(硬件中断)和内部中断(软件中断)两大类，其中 8086 中断源如图 6-2 所示。

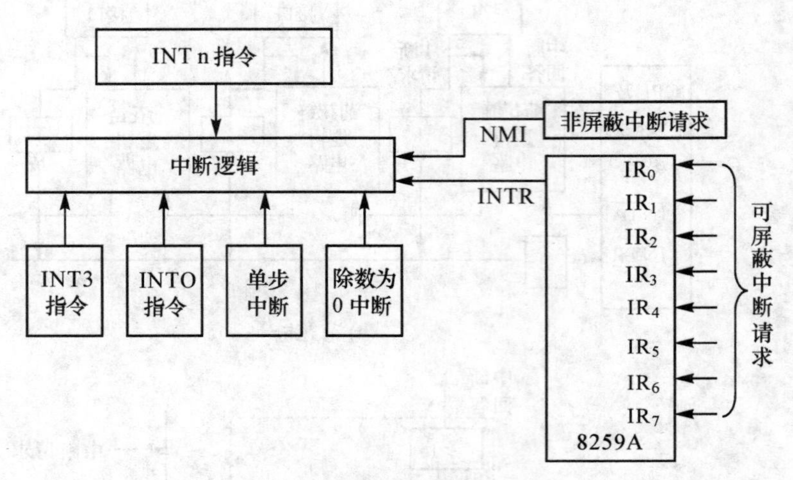

图 6-2　8086 中断源

6.2.1　外部中断

外部中断也称为硬件中断，是由外部(主要是外设)的请求所引起的中断。硬件中断又分成可屏蔽中断和非屏蔽中断。

1. 可屏蔽中断

可屏蔽中断由 CPU 引脚 INTR 引入，当 INTR 线上出现中断请求时，CPU 是否允许响应要取决于中断允许控制位 IF 的取值。当外设有中断请求时，在当前指令执行完后，CPU 首先检查 IF 位，若 IF=0，CPU 就禁止响应任何外设中断；若 IF=1，CPU 就允许响应外设的中断请求。而 IF 位的状态，可以用指令来设置，指令 STI 使其置位，即开中断；而 CLI 指令则使其复位，即关中断。当可屏蔽中断被响应时，CPU 需执行七个总线周期：

(1) 执行一个 $\overline{INTA}$ 总线周期，通知外部中断系统做好准备。

(2) 执行第二个 $\overline{INTA}$ 总线周期，从外部中断系统获取中断类型号，并乘以 4，形成中断处理程序入口地址。

(3) 执行一个总线写周期，将标志寄存器内容压栈，同时清除 IF 和 TF 标志位。

(4) 执行一个总线写周期，把 CS 内容压栈。

(5) 执行一个总线写周期，把 IP 内容压栈。

(6) 执行一个总线读周期，从中断向量表中读取中断处理程序入口处的偏移地址到 IP。

(7) 执行一个总线读周期，从中断向量表中读取中断处理程序入口处的段地址到 CS。

2. 非屏蔽中断

非屏蔽中断由 CPU 引脚 NMI 引入，其优先级高于 INTR，且不受 CPU 中断允许标志位 IF 的控制，一旦有非屏蔽中断请求发生，CPU 必须立即予以响应，立即转至中断类型号为 2 的中断处理程序。

当 CPU 采样到 NMI 有请求信号时，在内部将其锁存，并自动产生中断类型号 2，其处理过程和可屏蔽中断相比较只要去掉两个 $\overline{\text{INTA}}$ 总线周期就可以了。

在 80×86 微机系统中，系统板上的内存奇偶校验错，或者 I/O 通道中扩展板上出现的奇偶校验错都会产生非屏蔽中断请求信号。

6.2.2 内部中断

内部中断也称为软件中断，是指 80×86CPU 内部执行程序出现异常引起的程序中断，包括除法出错中断、溢出中断、INT n 指令中断、单步中断和断点中断。内部中断响应后其处理过程和 NMI 中断处理过程基本一样，也不需要 $\overline{\text{INTA}}$ 总线周期。

(1) 除法错中断

执行除法指令时，如果除数为“0”或商超过寄存器所能表达的范围时，则立即产生中断类型为 0 的中断。

(2) 溢出中断

溢出中断指令为 INTO，中断类型号为 4。当处理器在进行算术运算时，若在算术运算指令后加入一条 INTO 指令，该指令将测试溢出标志 OF，若上一条指令使溢出标志位 OF 为 1(运算溢出)，则执行 INTO 指令时，就会产生中断类型为 4 的中断。若上一条指令使溢出保证位 OF 为 0，则执行 INTO 指令时就不会引起中断。

(3) INT n 指令中断

INT n 为 80×86 指令系统中的中断指令。当处理器(CPU)执行该指令时就会引起中断，INT 指令中的操作数 n 即为中断类型号。

(4) 单步中断

当陷阱标志位 TF 为 1 时，80×86CPU 处于单步工作方式。在单步工作方式下，每执行完一条指令，CPU 就自动产生中断类型号为 1 的中断，直到将 TF 标志位置 0 为止。

(5) 断点中断

断点中断是 80×86 提供的一种调试程序的手段，用于设置程序中的断点，所对应的中断类型号为 3。INT3 指令功能与软件中断相同，但为了便于与其他指令置换，它被设置为 1 字节指令。

6.2.3 中断向量表

1. 中断向量与中断向量表

每个中断都对应一个中断服务程序，在计算机运行时中断服务程序需要驻留内存，每一个中断服务程序都有一个入口地址，即中断程序第一条指令所在的地址(首地址)，这个地址就称为该中断服务程序的中断向量。在内存中开辟一个区域，把中断向量按规律存放其中，这就是中断向量表。当 CPU 响应中断后，系统依靠中断向量表来找到中断源相应的处理程序，从而完成中断服务。

中断向量表存放在系统内存的最低端，共 1024 字节(即 1KB)，每 4 个字节存放一个中断处理程序的入口地址，因此系统最多只能存放 256 个中断向量，在每个中断向量中，较高地址的 2 个字节存放的是中断处理程序入口的段地址，而较低地址的 2 个字节存放的是中断处理程序入口的偏移地址，存放中断向量的 4 个单元中的最低地址称为中断向量地址，其值为中断类型号乘以 4。这样，当 CPU 响应中断后，通过简单的 4×n 运算，查找中断向量表，从表中 4×n 地址开始的连续 4 字节单元里获取中断处理程序的入口地址，从而转入相应中断服务程序。

80×x86 系统的中断向量表结构如图 6-3 所示。

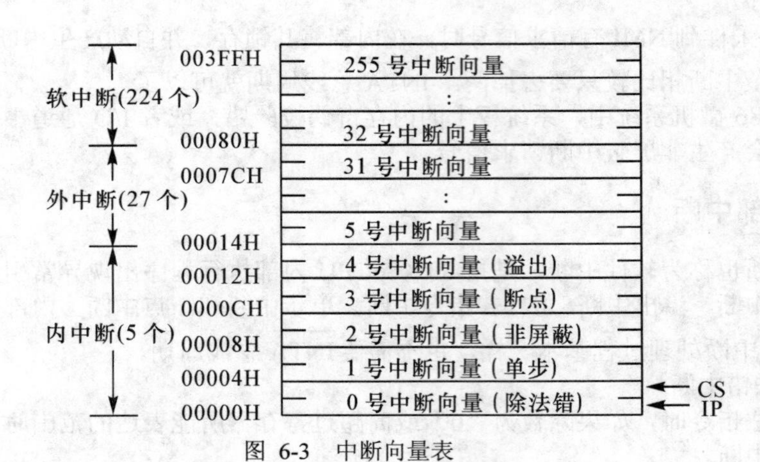

图 6-3 中断向量表

2. 中断向量设置方法

设置中断向量的方法有两种，一是利用 DOS 功能调用完成中断向量的设置；二是编写一段小程序将中断服务程序的入口地址直接写入中断向量表中的相应单元。

(1) 利用 DOS 功能调用

① 设置中断向量由 DOS 功能调用(INT21H)的 25H 子功能完成。

参数设置：

AH＝功能号，此处为 25H

AL＝中断类型号

DS：DX＝中断向量(段地址：偏移地址)

出口参数：无

② 获取中断向量由 DOS 功能调用(INT21H)的 35H 子功能完成。

参数设置：

AH＝功能号，此处为 35H

AL＝中断类型号

出口参数：

ES：BX＝中断向量(段地址：偏移地址)

(2) 直接写入

```
PUSH    DS
PUSH    SI
PUSH    AX
MOV         DS,       0
MOV         SI,       中断类型号×4
MOV         AX,       中断服务程序偏移地址
MOV         [SI],     AX
MOV         AX,       中断服务程序段地址
MOV         [SI+2],   AX
POP     AX
POP     SI
POP     DS
```

6.2.4 80×86 中断处理的优先级

80×86 规定中断的优先级从高到低的排列次序为：

(1) 内部中断(包括除法出错中断、溢出中断、INT n 中断和断点中断)；

(2) 非屏蔽中断；

(3) 可屏蔽中断；

(4) 单步中断。

80×86 对中断的处理流程图如图 6-4 所示。

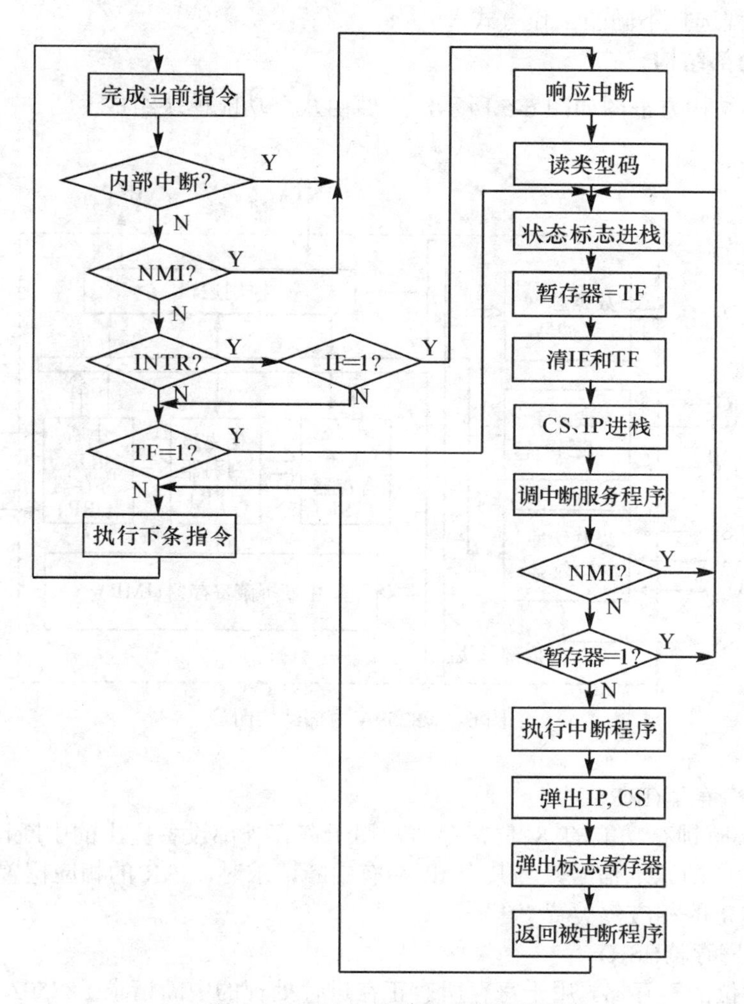

图 6-4 80×86 中断处理顺序流程图

6.3 中断控制器 8259A

8259A 是一种可编程中断控制器。早期的 PC 机使用的是独立的中断控制器芯片，而目前的 PC 机中的中断控制器都已集成在外围接口芯片里。

6.3.1 8259A 功能、内部结构及引脚功能

1. 8259A 的功能

8259A 是一种可编程的中断控制器芯片，其主要功能有：

(1) 具有 8 级优先权控制，通过级联可扩展到 64 级。

(2) 每一级中断都可以通过编程实现屏蔽或开放。

(3) 可向 CPU 提供中断类型号。

(4) 可通过编程选择不同的工作方式。

2. 8259A 的内部结构

8259A 的内部结构方框图如图 6-5 所示，主要由八个功能模块组成。

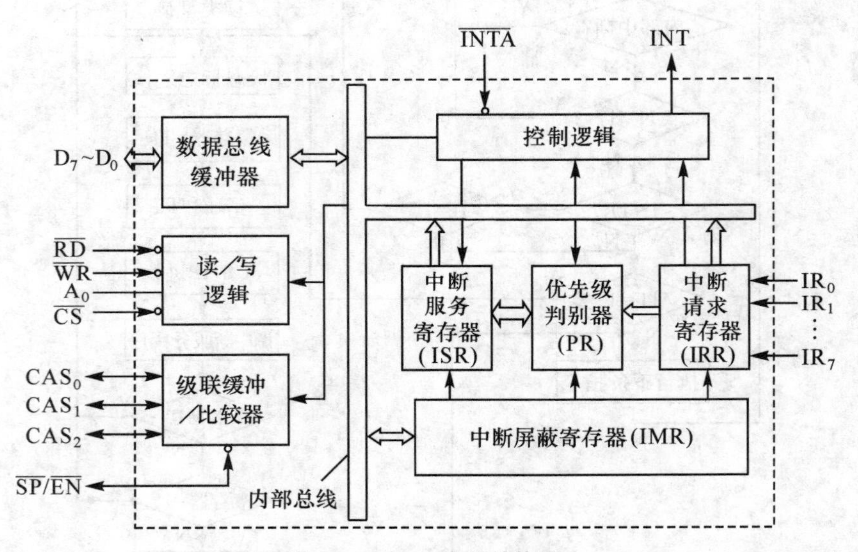

图 6-5 8259A 内部结构图

(1) 中断请求寄存器(IRR)

IRR 是一个具有锁存功能的 8 位寄存器，用于寄存外部设备提出的中断请求。IR_0～IR_7 可连接 8 个外设的中断请求信号，当某个 IR 端有中断请求时，IRR 的相应位置“1”，当中断请求被响应时，IRR 的相应位被置“0”。

(2) 中断服务寄存器(ISR)

ISR 是一个 8 位的寄存器，用于寄存所有正在进行处理的中断请求。8259A 在接收到第一个 $\overline{\text{INTA}}$ 信号后，使当前被响应的中断请求所对应的 ISR 位置“1”，而相应的 IRR 位复位。在中断嵌套时，ISR 中会有多个位为“1”。

(3) 中断屏蔽寄存器(IMR)

IMR 是一个 8 位的寄存器，用来寄存要屏蔽的中断。IMR 中的某一位为“1”，表示屏蔽其对应的中断请求信号，屏蔽位可以同时设置多个，只有当 IMR 中的对应位为“0”时，才会开放其对应的中断请求。

(4) 优先级判决器(PR)

当有多个中断源同时提出中断请求时，用于判别和选择响应哪一个中断源。各个中断请求的优先级可以通过编程确定。当有中断请求使得 IRR 中的某些位置“1”时，优先级判决器选出其中级别最高的中断，当允许中断嵌套时，选出中断的优先级若比当前正在服务的中断高，则向 CPU 发送中断请求信号 INT，并中止当前的中断服务程序，执行优先级高的中断服务程序；若优先级低于正在服务的中断，则不向 CPU 发中断请求信号。

(5) 数据总线缓冲器

该缓冲器是一个 8 位双向三态缓冲器，用于连接系统的数据总线，接收来自 CPU 的控制命令、向 CPU 传送 8259A 的状态信息以及中断类型号。

(6) 读/写逻辑

用于接收来自 CPU 对外设的读/写控制信号，如地址信号、端口读信号 $\overline{IOR}$、端口写信号 $\overline{IOW}$，控制命令字的写入和状态字的读出。

(7) 级联缓冲/比较器

用于控制多片 8259A 的级联，使得系统的中断级可以得到扩充。最多可用 9 片 8259A 实施级联，构成一个 64 级中断优先级控制，其中一片为主片，另外 8 片为从片。

(8) 控制逻辑

根据编程设定的工作方式管理 8259A，负责向 CPU 发 INT 信号以及接收 CPU 发来的中断响应信号 $\overline{INTA}$，并产生 8259A 内部所需的各种控制信号。控制逻辑是 8259A 的核心，包括一组方式控制字寄存器和一组操作命令字寄存器以及相关的控制电路。

3. 8259A 的引脚信号

8259A 为 28 引脚双列直插式芯片，其引脚信号如图 6-6 所示。

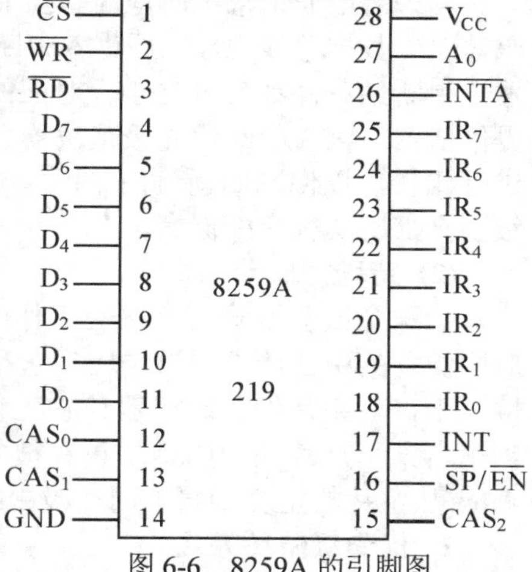

图 6-6 8259A 的引脚图

D_0～D_7：三态数据输入/输出端，连接系统的数据总线。

IR_7～IR_0：中断请求输入端，与来自外设的中断请求输出端相连。

INT：中断请求输出端，向 CPU 发送中断请求信号，与 CPU 的 INTR 引脚相连。

$\overline{INTA}$：中断响应输入端，接收 CPU 向 8259A 发来的中断响应信号。

$\overline{CS}$：片选信号输入端，与地址译码电路相连。若 $\overline{CS}$=0，该 8259A 芯片被选中，处于工作状态，允许它和 CPU 通信；若 $\overline{CS}$=1，则该 8259A 与系统处于隔离状态。

A_0：地址选择输入端，常和地址总线的 A_1 相连，A_0 与 $\overline{CS}$ 配合可完成对 8259A 内端口奇/偶地址的选择，A_0=0 时选中偶地址端口，A_0=1 时选中奇地址端口。

$\overline{RD}$：读控制输入信号端，与系统控制总线的 $\overline{IOR}$ 端相连。

$\overline{WR}$：写控制输入信号端，与系统控制总线的 $\overline{IOW}$ 端相连。

$\overline{SP}/\overline{EN}$：主从/允许缓冲端，具有双向功能。在 8259A 设定为非缓冲方式时，$\overline{SP}/\overline{EN}$ 为主片/从片的输入控制端，若 $\overline{SP}/\overline{EN}$=1，则为主片；若 $\overline{SP}/\overline{EN}$=0，则为从片。在 8259A 设定为缓冲方式时，$\overline{SP}/\overline{EN}$ 为输出允许信号，作为数据总线缓冲器的使能信号。

CAS_2～CAS_0：级联信号端，8259A 单片使用时无效。采用级联方式时，作为主片的 8259A，它们是输出信号端；作为从片的 8259A，它们是输入信号端，主从片 8259A 的 CAS_2～CAS_0 对应相连，主片 8259A 在第一个 $\overline{INTA}$ 响应周期内通过送出识别码，而和此识别码相符的从片 8259A 在接收到第二个 $\overline{INTA}$ 信号后，将中断类型码发送到数据总线上。

V_{CC}：+5V 电源输入线。

GND：接地线。

6.3.2 8259A 的工作方式

8259A 可以通过编程设置多种不同的工作方式，使用起来非常灵活，下面分类进行简单介绍。

1. 中断嵌套方式

8259A 中有两种中断嵌套方式，分别为全嵌套方式和特殊全嵌套方式。

(1) 全嵌套方式

是最常用的一种工作方式，也是 8259A 默认的工作方式，即 8259A 初始化后自动进入全嵌套方式。全嵌套方式的中断优先级固定，其优先级从高到低依次为：$IR_0 \rightarrow IR_1 \rightarrow IR_2 \rightarrow IR_3 \rightarrow IR_4 \rightarrow IR_5 \rightarrow IR_6 \rightarrow IR_7$，即 IR_0 优先级最高，IR_7 优先级最低，且各级的中断优先级顺序固定不变。

当一个中断请求被响应时，当前中断服务寄存器 ISR 中的对应位 IS_n 被置“1”，中断类型码被放到数据总线上，然后进入中断服务程序。一般情况下(中断自动结束方式除外)，在 CPU 发出中断结束命令 EOI 之前，对应的 IS_n 位一直保持为“1”，这是为中断优先级裁决器的裁决提供依据，因为中断优先级裁决器总是将新收到的中断请求和当前中断服务寄存器中的 IS 位进行比较，以便判断新到的中断请求的优先级是否比当前正在处理的中断的优先级高，如果级别高，则实行中断嵌套。

(2) 特殊全嵌套方式

特殊全嵌套方式与全嵌套工作方式基本相同，只有一点不同，就是特殊全嵌套方式可以对同级别的中断请求予以响应，它是专门为使用多片 8259A 组成的级联系统设计的。在这种情况下，对主片编程时一般让它工作在特殊全嵌套方式，而从片则仍处于其他优先级方式，当来自某一从片的中断请求正在被处理时，对来自同一从片的优先级较高的中断也可以得到响应(从主片的角度看属于同一级中断)，从而使得从片内部的优先级得到系统的确认。

2. 优先级循环方式

8259A 有两种优先级循环方式，分别为优先级自动循环和优先级特殊循环方式。

(1) 优先级自动循环方式

该方式规定刚被服务过的中断优先级最低，系统初始化时，优先次序为 $IR_0 \rightarrow \cdots \rightarrow IR_7$，当某级中断如 IR_5 被响应后的优先级顺序由高到低依次为 IR_6、IR_7、IR_0、IR_1、IR_2、IR_3、IR_4、IR_5。

优先级自动循环方式一般用在系统中多个中断源优先级相同的场合，这种工作方式是通过 OCW_2 来设置的，这在后面还会详细介绍。

(2) 优先级特殊循环方式

和优先级自动循环方式相比，优先级特殊循环方式的不同点体现在初始最低优先级不是默认的，而是通过编程进行设定，如编程时确定 IR_2 为最低优先级，则 IR_3 为最高优先级。

3. 中断屏蔽方式

8259A 有两种屏蔽方式，分别为普通屏蔽方式和特殊屏蔽方式。

(1) 普通屏蔽方式

在普通屏蔽方式中，8259A 的每个中断请求输入端都可以通过对应屏蔽位的设置被屏蔽，

从而禁止这个中断请求从8259A送到CPU。

8259A 内部有一个屏蔽寄存器 IMR，它的每一位对应了一个中断请求输入，在编程时，可以通过设置操作命令字 OCW_1 使中断屏蔽寄存器 IMR 中某一位或某几位置“1”，从而将对应的中断请求屏蔽掉。

(2) 特殊屏蔽方式

在有些场合下，希望一个中断服务程序能动态地改变系统的优先级结构。例如，当 CPU 正在处理中断程序的某一部分时，希望禁止较低级的中断请求，而在执行中断处理程序另一部分时，又希望能够开放比本身优先级低的中断请求。

采用普通屏蔽方式难以实现开放优先级比本身低的中断请求，原因是虽然可以通过普通屏蔽方式把本级中断屏蔽掉，但普通屏蔽方式并不能对当前中断服务寄存器 ISR 中的对应位清 0，只要中断处理程序没有发出中断结束命令 EOI，8259A 就会据此而禁止所有优先级比它低的中断请求，而特殊屏蔽方式就是为此而设计的，当对 8259A 设置了特殊屏蔽方式后，使用 OCW_1 对屏蔽寄存器中的某一位置“1”时，就会同时将当前中断服务寄存器 ISR 中的对应位自动清 0，这样，就不只屏蔽了当前正在处理的这级中断，而且真正开放了其他级别较低的中断。

需要指出的是，特殊屏蔽方式总是在有特殊要求的中断处理程序中使用的。后面还会对特殊屏蔽的设置进行具体说明。

4. 中断结束处理方式

当某个中断服务完成时，必须给 8259A 发送一个中断结束命令，使中断服务寄存器 ISR 中的相应位清 0，从而结束中断，这个使中断服务寄存器 ISR 中的对应位清 0 的动作就是中断结束处理。8259A 有两类中断结束处理方式，即自动结束方式和非自动结束方式。而非自动结束方式又分为两种，一种是一般中断结束方式，另一种是特殊中断结束方式。

下面对这三种中断结束方式进行介绍。

(1) 中断自动结束方式

在中断自动结束方式中，系统一进入中断处理过程，8259A 就自动将 ISR 中对应位 ISn 清 0。此时，尽管系统正在为某个外设进行中断服务，但对 8259A 来说，ISR 中却没有对应位作指示，好像已结束了中断处理一样。这是一种最简单的中断结束处理方式，通常在系统中只有一个 8259A，且多个中断不会嵌套情况下使用。

中断自动结束方式的设置很简单，只要在对 8259A 初始化时，使初始化命令字 ICW_4 中 AEOI 位为 1 就可以了。在这种情况下，当第二个中断响应脉冲 $\overline{INTA}$ 送到 8259A 后，8259A 就会自动将 ISR 寄存器中对应位清 0。

(2) 一般中断结束方式

如果 8259A 被设置为一般中断结束方式，则当它接收到 CPU 发来的中断结束命令 EOI 时，就会把当前中断服务寄存器 ISR 中的最高非零 IS 位清 0。这种中断结束方式一般应用在全嵌套方式下。因为在全嵌套方式中，最高的非零 IS 位对应了最后一次被响应和处理的中断，也即当前正在服务的中断，所以，最高的非零 IS 位的清 0 相当于结束了当前正在处理的中断。

一般中断结束命令的发送很简单，在程序中往 8259A 的偶地址端口写入一个操作命令字 OCW_2，使得 OCW_2 中的 EOI 位为 1，SL 和 R 位为 0 即可。

(3) 特殊中断结束方式

当 8259A 工作在非全嵌套方式下时，就需要用特殊中断结束方式，使得当前中断服务程序结束时能及时清除中断服务寄存器中对应的 IS 位。

特殊中断结束命令的发送也是通过往 8259A 的偶地址端口写入一个操作命令字 OCW_2 来实现的，并使得 OCW_2 中的 EOI 位为 1，SL 位为 1，R 位为 0，而要清除的 IS 位则由 OCW_2

中 L_2～L_0 指定。

需要指出的是，若 8259A 工作在级联方式下，一般不用中断自动结束方式，这时，必须送两次中断结束命令，一次发给主片，一次发给从片。

5. 中断请求触发方式

2859A 的中断请求有边沿触发和电平触发两种方式。

(1) 沿触发方式

在边沿触发方式下，8259A 将中断请求输入端出现的上升沿作为中断请求信号。

(2) 平触发方式

在电平触发方式下，8259A 将中断请求输入端出现的高电平作为中断请求信号。需要注意的是在电平触发方式下，在中断请求得到响应后必须及时撤除高电平，如果在 CPU 进入中断处理过程并且开放中断前未去掉高电平信号，则会引起不应有的第二次中断。

6. 程序查询方式

在程序查询方式下，外部设备仍通过往 8259A 发送中断请求信号要求 CPU 为其服务，但 8259A 不使用 INT 信号向 CPU 发中断请求信号。程序查询方式需要 CPU 不断查询 8259A，当查询到有中断请求时，转入相应的中断服务程序。

查询命令是通过往 8259A 偶地址端口发送查询命令 OCW_3 来实现的，从 CPU 发出查询命令到读取中断优先级期间，CPU 所执行的查询程序应包括如下几个环节：

(1) 用 CLI 指令关闭系统中断；

(2) 用 OUT 指令向 8259A 的偶地址端口送 OCW_3 命令字；

(3) 用 IN 指令从偶地址端口读取 8259A 的查询字。

OCW_3 命令字构成的查询命令格式为：

D_7	D_6	D_5	D_4	D_3	D_2	D_1	D_0
×	0	0	0	1	1	0	0

其中 D_2 位为 1 使 OCW_3 具有查询性质。

8259A 得到查询命令后，立即组成查询字，等待 CPU 读取。CPU 从 8259A 中读取的查询字格式为：

D_7	D_6	D_5	D_4	D_3	D_2	D_1	D_0
IR	—	—	—	—	W_2	W_1	W_0

其中 IR 为中断标志位，若 IR＝1，表示有设备请求中断服务；若 IR＝0，表示没有设备请求中断服务。在 IR＝1 时，W_2、W_1、W_0 表示当前中断请求的最高优先级中断的编码。

程序查询方式一般用在多于 64 级中断的场合，也可以用在一个中断服务程序中的几个模块分别为几个中断设备服务的情况。在这两种情况下，CPU 用查询命令得到中断优先级后，可以在中断服务程序中进一步判断运行哪一个模块，从而转到此模块为一个指定的外部设备服务。

7. 连接系统总线方式

8259A 和系统总线的连接方式有缓冲和非缓冲两种方式。

(1) 缓冲方式

缓冲方式用在多片 8259A 组成级联的大系统中，8259A 通过总线驱动器和数据总线相连。

总线缓冲器需要有一个启动的控制信号，为此把$\overline{SP}/\overline{EN}$端和总线驱动器的允许端相连。

缓冲方式是通过 8259A 的初始化命令字 ICW_4 设置的。

(2) 非缓冲方式

当系统中只有单片 8259A 时，一般将它直接与总线相连；此外，在一些只有少数几片 8259A 组成的不太大的级联系统中，也可直接将 8259A 连接到数据总线上，这种将 8259A 直接连接到系统总线的方式就是非缓冲方式。

在非缓冲方式下，8259A 的$\overline{SP}/\overline{EN}$端作为输入端使用，级联系统中，主片的$\overline{SP}/\overline{EN}$端接高电平，从片的$\overline{SP}/\overline{EN}$端接低电平，若只有单片 8259A，则其$\overline{SP}/\overline{EN}$端必须接高电平。

非缓冲方式也是通过 8259A 的初始化命令字 ICW_4 设置的。

6.3.3 8259A 的编程

8259A 的编程包括初始化编程和工作方式编程两部分，其中初始化命令字四个：ICW_1、ICW_2、ICW_3、ICW_4，操作命令字三个：OCW_1、OCW_2 和 OCW_3。

1. 8259A 的初始化命令字

初始化命令字必须按顺序填写，并且要求把 ICW_1 写入到偶地址端口中，而其余的初始化命令字写入到奇地址端口中。

(1) ICW_1 的格式和定义

ICW_1 也叫芯片控制初始化命令字，写入 8259A 的偶地址端口。

各位的具体定义如图 6-7 所示。

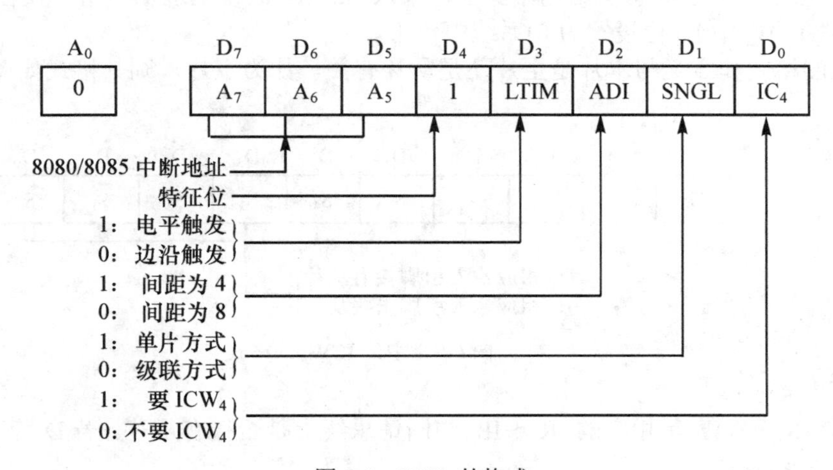

图 6-7 ICW_1 的格式

在 8080/8085 系统中 D_7、D_6、D_5 为中断向量地址位，在 80x86 系统中这 3 位不用，可为 0，也可为 1。

D_4 总是设置为 1，表示现在设置的是初始化命令字 ICW_1 而非操作命令字 OCW_2 和 OCW_3，因为操作命令字 OCW_2 和 OCW_3 也是写入偶地址端口的。

D_3(LTIM)表示中断请求输入线的触发方式。若 LTIM 为 1，则 8259A 的中断请求被设定为电平触发方式；若 LTIM 为 0，则 8259A 的中断请求被设定为边沿触发方式。

D_2(ADI)在 8080/8085 方式下使用，在 80x86 系统中不用。

D_1(SNGL)指出本片 8259A 是否与其他 8259A 处于级联状态，系统中只有一片 8259A 时，D_1 为 1；如果是多片 8259A 构成的级联系统，则 D_1 为 0。

D_0(IC_4)指出后面是否需要设置 ICW_4，$D_0=1$，表示要写入 ICW_4，由于 ICW_4 中的第 0(D_0)位设置为 1 时，表示本系统为 8086/8088 系统，所以在 80x86 系统中必须写入 ICW_4。

(2) ICW_2 的格式和定义

在 80×86 系统中，ICW_2 用于设定 8259A 的 8 个中断类型号，写入 8259A 的奇地址端口，其格式如图 6-8 所示。

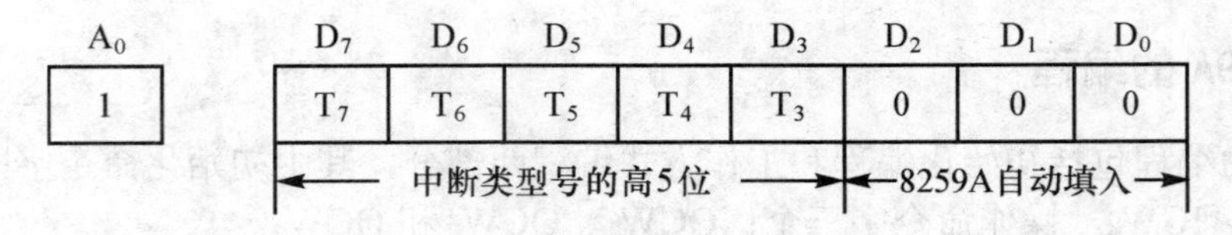

图 6-8　ICW_2 的格式

ICW_2 的 T_7～T_3 为中断类型号的高 5 位，由用户给出，而低 3 位由 8259A 按 IR 输入端自动填写，如 IR_0 为 000，IR_1 为 001…，IR_7 为 111，若 T_7～T_3 为 00001，则 IR_0 的中断类型号为 08H，IR_1 的中断类型号为 09H，…，IR_7 的中断类型号为 0FH。

(3) ICW_3 的格式和定义

ICW_3 是主片/从片标志初始化命令字，写入 8259A 的奇地址端口中。仅在由多片 8259A 构成的级联(ICW_1 中 D_1 位设置为 0)系统中使用。

ICW_3 的格式和定义与本片是主片还是从片有关，如为主片，则其格式如图 6-9 所示。

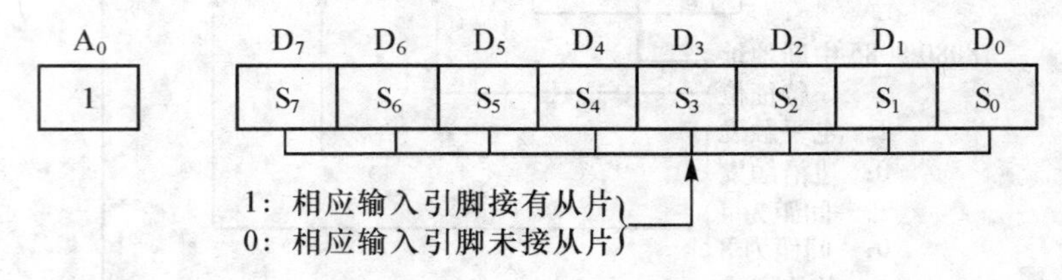

图 6-9　主片 ICW_3 的格式

D_7～D_0(S_7～S_0)表示相应的 IR_7～IR_0 中断请求线上是否接有从片。若 D_i 为 1，则表示对应的 IR_n 输入端接有从片。

如为从片 8259A，则其格式如图 6-10 所示。

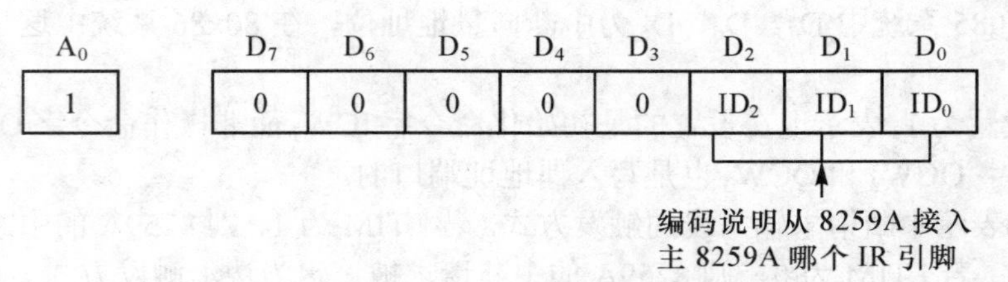

图 6-10　从片 ICW_3 的格式

D_2～D_0为从片的识别码，表示从片的INT引脚接到主片的哪一个IR_i引脚上。

(4) ICW_4的格式和定义

ICW_4只有在ICW_1的IC_4为1时才使用，写入8259A的奇地址端口，其格式如图6-11所示。

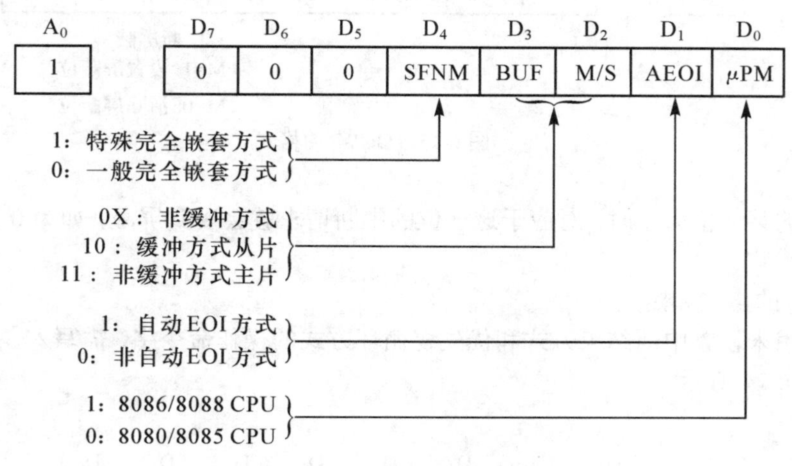

图6-11 ICW_4的格式

D_0(μPM)定义8259A工作的系统。

D_1(AEOI)表示中断结束的方式，如AEOI为1，则为自动中断结束方式；若AEOI为0，则为非自动中断结束方式，此时必须在中断服务程序中使用EOI命令，从而使ISR中最高优先级位清0。

D_2(M/S)表示本片8259A是主片还是从片。当M/S＝1时，为主片；当M/S=0时，为从片。

D_3(BUF)用于指示8259A是否工作在缓冲方式下，由此决定了8259A的$\overline{SP}/\overline{EN}$端的功能。当BUF为1时，8259A工作于缓冲方式下，$\overline{SP}/\overline{EN}$用作允许缓冲器接收/发送的输出控制信号$\overline{EN}$；当BUF为0时，8259A工作于非缓冲方式下，$\overline{SP}/\overline{EN}$用作主片/从片选择的输入控制信号$\overline{SP}$。

D_4(SFNM)用于设定级联方式下的优先权管理方式，若主片编程时设置SFNM为1，即为特殊全嵌套方式；若SFNM为0，则表示8259A工作于一般全嵌套方式。

ICW_4利用A_0＝1、IC_4＝1和初始化的顺序寻址。

写入初始化命令字的流程如图6-12所示。

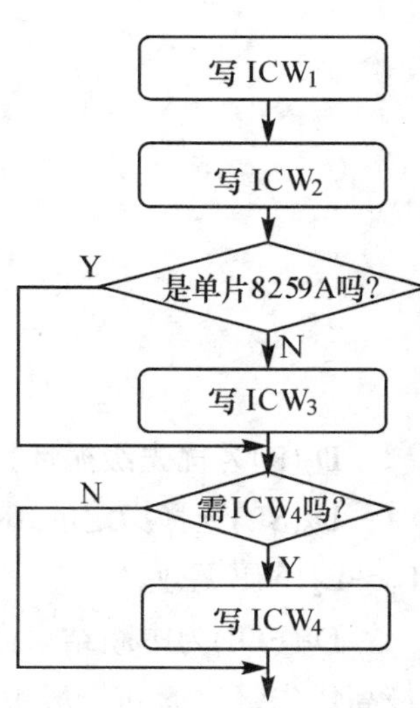

图 6-12 8259A初始化流程图

2. 8259A的操作命令字

8259A有三个操作命令字：OCW_1、OCW_2和OCW_3。操作命令字由应用程序设置，设置时在次序上没有严格要求，但对端口地址有严格规定：OCW_1必须写入8259A的奇数地址端口，而OCW_2和OCW_3则必须写入偶地址端口。

(1) OCW_1 的格式和定义

OCW_1 是中断屏蔽操作命令字，写入奇地址端口，其具体格式如图 6-13 所示。

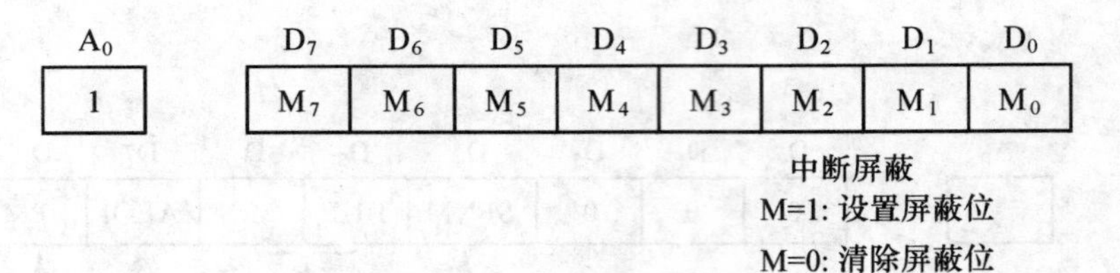

图 6-13　OCW_1 的格式

OCW_1 中的某一位为 1 时，对应于这一位的中断请求就会受到屏蔽，如为 0 则表示对应的中断请求得到允许。

(2) OCW_2 的格式和定义

OCW_2 是用来设置中断结束方式和优先权循环方式的操作命令字，需写入偶地址端口，其具体格式如图 6-14 所示。

A_0	D_7	D_6	D_5	D_4	D_3	D_2	D_1	D_0
0	R	SL	EOI	0	0	L_2	L_1	L_0

L_2～L_0：IR的级别编码

R	SL	EOI	说明
0	0	1	一般 EOI (正在服务的 ISR 复位)
0	1	1	特殊 EOI(L_0～L_2指定的 ISR 复位)
1	0	1	一般 EOI 正在复位的 IR 优先级置为最低
1	0	0	自动 EOI 下清循环优先级
0	0	0	自动 EOI 下清循环优先级
1	1	1	特殊 EOI,正在服务的 IR 优先级置为最低
1	1	0	不执行 EOI, L_0～L_2指定的优先级置为最低
0	1	0	无操作

图 6-14　OCW_2 的格式

D_7(R)为优先级循环控制位。若 R＝1，为循环优先级，若 R＝0，为固定优先级。

D_6(SL)选择指定的 IR 级别编码是否有效。若 SL=1，则 L_0～L_2 编码有效；若 SL=0，则 L_0～L_2 编码无效。

D_5(EOI)为中断结束命令位，在非自动中断结束命令情况下，当 EOI＝1 时，使 ISR 中的最高优先级位清 0(一般中断结束方式)，或由指定的 ISR 中的相应位清 0(特殊中断结束方式)。

D_2～D_0 (L_2～L_0)：有两个用处，一是用在特殊中断结束命令中，表示清除的是 ISR 中的哪一位；二是用在特殊循环方式中，表示系统中最低优先级编码。

(3) OCW_3 的格式和定义

OCW_3 为状态操作命令字，主要控制 8259A 的中断屏蔽、查询和读寄存器等状态，须写

入 8259A 的偶地址端口，其具体格式如图 6-15 所示。

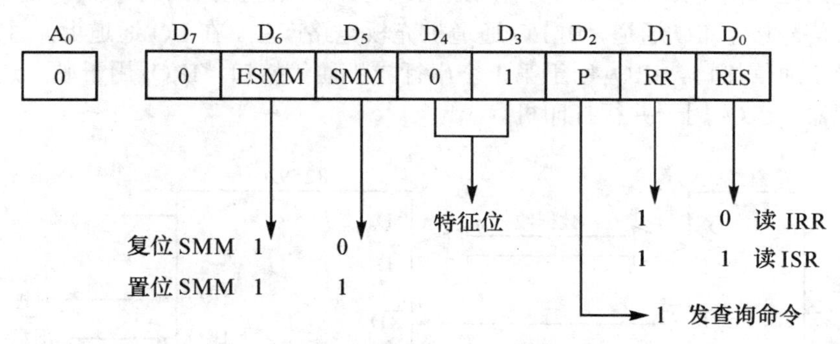

图 6-15 OCW_3 的格式

D_6(ESMM)为特殊屏蔽方式允许位，允许或禁止 D_5(SMM)起作用的控制位。当 ESMM 为 1 时允许 SMM 位起作用，为 0 时则禁止 SMM 位起作用。

D_5(SMM)位特殊屏蔽模式位，它受制于 ESMM 位，当 D_6D_5 取 10 时，为一般中断屏蔽方式；D_6D_5 取 11 时，为特殊中断屏蔽方式。

D_2(P)为查询方式位。当 P＝1 时，使 8259A 设置为中断查询方式，在 OCW_3 中使 P＝1，写入 8259A，就发出查询命令。8259A 立即组成查询字，等待 CPU 来读取。CPU 在执行下一条输入指令时，便可读到查询字。查询字中，如果 I=1，则表示有外设请求中断，而 W_2～W_0 的编码表明当前中断请求的最高优先级。I=0 说明无外设请求中断。

A_0	D_7	D_6	D_5	D_4	D_3	D_2	D_1	D_0
0	I	—	—	—	—	W_2	W_1	W_0

D_1(RR)为读寄存器命令。RR=1 时允许读 IRR 或 ISR，RR=0 时，禁止读这两个寄存器。

D_0(RIS)读 IRR 或 ISR 的选择位。RIS＝1，表示要读 ISR；RIS＝0，则表示要读 IRR。

6.3.4 8259A 在 80x86 微机上的应用

IBM PC/XT 只有 1 片 8259A，到了 IBM PC/AT，8259A 被增加到 2 片以适应更多外部设备的需要，而现在 PC 机中所用的 8259A 都集成在外围接口芯片中。

1. 8259A 在 IBM PC/XT 中的应用

由于 IBM PC/XT 中只有一片 8259A，所以它最多可连接 8 个外部中断源，其连接线路如图 6-16 所示。因只用一片 8259A，所以级联信号 CAS_0～CAS_2 没有使用。系统主机板 I/O 地址译码电路在 A_9 A_8 A_7 A_6 A_5=0001 时使 8259A 的 $\overline{CS}$ 有效，所以地址 020～03FH 都选中这片 8259A。ROM BIOS 中规定使用 20H(A_0 =0)和 21H(A_0 =1)。I/O 端口地址 20H 可以实现写入 ICW_1、OCW_2、OCW_3 和读出 IRR、ISR 以及查询字：地址 21H 可以实现写入 ICW_2～ICW_4、OCW_1 和读出 IMR。

IBM PC/XT 机中 8259A 的 8 个输入端标识为 IRQ_0～IRQ_7。其中 IRQ_0 接至主板上的定时

器/计数器 8253 通道 0 的输出信号端 OUT_0，用来产生微机系统的日时钟中断请求；IRQ_1 是键盘输入接口电路送来的中断请求信号，用来请求 CPU 读取键盘扫描码；IRQ_2 是系统保留的；另外 5 个请求信号接至 I/O 通道，由 I/O 通道扩充板电路产生。在 I/O 通道上，通常 IRQ_3 用于第 2 个串行异步通信接口，IRQ_4 用于第 1 个串行异步通信接口，IRQ_5 用于硬盘适配器，IRQ_6 用于软盘适配器，IRQ_7 用于并行打印机。

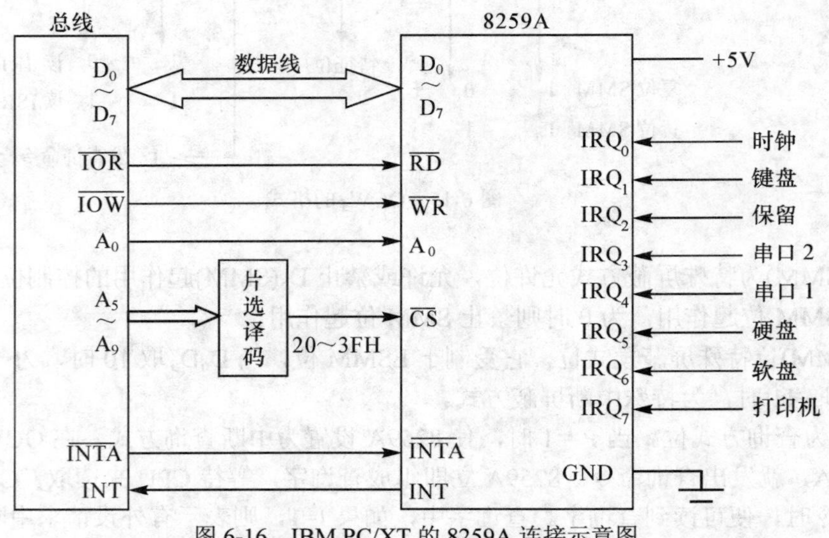

图 6-16　IBM PC/XT 的 8259A 连接示意图

ROM-BIOS 对 8259A 的初始化程序：

```
MOV AL, 00010011B        ; 设置ICW1，边沿触发，单片方式，需ICW4
OUT 20H, AL
MOV AL, 00001000B        ; 设置ICW2，中断类型号的高5位为00001
OUT 21H, AL
MOV AL, 00000101B        ; 设置ICW4，全嵌套方式，非自动中断结束方式
OUT 21H, AL
```

由于采用非自动结束方式，所以在中断服务程序结束返回前要发送中断结束命令：

```
MOV AL,20H               ; 设置OCW2，发中断结束命令
OUT 20H,AL
```

用户可以在自己的程序中发操作命令 OCW 或读出状态字，如禁止键盘中断 IRQ_1，其他中断状态不变，可编写如下程序段：

```
IN    AL, 21H            ; 读中断屏蔽寄存器IMR
OR    AL, 00000010B      ; 禁止IRQ1，其他不变
OUT   21H, AL            ; 设置OCW1，即中断屏蔽寄存器IMR
```

注意，此程序段执行后会产生严重的后果：键盘中断被禁止意味着系统对键盘上的按键不作任何反应，好像死机了一样，所以在该程序段延迟一定时间后，要及时开放键盘中断，

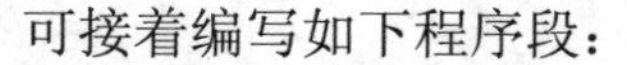

可接着编写如下程序段：

```
IN      AL, 21H                 ; 读中断屏蔽寄存器IMR
AND     AL, 11111101B           ; 开放IRQ1，其他不变
OUT     21H, AL                 ; 设置OCW1，即中断屏蔽寄存器IMR
```

如果要读出中断请求寄存器 IRR 或中断服务寄存器 ISR 的内容，则可通过设置 OCW_3 来完成，程序段如下：

```
MOV     AL, 00001010B           ;
OUT     20H, AL                 ; 设置OCW3，发出读中断请求寄存器IRR命令
NOP                             ; 延时，等待8259A操作结束
IN      AL, 20H                 ; 读IRR内容
```

2. 8259A 在 IBM PC/AT 中的应用

为扩大中断处理能力，IBM PC/AT 机中使用两片 8259A 组成主从式中断控制器提供 15 级中断，其硬件连接图如图 6-17 所示。由图 6-17 可见，主片 8259A 与 XT 机的中断控制器是一样的，只是原来保留的 IRQ_2 中断请求端用于级联 8259A，所以相当于主片的 IRQ_2 又扩展了 8 个中断请求端 IRQ_8～IR_{15}。系统分配给主片 8259A 的端口地址仍为 20H 和 21H，从片 8259A 的端口地址为 A_0H 和 A_1H，系统加电后，BIOS 对它们的初始化程序如下：

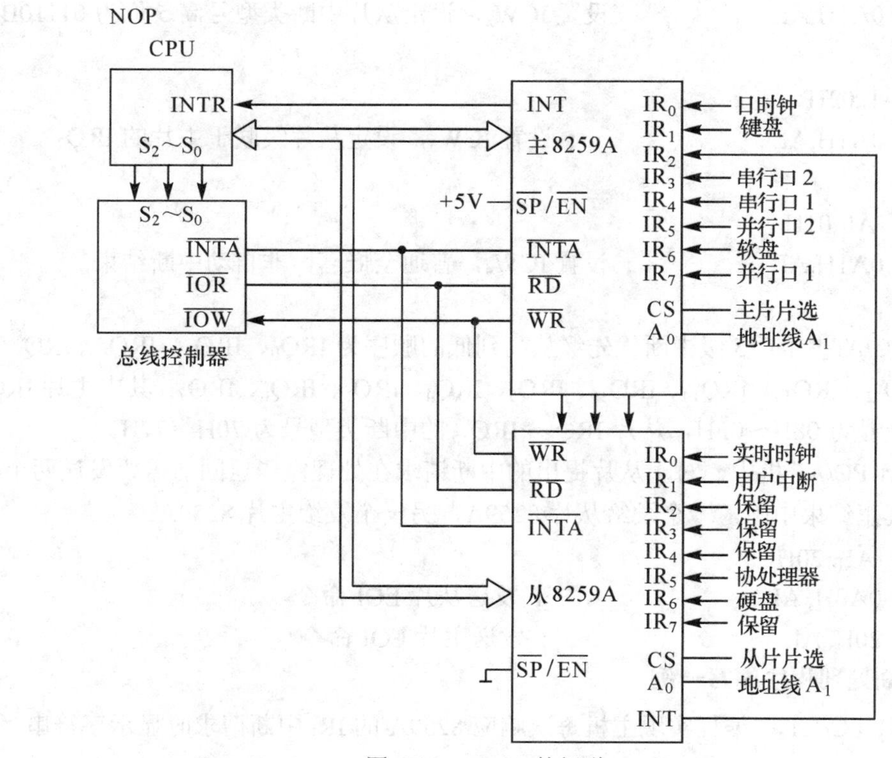

图 6-17　8259A 的级联

```
；主片 8259A 初始化程序段
MOV A L,11H                ；设置 ICW1，采用边沿触发，需要 ICW4
OUT 20H,AL                 ；
NOP                        ；等待 I/O 端口完成设置
MOV DX,0021H
MOV   AL,08H
OUT   DX,AL                ；设置 ICW2，中断类型号的高 5 位为 00001B
NOP
MOV   AL,04H
OUT   DX,AL                ；设置 ICW3，从片连到主片 IRQ2 引脚上
NOP
MOV   AL,15H               ；
OUT   DX,AL                ；设置 ICW4，特殊全嵌套，非自动中断结束
；从片 8259A 初始化程序段
MOV   AL,11H
OUT   0A0H,AL              ；设置 ICW1，边沿触发，需要 ICW4
NOP
MOV   AL,70H
OUT   0A1H,AL              ；设置 ICW2，设定从片中断类型号高 5 位为 01110B
NOP
MOV AL,02H
OUT   0A1H,AL              ；设置 ICW3，设定从片级联于主片的 IRQ2
NOP
MOV   AL,01H
OUT   0A1H,AL              ；设置 ICW4，普通全嵌套，非自动中断结束
NOP
```

IBM PC/AT 中的 15 级中断优先级从高到低的顺序为 IRQ_0、IRQ_1、IRQ_8、IRQ_9、IRQ_{10}、IRQ_{11}、IRQ_{12}、IRQ_{13}、IRQ_{14}、IRQ_{15}、IRQ_3、IRQ_4、IRQ_5、IRQ_6、IRQ_7；其中主片 IRQ_0～IRQ_7 的中断类型号为 08H～0FH，从片 IRQ_8～IRQ_{15} 的中断类型号为 70H～77H。

在 IBM PC/AT 机中，对于从片提出的中断请求在处理完毕返回前需要发送两个中断结束命令才能真正结束中断，一个发给从片 8259A，另一个发给主片 8259A：

```
MOV   AL, 20H
OUT   0A0H, AL             ；发送从片 EOI 命令
OUT   20H, AL              ；发送主片 EOI 命令
```

3．中断处理程序编写一例

在 IBM PC/XT 中编程实现主机每次响应 8259A 的 IR_2 中断请求时显示字符串“This is a IRQ2 interrupt!”，中断 10 次程序退出。IBM PC/XT 机中断控制器的地址为 20H、21H，对应

的中断类型号为 0AH。

由于开机时 ROM-BIOS 已对 8259A 进行了初始化，故在本程序中省去了对 8259A 进行初始化编程，程序参考流程如图 6-18 所示。

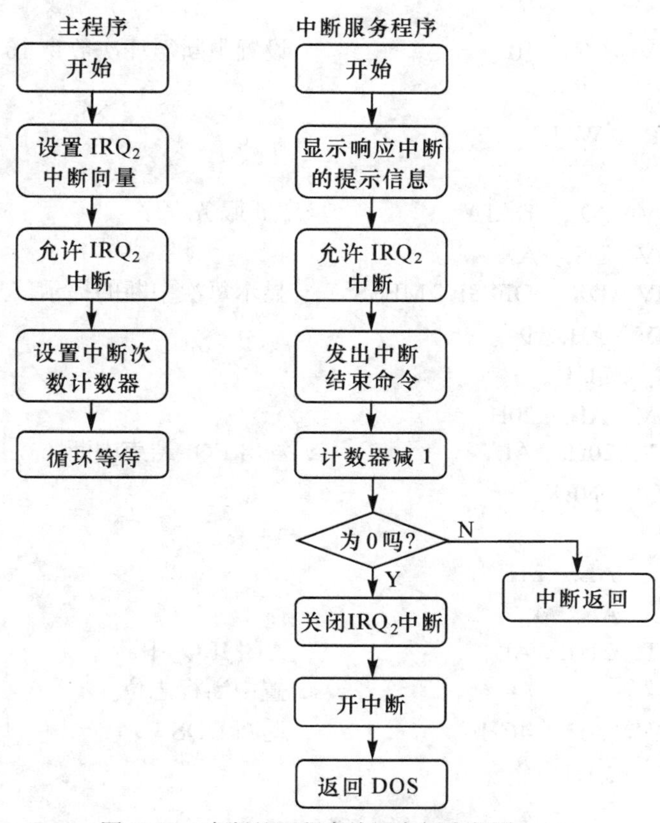

图 6-18　中断处理程序编写实例流程图

```
DATA     SEGMENT
MESS   DB   'This is a IRQ2 interrupt!', 0dh, 0ah, '$'
DATA     ENDS
CODE     SEGMENT
         ASSUME CS: CODE, DS: DATA
START:   PUSH     DS
         MOV      AX, CS
         MOV      DS, AX
         MOV      DX,   OFFSET INT02
         MOV      AX,   250AH
         INT      21H                       ; 设置 IRQ2 的中断向量
         POP      DS
```

```
        CLI
        IN      AL,  21H            ; 读中断屏蔽寄存器
        AND     AL,  0FBH           ; 开放IRQ2中断
        OUT     21H,  AL
        STI
        MOV     CX,  10             ; 设置中断循环次数为10次

WAIT:   JMP     WAIT

INT02:  MOV     AX,  DATA           ;中断服务程序
        MOV     DS,  AX
        MOV     DX,  OFFSET MESS    ; 显示每次中断的提示信息
        MOV     AH,  9
        INT     21H
        MOV     AL,  20H
        OUT     20H,  AL            ; 发出EOI结束中断
        LOOP    NEXT
        CLI
        IN      AL,  21H
        OR      AL,  4
        OUT     21H,  AL            ; 关闭IRQ2中断
        STI                         ; 置中断标志位
        MOV     AH,  4CH            ; 返回DOS
        INT     21H

NEXT:   IRET
CODE    ENDS
        END     START
```

习　题　6

6.1　试说明一般中断系统的组成和功能。

6.2　什么是中断类型码、中断向量、中断向量表？在基于 8086/8088 的微机系统中，中断类型码和中断向量之间有什么关系？

6.3　什么是硬件中断和软件中断？在PC机中两者的处理过程有什么不同？

6.4　试叙述基于8086/8088的微机系统处理硬件中断的过程。

6.5　在PC机中如何使用“用户中断”入口请求中断和进行编程？

6.6　8259A中断控制器的功能是什么？

6.7　8259A初始化编程过程完成哪些功能？这些功能由哪些ICW设定？

6.8 8259A 在初始化编程时设置为非中断自动结束方式，中断服务程序编写时应注意什么？

6.9 8259A 的初始化命令字和操作命令字有什么区别？它们分别对应于编程结构中哪些内部寄存器？

6.10 8259A 的中断屏蔽寄存器 IMR 与 8086 中断允许标志 IF 有什么区别？

6.11 80x86 的中断系统有哪几种中断类型？其优先次序如何？

6.12 什么是中断向量表？若编制一个中断服务程序，其中断类型约定为 80H，则它的入口地址(包括段地址和偏移地址)应放置在中断向量表中的哪几个单元？

6.13 简述 80x86CPU 对可屏蔽中断 INTR 的响应过程。

6.14 若 8086 系统采用单片 8259A 中断控制器控制中断，中断类型码给定为 20H，中断源的请求线与 8259A 的 IR_4 相连，试问：对应该中断源的中断向量表入口地址是什么？若中断服务程序入口地址为 4FE24H，则对应该中断源的中断向量表内容是什么，如何定位？

6.15 试按照如下要求对 8259A 设定初始化命令字：8086 系统中只有一片 8259A，中断请求信号使用电平触发方式，全嵌套中断优先级，数据总线无缓冲，采用中断自动结束方式。中断类型码为 20H～27H，8259A 的端口地址为 B0H 和 B1H。

6.16 给定 SP＝0100H、SS=2010H、PSW=0240H，在存储单元中已有内容为(00084)＝107CH、(00086H)＝00A7H，在段地址为 13C2H 及偏移地址为 0210H 的单元中，有一条中断指令 INT 21H。试指出在执行 INT 21H 指令，刚进入它的中断服务程序时，SS、SP、CS、IP、PSW 的内容是什么？栈顶的 3 个字的内容是什么(用图表示)？

6.17 中断处理程序的入口处为什么通常需要使用 STI 指令？

6.18 试编写这样一个程序段，它首先读出 8259A 中 IMR 寄存器的内容，然后屏蔽掉除 IR_1 以外的其他中断。设 8259A 的偶地址端口为 20H，奇地址端口为 21H。

6.19 假设某 80x86 系统中采用一片 8259A 芯片进行中断管理。设 8259A 工作在全嵌套工作方式下，采用非自动结束中断命令，中断请求采用边沿触发方式，IR_0 所对应的中断类型号为 80H。8259A 在系统中的端口地址为 280H 和 281H，试编写该系统中 8259A 的初始化程序段。

第 7 章 定时/计数器 8253/8254

7.1 概述

在微型计算机系统尤其是实时计算机测控系统中，经常需要为微处理器和I/O设备提供实时时钟，以实现定时中断、定时检测、定时扫描、定时显示等定时或延时控制，或者对外部事件进行计数并将计数结果提供给 CPU。

为了实现定时或延时控制，通常有三种方法：软件定时，不可编程硬件定时和可编程硬件定时。

软件定时就是通过执行一段固定的循环程序来实现定时。由于 CPU 执行每条指令都需要一定的时间，因此执行一个固定的程序段就需要一个固定的时间。定时或延时时间的长短可通过改变指令执行的循环次数来控制。这种软件定时方式要占用大量 CPU 时间，会降低 CPU 的利用率。

不可编程硬件定时是采用中小规模集成电路器件来构成定时电路。例如较常见的定时器有单稳触发器和 555 定时器等，利用它们和外接电阻、电容的结合，可在一定时间范围内实现定时。利用加法或减法计数器对周期一定的时钟脉冲计数，也是一种常见的硬件定时思路，从给计数器预置一定的初值开始计数到计数器最高位产生进位或借位信号，其时间间隔是一定的，而且通过改变计数器初值可使定时长短在一定范围内改变。这种硬件定时方案不占用 CPU 时间，且电路也较简单，但电路一经连接好后，定时值就不便控制和改变。

可编程硬件定时就是在上述不可编程硬件定时的基础上加以改进，使其定时值和定时范围可方便地由软件来确定和改变。可编程定时电路一般都是用可编程计数器来实现，因此它既可计数又可定时，故称之为可编程定时器 / 计数器电路。

目前，各种微型计算机和微机系统中都是采用可编程定时器/计数器来满足计数和定时、延时控制的需要。如各种 PC 系列机中普遍采用的是 Intel 公司的 8253 / 8254 定时器/计数器芯片，因此本章主要对 Intel 8253 / 8254 定时 / 计数器进行详细讨论。

7.2 可编程定时/计数器 8253-5/8254-2

PC/XT 使用 8253-5，PC/AT 使用 8254-2 作为定时系统的核心芯片，两者的外形引脚及功能都是兼容的，只是工作的最高频率有所差异(前者为 5MHz，后者为 10MHz)。另外，还有 8253(2MHz)、8254(8MHz)和 8254-5(5MHz)兼容芯片。下面以 8253-5 和 8254-2 为例进行分析。本书中，以后出现的 8253 和 8254 均分别指 8253-5 和 8254-2。

7.2.1 外部特性与内部逻辑结构

1. 外部特性

8253-5/8254-2 是 24 脚双列直插式芯片，+5V 电源供电。每个芯片内部有三个独立的计数器(计数通道)，每个计数器都有自己的时钟输入 CLK，计数输出 OUT 和控制信号 GATE。通过编程设置工作方式，计数器可作计数用，也可作定时用，故称定时/计数器，记做 T/C。其引脚分配见图 7-1。

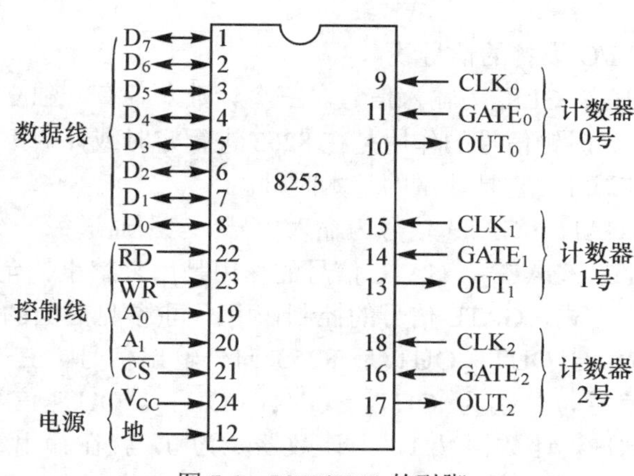

图 7-1 8253/8254 的引脚

各引脚的功能定义如下：

首先，介绍面向 CPU 的信号线。

(1) 数据总线 D_0~D_7：它们为三态输出、输入线，用于将 8253 与系统数据总线相连，是 8253 与 CPU 接口数据线，供 CPU 向 8253 进行读写数据、传送命令和状态信息。

(2) 片选线 CS：为输入信号，低电平有效。当 CS 为低电平时 CPU 选中 8253，可以向 8253 进行读写；CS 为高电平为未选中。CS 由 CPU 输出的地址码经译码产生。

(3) 读信号 RD：它为输入信号，低电平有效。它由 CPU 发出，用于对 8253 寄存器读操作。

(4) 写信号 WR：它为输入信号，低电平有效。它由 CPU 发出，用于对 8253 寄存器写操作。

(5) 地址线 A_1A_0：这两根线接到系统地址总线的 A_1A_0 上。当 CS＝0，8253 被选中时，A_1A_0 用于选择 8253 内部寄存器，以便对它们进行读写操作。8253 内部寄存器与地址线 A_1A_0 的关系如表 7-1 所示。

表7-1 8253/8254的读写操作及端口地址

$\overline{CS}$	$\overline{RD}$	$\overline{WR}$	A_1	A_0	操 作	PC 微机
0	1	0	0	0	加载 T/C_0（向计数器 0 写入“计数初值”）	40H
0	1	0	0	1	加载 T/C_1（向计数器 1 写入“计数初值”）	41H
0	1	0	1	0	加载 T/C_2（向计数器 2 写入“计数初值”）	42H
0	1	0	1	1	向控制寄存器写“方式控制字”	43H
0	0	1	0	0	读 T/C_0（从计数器 0 读出“当前计数值”）	40H

续表

$\overline{CS}$	$\overline{RD}$	$\overline{WR}$	A_1	A_0	操 作	PC 微机
0	0	1	0	1	读 T/C_1（从计数器 1 读出“当前计数值”）	41H
0	0	1	1	0	读 T/C_2（从计数器 2 读出“当前计数值”）	42H
0	0	1	1	1	无操作三态	
1	×	×	×	×	禁止三态	
0	1	1	×	×	无操作三态	

其次，介绍面向 I/O 设备的信号线。

(6) 时钟信号 CLK：CLK 为输入信号。三个计数器各有一独立的时钟输入信号，分别为 CLK_0、CLK_1、CLK_2。时钟信号的作用是在 8253 进行定时或计数工作时，每输入一个时钟信号 CLK，便使计数值减 1。它是计量的基本时钟。

(7) 门选通信号 GATE：GATE 信号为输入信号。三个通道每一个都有自己的门选通信号，分别为 $GATE_0$、$GATE_1$、$GATE_2$。GATE 信号的作用是用来禁止、允许或开始计数过程的。对 8253 的 6 种不同工作方式，GATE 信号的控制作用不同(参见后面的表 7-2)。

(8) 计数器输出信号 OUT：OUT 是 8253 向外输出信号。三个独立通道，每一个都有自己的计数器输出信号，分别为 OUT_0、OUT_1、OUT_2。OUT 信号的作用是，计数器工作时，每来 1 个时钟脉冲，计数器减 1，当计数器减为 0，就在输出线上输出一个 OUT 信号，以指示定时或计数已到。这个信号可作为外部定时、计数控制信号引到 I/O 设备用来启动某种操作(开/关或启/停)，也可作为定时、计数已到的状态信号供 CPU 检测，或作为中断请求信号使用。

2．内部逻辑结构

8253/8254 内部有 6 个模块，其内部结构框图如图 7-2 所示。

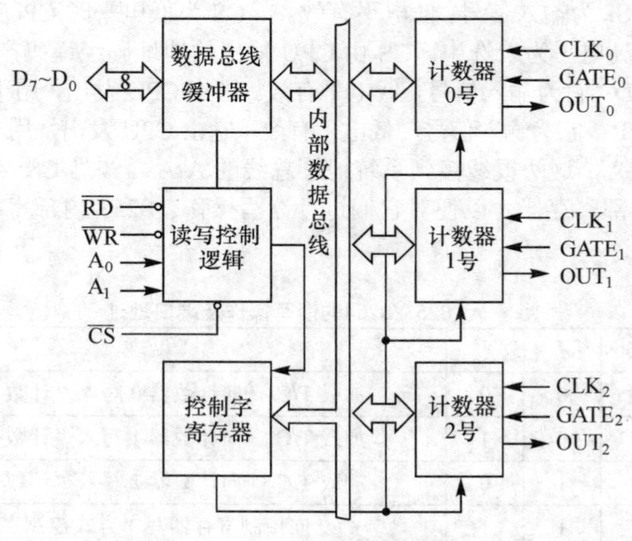

图 7-2　8253/8254 的内部结构

(1) 数据总线缓冲器：它是一个三态、双向 8 位寄存器，用于将 8253 与系统数据总线 D_0~D_7 相连。CPU 通过数据总线缓冲器向 8253 写入数据、命令或从数据总线缓冲器读取数据和状态信息。

数据总线缓冲器有三个基本功能：向 8253 写入确定 8253 工作方式的命令；向计数寄存器装入初值；读出计数器的初值或当前值。

(2) 读/写逻辑：它由 CPU 发来的读/写信号和地址信号来选择读出或写入寄存器，并且确定数据传输的方向：是读出还是写入。

(3) 控制字寄存器：它接受 CPU 送来的控制字。这个控制字用来选择计数器及相应的工作方式。控制字寄存器只能写入，不能读出，其内容将在后面讨论。

(4) 计数器：8253 有三个独立的计数器（计数通道），每个通道的内部结构完全相同，如图 7-3 所示。该图表示计数器由 16 位初值寄存器、减 1 计数器和当前计数值锁存器组成。

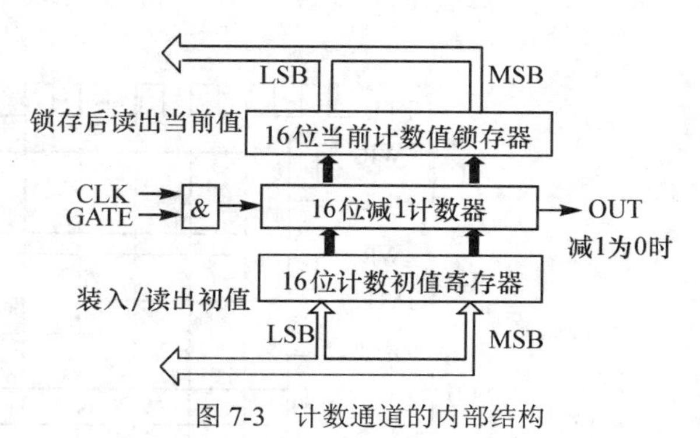

图 7-3　计数通道的内部结构

● 计数初值寄存器（16 位）：用于存放计数初值（定时常数、分频系数），其长度为 16 位，故最大计数值为 65536（64KB）。计数初值寄存器的初值和减 1 计数器的初值在初始化时是一起装入的，计数初值寄存器的计数初值，在计数器计数过程中保持不变，故计数初值寄存器的作用是在自动重装操作中为减 1 计数器提供计数初值，以便重复计数。减 1 计数器减 1 至 0 后，可以自动把计数初值寄存器的内容再装入减 1 寄存器，重新开始计数。

● 减 1 计数器（16 位）：用于进行减 1 计数操作，每来一个时钟脉冲，它就作减 1 运算，直至将计数值减为零。如果要连续进行计数，则可重装计数初值寄存器的内容到减 1 计数器。

● 当前计数值锁存器（16 位）：用于锁存减 1 计数器的内容，以供读出和查询。由于减 1 计数器的内容是随输入时钟脉冲在不断改变的，为了读取这些不断变化的当前计数值，只有先把它送到当前计数值锁存器，并加以锁存才能读出。

因此，若要了解计数初值，则可从计数初值寄存器直接读出。而如果要想知道计数过程中当前计数值，则必须将当前值锁存后，从输出锁存器读出，不能直接从减 1 计数器中读出当前值。为此，在 8253 的命令字中，设置了锁存命令。

7.2.2　工作方式及特点

8253-5/8254-2 芯片的每个计数通道都有六种工作方式可供选用。区分这六种工作方式的主要标志有四点：一是输出波形不同；二是启动计数器的触发方式不同；三是计数过程中门控信号 GATE 对计数操作的影响不同；四是在计数过程中改变计数初值的处理方式不同。

工作于任何一种方式，都必须先写控制字至控制字寄存器，以选择所需方式，同时使所有逻辑电路复位、使计数初值寄存器内容清零、使 OUT 变为规定状态，再向计数初值寄存器写入计数初值，然后才能在 GATE 信号的控制下，在 CLK 脉冲的作用下进行计数。

下面分别介绍各种工作方式。在说明各种方式的波形图中，一律假定已经写入了控制字，通道已经进入了相应的工作方式，波形全部从写初值至计数初值寄存器(用 n 值表示)开始画起。

1. 0 方式——低电平输出（GATE 信号上升沿继续计数）

0 方式有如下三个特点：

(1) 当向计数器写完计数值时，开始计数，计数一旦开始，输出端 OUT 就变成低电平，并在计数过程中一直保持低电平，当计数器减到零时，OUT 立即变成高电平。

(2) 门控信号 GATE 为高电平时，计数器工作；当 GATE 为低电平时，计数器停止工作，其计数值保持不变。如果门控信号 GATE 再次变高时，计数器从中止处继续计数。

(3) 在计数器工作期间，如果重新写入新的计数值，则计数器将按新写入的计数值重新工作。

0 方式的上述工作特点可用如图 7-4 所示的时序来表示。

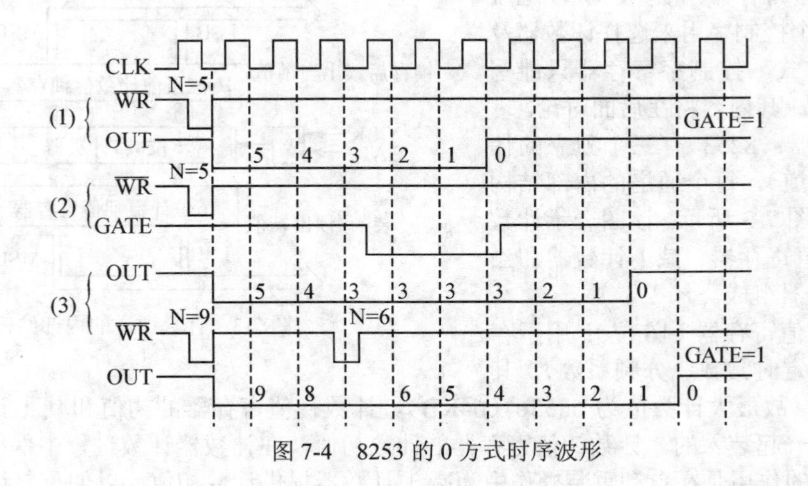

图 7-4　8253 的 0 方式时序波形

2. 1 方式——低电平输出（GATE 信号上升沿重新计数）

(1) 1 方式为可编程的单稳态工作方式。当此方式设定后，输出 OUT 就变成高电平。写入计数值后，计数器并不立即开始工作，直到门控信号 GATE 有效（即变为高电平）之后的一个时钟周期的下降沿，才开始工作，使输出 OUT 变成低电平，并在计数过程中一直保持低电平，直到计数值减到零后，输出才变成高电平，见图 7-5。

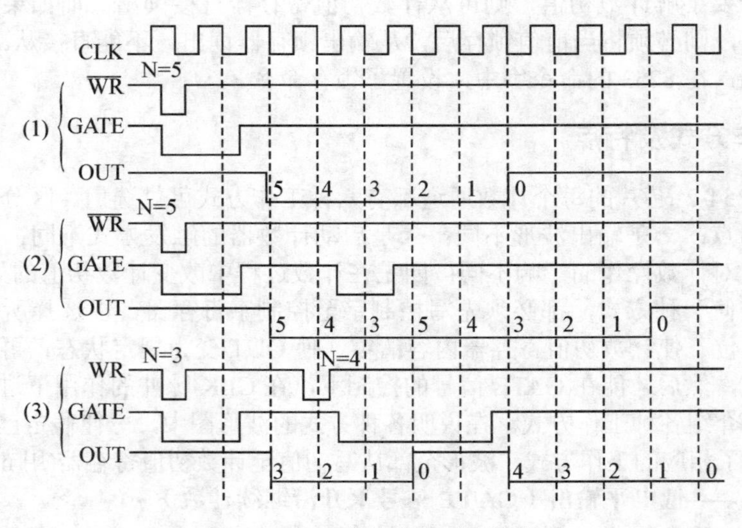

图 7-5　8253 的 1 方式时序波形

(2) 在计数器工作期间，当 GATE 又出现上升沿时，计数器重新装入原计数初值并重新开始计数。

(3) 若计数器工作期间对计数器写入新的计数值后，只要门控信号再次出现上升沿，不管原来计数是否到 0，则立即按新写入的计数值重新开始计数。

3. 2 方式——周期性负脉冲输出

2 方式是一种具有自动装入时间常数(计数初值)的 N 分频器，其工作特点如下：

(1) 计数器计数期间，输出 OUT 为高电平，待计数值减到 1 时，输出一个时钟脉冲周期的负脉冲，至计数值为 0 时，自动重新装入原计数初值，输出又恢复高电平并重新作减法计数。

(2) 门控信号 GATE 为高电平时允许计数。若在计数期间，门控信号变为低电平,则计数器停止计数，待 GATE 恢复高电平后，计数器将按原装入的计数值重新开始计数。

(3) 在计数器工作期间，如果向此计数器写入新的计数值，则计数器仍按原计数值计数，直到计数器回零之后，才按新写入的计数值计数，其工作时序如图 7-6 所示。

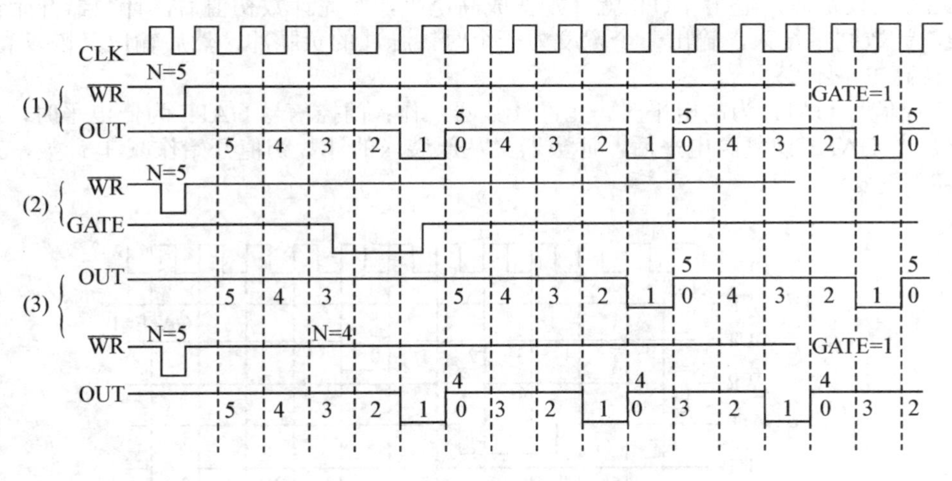

图 7-6　8253 的 2 方式时序波形

4. 3 方式——周期性方波输出

3 方式与 2 工作方式基本相同，也具有自动装入时间常数的能力，不同之处在于：

(1) 工作在 3 方式，OUT 引脚输出的不是一个时钟周期的负脉冲，而是占空比为 1∶1 或近似 1∶1 的方波；当计数初值为偶数时，输出在前一半的计数过程中为高电平，在后一半的计数过程中为低电平。

(2) 当计数初值为奇数时，在前一半加 1 的计数过程中，输出为高电平，后一半减 1 的计数过程中为低电平。例如，若计数初值设为 5，则在前 3 个时钟周期中，引脚 OUT 输出高电平，而在后 2 个时钟周期中则输出低电平。8253 的 2 方式和 3 方式都是最为常用的工作方式，工作时序如图 7-7 所示。

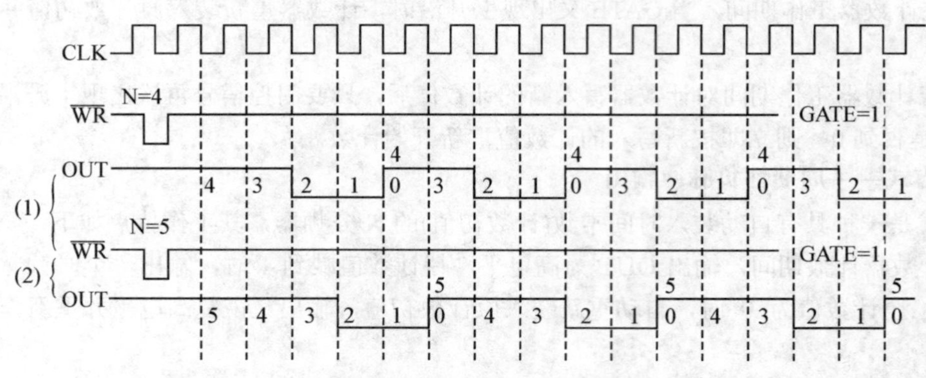

图 7-7　8253 的 3 方式时序波形

5. 4 方式——单次负脉冲输出(软件触发)

4 方式是一种由软件启动的闸门式计数方式，即由写入计数初值来触发计数器开始工作，其特点是：

(1) 此方式设定后，输出 OUT 就开始变成高电平，写完计数初值后，计数器开始计数，计数完毕，计数回零结束，输出一个宽度为一个时钟脉冲的负脉冲，然后输出又恢复高电平，并一直保持高电平不变。

(2) 门控信号 GATE 为高电平时，允许计数器工作；门控信号 GATE 为低电平时，计数器停止工作。当 GATE 恢复高电平后，计数器又从原装入的计数初值开始作减 1 计数，工作时序如图 7-8 所示。

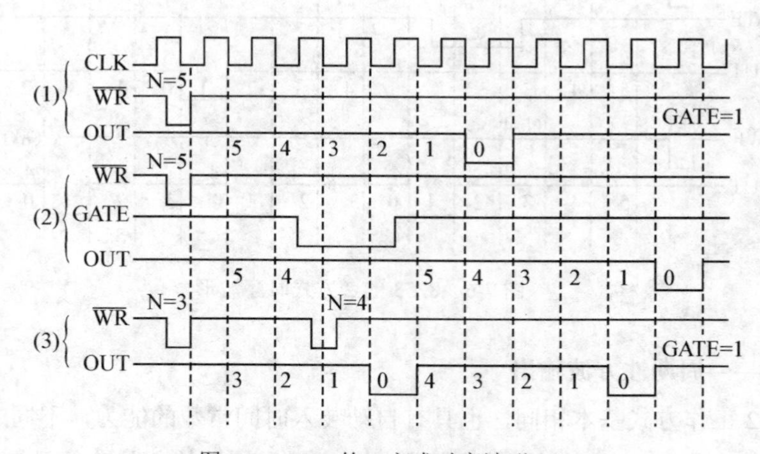

图 7-8　8253 的 4 方式时序波形

(3) 计数器工作期间，若向计数器写入新的计数值，则不影响当前的计数状态，仅当当前计数值计完回零后，计数器才按新写入的计数初值开始计数，一旦计数完毕，计数器将停止工作。

6. 5 方式——单次负脉冲输出(硬件触发)

5 方式工作特点在于由 GATE 上升沿触发计数器工作。

(1) 在 5 方式下，当写入计数初值后，计数器并不立即开始计数，而要由门控信号出现的上升沿启动计数。计数器计数回零后，将在输出一个时钟周期的负脉冲后恢复高电平。

(2) 在计数过程中(或者计数结束后)，如果门控 GATE 再次出现上升沿，则计数器重新装

入原计数初值并重新开始计数，其工作时序如图 7-9 所示。

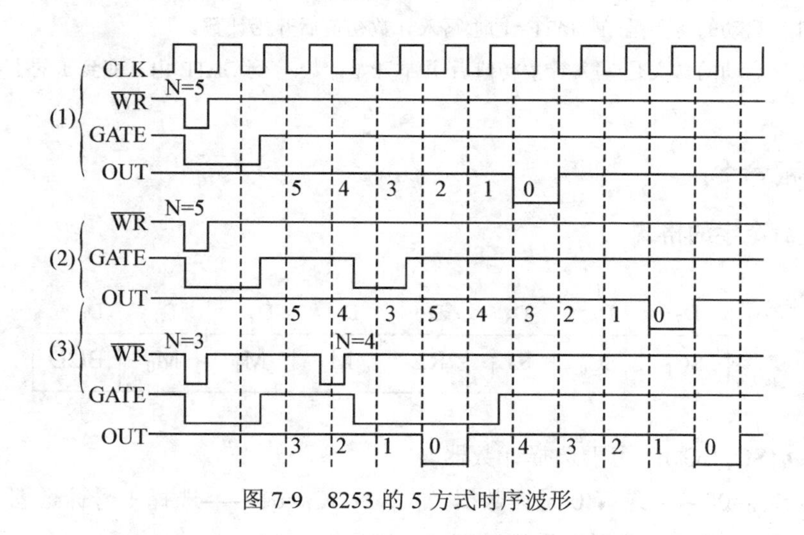

图 7-9　8253 的 5 方式时序波形

(3) 若计数器工作期间对计数器写入新的计数值后，只要门控信号再次出现上升沿，不管原来计数是否到 0，则立即按新写入的计数值重新开始计数。

7. 六种工作方式的比较

上面分别说明了 8253-5 六种方式的工作过程，现在来对比分析这六种方式的特点和彼此之间的差别，以便在应用时，有针对性地加以选择，其六种方式的特点和彼此之间的差别如表 7-2 所示。

表 7-2　**8253/8254 的六种方式的特点**

特　点		0 方式	1 方式	2 方式	3 方式	4 方式	5 方式
基本功能		计数结束输出正跳变信号	单稳延时器	分频器	方波发生器	单脉冲发生器	单脉冲发生器
基本输出波形		写入初值后，经过 N+1 个 CLK 输出为高	宽度为 N 个 CLK 宽度的单个负脉冲	宽度为一个 CLK 宽度的连续负脉冲	占空比为 1∶1 或近似 1∶1 的连续方波①②	宽度为一个 CLK 宽度的单个负脉冲	宽度为一个 CLK 宽度的单个负脉冲
启动方式		"软件"启动③	"硬件"启动④	"软/硬"启动	"软/硬"启动	"软件"启动	"硬件"启动
GATE 的控制作用	GATE=0	中止计数	—	中止计数	中止计数	中止计数	—
	下降沿	暂停计数	—	停止计数	停止计数	停止计数	—
	上升沿	继续计数	开始或重新开始计数	重新开始计数	重新开始计数	重新开始计数	开始或重新开始计数
	GATE=1	允许计数	—	允许计数	允许计数	允许计数	—
初值重装		—	—	初值自动重装	初值自动重装	—	—
计数过程中改变计数初值		立即有效	外部触发后有效	计数到 1 后有效	外部触发有效，计数结束后有效	立即有效	外部触发后有效

表中说明:①N 为偶数时,正负脉宽均为 N/2 个 CLK 宽度,占空比 1∶1。

② N 为奇数时,正脉宽为(N+1)/2 个 CLK 宽度,负脉宽为(N-1)/2 个 CLK 宽度,占空比为近似 1∶1。

③ “软件”启动的含义是:在 GATE=1 时,写入计数初值后开始计数。

④ “硬件”启动的含义是:写入计数初值后,并不开始计数,等到 GATE 由 0 变到 1 的上升沿,才开始计数。

7.2.3 编程命令

1. 方式命令字的格式

D_7	D_6	D_5	D_4	D_3	D_2	D_1	D_0
SC_1	SC_0	RL_1	RL_0	M_2	M_1	M_0	BCD

(1) D_7 D_6(SC_1 SC_0):用于选择计数器。

SC_1 SC_0=00——选择 0 号计数器　　SC_1 SC_0=01——选择 1 号计数器

SC_1 SC_0=10——选择 2 号计数器　　SC_1 SC_0=11——非法

(2) D_5D_4(RL_1 RL_0):用来控制计数器读/写的字节数(1 或 2 个字节)及读写高低字节的顺序。

RL_1RL_0＝00——为锁存命令，把由 SC_1SC_0 指定的计数器的当前值锁存在锁存寄存器中，以便去读取它。

RL_1RL_0＝01——仅读/写一个低字节

RL_1RL_0＝10——仅读/写一个高字节

RL_1RL_0＝11——读/写 2 个字节，先是低字节，后是高字节

(3) D_3~D_1(M_2~M_0)：用来选择计数器的工作方式。

$M_2M_1M_0$＝000——方式 0　　$M_2M_1M_0$＝011——方式 3

$M_2M_1M_0$＝001——方式 1　　$M_2M_1M_0$＝100——方式 4

$M_2M_1M_0$＝010——方式 2　　$M_2M_1M_0$＝101——方式 5

(4) D_0(BCD)：用来指定计数器的码制，是按二进制数还是按二-十进制数计数。

BCD＝0(二进制)　　BCD＝1(二-十进制)

2. 8253/8254 的初始化

芯片加电后，其工作方式是不确定的，为了正常工作，要对芯片进行初始化。初始化的工作有两点：一是向控制寄存器写入方式控制字，以选择计数器(三个中之一个)，确定工作方式(六种方式之一)，指定计数器计数初值的长度和装入顺序以及计数值的码制(BCD 码或二进制码)。二是向已选定的计数器按方式控制字的要求写入计数初值。

其初始化编程的步骤为：

(1) 写入通道控制字，规定通道的工作方式。

(2) 写入计数初值 N。

其计数初值 N 的计算，可由计数初值 N 与输入时钟（f_{CLK}）频率与输出波形（f_{OUT}）频率之间的关系得到：

$$N= f_{CLK}/ f_{OUT}=T_{out}/T_{clk}$$

例如：某 8253 的 CLK_1 输入 2.5MHz 的时钟脉冲，要求 OUT_1 输出频率为 1kHz 的方波，试编写其初始化程序（假定 TIMER 为 8253 计数器 0 的符号地址，则通道 1 端口、控制字寄存器端口地址分别为 TIMER +1、TIMER +3）。

解: ① 计算其初值 N。

计数器 1 的初值 $N=F_{CLK1}/f_{OUT1}=2.5\times10^3kHz/1kHz=2500$(即 09C4H)

② 方式命令字（方式控制字）。

由于要求 OUT_1 输出方波，则通道 1 工作于方式 3；由初值可知写入双字节（先低字节，后高字节）；采用二进制计数。故其方式命令字为：01110110B=76H

③ 初始化程序为：

```
MOV   DX,TIMER +3          ；定义通道 1 为方式 3
MOV   AL,76H
OUT   DX,AL
MOV   DX,TIMER +1          ；给通道 1 送计数初值
MOV   AX,09C4H
OUT   DX,AL                ；先送低字节（C4H）
MOV   AL,AH
OUT   DX,AL                ；再送高字节（09H）
```

3．读当前计数值——锁存后读操作

CPU 可用输入指令读取 8253/8254 任一个通道的计数值。CPU 读到的是执行输入指令瞬间计数器的现行值。但 8253/8254 的计数器是 16 位的，所以要分两次读至 CPU，因此，若不设法锁存，则在输入过程中，计数值可能已经变化了。要锁存有两种办法：

（1）利用 GATE 信号使计数过程暂停，然后读取计数值。

（2）向 8253/8254 控制字地址送一个计数值锁存命令，然后读取计数值。

计数值锁存命令是控制字的一种特殊形式。锁存命令的 D_7D_6 编码，决定所要锁存的计数通道。而锁存命令的 D_5D_4 必须为 00，这是锁存命令的标志。锁存命令的低 4 位可以为全 0，因此，3 个计数器的锁存命令分别为：通道 0 为 00H，通道 1 为 40H，通道 2 为 80H。

例如，要求读出 1 号计数器的当前计数值，存入到 CX 中，其程序段为：

```
MOV   AL,40H          ；1 号计数器的锁存命令
OUT   TIMER+3，AL     ；写入至控制字寄存器
IN    AL,TIMER+1      ；读低 8 位
MOV   CL,AL           ；存于 CL 中
IN    AL,TIMER+1      ；读高 8 位
MOV   CH,AL           ；存于 CH 中
```

4. 8254-PIT

8254-PIT 是 8253-PIT 的改进型，因此它的操作方式以及引脚与 8253 完全相同。

它的改进主要反映在两个方面：

(1) 8254 的计数频率更高。8254 可由直流至 6MHz，8254-2 可高达 10MHz。

(2) 8254 多了一个读回命令(写入至控制字寄存器)，其格式如图 7-10 所示。

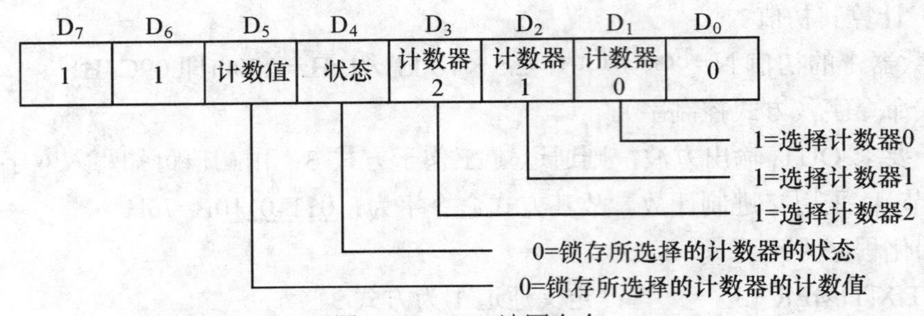

图 7-10　8254 读回命令

这个命令可以令三个通道的计数值都锁存(在 8253 中要三个通道的计数值都锁存，需写入三个命令)。

另外，8254 中每个计数器都有一个状态字可由读回命令令其锁存，然后由 CPU 读取。状态字的格式如图 7-11 所示。

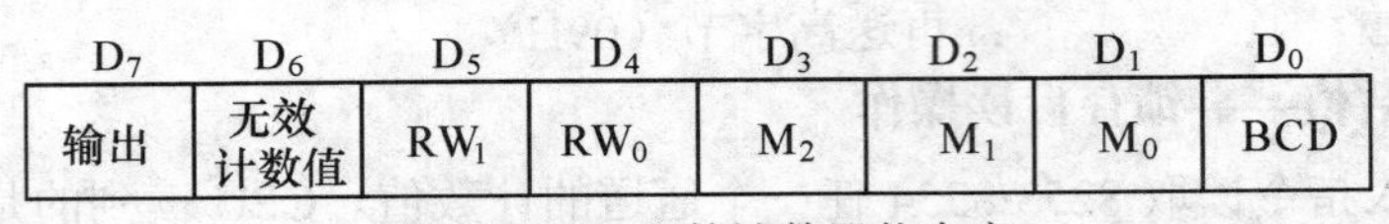

图 7-11　8254 的计数器状态字

其中 D_5~D_0 位即为写入此通道的控制字的相应部分。D_7 位反映了该计数器的输出引脚的现行状态，输出(OUT)为高电平，D_7＝1；输出为低电平，D_7＝0。D_6 位反映计数初值寄存器中的计数值是否已装入减 1 计数器中，若最后写入计数初值寄存器的计数值已装入减 1 计数器，则 D_6＝0，表示可读计数；若计数初值寄存器的计数值未装入减 1 计数器，则 D_6＝1，表示无效计数，读取的计数值将不反映刚才写入的那个新计数值。

7.3　8253/8254 的应用举例

8253/8254 的具体应用分两种情况：一种是利用微机系统配置的定时器资源，来开发应用系统。另一种是用户添加定时器扩展的定时/计数功能，来开发应用系统，下面分别加以讨论。

7.3.1　8253/8254 在 PC 系列机定时系统中的应用

在 PC 系列机中，CPU 的外围接口芯片对定时的要求主要表现在三方面：一是日历时钟，包括年月日、时分秒，精确到 0.01s；二是动态存储器刷新；三是声音，定时器可根据不同的音频产生不同的频率信号，驱动扬声器。针对这三种定时要求，定时系统以 8253/8254 为核心设立了三个相互独立的通道，其逻辑结构框图如图 7-12 所示。

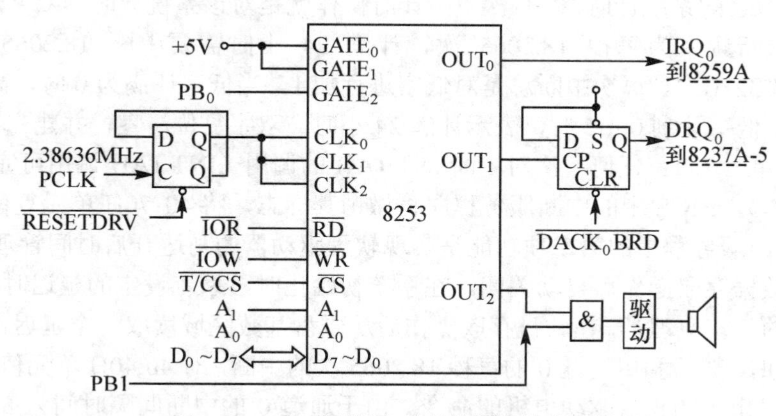

图 7-12　PC 系列机定时系统逻辑结构框图

由 7-12 图可见，8253/8254 的 3 个计数器通道在该定时系统中的作用及有关信号规定如表 7-3 所示。

表 7-3　**8253/8254 各通道在定时系统中的作用及信号规定**

	计数器通道 0	计数器通道 1	计数器通道 2
功能	时钟信号发生器	刷新请求发生器	音频信号发生器
GATE	+5V	+5V	程控（PB_0）
CLK	1.1931816MHz	1.1931816MHz	1.1931816MHz
OUT	8259A IRQ_0	8237 $DREQ_0$	扬声器

从图 7-12 的片选信号 $\overline{CS}$ 和端口选择信号 A_1、A_0 的连接可推知 8253/8254 的端口地址。片选信号来自地址译码电路的 T/C$\overline{CS}$ 端，该端可选中的 8253/8254 的端口地址多达 32 个，其范围为 0040H~005FH。又由于 8253/8254 的 A_1、A_0 由系统地址总线的 A_1、A_0 位控制，所以每个计数器通道的端口地址有 8 个。实际应用中，系统程序仅从中选用了 4 个地址 0040H~0043H 分别作为端口 0~端口 3 的地址。

下面分别说明 8253/8254 三个通道在 PC XT/AT 机中的使用原理。

1. 通道 0

通道 0 是一个产生实时时钟信号的系统计时器。系统利用它完成日历时钟计数，控制软盘驱动器读、写操作后的电动机的自动延迟停机以及为用户提供定时中断调用。用户可使用这个中断调用运行自己的中断处理程序。它的 $GATE_0$ 接+5V，CLK_0 输入为 1.1931816MHz 方波，工作于方式 3，减 1 计数器的初值(即置入初值寄存器的内容)为 0(即 65536)，输出信号 OUT_0 连接到系统板上 8259A 的 IRQ_0 中断请求输入线(最高级可屏蔽中断)。于是，在 OUT_0 引脚上输出 1.1931816MHz/65536=18.2065Hz 的方波脉冲序列，即每经过 54.925ms 产生一次 0 级中断请求。根据该中断请求，系统直接调用固化在 BIOS 中的中断处理程序，调用命令为 INT 8H(即该中断的类型码为 8)。

INT 8H 中断服务程序的第一项功能是完成日时钟的计时。BIOS 数据区的 40:6CH 至

40:6FH 是一个双字的系统计时器。每次中断计时操作就是对该系统计时器双字进行加 1 操作。因为通道 0 中断频率为每秒 18.2065 次，计满 24 小时需要中断 18.2065×3600×24＝1573042(001800B2H)次。每次中断总是对低字进行加 1，当低字计满为 0 时，高字加 1；当高字计到 0018H、低字计到 00B2 时，表示计满 24 小时，双字复位清零，并建立计满 24 小时标志，置 40:70H 单元为 1。任何一次对中断 INT 1AH 的调用（INT 1AH 调用可完成系统计时器双字的读写操作），BIOS 中的中断服务程序将撤销其标志，将 40∶70H 单元复位为 0。

INT 8H 中断服务程序的第二项功能是实现软盘驱动器的马达开启时间管理，使其开启一段时间、完成数据存取操作后自动关闭。在系统初始化时，系统设定的延迟时间为 2s。系统控制延迟停机的工作原理是，在软盘存取操作后从磁盘基数区域读取一个延迟常数到 BIOS 数据区单元 40:40H，然后利用通道 0 的每秒 18.2065 次的中断，对 40:40H 单元值进行减 1 操作，当减为 0 时，发出关闭软盘驱动电机的命令。由于通道 0 的中断间隔时间为 54.925ms，达到延迟 2s 所需要的延迟常数就为 37(54.925ms×37＝2s)。INT 8H 服务程序处理了日时钟计时操作后，紧接着对 40:40H 单元减 1,并判断是否为 0 操作。

INT 8H 中断服务程序的最后一项功能是进行 INT 1CH 软中断调用。PC 机系统设置 INT 1CH 的目的在于建立一个用户可用的定时操作服务程序入口。如果用户没有编制新的 INT 1CH 中断服务程序，并修改 1CH 的中断向量地址，则 INT 8H 调用了 1CH 号中断后立即从 INT 1CH 中断返回，因为 PC 机系统原来的 INT 1CH 中断服务程序仅由一条中断返回指令 IRET 组成。

2. 通道 1

通道 1 专门用作动态存储器刷新的定时控制。它的控制端 $GATE_1$ 同样接高电平+5V，CLK_1 端的信号也和通道 0 相同，为 1.1931816MHz 方波脉冲串，工作于方式 2。CE 的初值预置为 18(即 0012H)，于是在 OUT_2 端输出一负脉冲序列，其周期为 18 / 1.1931816＝15.08μs，该信号用作 D 触发器的触发时钟信号，使每隔 15.08μs 产生一个正脉冲，周期性地对系统的动态存储器刷新。由于 PC XT/AT 机使用的是 128KB×1 位的 DRAM 芯片，其行列分配为 256 行×512 列，所以从上述刷新周期可知，它的刷新周期为 3.86ms(15.08μs× 256＝3.86ms)。

3. 通道 2

通道 2 用于为系统机箱内的扬声器发声提供音频信号。它的时钟脉冲输入 CLK_2 也是 1.1931816MHz 方波，工作于方式 3，系统中初值寄存器的内容预置为 0533H(即十进制 1331)，于是当 $GATE_2$ 为高电平时，OUT_2 将输出频率为 1.1931816MHz/1331=900Hz 的方波，该方波信号经放大和滤波后推动扬声器。送到扬声器的信号实际上受到从并行接口芯片 8255A 来的双重控制，8255A 的 PB_0 位接到通道 2 的 $GATE_2$ 引脚，通道 2 的 OUT_2 信号和 8255A 的 PB_1 同时作为与门的输入。PB_0 和 PB_1 位可由程序决定为 0 或 1，显然只有 PB_0 和 PB_1 都是 1，才能使扬声器发出声音。改变计数初值，就可改变 OUT_2 输出信号的频率，从而改变扬声器发出的音调。

利用通道 2 的这种配置，可以实现软件控制发声，也可以实现硬件控制发声。

CPU 控制 8255A 的 PB_1(即端口 61H 的 D_1 位)的电平变化使扬声器发声称为软件控制发声。这时需要将 8253/8254 的 OUT_2 置于高电平，以允许来自 PB_1 的音频信号通过与门，其具体实现方法如下：

(1) 设置 I / O 端口 61H 的 D_0＝0，使通道 2 的门控信号 $GATE_2$＝0，从而封锁通道 2 计数，OUT_2 端输出高电平，开放与门。

(2) 置 I / O 端口 61H 的 D_1＝0，关闭扬声器。

(3) 程序延迟等待，延迟时间为音频信号周期的 1 / 2。

(4) 使 I / O 端口 61H 的 D_1=1，开通扬声器。

(5) 延迟音频信号 1 / 2 周期时间。

(6) 返回到(2)，循环往复。循环次数可根据发声时间长短确定。

利用通道 2 工作于方式 3 输出音频信号来使扬声器发声，称为硬件控制发声。这是 PC 机定时系统提供的一项基本功能。通过改变计数初值，可改变 OUT_2 输出方波信号的频率，从而改变扬声器发声的音调。实现硬件控制发声的例程如下：

```
IN   AL,61H
AND AL,0FCH         ；使 PB1、PB0 为 0，关闭扬声器
OUT   61H，AL
MOV AL,0B6H         ；设置通道 2 方式控制字，使之工作于方式 3
OUT   43H，AL
MOV AX,1352         ；按 A 调设置计数初值
OUT      42H,AL     ；写初值低字节
MOV   AL,AH         ；写初值高字节
OUT   42H,AL
IN   AL,61H         ；使 PB1、PB0 为 1，启动扬声器工作
OR   AL,03H
OUT      61H,AL
```

由于定时器 / 计数器为 16 位字长，PC 机发出的最低音频信号为 18Hz(1193181.6/65536)，最高频率为输入信号频率 1.1931816MHz。例程中是按 A 调设置计数初值的，其发声频率约为 880Hz(1193181.6 / 1352)。

控制发声的基本应用之一是报警(最简单的报警只能发出“嘟嘟……”声音)，此外还可用于乐曲演奏(通过改变音符、休止符频率及节拍来实现)。

4. BIOS 对 8253/8254 的初始化编程

根据 8253/8254 各计数器通道在定时系统中的功能，PC XT/AT 机在上电后，BIOS 对它的初始化程序段为：

```
MOV AL, 36H             ；设置通道 0 方式控制字，选择双字节写，方式 3
OUT   43H, AL           ；二进制计数
MOV AL, 0               ；计数初值设定为 65536
OUT   40H, AL               ；写入低字节
OUT   40H, AL               ；写入高字节
MOV   AL, 01010100B     ；设置通道 1 方式控制字，定义只写低位字节
OUT     43H, AL         ；方式 2，二进制计数
MOV   AL, 18            ；预置计数初值
OUT      41H, AL
MOV   AL, 10110110B     ；设置通道 2 方式控制字，定义双字节写
OUT     43H, AL         ；方式 3，二进制计数
MOV   AX, 533H          ；写计数初值
```

```
OUT   42H, AL              ; 先写低字节
MOV AL, AH                 ; 再写高字节
OUT      42H, AL
IN AL, 61H                 ; 以下使 8255 的 PB0、PB1 为 1，控制扬声器发声
MOV AH, AL                 ; 将 8255B 端口的内容保存于 AH
OR   AL, 03H
OUT      61H, AL
```

在上述程序中，8255A 端口 B 内容保存在 AH 寄存器中，当关闭扬声器时应再把存放在 AH 中的内容送回 8255A 的 B 端口。

下面将介绍定时技术与中断技术相结合的应用示例。

例 7.1 利用微机系统配置的定时器设计一个数字钟。

(1) 要求

在屏幕上实时显示：分：秒（mm:ss）,当按下任意键开始时，并显示 00：00，每过 1 秒 ss 增 1，到 60 秒 mm 增 1，1 小时后又回到 00：00 重新计时。按下空格键返回到 DOS，数字钟消失。

(2) 分析

数字钟的设计包括两个方面，一是计时，一是显示。首先，本例的计时是利用 INT 1CH 调用次数来实现的。从 PC XT/AT 机的 8253/8254 通道 0 为时钟信号发生器可知，通道 0 每隔 54.925ms 向 8259A 产生一次中断请求 IRQ_0（最高级可屏蔽中断），中断响应，执行硬件中断 8 的中断服务程序，也即调用一次软中断 INT 1CH，故 INT 1CH 在 1 秒钟被定时器硬件中断 8 调用 18.2 次，因此，在程序的数据段设立 1 个计数单元 COUNT，令 INT 1CH 用户中断服务程序每次对它加 1，若计到 18 次，则为 1 秒。这样一直累加下去，直到计满 1 小时，然后，清零，重新开始。

由此可以得出：利用 8253/8254 作定时器，只需将定时的时间除以 55ms（1/18s）,得到一个调用软中断 INT 1CH 的次数 n，然后对调用软中断 INT 1CH 进行计数，计满 n 次，就是所需的定时时间。如，若要求定时 1 秒钟，则调用 18 次 INT 1CH。

其次，时间的显示，利用 DOS 系统功能调用 INT 21H 的 9 号功能，将秒、分、时计时单元的内容送到屏幕显示。

(3) 设计

① 硬件设计

因为是利用系统的定时器资源，故用户不设计硬件电路。

② 软件设计

系统 BIOS 已对定时器进行了初始化，故不再写定时器的初始化程序段。程序分主程序和中断服务程序两部分。主程序主要对 INT 1CH 进行中断向量的获取、修改和恢复，数字钟的显示、启动和停止退出控制。主程序的主体是一个循环结构：判断有无键按下，有键按下是否为空格键，若是空格键则退出循环转至程序结束处理，否则显示数字钟 mm:ss。中断服务程序主要是对计数单元加 1 及秒、分进位的调整。软中断 INT 1CH 的中断服务程序不写中断结束指令，以 IRET 指令返回。

按下任意键开始启动数字钟，可用 INT 16H 的 0 号调用来实现。INT 16H 的 0 号调用，当无键按下，则缓冲区空，则等待；当有键按下时，则 AX 才读取该键的字符代码，并将读取后的字符从缓冲区抹去。而 INT 16H 的 1 号调用不同，当无键按下，则缓冲区空，不等待，直

接返回 ZF=1；当有键按下，则返回 ZF=0，AX 读取该键的字符代码，读取后的字符仍在缓冲区中，以便 INT 16H 的 0 号调用来获取。因此，数字钟在计时显示过程中，当按下空格键时，INT 16H 的 1 号调用返回 ZF≠1，且按键的字符代码仍在缓冲区中，故用 INT 16H 的 0 号调用来获取按键的字符代码到 AX 中，并抹去缓冲区，再检测 AL 的值是否为空格键的 ASCII 码 20H，若是，退出，否则继续计时显示。

需要说明的是用户可以使用 DOS 的 1H，6H，7H，8H，0AH，0BH，0CH 号功能接收键入的单个字符或字符串，比使用 INT 16H 更方便。但 INT 16H 一次可读取一个字符的扩充 ASCII 代码，而 DOS 系统功能调用，就需两次读取 1 个字符的扩充 ASCII 代码。

其具体的汇编程序如下：

```
s_seg     segment stack
          db   256   dup(0)
s_seg     ends
d_seg     segment
count     db    0                         ; 1/18 秒（55ms）计数单元，初值为 0
tenm      db   '0'                        ; 10 分计数单元，初值为 0
minute    db   '0'                        ; 分计数单元，初值为 0
          db   ':'
tens      db   '0'                        ; 10 秒计数单元，初值为 0
second    db   '0',0dh,0ah,'$'            ; 秒计数单元，初值为 0
d_seg     ends
c_seg     segment
   assume    cs:c_seg,ss:s_seg,ds:d_seg
start:
           mov   ax,d_seg
           mov   ds,ax
           cli                            ; 先关中断，以获取 INT 1CH 原向量
           mov   ax,351cH                 ; 调用 35H 号系统功能
           int 21h                        ; 返回 ES：BX=中断向量（段：偏移）
           push bx                        ; 栈中保存 INT 1CH 原中断向量
           push es
           sti                            ; 开中断，以使键盘工作
           mov al,0                       ; 等待键按下
           int 16h
           cli                            ; 关中断
           mov dx,seg timer               ; 置新中断向量
           mov ds,dx
           mov dx,offset timer            ;  DS：DX=新中断向量（段：偏移）
           mov ax,251cH
           int 21h
           sti                            ; 再开中断，以使键盘和 INT 1CH 工作
```

```
check:    mov ah,1                  ；检测有无键代码
          int 16h
          jz   display              ；无码可读，就跳转显示
          mov ah,0                  ；有码可读，就要读取它
          int 16h
          cmp al,20h                ；是空格键？
          je over                   ；是，返回 DOS
display: mov ax,d_seg               ；不是，就显示
          mov ds,ax
          assume ds:d_seg
          lea   dx,tenm             ；DS：DX=显示字符串地址
          mov ah,9                  ；显示 mm:ss
          int 21h
          jmp   check               ；返至 CHECK，循环继续
over:     cli
          pop ds                    ；由栈中取回 INT 1CH 原向量
          pop dx
          mov ax,251ch              ；设置 INT 1CH，恢复原向量
          int 21h
          sti                       ；开中断
          mov ax,4c00h              ；返回 DOS
          int 21h
；以下为使用 INT 1CH 的中断服务子程序
timer     proc    far
          push   ax
          mov ax,d_seg
          mov ds,ax
          assume ds:d_seg
          inc count
          cmp count,18
          jl exit
          mov count,0
          inc second
          cmp second,'9'
          jle   exit
          mov second,'0'
          inc tens
          cmp tens,'6'
          jl exit
          mov tens,'0'
```

```
        inc minute
        cmp minute,'9'
        jle exit
        mov minute,'0'
        inc tenm
        cmp tenm,'6'
        jl exit
        mov tenm,'0'
exit:   pop ax
        iret
timer   endp
c_seg   ends
        end   start
```

7. 3. 2　扩展定时计数器的应用

例 7. 2　利用扩展定时计数器实现对外部事件的计数与定时。

(1) 要求

某啤酒厂包装流水线，一个包装箱能装 24 瓶，要求每通过 24 瓶啤酒，流水线要暂停 5 秒，等待封箱打包完毕，然后重启流水线，继续装箱。按 ESC 键则停止生产。

(2) 分析

为了实现上述要求，有两个工作要做：一是对 24 瓶计数；一是对 5 秒钟停顿定时。并且，两者之间又是相互关联的。因此，选用定时器的通道 0 作计数器，通道 1 作定时器，并且把通道 0 的计数已到（24）输出 OUT_0 信号，连到通道 1 的 $GATE_1$ 线上作为外部硬件启动信号去触发通道 1 的 5 秒定时，以及去控制传送带的暂停与重启。

(3) 设计

① 硬件设计

电路结构原理如图 7-13 所示。8253 的端口地址为：320H（通道 0），321H（通道 1），322H（通道 2），323H（控制口）。

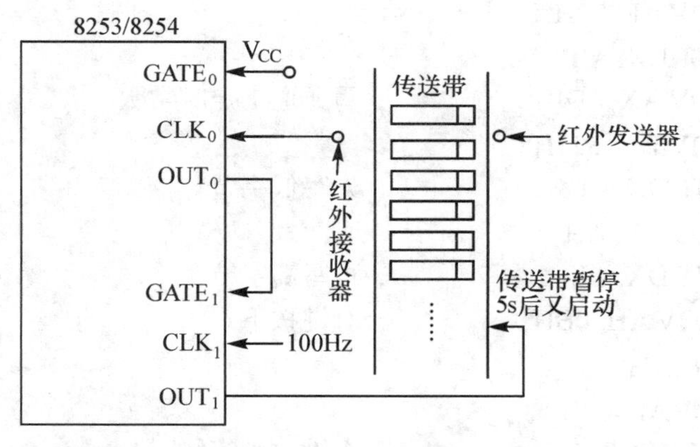

图 7 -13　包装流水线计数定时装置原理图

由图 7-13 可知，把传感器安装在传送带的两侧，使它们对准，当没有啤酒瓶通过时，接收器受红外照射而导通，从发射极输出高电平。当有啤酒瓶通过这个传感器时，遮断红外线，接收器晶体管截止，发射极产生一个负脉冲输出，这个脉冲经整形后作计数脉冲。

通道 0 作为计数器，工作在方式 2，$GATE_0$ 接+5V，CLK_0 接啤酒瓶遮挡的计数脉冲。输出端 OUT_0 直接连到通道 1 的 $GATE_1$，以作通道 1 定时器的外部硬件启动信号，这样就可以实现一旦计数完 24 瓶，OUT_0 变高，使 $GATE_1$ 变高，去触发通道 1 的定时操作。

通道 1 作为定时器，工作在 1 方式，$GATE_1$ 由通道 0 的输出 OUT_0 控制，CLK_1 为 100Hz 时钟脉冲。输出端 OUT_1 送到传送带启动控制器来控制传送带动作，进行 5 秒钟的定时。OUT_1 的下降沿使传送带启动控制器暂停传送带传送，通道 0 也停止计数，经 5 秒钟后变高，其上升沿使传送带启动控制器重新启动传送带传送，继续工作，通道 0 又开始计数。

② 软件设计

由上可知，通道 0 工作于方式 2，并且只写入低 8 位，高 8 位为 0，则通道 0 的方式命令字=00010100B=14H，通道 0 的计数初值=24=18H。

而通道 1 工作于方式 1，并且先写低 8 位，后写高 8 位，则通道 1 的方式命令字=01110010B=72H，通道 1 的定时常数=500=1F4H。

有无键按下可由 INT 21H 的 0BH 号功能调用来实现，当调用返回 AL＝00H：无键按下；当返回 AL＝FFH：有键按下，再用 DOS 系统功能 8 号调用取得该键的 ASCII 码到 AL 中，检查 AL 的值是否等于 ESC 键的 ASCII 码值，若是，停止，否则继续检测按键。

包装流水线计数定时汇编语言程序段如下：

```
CODE    SEGMENT
        ASSUME  CS:CODE,DS:DATA
START:  MOV DX, 323H              ; 通道 0 初始化
        MOV   AL, 14H
        OUT   DX, AL
        MOV DX, 320H              ; 写通道 0 计数初值
        MOV AL, 18H
        OUT DX, AL
        MOV DX, 323H              ; 通道 1 初始化
        MOV AL, 72H
        OUT DX, AL
        MOV AX, 1F4H              ; 写通道 1 定时常数
        MOV DX, 321H
        OUT DX, AL                ; 先写低字节
        MOV AL, AH
        OUT DX, AL                ; 再写高字节
CHECK:  MOV AH, 0BH               ; 有键按下？
        INT 21H
        CMP AL, 00H
        JE CHECK                  ; 无键，则等待
```

```
        MOV   AH, 08H            ; 有键，是 ESC 吗？
        INT 21H
        CMP AL, 1BH
        JNE CHECK
        MOV AX, 4C00H            ; 是 ESC，则返回 DOS
        INT   21H
CODE      ENDS
      END START
```

习 题 7

7.1 设8253三个计数器的端口地址为201H、202H、203H，控制寄存器端口地址200H。试编写程序片段，读出计数器2的内容，并把读出的数据装入寄存器AX。

7.2 设8253三个计数器的端口地址为201H、202H、203H，控制寄存器端口地址200H。输入时钟为2MHz，让1号通道周期性地发出脉冲，其脉冲周期为1ms，试编写初始化程序段。

7.3 设8253计数器的时钟输入频率为1.91MHz，为产生25kHz的方波输出信号，应向计数器装入的计数初值为多少？

7.4 设 8253 的计数器 0，工作在方式 1，计数初值为 2050H；计数器 1，工作在方式 2，计数初值为 3000H；计数器 2，工作在方式 3，计数初值为 1000H。如果三个计数器的 GATE 都接高电平，三个计数器的 CLK 都接 2MHz 时钟信号，试画出 OUT_0、OUT_1、OUT_2 的输出波形。

7.5 试简述微机系统中定时器/计数器的必要性和重要性，以及定时实现的常用方法。

7.6 可编程定时器 / 计数器 8253 / 8254 有几个通道？各通道有几种工作方式?各种工作方式的主要特点是什么？8254 与 8253 有什么区别?

7.7 8253 的初始化编程包括哪几项内容?它们在顺序上有无要求，如何要求?

7.8 何谓日时钟?日时钟运行原理是什么?

7.9 日时钟定时中断的作用是什么?修改日时钟定时中断的一般步骤和方法是什么?

7.10 8253 通道 0 的定时中断是硬中断（8 号中断），它不能被用户调用，当用户对系统的时间进行修改时，需采用软中断 INT 1AH。试问这两种中断有何关系？

第8章 DMA技术

DMA(Direct Memory Access，直接存储器存取)是指计算机系统中的外部设备与存储器之间直接进行数据交换的一种数据传送方式。在DMA方式下，外部设备利用专用的接口电路直接和存储器进行数据传送，不需要经过CPU，这样，传送时就不必进行保护现场之类的一系列额外的操作，具有较高的数据传输速率。

本章讲述DMA基本概念；DMA控制器8237A的内部编程结构、初始化方法；8237A在80x86系列微机中的应用。

8.1 DMA概述

8.1.1 DMA方式的提出

在程序控制的传送方式中，所有传送均通过CPU执行指令来完成，而CPU指令系统只支持CPU和存储器或外设之间的数据传输。如果外设要和内存储器进行数据交换，那么即使采用效率较高的中断方式进行传送，也免不了要走外设→CPU→存储器这条路线或相反的路线，这将会限制数据传输的速度。假设I/O设备的数据传输率较高，那么通过CPU和这样的外设进行数据传输时，即使尽量压缩程序查询方式或中断方式的非数据传输时间，也仍然不能满足要求。为此，提出了DMA方式。

DMA方式是指不通过CPU的干预，直接在外设和内存之间进行数据传送的方式。实现DMA方式需要专门的硬件装置DMA控制器(DMAC)来协调和控制外设接口与内存之间的数据传输。除了事先要用指令设置DMA控制器外，传送是应外设请求、在硬件控制下完成的，数据的传输速度基本上取决于外设和内存的速度，因此能够满足高速外设数据传输的需要。

8.1.2 DMA控制器的功能和基本结构

1. DMA控制器的功能

因为DMA方式在数据传输过程中不需要CPU的干预，所以DMA控制器应具备以下功能：

(1) 当外设准备就绪，希望进行DMA操作时，会向DMA控制器发出DMA请求信号，DMA控制器接收到此信号后，应能向CPU发出总线请求信号。

(2) 当CPU接收到总线请求信号后，如果同意让出总线，则会发出DMA响应信号，同时CPU会放弃对总线的控制，此时DMA控制器应能对总线实行控制。

(3) DMA控制器得到总线控制权以后，要往地址总线发送地址信号，修改所用的存储器

和接口的地址指针。

(4) 在 DMA 期间，应能发读/写控制信号。

(5) 能决定本次 DMA 传送的字节数，并且判断本次 DMA 传送是否结束。

(6) DMA 过程结束时，能向 CPU 发出 DMA 结束信号，并将总线控制权交还给 CPU。

2. DMA 控制器的基本结构

要完成上述基本功能，DMA 控制器必须有相应的硬件作为支持，比如地址寄存器、字节计数器、控制寄存器、状态寄存器等，其基本结构如图 8-1 所示。除了状态寄存器外，其他寄存器在块传输前都要进行初始化。每传送 1 个字节以后，地址寄存器的内容加 1(或减 1，这取决于数据传输方向的设定)，字节计数器减 1。当然，在进行字传输时，地址寄存器和字节计数器均要以 2 为修改量。

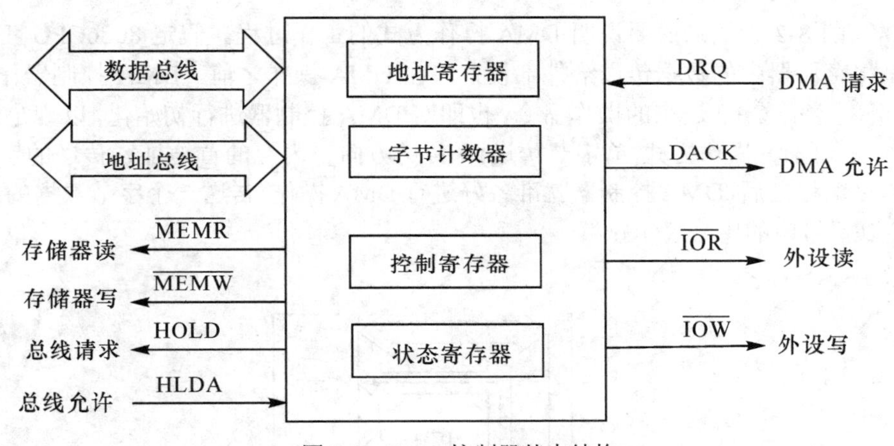

图 8-1 DMA 控制器基本结构

8.1.3 DMA 操作的工作过程

1. 完整 DMA 操作工作过程

在外设和内存之间传送一个数据块时，一个完整的 DMA 操作的工作过程通常包括初始化等五个阶段，现分述如下：

(1) 初始化

在启动 DMA 传送之前，DMA 控制器和其他接口芯片一样受 CPU 控制，由 CPU 执行相应指令来对 DMA 控制器进行初始化编程，以确定通道的选择、数据的传送方式、传送类型、传送的字节数等。

(2) DMA 请求

当外设准备就绪时，就通过其接口向 DMA 控制器发出一个 DMA 传送请求 DRQ，DMA 控制器接到此请求信号后送到判优电路(如果系统中存在多个 DMA 通道)，判优电路把优先级最高的 DMA 请求选择出来向 CPU 发总线请求信号 HOLD，请求 CPU 暂时放弃对系统总线的控制权。

(3) DMA 响应

CPU 接到总线请求信号 HOLD 后，在执行完当前指令的当前总线周期后，向 DMA 控制器发出响应信号 HLDA，同时放弃对系统总线的控制。

(4) DMA 传送

① DMA 控制器收到总线响应信号 HLDA 后，即取得了系统总线的控制权。DMA 控制器向 I/O 设备发出 DMA 请求的应答信号 DACK。

② DMA 控制器向地址总线发送地址信号，同时发出相应的读/写控制信号，完成一个字节的传送。

③ 每传送一个字节，DMA 控制器会自动修改地址寄存器的值，以指向下一个要传送的字节，同时修改字节计数器，并判断本次传送是否结束，如果没有结束，则继续传送。

(5) DMA 结束

当字节计数器的值达到计数终点时，DMA 操作过程结束。这时 DMA 控制器向 CPU 发 DMA 传送结束信号，将总线控制权交还给 CPU。

2. DMA 传送示例

下面以图 8-2 为例来简要说明 DMA 操作方式的工作过程。假定 8086CPU 工作于最小模式，且是将存储器中的数据传送给外部设备。在 DMA 操作之前，DMA 控制器作为系统的一个接口部件，接受 CPU 送来的操作命令，也即对 DMA 控制器进行初始化，以规定传送类型(存储器和外设之间)、操作方式(单字节传送)、传送方向、内存的首地址、传送的字节数等。在完成初始化编程之后，DMA 控制器就准备好进行 DMA 操作，传送一个字节数据的过程如下(在图 8-2 中以括号内的序号表示)：

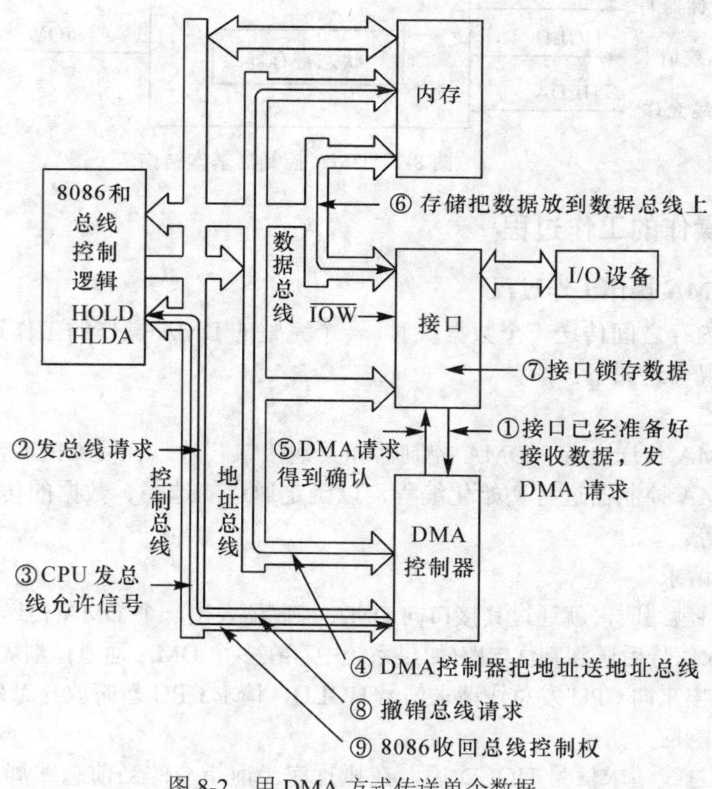

图 8-2　用 DMA 方式传送单个数据

(1) 接口已做好接收数据准备，向 DMA 控制器发出 DMA 请求信号 DRQ。

(2) DMA 控制器向 CPU 发总线请求信号 HRQ，该请求信号送到 CPU 的 HOLD 引脚。

(3) CPU 在完成当前总线周期操作之后(若总线处于空闲状态，则立即作出响应)，使地址总线、数据总线及部分控制总线引脚处于高阻态(也即和系统总线处于隔离状态)，并向 DMA 控制器发总线请求的响应信号 HLDA，把总线控制权交给 DMA 控制器。

(4) DMA 控制器将地址(A_{19}～A_0)送地址总线，该地址用来寻址内存储单元。

(5) DMA 控制器向 I/O 接口发 DMA 请求的响应信号 DACK，该信号通常作为接口接受数据的控制信号。

(6) DMA 控制器向存储器发读控制信号 $\overline{MEMR}$，在该信号的控制下，由 A_{19}～A_0 指定的内存单元内容被送入数据总线。

(7) DMA 控制器向接口发送控制信号 $\overline{IOW}$，在该信号及 DACK 信号的共同作用下，将数据总线上的内容写入接口中的数据寄存器，并通过接口将数据传送给外设，至此完成了一个字节数据的传送。

(8) DMA 控制器撤销对 CPU 的总线请求信号。

(9) CPU 撤销总线请求的响应信号并恢复对总线的控制。

如果数据块未传送完，则又从第(2)步开始重复上述过程。

8.2 DMA 控制器 8237A

8237A 是 Intel 系列高性能可编程 DMA 控制器芯片，每片 8237A 内部有 4 个独立的 DMA 通道，每个通道可分别进行数据传送，一次传送的最大长度可达 64KB；每个通道的 DMA 请求都可以允许和禁止，具有不同的优先级，并且每个通道的优先级可以是固定的，也可以是循环的；每个 DMA 通道具有 4 种传送方式：单字节传送方式，数据块传送方式，请求传送方式和级联方式。

8.2.1 8237A 的编程结构和引脚

DMA 控制器一方面可以控制系统总线，这时它是总线主设备；另一方面又可以和其他接口一样，接收 CPU 对它的读/写操作，这时它又成了总线从设备。8237A 的内部结构和外部连接都与这两方面的工作情况相关，图 8-3 给出了 8237A 内部编程结构框图。

从图 8-3 中可以看到，8237A 内部包含 4 个独立的 DMA 通道，每个通道包含 16 位的地址寄存器和 16 位的字节计数器，还包含一个 8 位的模式寄存器。4 个通道公用控制寄存器和状态寄存器。

8237A 的内部寄存器如表 8-1 所示，它与用户编程直接发生关系。

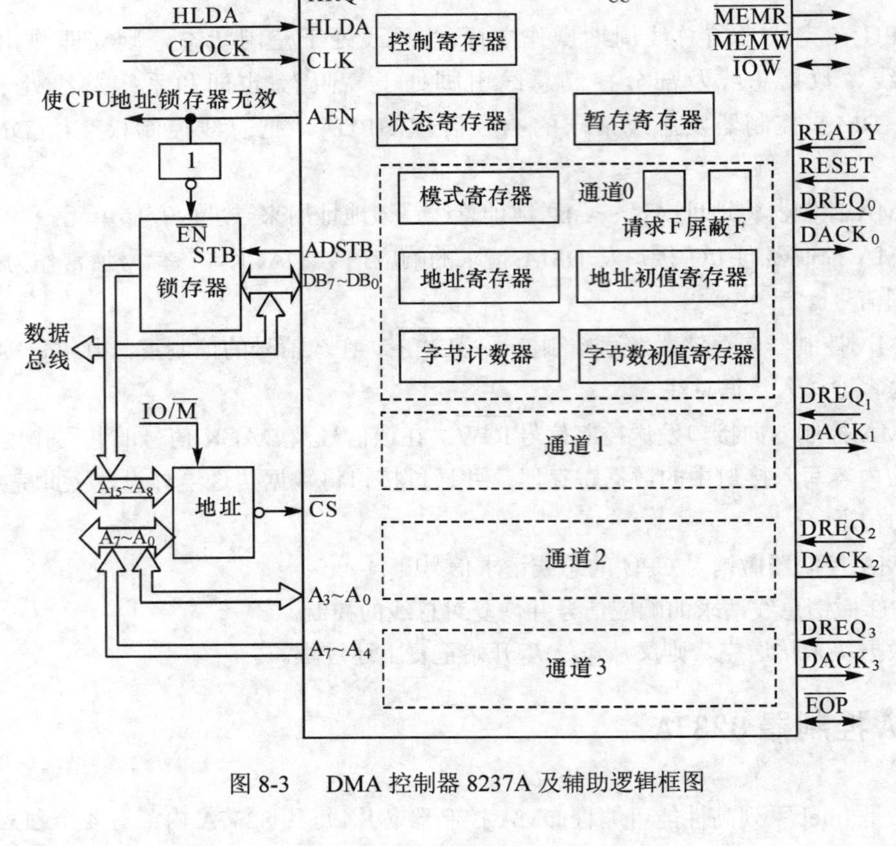

图 8-3 DMA 控制器 8237A 及辅助逻辑框图

表 8-1 8237A 的内部寄存器

名 称	位 数	数 量	CPU 访问方式
基地址寄存器	16	4	只写
基本字节计数寄存器	16	4	只写
当前地址寄存器	16	4	可读可写
当前字节计数寄存器	16	4	可读只写
地址寄存器	16	1	不能访问
命令寄存器	8	1	只写
工作方式寄存器	6	4	只写
屏蔽寄存器	4	1	只写
请求寄存器	4	1	只写
状态寄存器	8	1	只读
暂存寄存器	8	1	只读

基地址寄存器用来存放本通道 DMA 传送时的地址初值，它由 CPU 编程写入。编程时，初值也同时被写入当前地址寄存器。当前地址寄存器的值在每次 DMA 传送后自动加 1 或减 1。CPU 可以用输入指令分两次读出当前地址寄存器的值，每次读 8 位，但基地址寄存器的值不能被读出。当一个通道被进行自动预置时，一旦计数到达 0，当前地址寄存器会根据基地址寄存器的内容自动回到初值。

基本字节计数器用来存放每次 DMA 操作需要传送的字节总数，其值比实际需传送的字节数少 1。初值也是在编程时由 CPU 写入的，而且初值也被同时写入当前字节计数器。在 DMA 传送时，每传送 1 个字节，当前字节计数器的值就自动减 1，当由 0 减到 FFFFH 时，产生计数结束信号 $\overline{EOP}$。当前字节计数器的值也可由 CPU 通过两条输入指令读出，每次读 8 位。

对其他寄存器的功能，在后面结合工作模式和工作过程再讲述。

8237A

信号	引脚	引脚	信号
$\overline{IOR}$	1	40	A_7
$\overline{IOW}$	2	39	A_6
$\overline{MEMR}$	3	38	A_5
$\overline{MEMW}$	4	37	A_4
NC	5	36	$\overline{EOP}$
REDY	6	35	A_3
HLDA	7	34	A_2
ADSTB	8	33	A_1
AEN	9	32	A_0
HRQ	10	31	V_{CC}
$\overline{CS}$	11	30	DB_0
CLK	12	29	DB_1
RESET	13	28	DB_2
$DACK_2$	14	27	DB_3
$DACK_3$	15	26	DB_4
$DREQ_3$	16	25	$DACK_0$
$DREQ_2$	17	24	$DACK_1$
$DREQ_1$	18	23	DB_5
$DREQ_0$	19	22	DB_6
GND	20	21	DB_7

图 8-4　8237A 引脚图

8237A 的引脚如图 8-4 所示，各引脚功能如下：

CLK：时钟输入端。

$\overline{CS}$：片选信号输入端，低电平有效。

RESET：复位信号输入端，高电平有效。芯片复位时清除内部各寄存器，并置位屏蔽寄存器。

REDAY：准备好信号输入端，高电平表示存储器或外设已经准备好。该信号用于 DMA 操作时与慢速存储器或外部设备同步。

AEN：地址允许信号输出端，高电平有效。AEN 为高电平时，允许 8237A 将高 8 位地址输出至地址总线，同时使与 CPU 相连的地址锁存器无效，即禁止 CPU 使用地址总线。AEN 为低电平时，8237A 被禁止，CPU 占用地址总线。

ADSTB：地址选通信号输出端，高电平有效。在 DMA 传送期间，此信号用于将 DB_7～DB_0 输出的当前地址寄存器中高 8 位地址送到外部锁存器，与 8237A 芯片直接输出的低 8 位地址 A_7～A_0 共同构成内存单元地址的偏移量。

$\overline{IOR}$：I/O 读信号，是双向、低电平有效的三态信号。在 CPU 控制总线期间，它为输入信号，低电平有效时，CPU 读取 8237A 内部寄存器的值；在 DMA 传送期间，它为输出信号，与 $\overline{MEMW}$ 相配合，控制数据由外设传送到存储器。

$\overline{IOW}$：I/O 写信号，是低电平有效的双向三态信号。在 CPU 控制总线期间，它为输入信号，CPU 在 $\overline{IOW}$ 控制下对 8237A 内部寄存器进行编程。在 DMA 传送期间，它为输出信号，与 $\overline{MEMR}$ 配合将数据从存储器传送到外设接口中。

$\overline{MEMR}$：存储器读信号，低电平有效的三态输出信号，仅用于 DMA 传送。在 DMA 写传送时，它与 $\overline{IOR}$ 配合，把数据从存储器传到外设；在存储器到存储器传送时，$\overline{MEMR}$ 有效控制从源区读出数据。

$\overline{MEMW}$：存储器写信号，低电平有效的三态输出信号，仅用于 DMA 传送。在 DMA 写传送时，它与 $\overline{IOR}$ 配合，把数据从外设传送到存储器；在存储器到存储器传送时，$\overline{MEMW}$ 有效控制把数据写入目的区。

$DREQ_3$～$DREQ_0$：通道DMA请求输入信号，通道3至通道0分别对应于$DREQ_3$至$DREQ_0$。当外设请求 DMA 服务时，由 I/O 接口向 8237A 发出 DMA 请求信号 DREQ，该信号一直保持有效，直到收到 DMA 响应信号 DACK 后，信号才撤销。其有效电平由编程设定。在优先级固定的方式上，$DREQ_0$ 优先级最高，$DREQ_3$ 优先级最低。

$DACK_3$~$DACK_0$：DMA 响应输出信号，是 8237A 对 DREQ 信号的响应，每个通道各有一个。当 8237A 接收到 DMA 响应信号 HLDA 后，开始 DMA 传送，响应的通道 DACK 信号输出有效，其有效电平由编程确定。

HRQ：总线请求输出信号。当 8237A 的任一个未屏蔽通道接收到 DREQ 请求时，8237A 就向 CPU 发出 HRQ 信号，请求 CPU 出让总线控制权。

HLDA：总线响应信号，是 CPU 对 HRQ 信号的响应，将在现行总线周期结束后让出总线的控制权，使 HLDA 信号有效，通知 8237A 接收总线的控制权，用以完成 DMA 传送。

DB_7~DB_0：8 位双向三态数据总线，与系统的数据总线相连。CPU 可以用 I/O 读命令，从 DB_7~DB_0 读取 8237A 的状态寄存器和现行地址寄存器、字节数计数器的内容，以了解 8237A 的工作状态；也可以用 I/O 写命令通过 DB_7~DB_0 对各个寄存器进行编程。在 DMA 传送期间，DB_7~DB_0 输出当前地址寄存器中的高 8 位，由 ADSTB 信号锁存到外部锁存器中，与地址线 A_7~A_0 一起组成 16 位地址。

A_7~A_4：4 位双向三态地址线。只用于 DMA 传送时，输出要访问的存储单元地址低 8 位中的高 4 位。

A_3~A_0：4 位双向三态地址线。CPU 对 8237A 进行编程时，它们是输入信号，用于寻址 8237A 的内部各寄存器。在 DMA 传送期间，这 4 条输出要访问的存储单元地址低 4 位。

$\overline{EOP}$：DMA 过程结束信号。它是双向低电平有效信号，其有效时，可使 8237A 内部寄存器复位。在 DMA 传送期间，当任一通道当前字节寄存器的值为 0 时，8237A 从 $\overline{EOP}$ 引脚输出一个低电平信号，表示 DMA 传输结束。另外，8237A 允许由外设送入一个有效的 $\overline{EOP}$ 信号，强制结束 DMA 传送过程。

8.2.2 8237A 的工作周期和时序

8237A 有两种工作周期，即空闲周期和有效周期，每一个周期由多个时钟周期组成。

1. 空闲周期

当 8237A 的任一通道无 DMA 请求时就进入空闲周期，在空闲周期 8237A 始终处于 S_I 状态，每个 S_I 状态都采样通道的请求输入线 DREQ。此外，8237A 在 S_I 状态还采样片选信号，当为低电平，且 4 个通道均无 DMA 请求，则 8237A 进入编程状态，即 CPU 对 8237A 进行读/写操作。8237A 复位后处于空闲周期。

2. 有效周期

当 8237A 在 S_I 状态采样到外设有 DMA 请求时，就脱离空闲周期进入有效周期，8237A 作为系统的主控芯片，控制 DMA 传送操作。由于 DMA 传送是借用系统总线完成的，所以，它的控制信号以及工作时序类似 CPU 总线周期。图 8-5 为 8237A 的 DMA 传送时序，每个时钟周期用 S 状态表示，而不是 CPU 总线周期的 T 状态。

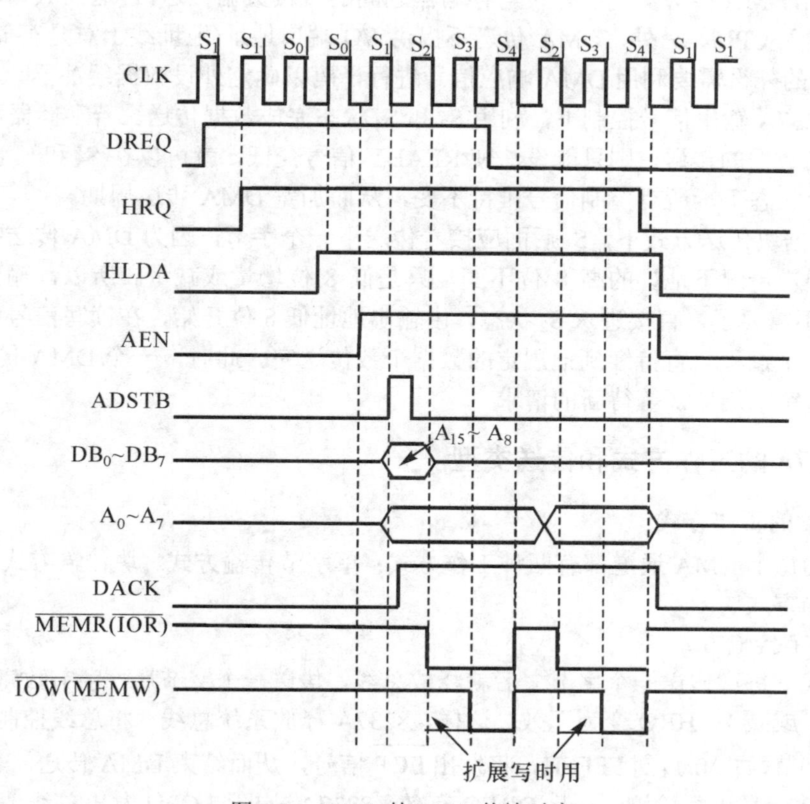

图 8-5 8237A 的 DMA 传输时序

(1) 当在 S_I 脉冲的下降沿检测到某一通道或几个通道同时有 DMA 请求时，则在下一个周期就进入 S_0 状态；而且在 S_I 脉冲的上升沿，使总线请求信号 HRQ 有效。在 S_0 状态 8237A 等待 CPU 对总线请求的响应，只要未收到有效的总线请求应答信号 HLDA，8237A 始终处于 S_0 状态。当在 S_0 的上升沿采样到有效的 HLDA 信号，则进入 DMA 传送的 S_1 状态。

(2) 典型的 DMA 传送由 S_1、S_2、S_3、S_4 四个状态组成。在 S_1 状态使地址允许信号 AEN 有效。自 S_1 状态起，一方面把要访问的存储单元的高 8 位地址通过数据总线输出，另一方面发出一个有效的地址选通信号 ADSTB，利用 ADSTB 的下降沿把在数据线上的高 8 位地址锁存至外部的地址锁存器中。同时，地址的低 8 位由地址线输出，且在整个 DMA 传送期间保持不变。

(3) 在 S_2 状态，8237A 向外设输出 DMA 响应信号 DACK。在通常情况下，外设的请求信号 DREQ 必须保持到 DACK 有效。即自状态 S_2 开始使“读写控制”信号有效。

如果将数据从存储器传送到外设，则 8237A 输出 $\overline{MEMR}$ 有效信号，从指定存储单元读出一个数据并送到系统数据总线上，同时 8237A 还输出 $\overline{IOW}$ 有效信号将系统数据总线的这个数据写入请求 DMA 传送的外设中。

如果将数据从外设传送到存储器，则 8237A 输出 $\overline{IOR}$ 有效信号，从请求 DMA 传送的外设读取一个数据并送到系统数据总线上，同时 8237A 还输出 $\overline{MEMW}$ 有效信号将系统数据总线的这个数据写入指定的存储单元。

由此可见，DMA 传送实现了外设与存储器之间的直接数据传送，传送的数据不进入 8237A 内部，也不进入 CPU。另外，DMA 传送不提供 I/O 端口地址(地址线上总是存储器地址)，请求 DMA 传送的外设需要利用 DMA 响应信号进行译码以确定外设数据缓冲器。

(4) 在 8237A 输出信号控制下，利用 S_3 和 S_4 状态完成数据传送。若存储器和外设不能在 S_4 状态前完成数据的传送，则只能设法使 READY 信号变低，就可以在 S_3 和 S_4 状态间插入等待状态。在此状态下，所有控制信号维持不变，从而加宽 DMA 传送周期。

(5) 在数据块传送方式下，S_4 后面应接着传送下一个字节。因为 DMA 传送的存储器区域是连续的，通常情况下地址的高 8 位不变，只是低 8 位增量或减量。所以，输出和锁存高地址的 S_1 状态不需要了，直接进入 S_2 状态，由输出地址低 8 位开始，在读写信号的控制下完成数据传送。这个过程一直持续到把规定的数据个数传送完。此时，一个 DMA 传送过程结束，8237A 又进入空闲周期，等待新的请求。

8.2.3 8237A 的工作方式和传送类型

1. 8237A 的工作方式

8237A 的每个 DMA 通道都有四种工作方式：单字节传输方式、块传输方式、请求传输方式和级联传输方式。

(1) 单字节传输方式

这种方式下每次传送一个字节之后就释放总线。传送一个字节后，字节数寄存器减 1，地址寄存器加 1 或减 1，HRQ 变为无效。这样，8237A 释放系统总线，将总线控制权交还 CPU。若此时当前字节数由 0 减到 FFFFH，将发出 $\overline{EOP}$ 信号，从而结束 DMA 传送。否则 8237A 会立即对 DREQ 信号进行检测，一旦 DREQ 有效，8237A 立即向 CPU 发出总线请求信号，获得总线控制权后，再进行下一个字节的传送。

单字节传送方式的特点是：一次传送一个字节，效率较低；但它可以保证在两次 DMA 传送之间 CPU 有机会重新获取总线控制权，执行一个 CPU 总线周期。

(2) 块传输方式

这种传输方式可以连续传送多个字节。8237A 获得总线控制权之后，可以完成一个数据块的传送，直到当前字节数寄存器由 0 减为 FFFFH，或由外部接口输入有效的 $\overline{EOP}$ 信号，8237A 才释放总线，将总线控制权交还 CPU。

数据块传送的特点是：一次请求传送一个数据块，效率高；但整个 DMA 传送期间 CPU 长时间无法控制总线。

(3) 请求传输方式

这种传输方式也可以连续传送多个字节的数据。8237A 进行 DMA 传输时，若出现当前字节寄存器由 0 减为 FFFFH、外部接口输入有效 $\overline{EOP}$ 信号或外界的 DREQ 信号变为无效这 3 种情况之一时，8237A 结束传送，释放总线，由 CPU 接管总线。

其中当外界的 DREQ 信号变为无效时，8237A 释放总线，CPU 可继续操作。8237A 相应通道将保存当前地址和字节数寄存器的中间值。8237A 释放总线后继续检测 DREQ，一旦变为有效信号，传送就可以继续进行。

(4) 级联传输方式

这种传输方式是通过级联扩展传输通道。级联方式构成的主从式 DMA 系统中，第一级的

DREQ 和 DACK 信号分别连接第二级的 HRQ 和 HLDA，第二级的 HRQ 和 HLDA 连接系统总线，此时第二级各个 8237A 芯片的优先级与所连的第一级通道相对应。这样由 5 片 8237 构成的二级主从式 DMA 系统中，DMA 数据通道可扩展到 16 个。值得注意的是主片需要在模式寄存器中设置为级联方式，而从片不设置为级联方式。

2. DMA 传输类型

8237A 允许每个 DMA 通道有四种传送类型：读传输、写传输、DMA 传输和存储器到存储器的传输。

(1) 读传输

读传输是指从指定的存储器单元读出数据写入到响应的 I/O 设备。DMA 控制器发出 $\overline{MEMR}$ 和 $\overline{IOW}$ 信号。

(2) 写传输

写传输是指从 I/O 设备读出数据写入到指定的存储器单元。DMA 控制器发出 $\overline{MEMW}$ 和 $\overline{IOR}$ 信号。

(3) DMA 传送

DMA 传送是一种伪传送操作，用于校验 8237A 的内部功能。它与读传输和写传输一样产生存储器地址和时序信号，但存储器和 I/O 的读写控制信号无效。

(4) 存储器到存储器的传送

使用此方式可实现存储器内部不同区域之间的传送。这种传送类型仅适用于通道 0 和通道 1，此时通道 0 的地址寄存器存源数据区地址，通道 1 的地址寄存器存目的数据区地址，通道 1 的字节计数器存传送的字节数。传送由设置通道 0 的 DMA 请求(设置请求寄存器)启动，8237A 按正常方式向 CPU 发出 HRQ 请求信号，待 HLDA 响应后传送就开始。每传送一个字节需用 8 个状态，前 4 个状态用于从源数据存储器中读取数据并存放于 8237A 中的数据暂存器，后 4 个状态用于将数据暂存器的内容写入目的存储器中。

8.2.4 8237A 的内部寄存器及编程控制字

1. 8237A 的内部寄存器

8237A 共有 10 种内部寄存器，对它们的操作有时需要配合三个软件命令，它们由最低地址 A_0～A_3 区分，如表 8-2 所示。

表 8-2　　8237A 寄存器和软件命令的寻址

A_3 A_2 A_1 A_0	读操作($\overline{IOR}$)	写操作($\overline{IOW}$)
0 0 0 0	通道 0 当前地址寄存器	通道 0 基地址寄存器
0 0 0 1	通道 0 当前字节数寄存器	通道 0 基字节数寄存器
0 0 1 0	通道 1 当前地址寄存器	通道 1 基地址寄存器
0 0 0 1	通道 1 当前字节数寄存器	通道 1 基字节数寄存器
0 1 0 0	通道 2 当前地址寄存器	通道 2 基地址寄存器
0 1 0 1	通道 2 当前字节数寄存器	通道 2 基字节数寄存器
0 1 1 0	通道 3 当前地址寄存器	通道 3 基地址寄存器
0 1 1 1	通道 3 当前字节数寄存器	通道 3 基字节数寄存器

续表

A_3 A_2 A_1 A_0	读操作($\overline{IOR}$)	写操作($\overline{IOW}$)
0 0 0 0	状态寄存器	命令寄存器
1 0 0 1	—	请求寄存器
1 0 1 0	—	单通道屏蔽字
1 0 1 1	—	模式寄存器
1 1 0 0	—	清除先/后触发器命令
1 1 0 1	暂存器	复位命令
1 1 1 0	—	清屏蔽寄存器命令
1 1 1 1	—	综合屏蔽命令

(1) 当前地址寄存器

用于保持 DMA 传送过程中当前地址值，每次 DMA 传送后其内容自动增 1 或减 1。这个寄存器的值可由 CPU 写入或读出。若 8237A 编程为自动初始化，则在每次 DMA 操作结束发出 $\overline{EOP}$ 信号后，该寄存器自动恢复为它的初始值。

(2) 当前字节数寄存器

它保持着当前要传送的字节数，每次 DMA 传送后内容减 1。当它的值由零减为 FFFFH 时，将发出 $\overline{EOP}$ 信号，表明 DMA 操作结束。它的值可由 CPU 读出。在自动初始化方式时，$\overline{EOP}$ 有效时自动装入初始值(即基地址寄存器的值)。

(3) 基地址寄存器

它存放着与当前地址寄存器相联系的初始值。CPU 同时写入基地址寄存器和当前地址寄存器。但基地址寄存器的值不会修改，且不能读出。

(4) 基字节数寄存器

它存放着与当前字节数寄存器相联系的初始值。CPU 同时写入基字节数寄存器和当前字节数寄存器。但基字节数寄存器的值不会修改，且不能读出。

(5) 模式寄存器

用于存放 8237A 相应通道的工作模式、地址增减、是否自动预置、传输类型及通道选择，在 CPU 对 8237A 初始化编程时设定。工作模式寄存器各位的定义如图 8-6 所示。

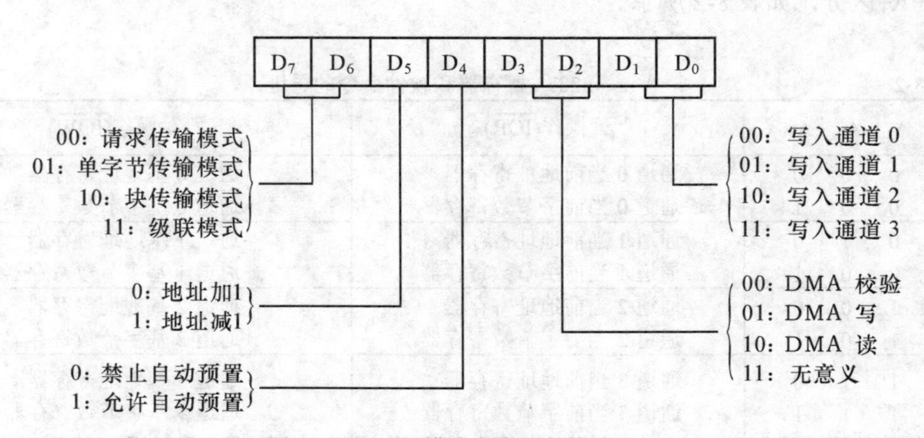

图 8-6　8237A 模式寄存器的格式

模式寄存器的最高 2 位用来设置工作模式。D_7D_6=00 时，为请求传送模式；D_7D_6=01 时，为单字节传送模式；D_7D_6=10 时，为块传送模式；D_7D_6=11 时，为级联传送模式。

模式寄存器的 D_5 位指出每次传输后地址寄存器内容是增 1 还是减 1。

模式寄存器的 D_4 位为 1 时，可以使 DMA 控制器进行自动预置。所谓自动预置就是指在计数器到达 0 时，当前地址寄存器和当前字节计数器会从基地址寄存器和基字节计数器中重新取得初值，从而进入下一个数据传输过程。需要注意的是，如果一个通道被设置为具有自动预置功能，那么本通道的对应屏蔽位必须为 0。

模式寄存器的 D_3、D_2 位用来设置数据传输类型。数据传输的三种类型分别为写传输、读传输和校验传输。其中校验传输是用来对读传输功能或写传输功能进行校验，是一种虚拟传输，此时，8237A 也会产生地址信号和 $\overline{EOP}$ 信号，但并不产生对存储器及 I/O 接口的读/写信号。校验传输功能是器件测试时才用的，一般使用者对此并不感兴趣。

模式寄存器的最低 2 位用来指出通道号。

(6) 命令寄存器

8237A 的 4 个 DMA 通道共用一个 8 位的命令寄存器，用于设定 8237A 的工作方式，由 CPU 编程写入，并用复位信号和软件命令清除。复位时使其清零。命令寄存器的格式如图 8-7 所示。

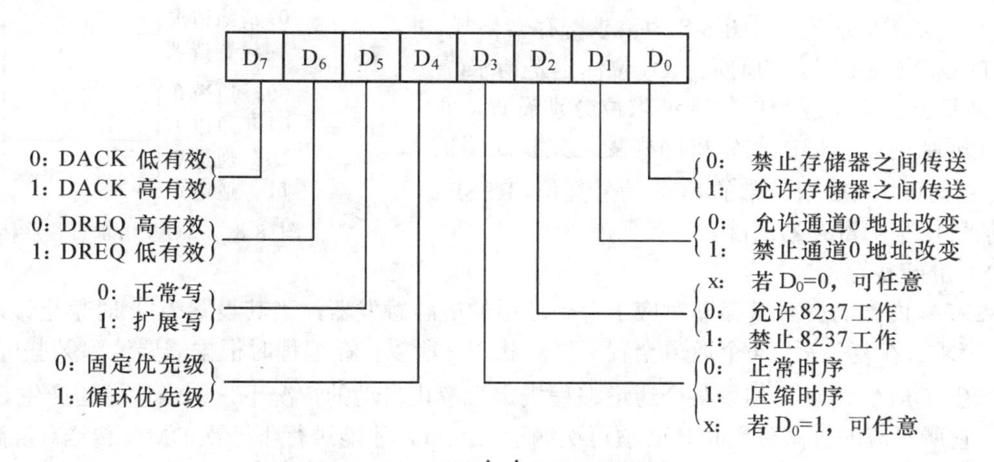

图 8-7 8237A 命令寄存器的格式

命令寄存器的 D_0 为 1 时将选择存储器到存储器的传送方式。此时，通道 0 的地址寄存器存放源地址，而用通道 1 的地址寄存器和字节计数器存放目的地址和计数器。若 D_1 也为 1，则在整个存储器到存储器的传送过程中始终保持同一个源地址，这样就可以使同一个数据传输到整个内存区域。

命令寄存器的 D_2 位是用来启动和停止 8237A 工作的，当 D_2 为 1 时，停止 8237A 工作，当 D_2 为 0 时，则启动 8237A 工作。

命令寄存器的 D_3 位是用来控制 DMA 所用的时序类型，在系统性能允许的范围，为获得较高的传输效率，8237A 能将每次传输时间从正常时序的 3 个时钟周期变为压缩时序的 2 个时钟周期。在正常时序时，命令字的 D_5 选择滞后写或扩展写。其不同之处是写信号滞后在 S_4 状态有效(滞后写)还是扩展到 S_3 状态有效(扩展写)。

8237A 中有两种优先级编码方式：固定优先级编码和循环优先级编码。在固定优先级编码中，4 个通道的优先级是固定的，其优先级从高到低的排列顺序为：通道 0、通道 1、通道 2、通道 3，显然通道 0 的优先级最高，通道 3 的优先级最低。在循环优先级编码中，本次循环中最近一次服务的通道在下次循环中变成最低优先级，其他通道依次轮流相应的优先级，比如，某次传输前的优先级次序为 3－0－1－2，那么在通道 1 进行一次传输后，优先级次序成为 2－3－0－1，如果这时通道 2 没有 DMA 请求，而通道 3 有 DMA 请求，那么，在通道 1 完成 DMA 传输后，优先级次序成为 3－0－1－2。不论用哪种优先级编码方式，某个通道经判别优先级获得服务后，其他通道无论其优先级高低，均会被禁止，直到已服务的通道结束传送为止。

到底是采用固定优先级还是循环优先级，由命令寄存器的 D_4 位来确定，为 0 表示采用固定优先级，为 1 则表示采用循环优先级，采用循环优先级可以防止某一个通道单独垄断总线。

命令寄存器的最高两位是用来控制 DREQ 和 DACK 的极性的，若 D_6 为 1，则 DREQ 信号为低电平有效；若为 0，则 DREQ 信号为高电平有效。如果 D_7 为 1，则 DACK 信号为高电平有效。

(7) 请求寄存器

8237A 的每个通道对应一条硬件 DREQ 请求线。但是，当工作在数据块传送模式时也可以由软件发出 DREQ 请求，所以有一个请求寄存器。CPU 通过请求字写入请求寄存器，图 8-8 为请求寄存器格式。其中 D_1D_0 位决定写入的通道，D_2 位决定是请求(置位)还是复位。每个通道的软件请求位分别设置，它们是非屏蔽的。它们的优先权同样受优先权逻辑的控制。它们可由 TC 或外部的 $\overline{EOP}$ 信号复位，RESET 复位信号使整个寄存器清除。

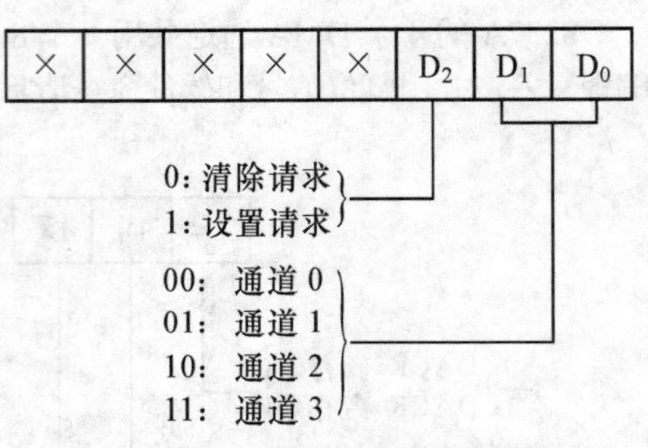

图 8-8 8237A 请求寄存器格式

(8) 屏蔽寄存器

8237A 内部的屏蔽寄存器对应于每个通道的屏蔽触发器，当其设置为 1 时禁止该通道的 DMA 请求。在复位后，4 个通道全置于屏蔽状态。所以，在编程时根据需要清除某些屏蔽位，允许产生 DMA 请求。如果某个通道编程规定为禁止自动的情况下，则当该通道产生 $\overline{EOP}$ 信号时，它所对应的屏蔽位置位，必须再次编程为允许，才能进行下一次 DMA 传送。屏蔽寄存器的两种格式如图 8-9 所示。

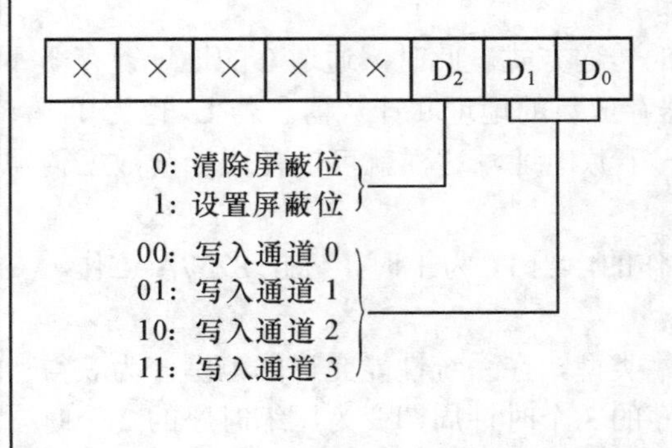

(a) 单通道屏蔽字

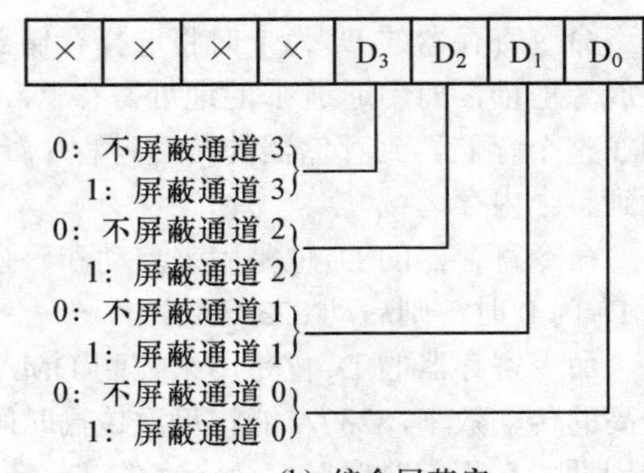

(b) 综合屏蔽字

图 8-9 8237 A 屏蔽字格式

(9) 状态寄存器

8237A 内部有一个可由 CPU 读出的 8 位状态寄存器，用来存放 8237A 的状态信息。它的低 4 位反映读命令这个瞬间每个通道是否产生 TC，高 4 位反映每个通道的请求情况(为 1 表示有请求)，如图 8-10 所示。这些状态位在复位或被读出后，均被清除。

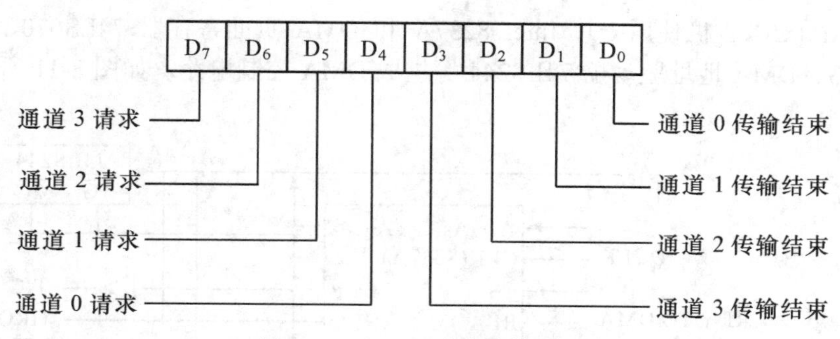

图 8-10 8237A 状态字格式

注意：只有在数据块传送模式才能使用软件请求。若是存储器到存储器传送，则必须由软件请求启动通道 0。

(10) 暂存寄存器

它是一个 8 位的寄存器，在存储器至存储器传送期间，用来暂存从源地址单元读出的数据。当数据传送完成时，所传送的最后一个字节数据可以由 CPU 读出。用复位信号可清除此寄存器。

(11) 复位命令及清除先后触发器命令(软件命令)

8237A 有三种软件命令，不需要通过数据总线写入控制字，直接对地址和控制信号进行译码得到。

① 总清除命令(软件复位命令)

其功能与硬件 RESET 信号相同，执行软件复位命令使 8237A 的控制寄存器、状态寄存器、DMA 请求寄存器、暂存器及先/后触发器清 0，使屏蔽寄存器置 1。写入此命令时要求地址信号 $A_3A_2A_1A_0$＝1101。

② 清除先/后触发器(字节指示器)命令

8237A 的先/后触发器用以控制写入或读出内部 16 位寄存器的高字节还是低字节，采用这种控制是因为 8237A 只有 8 条数据线，对 16 位寄存器的操作必须分两次进行。若先/后触发器为零，则读写低字节；为 1 则读/写高字节。复位后，该触发器被清 0，进行一次读写低字节的操作后，触发器变为 1，再对高位进行操作。使用此命令可以改变将要进行的 16 位数据读/写的顺序，此时要求地址信号 $A_3A_2A_1A_0$＝1100。

③ 清屏蔽寄存器命令

这个命令使屏蔽寄存器的 4 位都清为 0，使 4 个通道都被允许 DMA 通道请求。对 8237A 的编程，就是将数据和控制字分别写入地址寄存器、字节数寄存器和模式寄存器、屏蔽寄存器、命令寄存器。若不是软件请求，则在完成编程后，由通道的引脚输入有效 DREQ 信号启动 DMA 传送过程。若用软件请求，则再写入指定通道的请求字，就可开始 DMA 传送。

8.3 8237A在80x86系列微机上的应用

8.3.1 8237A在IBM PC/XT上的应用

IBM PC/XT机使用一片Intel 8237A和DMA页面寄存器74LS670、DMA地址锁存器74LS373、DMA地址驱动器74LS244等组成DMA控制电路，如图8-11所示。

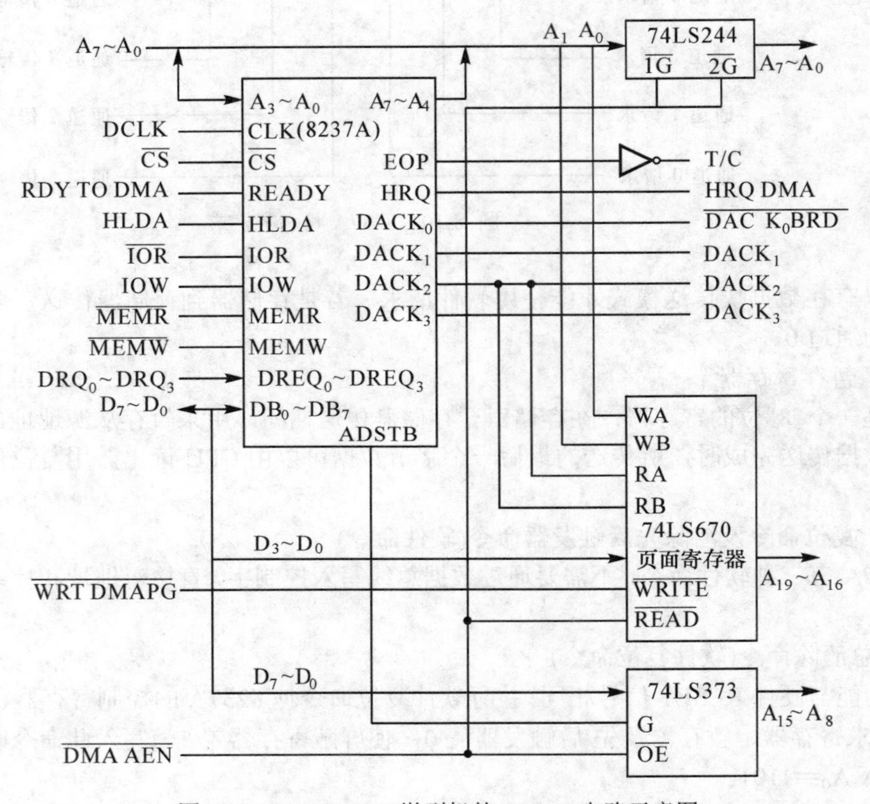

图8-11 IBM PC/XT微型机的DMAC电路示意图

8237A有四个DMA通道，在IBM PC/XT机系统板上通道0作为动态存储器DRAM刷新使用，其DMA请求信号$DREQ_0$来自计数器/定时器8253通道1的输出端OUT_1；通道2和通道3分别用于软盘驱动器和内存之间的数据传输以及硬盘驱动器和内存之间的数据传输，其中$DREQ_2$接至软盘适配器，$DREQ_3$接至硬盘适配器；通道1用来提供其他传输功能，如网络通信功能，当使用串行同步通信适配器(SDLC卡)时，通道1用于同步通信，在内存与SDLC卡之间传输数据，其$DREQ_1$可来自用户或SDLC通信卡。系统中采用固定优先级，即动态RAM刷新操作对应的优先级最高，硬盘和内存的数据传输对应的优先级最低。

在IBM PC/XT机中，8237A对应的端口地址为00～0FH，由于8237A只提供16位地址，系统的高4位地址由页面寄存器(74LS670)提供，以形成整个微机系统需要的所有存储器地址。

系统分配给页面寄存器的端口地址为 80H～83H。

在系统 ROM-BIOS 中有一段上电自测试程序，它对系统各部件进行测试，以确定系统部件是否无故障，然后对 8237A 的通道 0～通道 4 进行初始化。下面是 ROM-BIOS 对 8237A 进行测试和初始化的部分程序清单。

```
    OUT    0DH,  AL          ; 发 DMA 总清除命令
    MOV    AL,  0FFH         ; 通道寄存器测试初始值
C16:
    MOV    BL,  AL           ; 寄存器测试值写入 BX
    MOV    BH,  AL
    MOV    CX,  8            ; 准备测试 DMAC 的 4 个通道的地址寄存器和
                             ; 计数寄存器 0～7 是否正常
    MOV    DX,  0            ; 通道寄存器地址送 DX
C17:
    OUT    DX,  AL           ; 测试值低 8 位写入通道寄存器
    OUT    DX,  AL           ; 测试值高 8 位写入通道寄存器
    MOV    AL,  0101H
    IN     AL , DX           ; 读通道寄存器高 8 位
    MOV  AH,  AL
    IN     AL,  DX           ; 读通道寄存器低 8 位
    CMP    BX,  AX           ; 读出值和写入值相等吗
    JE     C18               ; 相等，则正确，转下一组寄存器
    JMP    ERR01             ; 不等，则有故障，转出错处理程序 01
C18:
    INC  DX                  ; DX 指向下一个通道寄存器地址
    LOOP  C17                ; 循环测试
    NOT    AL                ; 用初始值 0
    JZ     C16               ; 对 8 个寄存器再测试一遍，如正常，表示
                             ; DMAC 的 4 个通道的基准和当前地址寄存器
                             ; 以及计数器都正常，这时可启动内存刷新
    MOV    AL,  0FFH         ; 准备做 RAM 刷新，将 0FFFFH 送 DMAC 的通
                             ; 道 0(用于刷新)的基准和当前计数器，相当
                             ; 于置 64K 的计数值，因为刷新是对每个 64K
                             ; 存储体为单位进行
    OUT    1,  AL            ; 低 8 位写入通道 0 的字节数寄存器
    OUT    1,  AL            ; 高 8 位写入通道 0 的字节数寄存器
    MOV  AL,  58H            ; 通道 0 模式字：单字节读传送方式
    OUT  0BH,  AL            ; 地址增量，自动设定
    MOV  AL,  0              ; 将 0 写入 DMAC 的命令寄存器
    OUT    8,  AL            ; 选择如下控制方式：启动 DMAC 工作、
```

```
                                  ; 固定优先级、正常时序、滞后写、
                                  ; DREQ 高电平有效、DACK 低电平有效、
                                  ; 禁止存储器到存储器传输方式
   OUT  0AH,  AL                  ; 清除通道 0 屏蔽字，允许 DREQ0 发来的刷新
                                  ; 内存的 DMA 请求。至此，才进行 DRAM 存
                                  ; 储器的周期刷新，而且一直进行下去
   MOV  AL,  41H                  ; 通道 1 模式字：校验方式、单字节传送
   OUT  0BH,  AL                  ; 模式，地址递增方式、关闭自动设定
   MOV  AL,  42H                  ; 通道 2 模式字：  设置同通道 1
   OUT  0BH,  AL
   MOV  AL,  43H                  ; 通道 3 模式字：  设置同通道 1
   OUT  0BH,  AL
   ……
   ERR01:    HLT                  ; 如出错，则停机等待
```

8.3.2 DMA 写传输

假设采用 IBM PC/XT 中 DMA 通道 1 传送 1KB 数据到外设，内存起始地址为 50000H，下面是汇编语言源程序段，重点给出了对 8237A 通道 1 的编程部分。由于 PC 系列机中 8237A 的工作方式已经设定，即已写入命令字，所以，对通道 1 的编程主要是写入模式字、地址寄存器和页面寄存器、字节数寄存器，最后复位 DMA 屏蔽位允许通道工作。本例中采用程序查询方式检测传送是否完成。

```
   MOV  AL,  0                    ; 清字节指示器
   OUT  0CH,  AL                  ; 也即清先/后触发器
   MOV  AL,  01000101B            ; 工作模式为单字节 DMA 写传送，地址增量，
                                  ; 关闭自动设定
   OUT  0BH,  AL
   MOV  AL,  0
   OUT  02H,  AL                  ; 送地址的低 8 位
   OUT  02H,  AL                  ; 送地址的高 8 位
   MOV  AL,  05H                  ; 送最高 4 位地址
   OUT  83H,  AL                  ; 给页面寄存器
   MOV  AX,  1023
   OUT  03H,  AL                  ; 送字节数低 8 位到字节数寄存器
   MOV  AL,  AH
   OUT  03H，AL                   ; 送字节数高 8 位到字节数寄存器
   MOV  AL，01
   OUT  0AH，AL                   ; 送屏蔽字，允许通道 1 的 DMA 请求
   ……                             ; 其他工作
DSNDP:
```

```
IN     AL，  08H              ；  读状态寄存器
AND    AL，02H                ；  判断通道 1 是否传送结束
JZ     DSNDP                  ；  没有结束，则循环等待
……                            ；  传送结束，处理转换数据
```

习 题 8

8.1 比较中断与 DMA 两种传输方式的特点。

8.2 DMA 控制器应具有哪些功能？

8.3 8237A 只有 8 位数据线，为什么能完成 16 位数据的 DMA 传送？

8.4 8237A 的地址线为什么是双向的？

8.5 说明 8237A 单字节 DMA 传送数据的全过程。

8.6 8237A 单字节 DMA 传送与数据块 DMA 传送有什么不同？

8.7 8237A 什么时候作为主模块工作，什么时候作为从模块工作？在这两种工作模式下，各控制信号处于什么状态，试作说明。

8.8 说明 8237A 初始化编程的步骤。

8.9 8237A 选择存储器到存储器的传送模式必须具备哪些条件？

8.10 DMA 传送方式为什么能实现高速传送？

8.11 简述 8237A 的主要功能。

8.12 用 DMA 控制器 8237A 进行内存到内存传输时，有什么特点？

8.13 利用 8237A 的通道 2，由一个输入设备输入一个 32KB 的数据块至内存，内存的首地址为 34000H，采用增量、块传送方式，传送完不自动初始化，输入设备的 DREQ 和 DACK 都是高电平有效。请编写初始化程序，8237A 的首地址用标号 DMA 表示。

第9章 并行接口与串行接口

CPU 与外部设备之间的数据传送是通过接口来实现的。数据传送的方式有两种：串行传送和并行传送。串行传送就是在一条传输线上一位一位地传送数据。在串行传送方式下，外设通过串行接口与系统总线相连接。并行传送就是同时在多条传输线上以字节或字为单位进行传送。在并行传送方式下，外设通过并行接口与系统总线相连接。串行传送通常应用在远距离传输以及慢速外部设备与主机的数据传输方面，而并行传送则通常应用在短距离的快速数据传输方面。

本章讲述并行接口原理、可编程并行接口芯片 8255A 及其应用举例。重点讲述可编程并行接口芯片 8255A 的主要特性、内部结构、引脚功能及应用编程。

9.1 并行接口原理

并行接口和外设连接的原理示意图如图 9-1 所示。图中的并行接口用一个通道和输入设备相连，用另一个通道和输出设备相连。每个通道都配有一定的控制线和状态线。从图中可以看到，并行接口中的控制寄存器用来接收 CPU 发来的控制命令，状态寄存器提供各种状态位供 CPU 查询，而输入缓冲寄存器和输出缓冲寄存器用来实现输入和输出。

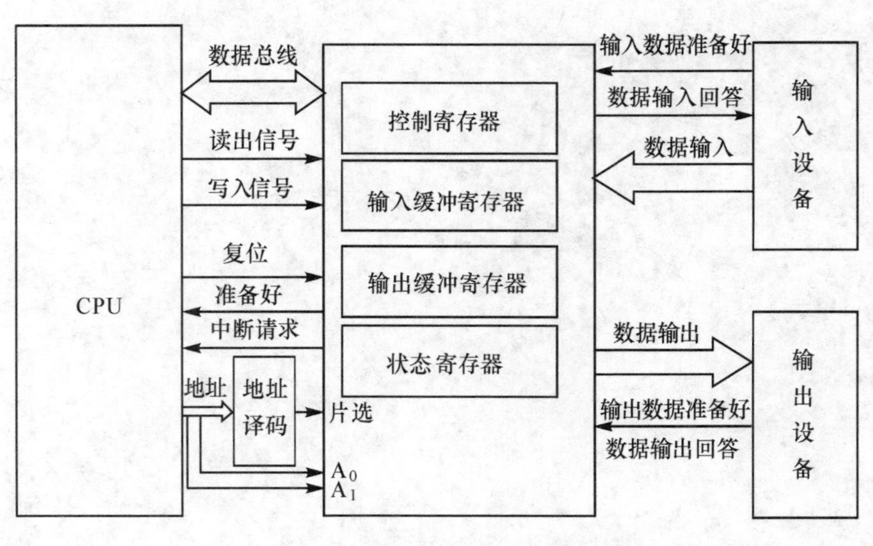

图 9-1 并行接口和外设连接示意图

9.1.1　并行接口的功能

通常来说，一个并行接口应具备以下功能：

(1) 实现与系统总线的连接，提供数据的输入、输出功能。

(2) 实现与外部设备相互连接，具有与外部设备进行应答的同步机构，保证有效地进行数据的发送或接收。

(3) 具有中断请求与处理功能，使得数据的输入/输出可以采用中断的方式来实现。

9.1.2　并行接口的内部结构

根据并行接口电路的功能可知，在接口电路中应该有数据输入和输出缓冲寄存器，以便于数据的输入和输出；应有状态和控制寄存器，以便于CPU与接口电路之间使用应答方式来交换信息，同样也便于接口电路与外部设备直接传送信息。此外，接口电路中还要有译码与控制电路以及中断请求触发器、中断屏蔽触发器等，以解决时序的配合及各种控制问题，保证CPU能正确可靠地与外部设备交换信息。

因此，从并行接口功能的角度来看，其内部应该包括：数据寄存器、控制寄存器、状态寄存器、控制电路等。

9.1.3　并行接口的外部信号

并行接口电路的外部信号可分为与外部设备相连的接口信号和与CPU相连的接口信号两部分。

(1) 与外部设备的接口信号

数据信号：用于接口电路与外部设备进行数据的输入或输出。

状态信号：用于接口电路接收外部设备提供的状态信息。

控制信号：用于接口电路向外部设备提供控制功能。

(2) 与CPU的接口信号

数据信号：用于接口电路与CPU的数据交换。

地址译码信号：用于选择不同的接口电路以及接口电路内部不同的寄存器。

读写信号：用于确定CPU对接口电路的读/写操作。

中断请求与应答信号：用于实现中断请求和中断响应操作。

9.2　可编程并行接口芯片8255A

Intel 8255A是一种通用的可编程并行接口芯片，由于它是可编程的，可以通过程序来设置芯片的工作方式，通用性强，使用灵活，可为多种不同CPU与外设之间提供并行输入/输出通道。

9.2.1　8255A的内部结构及引脚功能

1. 8255A的内部结构

8255A内部具有三个带锁存器或缓冲器的数据端口，可与外设进行并行数据交换，各端口内具有中断控制逻辑和选通控制逻辑。外设与 CPU 之间可通过条件传送方式或中断方式进行信息交换，在条件传送方式下，8255A 可提供联络信息。

8255A 的内部结构框图如图 9-2(a)所示。从图中可见，8255A 由以下几部分组成：

(1) 数据端口 A、B、C

8255A 有 3 个 8 位的数据端口，即端口 A、端口 B 和端口 C。设计人员可通过编程使它们分别作为输入端口或输出端口。不过，这 3 个端口有各自的特点。

端口 A 对应一个 8 位的数据输入锁存器和一个 8 位的数据输出锁存器/缓冲器。端口 A 作为输入或输出时，数据均受到锁存。

端口 B 和端口 C 均对应一个 8 位输入缓冲器和一个 8 位数据输出锁存器/缓冲器。

在使用中，端口 A 和端口 B 常常作为独立的输入或者输出端口。端口 C 除了可以作为独立的输入或输出端口外，还可以配合端口 A 和端口 B 的工作。具体地说，端口 C 可分成两个 4 位的端口，分别作为端口 A 和端口 B 的控制信号和状态信号。

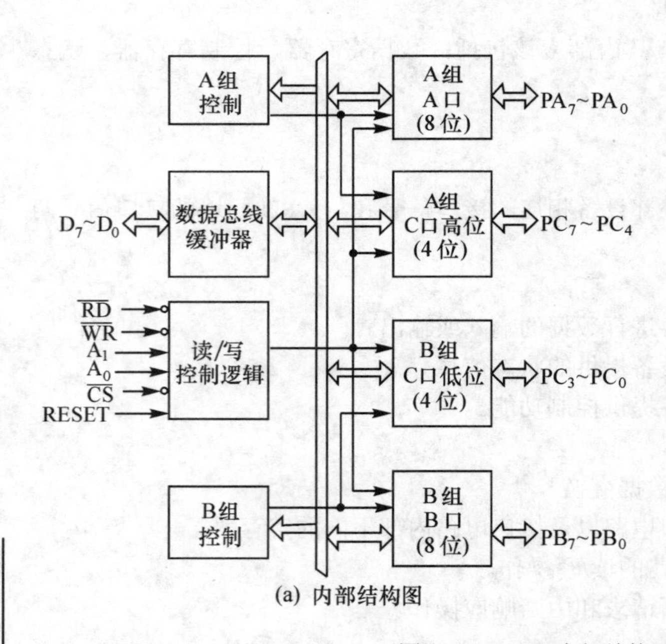

(a) 内部结构图

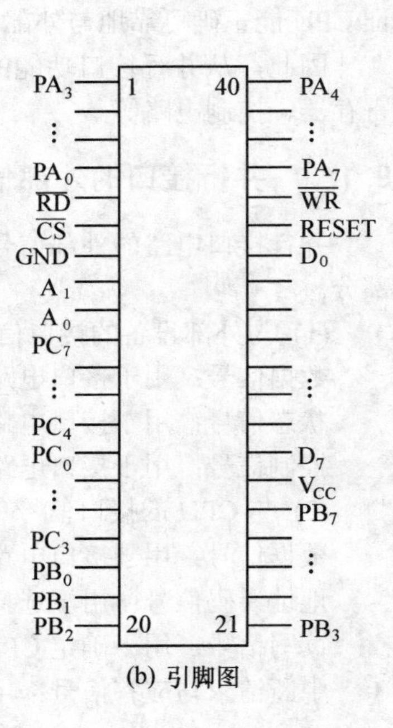

(b) 引脚图

图 9-2　8255A 内部结构及引脚功能图

(2) A 组控制和 B 组控制

这两组控制电路一方面接收 CPU 发来的控制字并决定 8255A 的工作方式；另一方面接收来自读/写控制逻辑电路的读/写命令，完成接口的读/写操作。

A 组控制电路控制端口 A 和端口 C 的高 4 位的工作方式和读/写操作。

B 组控制电路控制端口 B 和端口 C 的低 4 位的工作方式和读/写操作。

(3) 总线缓冲器

这是一个双向三态的 8 位数据缓冲器，8255A 正是通过它与系统总线相连。输入数据、

输出数据、CPU 发给 8255A 的控制字都是通过这个缓冲器传递的。

(4) 读/写控制逻辑电路

读/写控制逻辑电路负责管理 8255A 的数据传输过程。它接收 $\overline{CS}$ 及来自系统地址总线的信号 A_1，A_0 信号和控制总线的 RESET、$\overline{RD}$、$\overline{WR}$ 信号，将这些信号进行组合后，得到对 A 组控制和 B 组控制的控制命令，并将这些命令发给这两个部件，以完成对数据、状态信息和控制信息的传输。

2. 8255A 引脚功能

8255A 芯片的引脚信号如图 9-2(b)所示，8255A 芯片除电源和地引脚以外，其他引脚可分成两组。

(1) 8255A 与外设相连的引脚

8255A 与外设连接的有 24 个双向、三态引脚，分成三组，分别对应于 A、B、C 三个端口：PA_7~PA_0，PB_7~PB_0，PC_7~PC_0。

(2) 8255A 与 CPU 相连的引脚

D_7~D_0：双向、三态数据线。

RESET：复位信号，高电平有效。复位时所有内部寄存器清除，同时其 3 个数据端口被自动设为输入端口。`

$\overline{CS}$ ：芯片选择信号,低电平有效。该信号有效时，8255A 被选中。

$\overline{RD}$：读信号，低电平有效。该信号有效时，CPU 可从 8255A 读取输入数据或状态信息。

$\overline{WR}$：写信号，低电平有效。该信号有效时，CPU 可向 8255A 写入控制字或输出数据。

A_1，A_0 片内端口选择信号。8255A 内部有三个数据端口和一个控制端口。规定当 A_1，A_0 为 00 时，选中 A 端口，为 01 时，选中 B 端口；为 10 时，选中 C 端口；为 11 时，选中控制口。

概括起来，8255A 的 $\overline{CS}$，$\overline{RD}$，$\overline{WR}$，A_1，A_0 控制信号和传送信号操作之间的关系如表 9-1 所示。

表 9-1　**8255A 的控制信号和传送操作的对应关系**

$\overline{CS}$	$\overline{RD}$	$\overline{WR}$	A_1 A_0	执行的操作
0	0	1	0 0	读端口 A
0	0	1	0 1	读端口 B
0	0	1	1 0	读端口 C
0	0	1	1 1	非法状态
0	1	0	0 0	写端口 A
0	1	0	0 1	写端口 B
0	1	0	1 0	写端口 C
0	1	0	1 1	写控制端口
1	×	×	× ×	未选通

9.2.2 8255A 控制字

8255A 可以通过指令在控制端口中设置控制字来决定它的工作。

8255A 有两个控制字：方式选择控制字和端口 C 置位/复位控制字。这两个控制字共用一个地址，即控制端口地址。用控制字的 D_7 来区分这两个控制字，当 D_7=1 时选择方式选择控制字；当 D_7=0 时选择端口 C 置位/复位控制字。

1. 方式选择控制字

方式选择控制字的格式如图 9-3 所示。D_0~D_2 用来对 B 组端口进行工作方式设定，D_3~D_6 用来对 A 组的端口进行工作方式设定。最高位为 1 是方式选择控制字标志。

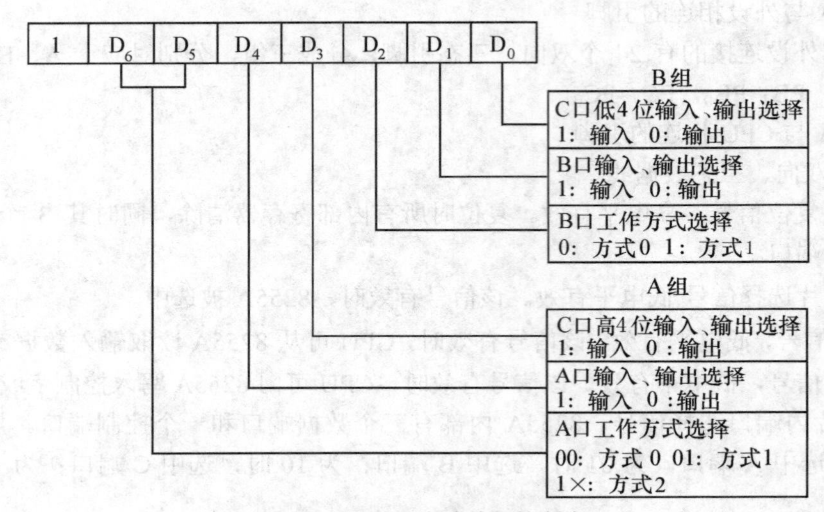

图 9-3 8255A 方式选择控制字

对 8255A 的方式选择控制字的几点说明：

(1) 8255A 有 3 种基本的工作方式：

方式 0：基本的输入/输出方式；

方式 1：选通的输入/输出方式；

方式 2：双向传输方式。

(2) 端口 A 可以工作在 3 种工作方式中的任何一种，端口 B 只能工作在方式 0 或方式 1，端口 C 则常配合端口 A 和端口 B 工作，为这两个端口的输入/输出传输提供控制信号和状态信号。可见，只有端口 A 能工作在方式 2。

(3) 归为同一组的两个端口可以分别工作在输入方式和输出方式，并不要求同为输入方式或同为输出方式。而一个端口到底是作为输入还是输出端口，这完全由方式选择控制字决定。

2. 端口 C 置位/复位控制字

端口 C 的数位常常作为控制位使用，所以，在设计 8255A 芯片时，应使端口 C 中的各数位可以用置位/复位控制字单独设置。

端口 C 置位/复位控制字的格式如图 9-4 所示。

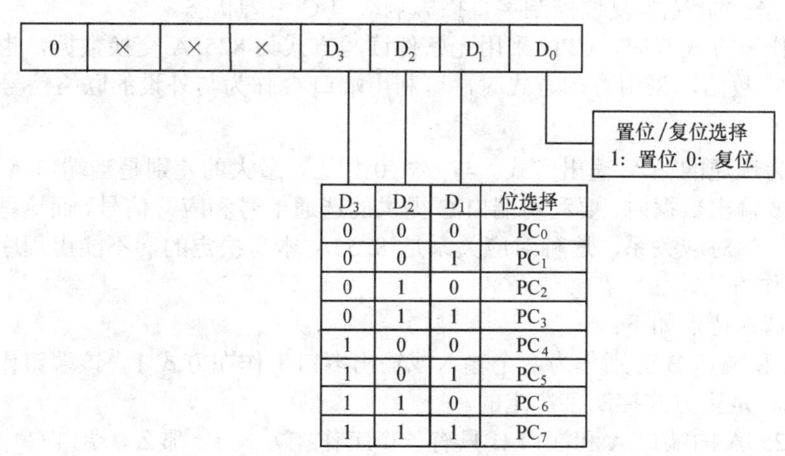

D_3	D_2	D_1	位选择
0	0	0	PC_0
0	0	1	PC_1
0	1	0	PC_2
0	1	1	PC_3
1	0	0	PC_4
1	0	1	PC_5
1	1	0	PC_6
1	1	1	PC_7

图 9-4 8255A 端口 C 置位 / 复位控制字

对端口 C 置位/复位控制字的几点说明：

(1) 端口 C 置位/复位控制字尽管是对端口 C 进行操作，但此控制字必须写入控制口，而不是写入 C 口。

(2) 端口 C 置位/复位控制字的 D_0 位决定是置 1 还是置 0 操作。如为 1，则对端口 C 中某一位置 1，否则，置为 0。

(3) 端口 C 置位/复位控制字的 D_3、D_2、D_1 位决定了对 C 端口中的哪一位进行操作。

(4) 端口 C 置位/复位控制字的 D_6、D_5、D_4 位可为 1，也可为 0，它们不影响置位/复位操作。但 D_7 必须为 0，它是端口 C 置位/复位控制字的标识符。

9.2.3 8255A 的工作方式

前面已提到，8255A 的端口 A 可以在方式 0、方式 1、方式 2 三种方式下工作，而端口 B 只能在方式 0 和方式 1 这两种方式下工作，此外，我们也说明了端口的工作方式是由方式控制字决定的。

下面，介绍三种工作方式的具体含义。

1.方式 0

方式 0 称为基本输入、输出方式。在这种方式下，端口 A 和端口 B 可以通过方式选择控制字规定为输入端口或输出端口，端口 C 则分为两个 4 位端口，高 4 位为一个端口，低 4 位为一个端口，这两个 4 位端口也可由方式选择控制字规定为输入端口或输出端口。

方式 0 的基本特点如下：

- 4 个端口相互独立，它们之中每个端口既可作为输入端口，也可作为输出端口，各端口之间没有必然关系。
- 4 个端口的输入/输出可以有 16 种组合，所以可适用于多种使用场合。
- 各个端口工作于方式 0 时，输出具有锁存功能，而输入则没有锁存能力。即在给某一个端口输出信息后，如果没有对该端口进行改变，则该端口一直保持以前输出的信息。而读入的信息则是在输入指令执行时外界在引脚上施加的电平信息。
- 当端口 C 工作于方式 0 且为输出时，可以通过置位/复位控制字改变端口 C 任何一个引脚的电平，即置位/复位控制字直接影响端口 C 引脚状态。

8255A 工作于方式 0 时，CPU 采用无条件读写方式与 8255A 交换数据，也可采有查询方式与 8255A 交换数据。采用查询方式时，可利用端口 C 作为与外设的联络信号。

2.方式 1

方式 1 称为选通的输入/输出方式。与方式 0 相比，最大的差别是当端口 A 和端口 B 用方式 1 进行输入或输出数据时，要利用端口 C 提供的选通信号和应答信号，而这些信号与端口 C 的数位有着固定的对应关系，这种对应关系是 8255A 本身决定的，不能用程序改变，除非改变 8255A 的工作方式。

方式 1 的基本特点如下：

- 端口 A 和端口 B 分别作为两个输入或输出端口工作在方式 1。该端口作为输入端口或输出端口是由方式控制字决定的。
- 如果 8255A 的端口 A 和端口 B 只有一个工作在方式 1，那么，端口 C 中就有 3 条线被规定为配合方式 1 工作的联络信号。此时另一个端口可以工作在方式 0，端口 C 中剩余 5 条线也可以工作在方式 0，即作为方式 0 输入端口或方式 0 输出端口。如果 8255A 的端口 A 和端口 B 都工作在方式 1，那么，端口 C 就有 6 条线被规定为配合方式 1 工作的联络信号，剩余的 2 条线，仍可作为方式 0 输入或输出。
- 端口 A 和端口 B 在方式 1，输入、输出均具有锁存功能。
- 当端口 C 的相应引脚规定作联络线时，这些联络线不能用置位/复位控制字影响其引脚电平，而只能用规定的操作改变引脚状态。

(1) 方式 1 输入

端口 A、端口 B 都设置为方式 1 输入时的情况及时序如图 9-5 所示。其中 PC_3，PC_4，PC_5 作为端口 A 的联络信号，PC_0，PC_1，PC_2 作为端口 B 的联络信号。

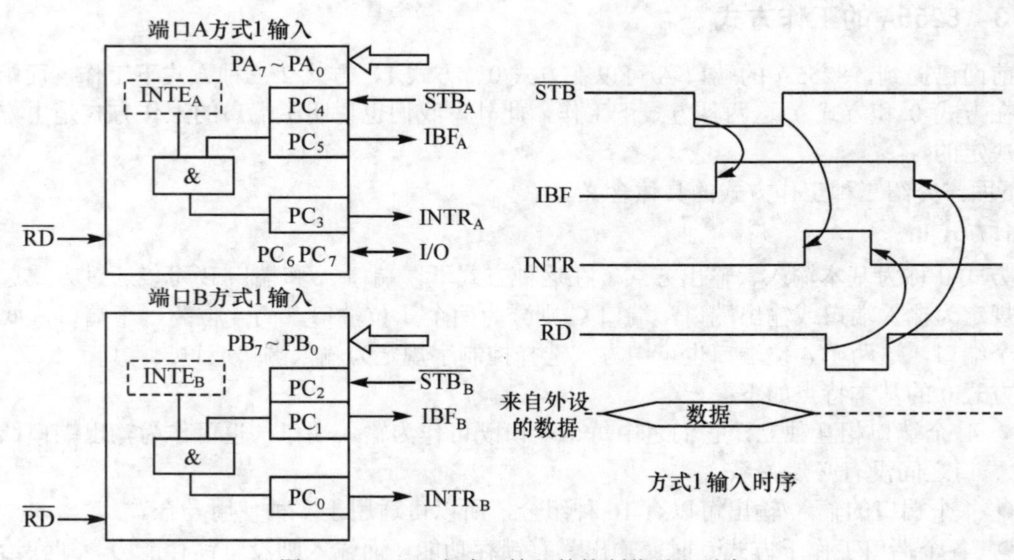

图 9-5　8255A 方式 1 输入的控制信号和时序

表 9-2 是端口 A 和端口 B 都工作在方式 1 情况下作为输入端口，端口 C 各引脚的名称及对应关系。

表 9-2 **方式 1 输入情况下联络信号及传输方向**

端口 C 引脚	联络线名称	传输方向	端口 C 引脚	联络线名称	传输方向
PC_0	$INTR_B$	输出	PC_4	$\overline{STB}_A$	输入
PC_1	IBF_B	输出	PC_5	IBF_A	输出
PC_2	$\overline{STB}_B$	输入	PC_6	未使用	*
PC_3	$INTR_A$	输出	PC_7	未使用	*

对于各控制信号，说明如下：

$\overline{STB}$ (Strobe)：数据选通信号输入端，低电平有效，是由外设送往 8255A 的。当$\overline{STB}$有效时，8255A 接收外设送来的一个 8 位数据，并将数据锁存到其输入的锁存器中，从而 8255A 的输入缓冲器得到一个新的数据并保持此数据，直到外设再次送来新数据。

IBF(Input Buffer Full)：输入缓冲器满信号，高电平有效。它是 8255A 输出的状态信号。当它有效时，表示当前输入缓冲器已有一个新的数据。此信号一般供 CPU 查询用。IBF 信号是由$\overline{STB}$信号使其复位的，而由读信号的后沿即上升沿使其复位。

INTR(Interrupt Request)：8255A 送往 CPU 的中断请求信号，高电平有效。INTR 端在$\overline{STB}$，IBF 均为高时被置为高电平，也就是说，当选通信号结束，外设已将一个数据送进输入缓冲器中，并且输入缓冲器信号已为高电平时，8255A 会向 CPU 发出中断请求信号，即将 INTR 端置为高电平。在 CPU 响应中断读取输入缓冲器的数据时，由读信号$\overline{RD}$的下降沿将 INTR 改变为低电平。

INTE(Interrupt Enable)：中断允许，实际上，它就是控制中断允许或中断屏蔽的控制信号。INTE 没有外部引出端，它是由程序通过对端口 C 的置位/复位控制字来实现对中断控制的。具体来讲，对 PC_4 置 1，则使端口 A 处于中断允许状态；对 PC_4 置 0，则使端口 A 处于中断屏蔽状态。与此类似，对 PC_2 置 1，则使端口 B 处于中断允许状态；对 PC_2 置 0，则使端口 B 处于中断屏蔽状态。当然，如果要使用中断功能，应该用程序使相应的端口处于中断允许状态。

(2) 方式 1 输出

端口 A、端口 B 都设置为方式 1 输出时的情况及时序如图 9-6 所示。其中 PC_3，PC_6，PC_7 作为端口 A 的联络信号，PC_0，PC_1，PC_2 作为端口 B 的联络信号。

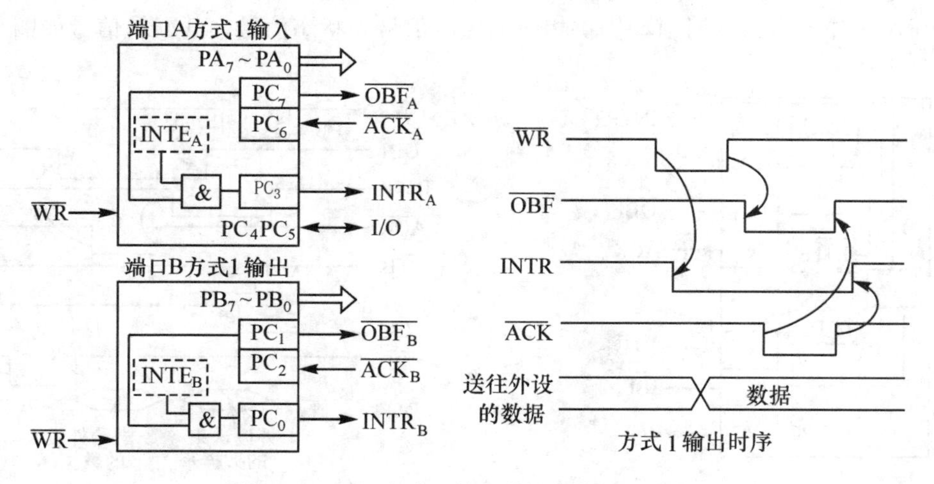

图 9-6 8255A 方式 1 输出的控制信号和时序

表 9-3 是端口 A 和端口 B 都工作在方式 1 情况下作为输出端口，端口 C 各引脚的名称及对应关系。

表 9-3 **方式 1 输出情况下联络信号及传输方向**

端口 C 引脚	联络线名称	传输方向	端口 C 引脚	联络线名称	传输方向
PC_0	$INTR_B$	输出	PC_4	未使用	*
PC_1	$\overline{OBF}_B$	输出	PC_5	未使用	*
PC_2	$\overline{ACK}_B$	输入	PC_6	$\overline{ACK}$ A	输入
PC_3	$INTR_A$	输出	PC_7	$\overline{OBF}$ A	输出

对于方式 1 输出端口对应的控制信号和状态信号，说明如下：

$\overline{OBF}$ (Output Buffer Full)：输出缓冲器满信号，低电平有效。$\overline{OBF}$ 由 8255A 送给外设，当 $\overline{OBF}$ 有效时，表示 CPU 已经向指定的端口输出了数据，所以，$\overline{OBF}$ 是 8255A 用来通知外设取走数据的信号。$\overline{OBF}$ 是由写信号 $\overline{WR}$ 上升沿置为有效电平，而由 $\overline{ACK}$ 的有效信号使它恢复为高电平。

$\overline{ACK}$ (Acknowledge)：外设的响应信号。它是由外设发给 8255A 的，低电平有效。当 $\overline{ACK}$ 有效时，表示外设已取走 8255A 的端口数据。

INTR(Interrupt Request)：中断请求信号，高电平有效。当输出设备从 8255A 端口中读取数据，从而发出 $\overline{ACK}$ 信号后，8255A 便向 CPU 发出中断请求信号，以便 CPU 响应中断，再次输出数据。所以，当 $\overline{ACK}$ 变为高电平，并且 $\overline{OBF}$ 也变为高电平，INTR 便成为高电平即为有效电平，而当写信号 $\overline{WR}$ 的下降沿到来时，INTR 变为高电平。

INTE(Interrupt Enable)：中断允许信号。与端口 A、端口 B 工作在方式 1 输入情况下 INTE 的含义一样，INTE 为 0 时，使端口处于屏蔽状态，而 INTE 为 1 时，使端口处于允许状态。端口 A 用 PC_6 的置位/复位控制，端口 B 用 PC_2 的置位/复位控制。

3 .方式 2

方式 2 又称为双向传输方式，这种方式只适用于端口 A。在方式 2 下，外设可以在 8 位数据线上，既向 CPU 发送数据，又接收 CPU 传输来的数据。此外，和工作于方式 1 类似，端口 C 在端口 A 工作于方式 2 时自动提供相应的控制信号和状态信号，其联络信号如图 9-7 所示。

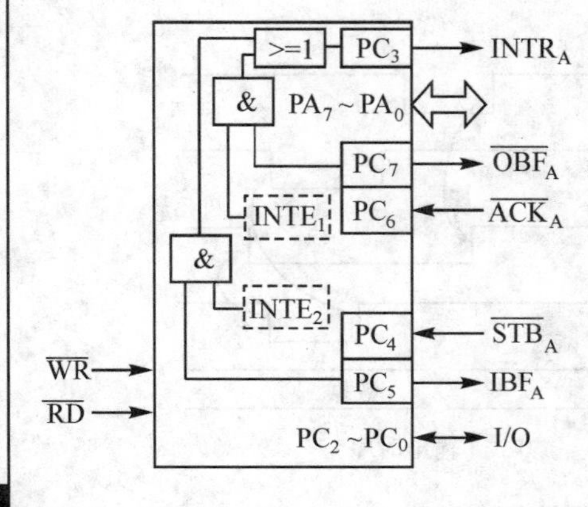

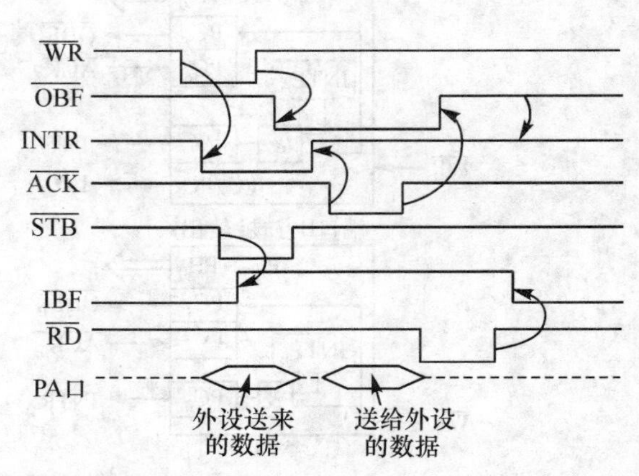

图 9-7　8255A 方式 2 的控制信号和时序

方式 2 的特点如下：

- 方式 2 只适用于端口 A。
- 端口 A 工作于方式 2 时，端口 C 用 5 条线自动配合端口 A，提供控制信号和状态信号。
- 方式 2 下数据传输方向由联络控制信号决定。
- 方式 2 下的输入和输出均具有锁存功能。

当端口 A 工作于方式 2 时，端口 C 的 PC_3~PC_7，共 5 条线分别作为控制信号和状态信号端，具体对应关系如表 9-4 所示。

表 9-4　　**方式 2 输出情况下联络信号及传输方向**

端口 C 引脚	联络线名称	传输方向	端口 C 引脚	联络线名称	传输方向
PC_0	未使用	*	PC_4	$\overline{STB}_A$	输入
PC_1	未使用	*	PC_5	IBF_A	输出
PC_2	未使用	*	PC_6	$\overline{ACK}_A$	输入
PC_3	$INTR_A$	输出	PC_7	$\overline{OBF}_A$	输出

各控制信号和状态信号的含义如下：

$INTR_A$(Interrupt Request)：中断请求信号，高电平有效。不管是输入动作还是输出动作，当一个动作完成而进入下一个动作时，8255A 通过这一引脚向 CPU 发出中断请求信号。

$\overline{STB}_A$(Strobe)：是由外设提供给 8255A 的选通信号，低电平有效。此信号将外设送到 8255A 的数据锁存到其输入锁存器中。

IBF_A(Input Buffer Full)：8255A 送往 CPU 的状态信息，表示当前已有一个新的数据送到输入缓冲器中，等待 CPU 取走。IBF_A 可作为供 CPU 查询的信号。

$\overline{OBF}_A$(Output Buffer Full)：输出缓冲器满信号，实际上，它是一个由 8255A 端口 A 送给外设的状态信号，低电平有效。当 $\overline{OBF}_A$ 有效时，表示 CPU 已经将一个数据写入 8255A 端口 A 中，通知外设取走数据。

$\overline{ACK}_A$(Acknowledge)：外设对 $\overline{OBF}_A$ 信号的响应信号，低电平有效。它使 8255A 端口 A 的输出缓冲器开启，送出数据。否则，输出缓冲器处于高阻状态。

$INTE_1$ (Interrupt Enable)：中断允许信号。$INTE_1$ 为 1 时，允许 8255A 由 INTR 往 CPU 发出中断请求信号，以通知 CPU 往 8255A 的端口 A 输出一个数据；$INTE_1$ 为 0 时，则屏蔽了该中断请求，这时，即使 8255A 的数据输出缓冲器空了，也不能在 INTR 端产生中断请求。$INTE_1$ 到底为 0 还是 1，则由程序通过 PC_6 的设置来决定，PC_6 为 1，则 $INTE_1$ 为 1，PC_6 为 0，则 $INTE_1$ 为 0。

$INTE_2$(Interrupt Enable)：中断允许信号。$INTE_2$ 为 1 时，端口 A 的输入处于中断允许状态；当 $INTE_2$ 为 0 时，端口 A 的输入处于中断屏蔽状态，$INTE_2$ 是程序通过对 PC_4 的设置来决定为 1 还是为 0 的，将 PC_4 置 1 时，使 $INTE_2$ 为 1；PC_4 为 0 时，则使 $INTE_2$ 为 0。

9.3　8255A 应用举例

例 9.1　扫描键盘按键，并保存相应键值，硬件图如图 9-8 所示。设 8255A 的端口地址为

400H～403H，接收 16 个按键后结束。

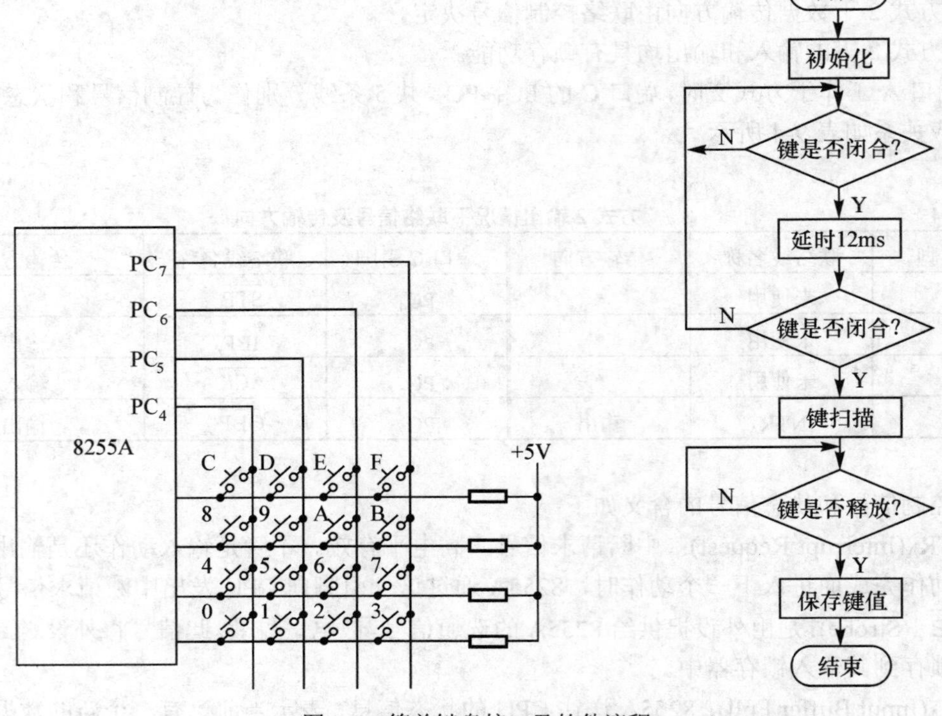

图 9-8 简单键盘接口及软件流程

分析：检测键盘输入过程如下：PC_4～PC_7 送全“0”，再读取 PC_0～PC_3，若全为“1”，则表示无键闭合。若有键闭合，则进行键扫描。键扫描方法如下：使 PC_4 为 0，PC_5～PC_7 为高电平，读取 PC_0～PC_3，如果是全“1”，表示该列无键闭合；否则闭合键在该列上，再进一步判断读取的数据中哪一位为“0”，从而确定闭合键。若该列无键闭合，则依次使 PC_5，PC_6，PC_7 进行上述操作。

在键盘设计时，除了对键码识别外，还有抖动和重键两个问题需要解决。

对机械按键就是当用手按下一个键时，往往会出现按键在闭合和断开位置之间跳几下才稳定到闭合状态的情况；在释放一个键时，也会出现类似的情况，这就是抖动。抖动持续时间一般为 10ms 左右。利用硬件，也可通过软件延时来消除抖动。

所谓重键就是指两个或多个键同时闭合。通常情况，则是只承认先识别出来的键，对同时按下的其他键均不作识别，直到所有键都释放以后，才读下一个键。

程序如下：

```
DATA SEGMENT
  BUFFER DB    16   DUP(?)
DATA   ENDS
CODE   SEGMENT
  ASSUME   CS: CODE, DS: DATA
```

```
START:   MOV   AX, DATA
         MOV   DS, AX
         LEA   SI,BUFFER
         MOV   CL,16          ;初始化按键次数
         MOV   AL,81H         ;8255A 控制字
         MOV   DX,403H
         OUT   DX,AL          ;8255A 初始化
KS1:     CALL  KS             ;读取按键
         CMP   AL,0FH         ;判有无键闭合
         JZ    KS1            ;无键闭合，循环等待
         CALL  DELAY          ;延时 12ms，消除抖动
         CALL  KS
         CMP   AL,0FH         ;再次判有无键闭合
         JZ    KS1
         MOV   BL,0EFH        ;初始化列码
         MOV   BH,0           ;初始化列计数器
AGAIN:   MOV   DX,402H
         MOV   AL,BL
         OUT   DX,AL          ;输出列码
         IN    AL,DX          ;读取行码
         AND   AL,0FH
         CMP   AL,0FH
         JZ    NEXT           ;该列无键闭合，准备下一列扫描
         CMP   AL,0EH         ;判断该列是否第一个键闭合
         JNZ   TWO
         MOV   AL,0
         JMP   FREE
TWO:     CMP   AL,0DH         ;判断该列是否第二个键闭合
         JNZ   THREE
         MOV   AL,4
         JMP   FREE
THREE:   CMP   AL,0BH         ;判断该列是否第三个键闭合
         JNZ   FOUR
         MOV   AL,8
         JMP   FREE
FOUR:    CMP   AL,07H         ;判断该列是否第四个键闭合
         JNZ   NEXT
         MOV   AL,0CH
FREE:    PUSH  AX
WAIT1:   CALL  KS
```

```
        CMP     AL,0FH
        JNZ     WAIT1                    ;键未释放，则等待
        POP     AX
        ADD     AL,BH                    ;按键键值＝扫描键值+列计数值
        MOV     [SI],AL                  ;保存相应按键键值
        INC     SI
        DEC     CL
        JZ      EXIT                     ;判断是否接收到 100 个按键
        JMP     KS1
NEXT:   INC     BH                       ;列计数值加 1
        ROL     BL,1                     ;列码循环左移一位
        CMP     BL,0FEH                  ;判断该轮键扫描是否结束
        JNZ     AGAIN
        JMP     KS1
  EXIT:MOV      AH,4CH                   ;返回 DOS
        INT     21H
  KS    PROC    NEAR
        MOV     DX,402H
        MOV     AL,0FH
        OUT     DX,AL                    ;使所有列线为低电平
        IN      AL,DX                    ;读取行值
        AND     AL,0FH                   ;屏蔽高 4 位
        RET
  KS    ENDP
  DELAY   PROC   NEAR                    ;延时子程序
          PUSH   BX
          PUSH   CX
          MOV    BX,2000
  DEL1:MOV    CX,0
  DEL2:LOOP   DEL2
          DEC    BX
          JNZ    DEL1
          POP    CX
          POP    BX
          RET
   DELAY   ENDP
 CODE     ENDS
   END     START
```

例 9.2　试编程实现采用动态扫描方法在 LED 数码管上显示 00～99，硬件如图 9-9 所示，设 8255A 的端口地址为 288H～28FH。

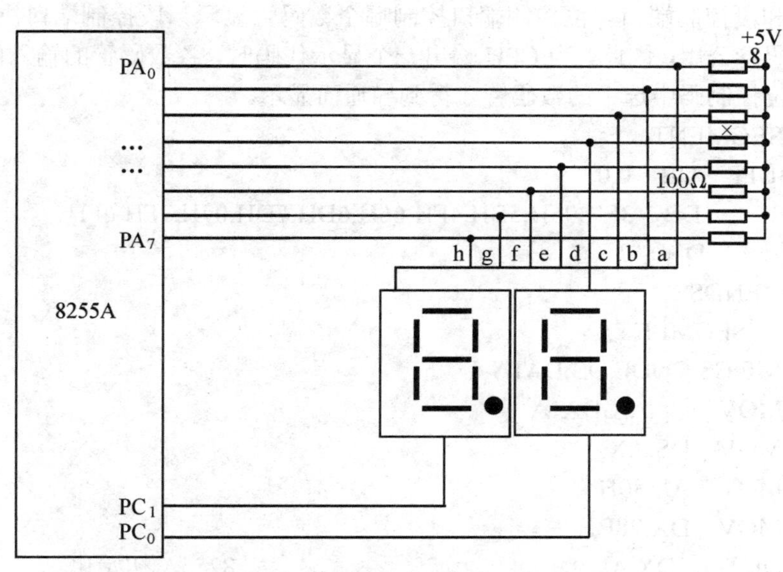

图 9-9　数码管动态显示接口

LED(Light Emitting Diode)数码管的主要部分是发光二极管，如图 9-10 所示。这七段发光管按顺时针分别称为 a、b、c、d、e、f、g，有的产品还附带小数点 h。LED 数码管有共阴极和共阳极两种结构。通过 7 个发光段的不同组合，可显示 0～9 和 A～F 以及某些特殊字符。

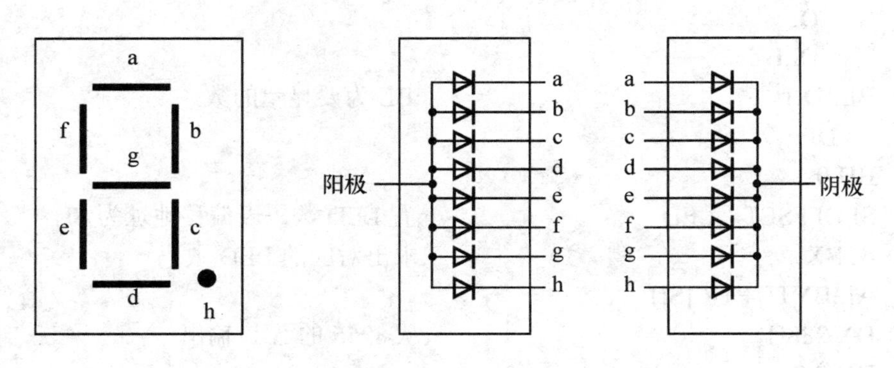

图 9-10　LED 数码管

由于发光二极管发光时，通过的平均电流为 10～20mA，而通常的输出锁存器不能提供这么大的电流，所以 LED 各段必须接驱动电路。

点亮数码管有静态和动态两种方法。所谓静态显示，就是当数码管显示某一个字符时，相应的发光二极管恒定地导通或截止。这种显示方式每一个数码管都需要有一个 8 位输出口控制，而当系统中数码管较多时，用静态显示所需的 I/O 口太多，一般采用动态显示方法。

所谓动态显示就是一位一位地轮流点亮各位数码管(扫描)，对于每一位数码管来说，每隔一段时间点亮一次。数码管的亮度既与导通电流有关，也与点亮时间和间隔时间的比例有关。调整电流和时间参数，可实现亮度较高较稳定的显示。这种显示方法需有两类控制端口，即

位控制端口和段控制端口。位控制端口控制哪个数码管显示，段控制端口决定显示代码，此端口所有数码管公用，因此，当 CPU 输出一个显示代码时，各数码管的输入段都收到此代码。但是，只有位控制码中选中的数码管才得到导通而显示。

```
DATA    SEGMENT
  OUTBUFF   DB    0,0
  LED       DB    3FH,06H,5BH,4FH,66H,6DH,7DH,07H,7FH,6FH
  BZ        DW    ?
  DATA   ENDS
CODE       SEGMENT
  ASSUME CS:CODE,DS:DATA
START: MOV        AX,DATA
       MOV    DS,AX
       MOV    AL,80H
       MOV    DX,28BH
       OUT      DX,AL                              ;8255A 初始化
       MOV      DI,OFFSET OUTBUFF                  ;设 DI 为显示缓冲区
LOOP1: MOV      CX,0300H                           ;循环次数
LOOP2: MOV       BH,02
LLL:   MOV              BYTE PTR BZ,BH
       PUSH       DI
       DEC        DI
       ADD        DI,BZ
       MOV  BL,[DI]                                ;BL 为要显示的数
       POP        DI
       MOV  BH,0
       MOV  SI,OFFSET   LED                        ;置 LED 数码表偏移地址为 SI
       ADD  SI,BX                                  ;求出对应的 LED 数码
       MOV  AL,BYTE PTR [SI]
       MOV  DX,288H                                ;从 8255 的 A 口输出
       OUT  DX,AL
       MOV  AL,BYTE PTR BZ
       MOV  DX,28AH
       OUT  DX,AL
       PUSH       CX
       MOV  CX,3000
DELAY: LOOP        DELAY                           ;延时
        POP  CX
        MOV       BH,BYTE PTR BZ
        SHR  BH,1                                  ;指向下一个数码管
        JNZ  LLL
```

```
        LOOP      LOOP2
        MOV       AX,WORD PTR [DI]
        CMP  AH,09
        JNZ       SET
        MOV       AX,0000
        MOV       [DI],AL
        MOV      [DI+1],AH
        JMP       LOOP1
SET:    MOV      AH,01
        INT   16H
        JNE       EXIT                     ;有键按下则转 EXIT
        MOV       AX,WORD PTR [DI]
        INC       AL
        AAA
        MOV     [DI],AL
        MOV      [DI+1],AH
        JMP       LOOP1
EXIT:   MOV       DX,28AH
        MOV       AL,0                     ;关掉数码显示
        OUT   DX,AL
        MOV       AH,4CH                   ;返回 DOS
        INT   21H
 CODE        ENDS
       END   START
```

例 9.3　采用 8255A 作为与打印机接口的电路，CPU 与 8255A 利用查询方式输出数据，硬件如图 9-11 所示，试编程实现将若干个字节数据送打印机打印。设 8255A 的端口地址为 80H～83H。

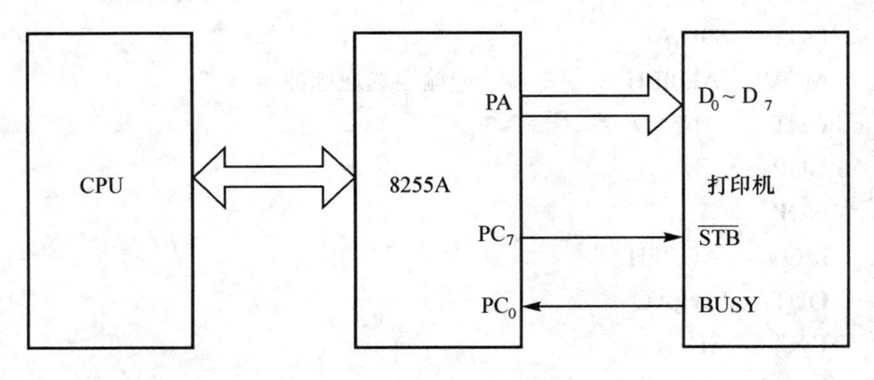

图 9-11　简单的打印端口

分析:打印机一般有三个主要信号，BUSY 表示打印机是否处于“忙”状态，高电平表示打印机处于忙状态。

$\overline{STB}$ 为选通信号，低电平有效，该信号有效时，CPU 输出的数据被锁存到打印机内部数据缓冲器。$\overline{ACK}$ 为打印机应答信号，当打印机处理好输入数据后发出该信号，同时撤销忙信号。CPU 可利用 BUSY 信号或 $\overline{ACK}$ 信号决定是否输出下一个数据。

当 CPU 通过打印接口要求打印机打印数据时，一般先查询 BUSY 信号，BUSY 为低电平时，输出数据至打印口，再发送 $\overline{STB}$ 信号。

```
DATA SEGMENT
    BUFFER   DB   '45A……'
    COUNT    DW   $-BUFFER
DATA ENDS
CODE SEGMENT
   ASSUME CS:CODE,DS:DATA
   START: MOV     AX,DATA
          MOV     DS,AX
          LEA     SI,BUFFER
          MOV     CX,COUNT
          MOV     AL,81H                ;8255A 初始化
          OUT     83H,AL
          MOV     AL,0FH                ;使 PC7="1"
          OUT     83H,AL
   NEXT:  IN      AL,82H                ;读 PC 端口
   WAIT1: TEST    AL,01H                ;测试 BUSY 信号
          JNZ     WAIT1
          MOV     AL,[SI]               ;读取一个数据，送入 PA 端口
          OUT     80H,AL
          MOV     AL,0EH                ;输出选通脉冲
          OUT     83H,AL
          NOP
          NOP
          MOV     AL,0FH
          OUT     83H,AL
          INC     SI
          LOOP    NEXT
          MOV     AH,4CH                ;返回 DOS
```

```
        INT      21H
CODE    ENDS
    END   START
```

9.4　串行接口通信的基本概念

9.4.1　并行通信与串行通信

计算机系统与外部的信息交换被称为通信。基本的通信方式有两种：

(1) 并行数据传送：8 位、16 位，甚至 32 位数据同时从一个设备传送到另一个设备。速度快，工作效率高，常用于计算机系统内部或近距离的设备之间数据传送。

(2) 串行数据传送：在传输过程中，数据一位一位地沿着一条传输线从一个设备传到另一个设备。只需一对传输线，较并行传输节省传输线，特别是位数多、距离远时，此优点更显著，可借用现有的通信线路。缺点：传送速度比并行慢，并行需时间 T，则串行为 NT(位)。

以传送 8 位数据 01101010 为例，并行传送与串行传送的过程如图 9-12 所示。

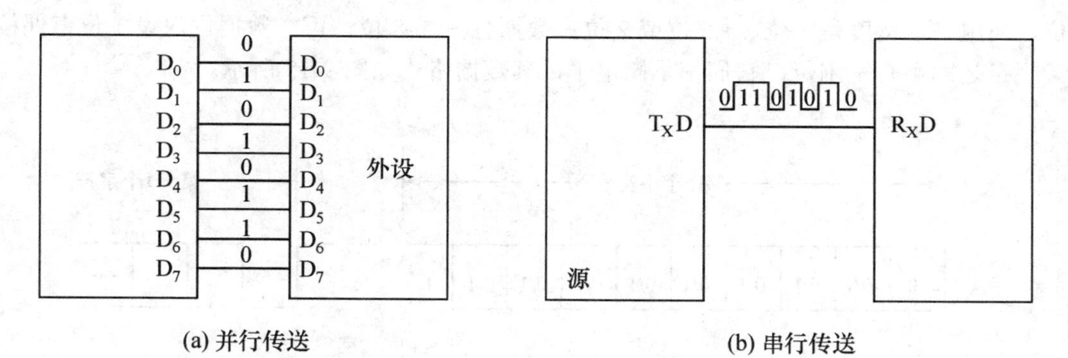

图 9-12　并行与串行数据传送示意图

从并行与串行的数据传送示意图可以看出，并行数据传送所需传输线的条数与位数有关，位数越多所需传输线越多；而串行数据传送只需一根线即可。对于计算机系统内部或近距离的设备之间数据传送，可采用并行数据传送，并行通信数据线的传送速度快，工作效率高。对于远距离的设备之间的数据传送，经常采用串行数据传送。目前远距离通信利用电话线，比装并行电缆和放大器更经济、方便。

9.4.2　串行通信的基本方式

串行通信中存在一个如何识别信号的问题，即如何判断收到了一位数据，或收到了一个字符。

在并行方式下，这些问题均已得到了解决。每一位数据通过一根信号线传送，发送端与接收端之间信号线的连接为一一对应方式，此外，发送设备与接收设备之间又设置了相对应的应答信号与接口，从而可以保证发送端每送出一个数，接收端就能收到一个数，而且每个数的数位对应都是正确的。

在串行通信过程中，所有的数据都通过同一根信号线传送，而信号线上出现的信号无非就是持续一定时间的高电平或低电平。先提出两个问题：

(1) 如何区分同一根信号线上传送的逻辑数据呢？以正逻辑中高电平代表逻辑“1”，低电平代表逻辑“0”为例，显然，在通信双方之间需要约定的每位数据的传送时间。例如，约定每秒传送两位数据，则持续时间为 1s 的高电平代表 2 个逻辑 1，持续时间为 3s 的低电平代表逻辑 0。

(2) 接收到的这些位信号代表什么数据？这就是字符格式的问题。为此需要规定每一个数据单位(例如每个字节)有多少位，各位的含义是什么，以及位数据的传送顺序等。

串行通信中解决上述问题有两种不同的方法，对应着两种不同的基本通信方式：异步通信和同步通信。

(1) 异步通信

数据的传送以一个字符为单位。一个字符所包含的位数可以是 8 位、7 位、6 位或 5 位。

一个字符正式发送之前，先发送一个起始位，低电平，宽度为 1 位；结束时发送一个停止位，高电平，宽度是 1 位、1.5 位或 2 位；数据位占 5~8 位，可在数据位内设 1 位奇偶校验位。字符之间可有空闲位，它们都是高电平，其数据格式如图 9-13 所示。

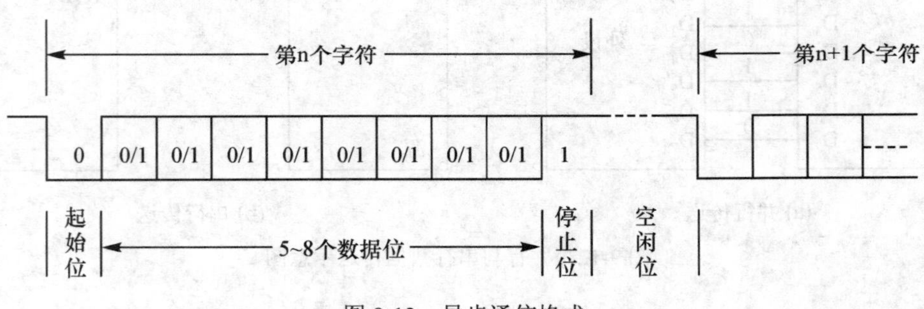

图 9-13　异步通信格式

异步传送过程中的起始位和停止位起着重要的作用。起始位标志着每一个字符的开始，停止位标志着每一个字符的结束。由于串行通信采用起始位为同步信号，接收端总是在接收到每个字符的头部即起始位处进行一次重新定位，保证每次采样对应一个数位。所以异步传送的发送器和接收器不必用同一个时钟，而是各有自己的局部时钟，只要是同一标称频率，略有偏差不会导致数据传送错误。

(2) 同步通信

同步通信不是用起始位来标识字符的开始，而是用一串特定的二进制序列，称为同步字符，去通知接收器串行数据第一位何时到达。串行数据信息以连续的形式发送，每个时钟周期发送一位数据。数据信息间不留空隙，数据信息后是两个错误校验字符。同步通信采用的

同步字符的个数不同，存在着不同的格式结构，具有一个同步字符的数据格式称为单同步数据格式，有二个同步字符的数据格式称为双同步数据格式，如图 9-14 所示。在同步传送中，要求用时钟来实现发送端与接收端之间的同步。在同步传送中，要求用时钟来实现发送端与接收端之间的同步。

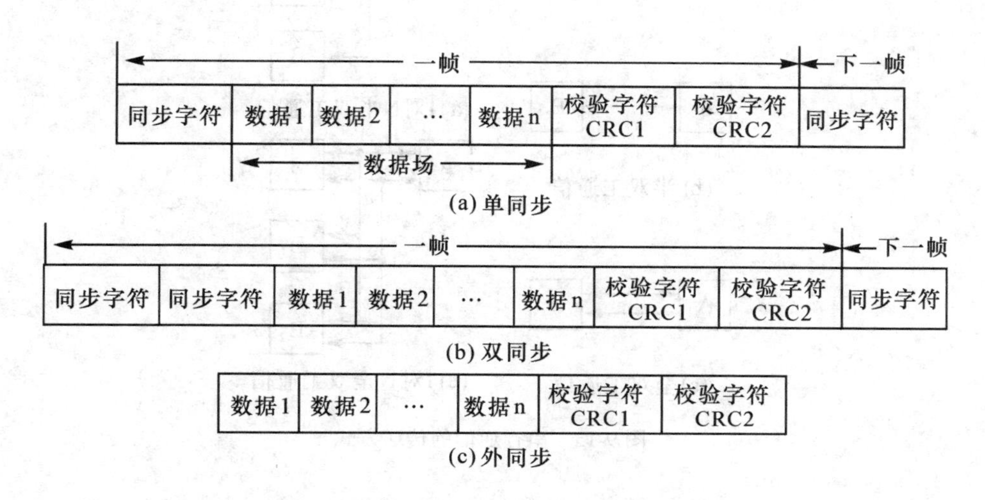

图 9-14　同步通信格式

外同步是指对同步字符的检测在串行 I/O 接口电路芯片外部进行。当外部硬件电路检测到同步字符后，往串行接口发送一个同步信号 SYNC。当 I/O 接口接到同步信号后，开始接收数据信息。

9.4.3　串行通信的传送速率

串行通信的时间关系很重要，其中最重要的一个概念是波特率(Band Rate)。波特率是指串行传送线上每秒钟所能传送的二进制位数。国际上规定了标准波特率系列，最常用的标准波特率是：110 波特、300 波特、600 波特、1200 波特、1800 波特、2400 波特、4800 波特、9600 波特和 19200 波特。

例如，在某个异步串行通信系统中，数据传送速率为 480 字符/秒，每个字符包括 1 个起始位、8 个数据位和 1 个停止位，则波特率为 10×480＝4800(位/秒)＝9600(波特)。

在进行串行通信时，根据传送的波特率来确定发送时钟和接收时钟的频率。在异步传送中每发送一位数据的时间长度由发送时钟决定，每接收一位数据的时间长度由接收时钟决定，它们和波特率之间有如下关系：

$$时钟频率=n\times波特率$$

式中的 n 叫做波特率系数或波特率因子，它的取值可以为 1、16、32 或 64。

9.4.4　信号的传送

1. 传送线路类型

串行传送线路可以分为三种类型：单工、半双工和全双工，如图 9-15 所示。

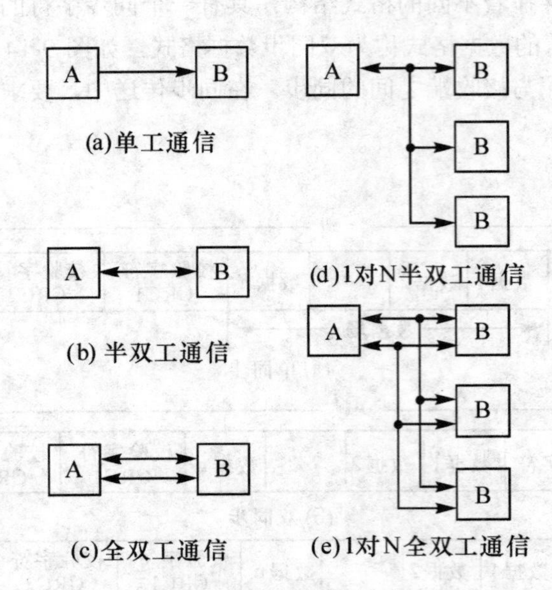

图 9-15　串行通信的传送方式

2. 信号的调制与解调

计算机的通信是要求传送二进制数字信号，数字信号是一种矩形脉冲信号，传送时要求传送线具有很宽的频带。而在进行远程数据通信时，传输线路往往是借用现有的公用电话网，电话网是为音频模拟信号设计的，一般为 300～3400Hz，如果直接传送数字信号，会发生很大的畸变。因此，在利用电话线进行长距离传送时，一般需要在发送端用调制器(Modulator)把二进制数字信号转换为一定频率的模拟信号，以适应在电话网上传输，在接收端用解调器(Demodulator)检测此模拟信号，再将其转换为二进制数字信号。一般将调制器和解调器合在一起构成调制解调器(Modem)，其示意图如图 9-16 所示。

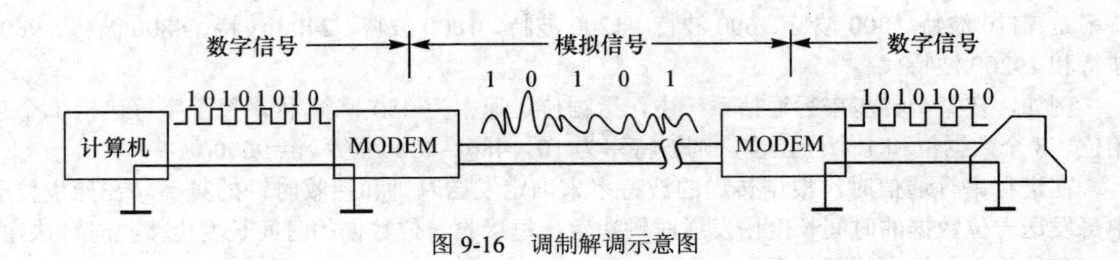

图 9-16　调制解调示意图

最基本的调制方法有以下几种，如图 9-17 所示。

(1) 调幅(AM)

即载波的振幅随基带数字信号而变化。“1”对应有载波，“0”对应无载波。

(2) 调频(FM)

即载波频率随数字信号而变化。“0”对应“f1”，“1”对应“f2”。

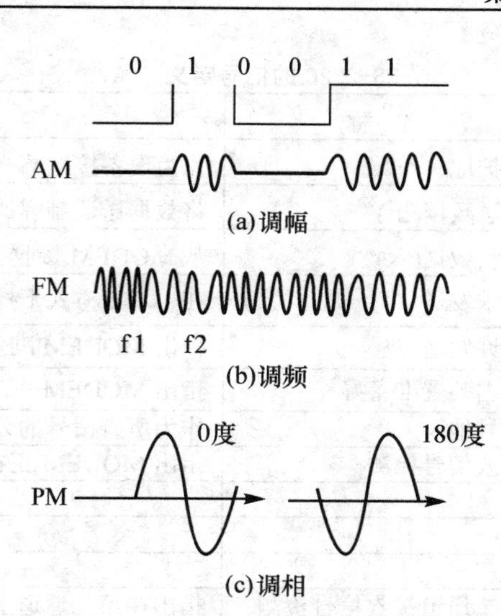

图 9-17 调制信号的几种方法

(3) 调相(PM)

即载波初始相位随基带数字信号而变化。“0”对应相位 0 度，“1”对应相位 180 度。

9.5 串行总线标准

在数据通信中，计算机通常作为数据终端设备(DTE)，而调制解调器则被称为数据通信设备(DCE)或数据装置。二者之间通过电缆连接。

为了使通信接口设计标准化、通用化，目前通常采用各种总线标准，即国际正式公布或推荐的标准。只要采用同一标准，设备(或系统)之间就可以进行通信，并不要求结构上的一致，也不需要对每台设备做出具体说明，因而，采用总线标准为软、硬件设计带来许多方便。

串行通信最常采用的连接方式为 RS-232C 标准。RS-232C 是 EIA(美国电气工业协会)于 1969 年推荐的一个标准，(RS：Recommended Standard，232 是标识符，C 表示第三版)。在微型机中，该标准属于异步通信总线，主要用于主机与 CRT 或调制解调器之间的通信，以及某些多机通信的情况。一些串行接口芯片也是根据这个标准进行设计的，例如后面将要介绍的 8251A 可编程串行接口芯片。RS-232C 适合的数据传送速率为 0～20Kbps。

9.5.1 RS-232C 信号定义

一般常见的 RS-232C 接口大都以 D 型 25 针的连接座(DB-25)与外间相连，表 9-5 列出了引脚和信号之间的对应关系。但在实际使用中，常常只需用到其中的 3～9 根引线，因此 RS-232C 还有一种 9 芯的 D 型连接器，其引脚信号规定如图 9-18 所示。

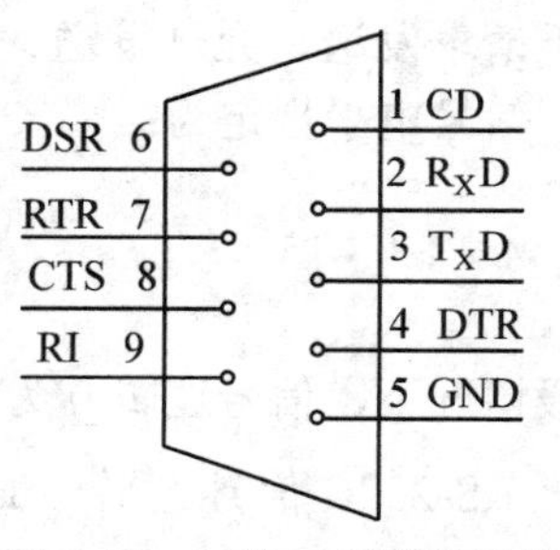

图 9-18 9 芯 D 型连接器信号规定

表 9-5 RS-232C 的信号定义

引脚号	符号表示	名 称	说 明
1	FG	保护地	作为设备接地端
2	T_xD	发送数据(出)	将数据送调制解调器(MODEM)
3	R_xD	接收数据(入)	从 MODEM 接收数据
4	$\overline{RTS}$	请求发送	在半双工方式下控制发送器的开或关
5	$\overline{CTS}$	允许发送	指出 MODEM 准备好发送
6	$\overline{DSR}$	数据装置准备好	指出 MODEM 可进入工作状态
7	GND	信号地	作为所有信号的公共地
8	DCD	载波信号检测	指出 MODEM 正在接收另一端送来的信号
9	空		
10	空		
11	空		
12		第二通道接收信号检测	指出在第二通道上检测的信号
13		第二通道允许发送	指出第二通道准备发送
14		第二通道发送数据	往 MODEM 以较低速率输出
15		发送器定时	MODEM 提供发送器定时信号
16		第二通道接收数据	从 MODEM 以较低速率输入
17		接收器定时	为接口和终端接收器提供信号定时
18	空		
19		第二通道请求发送	闭合第二通道的发送器
20	$\overline{DTR}$	数据终端准备好	MODEM 连接到链路，并开始发送
21	空		
22	RI	音响指示	指出在链路上检测到音响信号
23		数据率选择	可选择两个同步数据率之一
24		发送器定时	为接口和终端提供发送器定时信号
25	空		

9.5.2 RS-232C 的信号电平及电平转换电路

在 EIA RS-232C 的电气规格中，规定了设备所传送的数据和控制信号的电平及其通信上的逻辑约定。由于 RS-232C 早在 TTL 集成电路之前就已发展起来，因此它没有采用 TTL 逻辑电平。

对数据发送和数据接收引脚上的信号，信号电平规定为：

MARK(逻辑 1)＝－3V~－25V

SPACE(逻辑 0)＝+3V~+25V

对于请求发送、允许发送、数据设备准备好、接收信号检测、振铃指示等控制信号和状态信号，信号电平规定为：

ON＝+3V~+25V(接通)

OFF＝－3V~－25V(断开)

一般情况下，信号逻辑 0 为+5~+15V，逻辑 1 为－5~－15V。

由于 RS-232C 信号电平与 TTL 电平不同，为了实现与 TTL 电路的连接，必须进行信号电平转换。目前，RS-232C 与 TTL 电平转换最常用的芯片有 MC1488 和 MC1489 以及 MAX232。

(1) MC1488 和 MC1489 接口电路

MC1488 内部有 3 个与非门和一个反相器，电源电压为±12V，输入为 TTL 电平，输出为 RS-232C 电平。

MC1489 内部有 4 个反相器，电源电压为+5V，输入为 RS-232C 电平，输出为 TTL 电平。MC1489 中每一个反相器都有一个控制端，高电平有效，可作为 RS-232C 操作的控制端，其引脚和内部结构如图 9-19 所示。

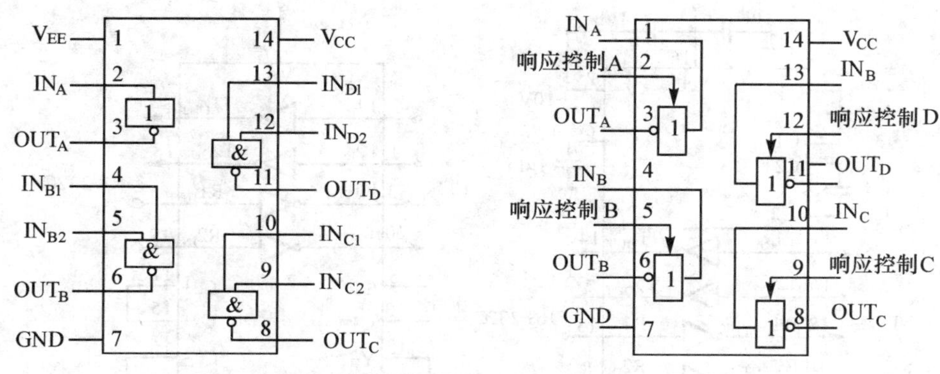

图 9-19　MC1488 和 MC1489 芯片内部结构和引脚

图 9-20 为用 MC1488 和 MC1489 构成的全双工 TTL/RS-232C 转换电路。通信接口将来自微机的发送数据转换为符合串行通信协议规定的 TTL 电平信号从 TxD 端输出，或将 RxD 端接收到的信号去掉附加位后转换为并行数据输入至微处理器。

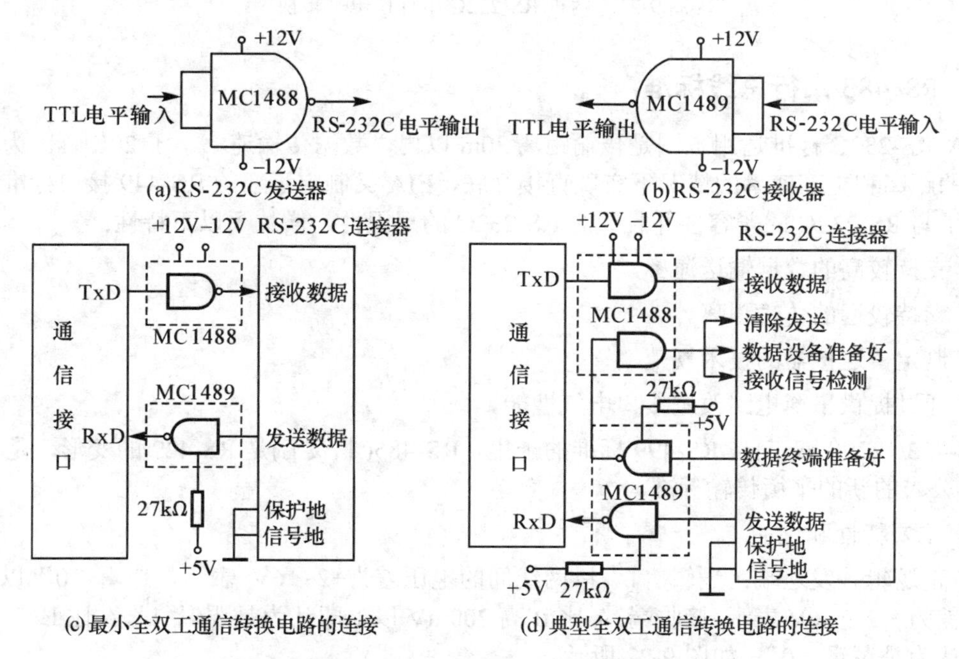

图 9-20　集成电路 RS-232C 总线接收器和驱动器

(2) MAX232 和 MAX233 接口电路

MAX232 和 MAX233 是 MAXIM 公司生产的、高速两路接收器和驱动器的 IC 芯片，其内部均包含有电源电压变换器，因此仅需+5V 电源供电，使用十分方便。这两种电平转换器均可以将 2 路 TTL 电平转换成 RS-232C 电平，也可以将 RS-232C 转换成 TTL 电平，如图 9-21 所示。使用时需注意的是 MAX232 需要外接 5 个 1μF 的电容，而 MAX233 不需要外接电容，使用起来更加方便，但 MAX233 的价格要略高一些。

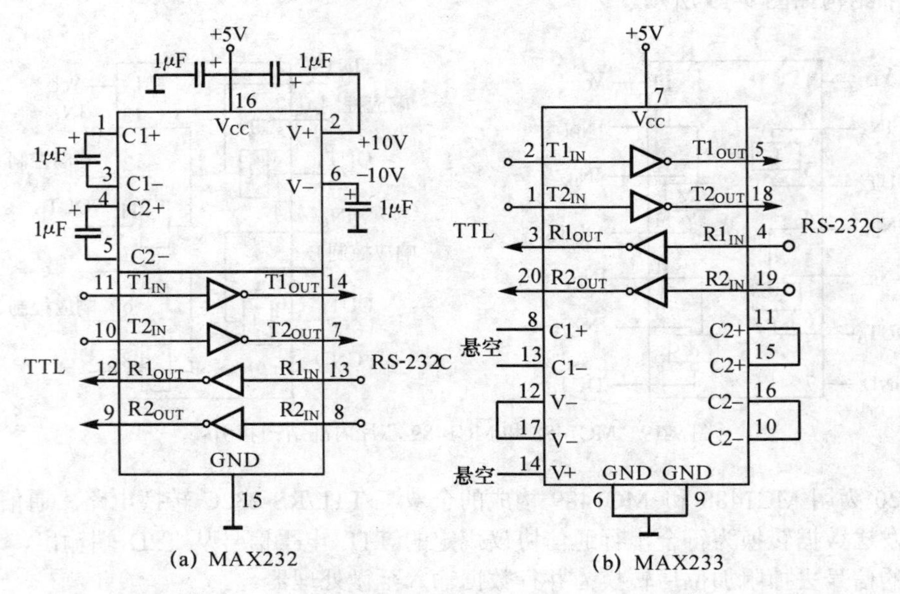

(a) MAX232　　(b) MAX233

图 9-21　两种 RS-232C 串行口电平转换

9.5.3 RS-485 串行总线标准

EIA RS-232C 标准适用范围是传输距离 30m 以内，数据传输速率小于 20Kb/s。为了能够在更大的距离和更高速率的情况下实现直接互联，EIA 又制定了新的 RS-449 接口标准。该标准保留了与 RS-232C 的兼容性并且针对 RS-232C 的局限性，增加了以下特性：

① 支持较高的数据输送速率。

② 支持较远的传输距离。

③ 制定了连接器的技术规范。

④ 通过提供平衡电路改进接口电气性能。

RS-423/422(全双工)是 RS-499 标准的子集。RS-485(半双工)是 RS-422 的变形，是 EIA 于 1983 年公布的新的平衡传输标准。

(1) 主要特性和性能

① 正逻辑。发送端：逻辑“1”以两线间的电压差为+2~+6V 表示，逻辑“0”以两线间的电压差为 - 2~ - 6V 表示；接收端：A 比 B 高 200mV 以上即认为是逻辑“1”，A 比 B 低 200mV 以上即认为是逻辑“0”，如图 9-22 所示。

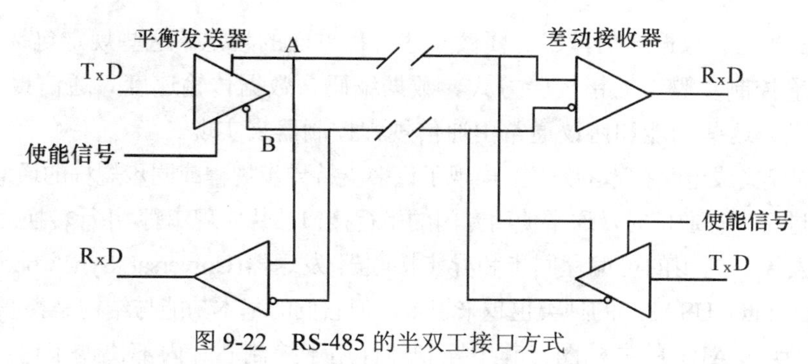

图 9-22　RS-485 的半双工接口方式

② RS-485 接口是采用平衡驱动器和差分接收器的组合，抗噪声干扰性性能好。

③ 可以连接 32 台驱动器，32 台接收器。

④ 最大传输距离为 1200m。

⑤ 最大传输速率为 10Mb/s(12m)；1Mb/s(120m)；100Kb/s(1200m)。

⑥ 发送器的共模电压最大为 3V。

⑦ 接收器的共模电压为 - 7~+12V。

⑧ 半双工。

由于 RS-485 的多种特点，在多点通信系统中得到了广泛的应用。

(2) RS-485 的连接方式

RS-485 可以用半双工接线方式连接两个站点，如图 9-22 所示。在这种接线方式下，每一时刻只能有一个站可以发送数据，另一个只能接收数据，发送器必须通过使能信号加以控制。RS-485 更适合于多站互连，一个发送器可以连接 32 个负载设备。负载设备可以是被动发送器、接收器，还可以是收/发器，如图 9-23 所示。新近推出的 RS-485 接口芯片可以驱动 128 个甚至 256 个同类负载设备。

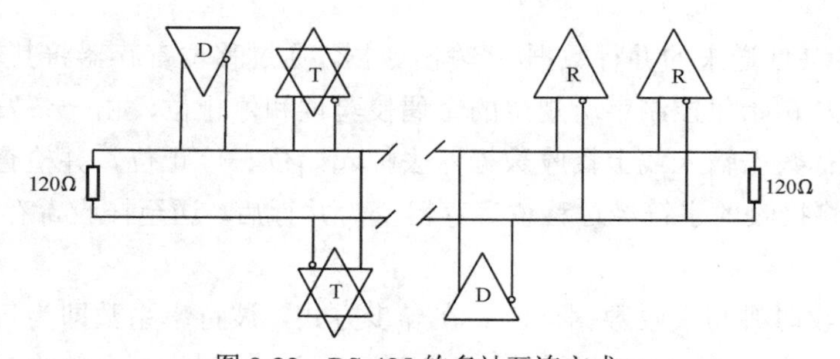

图 9-23　RS-485 的多站互连方式

9.6　可编程串行接口芯片 8251A

9.6.1　串行通信接口电路简介

前面介绍的串行通信接口标准能够实现 DTE 和 DCE 之间物理与电气的连接，但要实现

DTE 与 DCE 之间的数据通信，还需要做一些规程方面的规定。这些规定包括：收发双方的同步方式、传输控制步骤、差错校验方式、数据编码、数据传输速度、通信报文的格式以及控制字符的定义，这些功能和协议通常由通信规程控制器来实现。

随着大规模集成电路技术的发展，出现了许多支持异步规程或同步规程的通信规程控制器。当CPU 与外设进行串行通信时，通常使用专门的串行接口芯片实现串行-并行转换。随着大规模集成电路技术的发展，通用的可编程同步和异步接收器/发送器(Universal Synchronous Asynchronous Receiver/Transmitter, USART)的种类也越来越多，但它们的基本功能与结构是类似的。

图 9-24 为 USART 的方框图，其中控制部件用于控制芯片内部协调工作：接收 CPU 送来的控制信号，执行 CPU 所要求执行的功能，并输出状态信号和有关的控制信号。

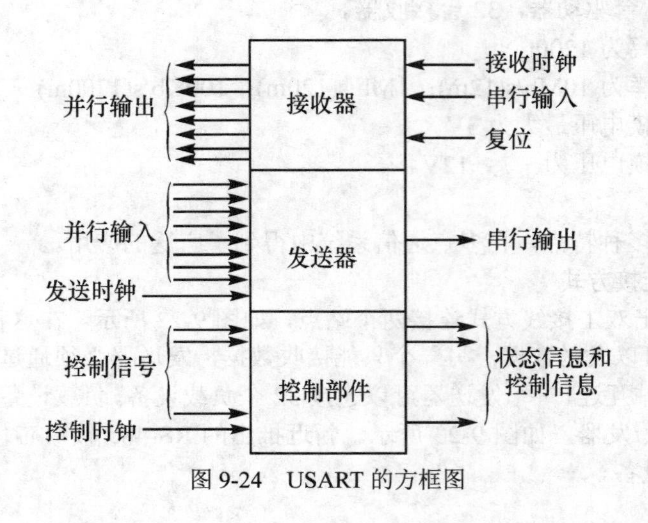

图 9-24　USART 的方框图

发送器接收 CPU 送来的并行数据(即输出数据)，通过移位寄存器将其转换为串行数据，并添上一位起始及初始化控制字所规定的奇偶校验位和停止位，由一条发送数据线输出。

接收器从串行数据输入线上接收数据，去掉起始位、停止位，并检查是否有奇偶错误和帧错误，然后将接收的字符经过移位寄存器变为并行后，送至接收寄存器，以便 CPU 用输入指令读取。

接收器用接收时钟与接收数据同步。在异步方式，波特率系数即为每个数据位时间与接收时钟周期之比值。如波特率系数为 16，则每个位时间为 16 个接收时钟周期。接收器在每个接收时钟的上升沿对接收数据线进行采样，在停止位和空闲位(均为高电平)之后，如果发现第一个 0(可能是起始位开始)，而以后又连续采样到 8 个 0，则确定它是真正的起始位(而不是干扰信号)。以后每隔 16 个时钟脉冲采样一次数据线，作为串行输入数据，如图 9-25 所示。由图可知，采样时间正好在数据位时间的中间，这就避开了信号上升或下降时可能产生的不稳定状态，从而保证了采样的正确性。

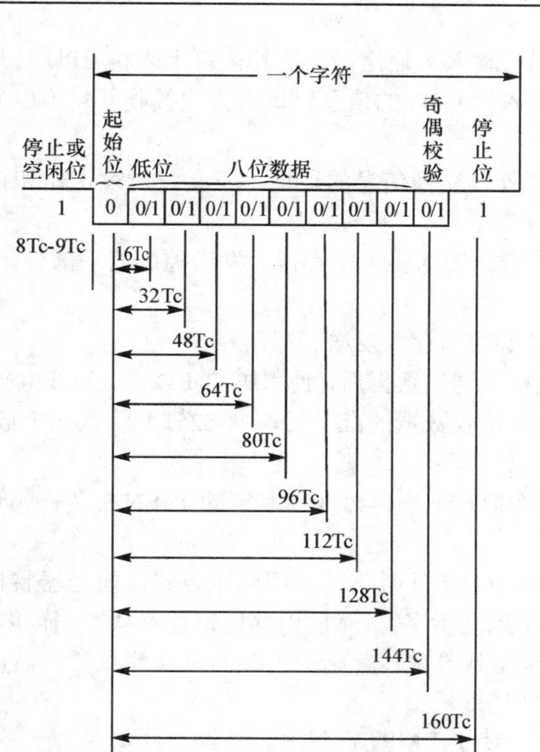

图 9-25 USART 异步接收数据

Intel 8251A 是一种可编程串行通信接口芯片(USART)，能够以同步或异步通信方式进行工作，自动完成帧格式。8251A 具有独立的接收器和发送器，因此能够以单工、半双工或全双工方式进行通信，并且提供一些基本控制信号，可以方便地与调制解调器连接。

9.6.2 8251A 的内部结构和工作过程

8251A 的内部结构及引脚如图 9-26 所示。

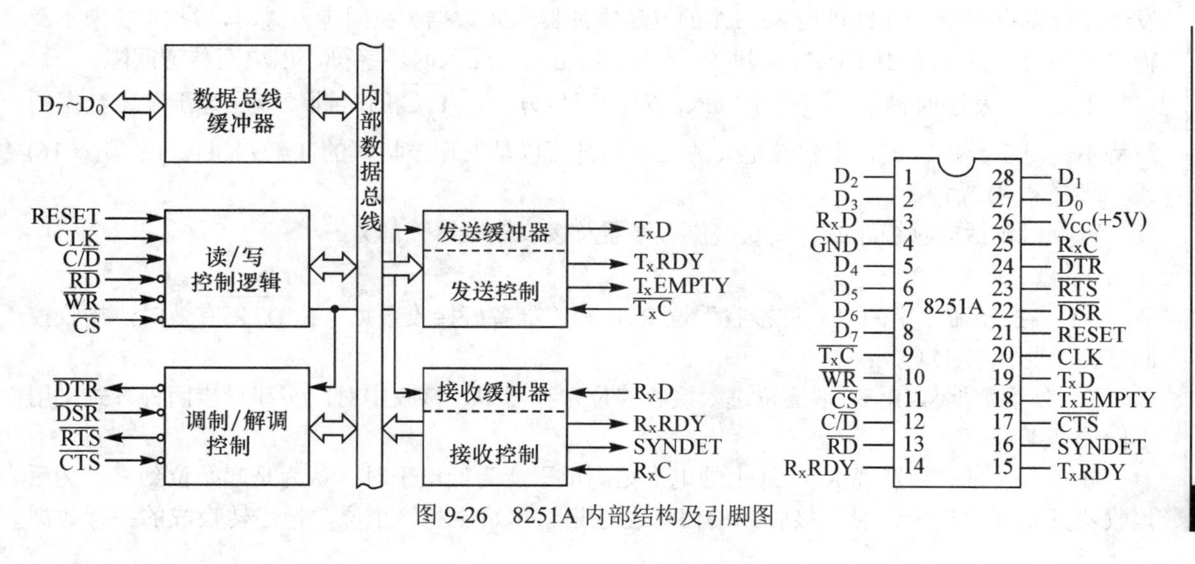

图 9-26 8251A 内部结构及引脚图

8251A 是一个通用串行输入 / 输出接口芯片，可用来将 CPU 传送给外设的信息以串行方式向外发送，或将外设输入给 CPU 的信息以串行方式接收并转换成并行数据传送给 CPU。

1. 发送器和接收器

发送器和接收器是与外设交换信息的通道。下文将对发送器和接收器的工作过程分别进行论述。

发送器包含发送缓冲器、发送移位寄存器、发送控制器三部分。

工作过程：

(1) 接收到来自 CPU 的数据存入发送缓冲器。

(2) 发送缓冲器存有待发送的数据后，使引脚 T_XRDY 变为低电平，表示发送缓冲器已满。

(3) 当调制解调器做好接收数据的准备后，向 8251A 输入一个低电平信号，使 CTS 引脚有效。

(4) 在编写初始化命令时，使操作命令控制字的 T_XEN 位为高，让发送器处于允许发送的状态下。

(5) 满足以上(2)、(3)、(4)条件时，若采用同步方式，发送器将根据程序的设定自动发送一个(单同步)或两个(双同步)同步字符，然后由移位寄存器从数据输出线 T_XD 串行输出数据块；若采用异步方式，由发送控制器在其首尾加上起始位及停止位，然后从起始位开始，经移位寄存器从数据输出线 T_XD 串行输出。

(6) 待数据发送完毕，使 T_XEMPTY 有效。

(7) CPU 可向 8251A 发送缓冲器写入下一个数据。

与发送器有关的引脚信号如下：

T_XD： 数据发送端，输出串行数据送往外部设备。

T_XRDY： 发送器准备好信号。T_XRDY=1，发送缓冲器空；T_XRDY=0 发送缓冲器满。当 T_XRDY=1、T_XEN=1、$\overline{CTS}$=0 时，8251A 已作好发送准备，CPU 可以往 8251A 传输下一个数据。当用查询方式时，CPU 可从状态寄存器的 D_0 位检测这个信号，判断发送缓冲器所处的状态。当用中断方式时，此信号作为中断请求信号。

T_XEMPTY： 发送移位寄存器空闲信号。T_XEMPTY=0，发送移位寄存器满；T_XEMPTY=1，发送移位寄存器空，CPU 可向 8251A 的发送缓冲器写入数据。在同步方式时，若 CPU 来不及输出新字符，则 T_XEMPTY=1，同时发送器在输出线上插入同步字符，以填充传送间隙。

$\overline{T_XC}$： 发送时钟信号，外部输入。对于同步方式，$\overline{T_XC}$ 的时钟频率应等于发送数据的波特率。对于异步方式，由软件定义的发送时钟可以是发送波特率的 1 倍(×1)、16 倍(×16)或 64 倍(×64)。

接收器包括接收缓冲器、接收移位寄存器及接收控制器三部分。

工作过程：

(1) 当控制命令字的“允许接收”位 R_XE 和“准备好接收数据”位 $\overline{DTR}$ 有效时，接收控制器开始监视 R_XD 线。

(2) 外设数据从 R_XD 端逐位进入接收移位寄存器中，接收中对同步和异步两种方式采用不同的处理过程。

异步方式时：当发现 R_XD 线上的电平由高电平变为低电平时，认为是起始位到来，然后接收器开始接收一帧信息。接收到的信息经过删除起始位和停止位，把已转换成的并行数据

置入接收数据缓冲器。

同步方式时：每出现一个数据位，移位寄存器就把它移一位，把移位寄存器数据与程序设定的存于同步字符寄存器中的同步字符相比较，若不相等，重复上述过程，直到与同步字符相等后，使 SYNDET=1，表示已达到同步。这时在接收时钟 R_XC 的同步下，开始接收数据。R_XD 线上的数据送入移位寄存器，按规定的位数将它组装成并行数据，再把它送至接收数据缓冲器中。

(3) 当接收数据缓冲器接收到由外设传送来的数据后，发出“接收准备就绪”R_XRDY 信号，通知 CPU 取走数据。

与接收器有关的引脚信号如下：

R_XD：数据接收端，接收由外设输入的串行数据。

R_XRDY：接收器准备好信号。R_XRDY=1 表示接收缓冲器已装有输入的数据，通知 CPU 取走数据。若用查询方式，可从状态寄存器 D_1 位检测这个信号。若用中断方式，可用该信号作为中断申请信号，通知 CPU 输入数据。R_XRDY=0 表示输入缓冲器空。

SYNDET/BRKDET： 双功能检测信号，高电平有效。

对于同步方式，SYNDET 是同步检测信号，该信号既可工作在输入状态也可工作在输出状态。内同步工作时，该信号为输出信号。当 SYNDET=1，表示 8251A 已经监测到所要求的同步字符。若为双同步，此信号在传送第二个同步字符的最后一位的中间变高，表明已经达到同步。外同步工作时，该信号为输入信号。当从 SYNDET 端输入一个高电平信号，接收控制电路会立即脱离对同步字符的搜索过程，开始接收数据。

对于异步方式，BRKDET 为间断检出信号，用来表示 R_XD 端处于工作状态还是接收到断缺字符。BRKDET=1 表示接收到对方发来的间断码。

R_XC： 接收时钟信号，输入。在同步方式时，R_XC 等于波特率；在异步方式时，可以是波特率的 1 倍、16 倍或 64 倍。

2. 数据总线缓冲器

数据总线缓冲器是与 CPU 交换数据信息的通道。把 8251A 的 8 根数据线 D_7～D_0 和 CPU 系统数据总线相连，其功能包括：

(1) 接收来自 CPU 的数据及控制字，传送数据给数据输出缓冲器，传送控制字也给数据输出缓冲器。对于控制字缓冲器不保存，接收到后马上发出相应控制，对于数据保存在输出缓冲器。当 CTS=0、T_XEN=1 条件满足时，才传送数据到发送移位寄存器。

(2) 从数据输入缓冲器内取数据传送给 CPU。

(3) 从状态寄存器中读取状态字，确定 8251A 处于何种工作状态。

3. 读／写控制电路

读／写控制电路是用来接收 CPU 送来的一系列控制信号。各信号的作用及动作过程是：

RESET： 芯片的复位信号。当该信号处于高电平时，8251A 各寄存器处于复位状态，收、发线路上均处于空闲状态。通常该信号与系统的复位线相连。

$\overline{CS}$：片选信号，低电平有效。

$C/\overline{D}$：控制／数据信号。根据 $C/\overline{D}$ 信号是 1 还是 0，鉴别当前数据总线上信息流是控制字还是与外设交换的数据。当 $C/\overline{D}$=1 时，传送的是命令、控制、状态等控制字；当 $C/\overline{D}$ =0 时，传送的是真正的数据。

对于8位的8088 CPU系统，$C/\overline{D}$端可直接连接到地址总线的A_0端。对于16位的8086 CPU系统，低8位数据总线上的数据访问偶地址端口或存储单元，高8位数据总线上的数据访问奇地址端口或存储单元。当8位的8251A的数据线连接到CPU低8位数据总线上，$C/\overline{D}$端连接到地址总线的A_1端，A_0端不连接到8251A接口芯片上，保证8086 CPU发给8251A的地址数为连续的两个偶地址，使CPU与8251A交换的数据信息是在低8位数据总线上。对于8251A接收到的两个连续的偶地址，必定一个使$C/\overline{D}=0$，一个使$C/\overline{D}=1$。

$\overline{RD}$、$\overline{WR}$：读、写控制信号。在执行IN指令时，$\overline{RD}$线有效，启动输入缓冲寄存器，数据总线上数据流方向由8251A流向CPU。在执行OUT指令时，$\overline{WR}$线有效，启动输出缓冲寄存器，数据流方向由CPU流向8251A。

$\overline{CS}$、$C/\overline{D}$、$\overline{RD}$、$\overline{WR}$信号配合起来可以决定8251A的操作，如表9-6所示。

表9-6　　8251A端口操作表

$\overline{CS}$	$C/\overline{D}$	$\overline{RD}$	$\overline{WR}$	操 作	信息流向
0	0	0	1	读数据	CPU←8251A
0	0	1	0	写数据	CPU→8251A
0	1	0	1	读状态	CPU←8251A
0	1	1	0	写控制字	CPU→8251A
1	×	×	×	8251A未被选中	数据总线浮空

4．调制解调器控制

在远距离通信时，8251A提供了与调制解调器联络的信号；在近距离串行通信时，8251A提供了与外设联络的应答信号。

与调制解调控制电路有关的信号作用及控制方法如下：

$\overline{DTR}$：数据终端准备好信号，输出，低电平有效。此信号有效时，表示接收方准备好接收数据，通知发送方。该信号可用软件编程方法控制，设置命令控制字的$D_1=1$，执行输出指令，使$\overline{DTR}$线输出低电平。

$\overline{DSR}$：数据装置准备好信号，输入，低电平有效。它是对$\overline{DTR}$的回答信号，表示发送方准备好发送。可通过执行输入指令，读入状态控制字，检测D_7位是否为1。

$\overline{RTS}$：发送方请求发送信号，输出，低电平有效。可用软件编程方法，设置命令控制字的$D_5=1$，执行输出指令，使$\overline{RTS}$线输出低电平。

$\overline{CTS}$：清除发送信号，输入，低电平有效。它是对$\overline{RTS}$的回答信号，表示接收方作好接收数据的准备。当$\overline{CTS}=0$时，命令控制字的$T_XEN=1$，且发送缓冲器为空时，发送器可发送数据。

发送方与接收方是由相对数据将要传送方向而决定的。当$\overline{DTR}$与$\overline{DSR}$为一对握手信号时，8251A为接收方，外设为发送方；当$\overline{RTS}$和$\overline{CTS}$为一对握手信号时，8251A为发送方，外设为接受方。

实际应用时，$\overline{DTR}$、$\overline{DSR}$和$\overline{RTS}$ 3个信号引脚可以悬空不用，$\overline{CTS}$引脚必须为低电平，

当8251A仅工作在接收状态而不要求发送数据时，$\overline{CTS}$也可以悬空。

9.6.3 8251A的控制字及初始化方法

8251A芯片在工作前要先对其初始化，以确定其工作方式。工作中CPU要向8251A发出一些命令，确定其动作过程，并要求了解其工作状态，以保证在数据传送中协调CPU与外设的数据传送过程。这样就需要有三种控制字，分别为工作方式控制字、操作命令控制字和状态控制字。

1．工作方式控制字

此控制字决定8251A的波特率系数、字符长度、奇偶校验和停止位长度等信息，都是通过执行输出指令由CPU向8251A写入一个工作方式控制字来完成的。

工作方式控制字各位的定义如图9-27所示。

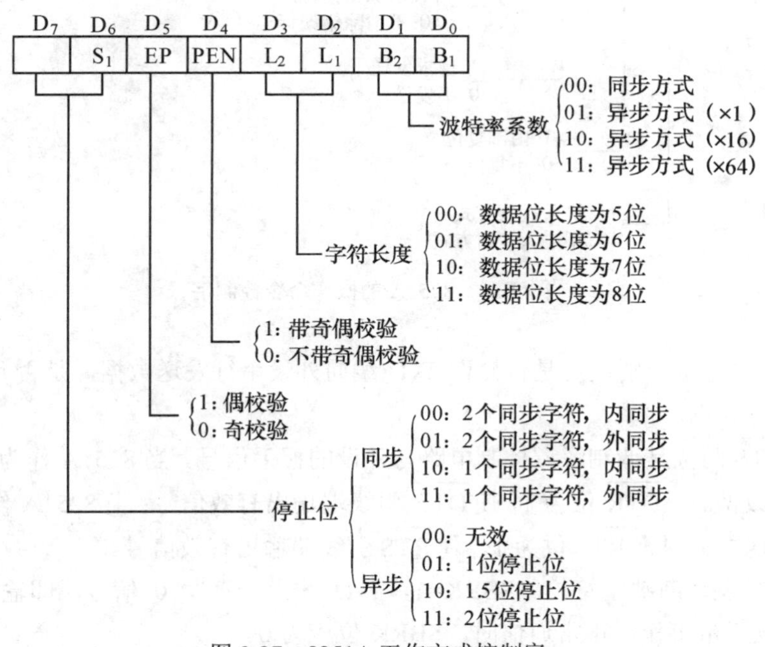

图9-27 8251A工作方式控制字

例如，若8251A芯片进行异步串行通信时，要求波特率系数为16，字符长度为7位，奇校验，2个停止位，则方式选择字应为：

11011010B=0DAH

若要求8251A作为同步通信的接口，内同步且需2个同步字符，偶校验，7位字符，其方式选择字为：

00111000B=38H

2．操作命令控制字

要使8251A处于发送数据或接收数据状态，通知外设准备接收数据或是发送数据，是通过CPU执行输出指令，发出相应的控制字来实现的。

操作命令控制字各位的定义如图 9-28 所示。

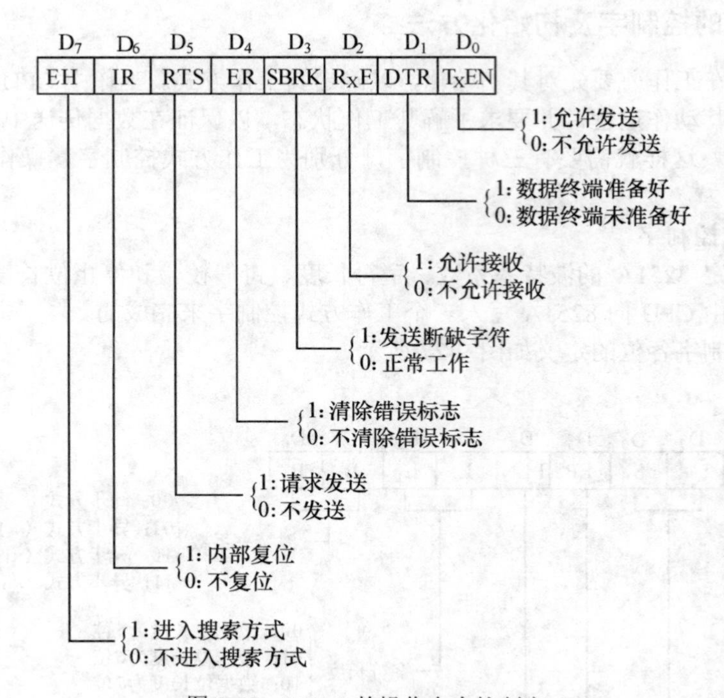

图 9-28　8251A 的操作命令控制字

T_XEN、R_XE 两位分别决定是否允许 T_XD 线向外设串行发送数据，是否允许 R_XD 线接收外部输入的串行数据。

$\overline{DTR}$、$\overline{RTS}$ 两位是调制解调控制电路与外设的握手信号。当 8251A 作为接收数据方，并已准备好接收数据时，$\overline{DTR}$ 位为 1，使 $\overline{DTR}$ 引线端输出有效信号；当 8251A 作为发送数据方，并已准备好发送数据时，$\overline{RTS}$ 位为 1，使 $\overline{RTS}$ 引线端输出有效信号。

SBRK 位是发送断缺字符位。SBRK=1，T_XD 线上一直发 0 信号，即输出连续的空号；SBRK=0，恢复正常工作。正常通信时，SBRK 位应为 0。

ER 位是清除错误标志位。该位是针对状态控制字的 D_3、D_4 和 D_5 位进行操作的。D_3、D_4、D_5 位分别表示奇偶错、帧错和溢出错。

EH 位为跟踪方式位。跟踪方式是在接收数据时，针对同步方式而进行的操作。当采用同步工作方式时，允许接收位 R_XE=1 时，还必须使 EH＝1、ER=1。EH=1，使接收器进入搜索状态，监视由 R_XD 引脚接收的数据。当接收器接收到同步字符号，确定下面接收的数据为真正的数据，此时，再把接收到的一位位数传送到移位寄存器。

IR 位是内部复位信号。IR=1，迫使 8251A 复位，使 8251A 回到接收工作方式控制字的状态。

3．状态控制字

CPU 通过输入指令读取状态控制字，了解 8251A 传送数据时所处的状态，作出是否发出命令，是否继续下一个数据传送的决定。状态字存放在状态寄存器中，CPU 只能读状态寄存

器，而不能对它写入内容，状态控制字各位所代表的意义如图 9-29 所示。

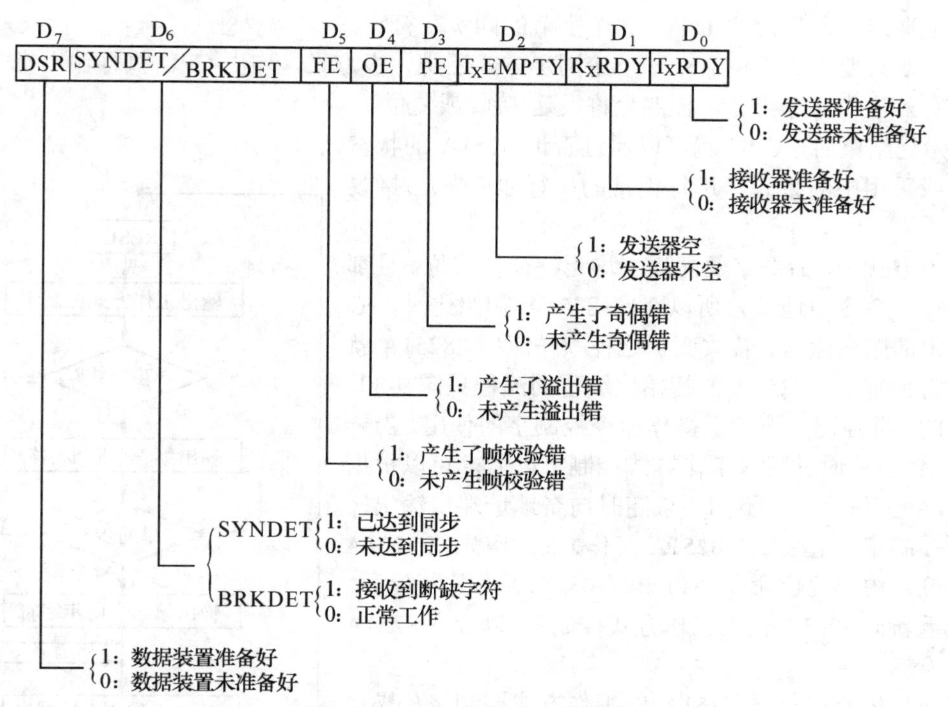

图 9-29　8251A 的状态控制字

T_XRDY 位是发送准备好标志位，此状态位 T_XRDY 与引脚 T_XRDY 的意义有些区别。此状态位 T_XRDY=1，反映当前发送缓冲器已空。

而对于 T_XRDY 引脚，必须在发送缓冲器空，状态位 T_XRDY 位为 1，控制字中 T_XEN＝1，并且外设或调制解调器接收数据方可以接收下一个数据时，才能使 T_XRDY 引脚有效。

R_XRDY 位为 1 表明接收缓冲器已装有输入数据，CPU 可以取走该数据。引线端 R_XRDY 为高，也表明接收缓冲器已装有输入数据，R_XRDY 引脚可供 CPU 查询，也可作为对 CPU 的中断申请信号，申请 CPU 取走数据。

T_XEMPTY 位和 SYNDET/BRKDET 位与 8251A 的同步引脚的状态完全相同，可供 CPU 查询。

PE、OE、FE 分别为奇偶错、溢出错、帧校验错的标志位。这可通过操作命令控制字的 ER 位对这三个标志位复位。

DSR 位是数据装置准备好位。该位反映输入引脚 DSR 是否有效，即用来检测调制解调器或外设发送方是否准备好要发送的数据。

4. 8251A 的初始化编程

8251A 是一个可编程的多功能串行通信接口，在具体使用时，必须对它进行初始化编程，选择 8251A 的具体工作方式等。初始化编程的步骤，必须按以下次序进行。

首先，芯片复位后，第一次用输出指令写入奇地址端口的应是方式选择指令。约定双方的通信方式(同步/异步)，数据格式(数据位和停止位长度、校验特征、同步字符特征)及传输速率(波特率系数)等参数。

其次，如果方式选择指令中规定了 8251A 工作在同步方式，那么，CPU 用执行输出指令向奇地址端口写入规定的 1 个或 2 个字节的同步字符。

最后，只要不是复位命令，不论同步方式还是异步方式，均由 CPU 执行输出指令向奇地址端口写入工作命令指令，控制允许发送/接收或复位。

初始化结束后，CPU 就可以通过查询 8251A 的状态字内容或采用中断方式，进行正常的串行通信发送/接收工作。

因为方式字、命令字及同步字均无特征标志位，且都是送同一个命令口地址，所以在向 8251A 初始化时，必须按一定的顺序流程，若改变了这种顺序流程，8251A 就不能正常识别了。5251A 的初始化编程的流程见图 9-30。

在此，再强调一下关于操作命令控制字的使用。当一个 8251A 芯片通过写入工作方式控制字以后，可以根据对 8251A 工作状态的不同要求随时向奇地址端口输出操作命令控制字。若要改变 8251A 工作方式，应先使 8251A 芯片复位，内部复位命令字为 40H。8251A 芯片复位后，又可以重新向 8251A 输出工作方式控制字，以改变 8251A 的工作方式。

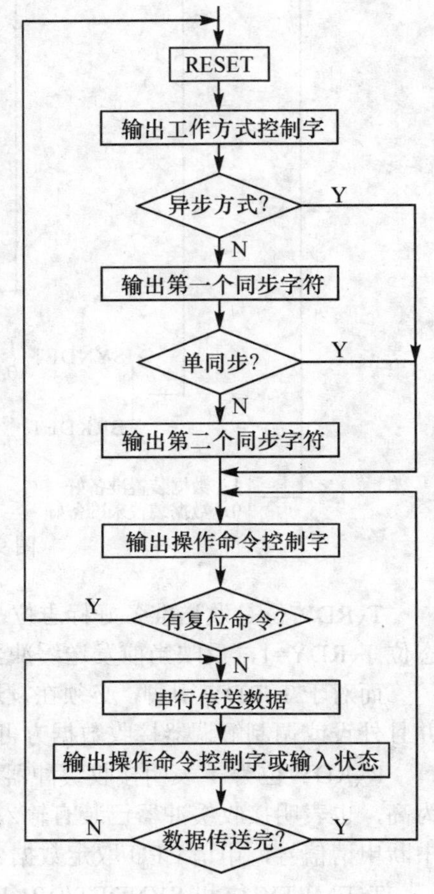

图 9-30 8251A 初始化流程图

下面具体介绍一下 8251A 的工作方式控制字和操作命令控制字。

(1) 异步方式下的初始化编程

假设使 8251A 芯片工作在异步方式下，波特率系数为 16，字符长度为 8 位，偶校验，2 个停止位。则工作方式控制字为：1111 1110B＝0FEH。工作状态要求：复位出错标志，使请求发送信号 $\overline{RTS}$ 有效，使数据终端准备好信号 $\overline{DTR}$ 有效，发送允许 T_XEN 有效，接收允许 R_XE 有效，则工作命令指令字应为 37H。假设 8251A 的两个端口地址分别为 0C0H 和 0C2H，则初始化编程如下：

```
MOV AL , 0FEH
OUT 0C2H, AL        ; 设置工作方式
MOV AL , 37H
OUT 0C2H , AL       ; 设置工作状态
```

(2) 同步方式下的初始化编程

假设要求：8251A 工作在同步下，两个同步字符(内同步)、奇校验、每隔字符 8 位，则方式选择字应为 1CH。工作状态要求：使出错标志复位，允许发送和接收、使 CPU 已准备好且请求发送，启动搜索同步字符，则工作命令指令应该是 0B7H。又设第一个同步字符为 0AAH，第二个同步字符为 55H(注意两个同步字符可以设置成相等的字符)。还是使用上例 8251A 芯片。注意要先使用内部复位命令 40H，使 8251A 复位后，再写入工作

方式控制字，其具体程序如下：

```
        MOV AL , 40H
        OUT 0C2H, AL        ; 复位 8251A
        MOV AL , 1CH
        OUT 0C2H , AL       ; 设置工作方式控制字
        MOV AL , 0AAH
        OUT 0C2H, AL        ; 写入第一个同步字符
        MOV AL , 55H
        OUT 0C2H , AL       ; 写入第二个同步字符
        MOV AL , 0B7H
        OUT 0C2H, AL        ; 设置操作命令控制字
```

5. 8251A 的应用举例

例 9.4 假设 8251A 的两个端口地址分别为 0C0H 和 0C2H。采用异步工作方式，从串行口输入 100 个数据，存放到 BUFFER 开始的存储单元中。

本例题采用查询状态字方式编程。程序中对状态寄存器的 R_XRDY 位不断进行测试，查询 8251A 是否已经从外设接收了一个字符。若收到，则 R_XRDY 有效，CPU 就可执行输入指令访问偶地址端口，取回一个数据放在内存缓冲区。除状态寄存器 R_XRDY 位检测外，CPU 还要检测状态寄存器的第 3、4、5 位，看是否出现了奇/偶错、覆盖错或帧格式错误，若发现错误就转错误处理程序。错误处理程序主要是利用了人一机对话通知用户，本程序没有给出错误处理程序。另外还请注意，R_XRDY 在输入一个字符后会自动复位，8251A 从外设接收一个字符 R_XRDY 会自动置位。

```
        MOV   AL, 0FEH
        OUT   0C2H, AL            ; 写入异步方式选择字
        MOV   AL,  37H
        OUT   0C2H, AL            ; 写入操作命令控制字
        MOV   BX,   BUFFER        ; 缓冲区首址送 BX
        MOV   DI,   0             ; 变址寄存器初值
        MOV   CX,   100           ; 设置计数器值 100
    INA:IN AL,   0C2H             ; 输入状态字送 AL
        TEST  AL, 2               ; 测试状态字第 2 位即 RXRDY 位
        JZ   INA                  ; 未收到字符则重新取状态字
        IN   AL, 0C0H             ; RXRDY 有效，从偶地址口输入数据
        MOV   [BX][DI], AL        ; 将字符送入缓冲区
        INC   DI                  ; 缓冲区指针下移一个单元
        IN   AL, 0C2H             ; 再读状态字
        TEST  AL, 38H             ; 测试有无三种错误
        JNZ   ERR                 ; 有错误转错误处理程序
        LOOP INZ                  ; 没输入完 100 个字符，则继续输入
        JMP   EXIT                ; 如已经接收了 100 个字符，则转结束
```

ERR: CALL ERR_PRO　　　　；转入错误处理程序

EXIT: ……

例 9.5　用两片 8251A 接口芯片实现两个 8086 CPU 之间的串行通信，如图 9-31 所示。

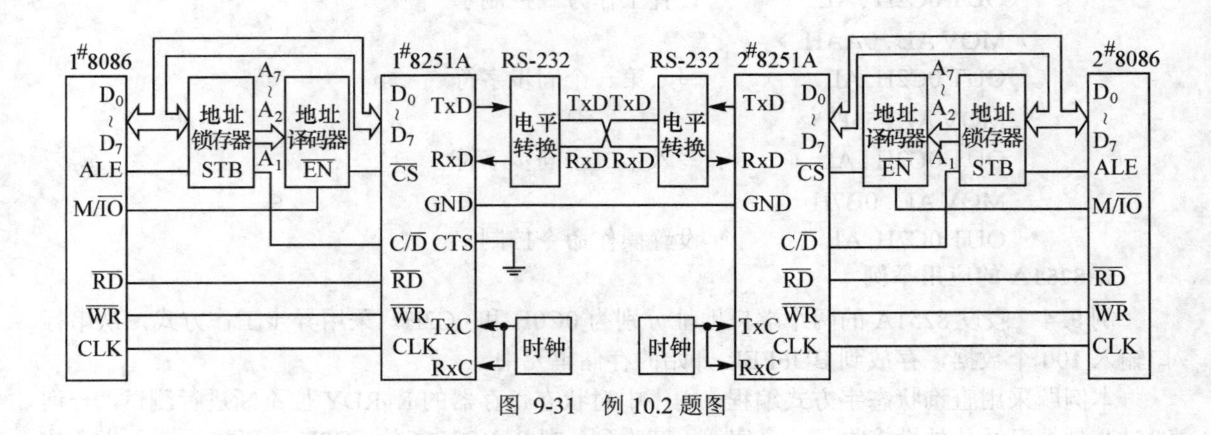

图 9-31　例 10.2 题图

8251A 接口芯片的译码电路的设计也需考虑 8 位的接口芯片与 16 位的 CPU 之间进行数据交换，必须遵循低 8 位数据线上的数据对应于偶地址、高 8 位数据线上的数据对应于奇地址的原则，这已在 8255A 接口芯片译码电路的设计中作了详细说明。对于 8251A，CPU 是对其状态寄存器还是数据寄存器的访问，是传送命令字、控制字还是数据，可通过 C/线为 1 还是为 0 加以区别。一般地，将地址线 A_1 接到 8251A 的 $C/\overline{D}$ 端，使 8251A 占用低 2 位地址线。因此，实例电路中假定 8251A 数据口的地址为 04A0 H，控制口地址为 04A2H。假定 1#8251A 地址为 04A0H，04A2H；2# 8251A 地址为 04A4H，04A6H。1#CPU 发送 100 个数据给 2#CPU，通信协议是采用异步传送方式，8 位数据无校验，2 位停止位，波特率因子为 64。

在实际使用中，当未对 8251A 设置模式时，如果要对 8251A 进行复位，一般采用先送 3 个 00H，再送 40H 的方法，这是 8251A 的编程约定。

程序如下：

```
; 1#CPU 发送程序
DATA     SETMENT
FA   DB  XX，  XX,…          ;将要传送的数据
DATA     ENDS
STACK    SEGMENT PARA STACK    ′STACK′
BUFF     DB  50 DUP(?)
STACK      ENDS
CODE     SEGMENT
ASSUME        CS: CODE,DS: DATA , SS:STACK
START: MOVAX,DATA           ;取数据段寄存器地址
          MOV       DS, AX
```

```
        MOV     AX, STACK   ;取堆栈段寄存器地址
        MOV     SS, AX
        MOV     DX, 04A2H   ; 8251A 控制口地址送 DX
        MOV     BL, 03H     ; 复位 8251A,先输入 3 个 0
AA1:    MOV     AL , 00H
        OUT     DX , AL
        NOP
        DEC     BL
        JNZ     AA1
        MOV     AL , 40H        ; 发送复位命令
        OUT     DX , AL
        MOV     AL ,   0CFH     ;设置工作方式控制字
        OUT     DX , AL
        MOV     AL , 31H        ;设置操作命令控制字
        OUT     DX,AL
        LEA     SI ,   FA       ;取数据区偏移地址
        MOV     CX ,   0064H    ;设置传送 100 个数据的计数器
        MOV     DX , 04A2H      ;设置 8251A 控制口地址
WAIT1:  IN      AL , DX         ;读取状态字
        AND     AL , 05H        ;检测 TXEMPTY 和 TXRDY 位
        JZ      WAIT1           ;发送器空,等待

        MOV     DX ,    04A0H   ;设置 8251A 数据口地址
        MOV     AL ,    [SI]    ;取数据
        OUT     DX ,    AL      ;将数据传送给另一台计算机
        INC     SI              ;修改数据区地址指针
        DEC     CX
        JNZ     WAIT1
AA2:    JMP     AA2
        CODE    ENDS
        END     START
```

;2#CPU 接收程序

```
        DATA    SEGMENT
        SHOU    DB  64H     DUP (?)
        DATA    ENDS
        STACK SEGMENT   PARA    STACK ′ STACK′
        BUFF DB 50  DUP (?)
        STACK   ENDS
```

```
CODE    SEGMENT
ASSUME  CS:  CODE , DS:  DATA , SS : STACK
    START:  MOV AX, DATA      ;取数据段寄存器地址
        MOV     DS,    AX
        MOV        AX, STACK         ;取堆栈段寄存器地址
        MOV        SS,  AX
        MOV        DX, 04A6H         ;设置 8251A 控制口地址
        MOV        BL,   03H
AA3:    MOVAL, 00H; 复位 8251A, 先输入三个 0
        OUT   DX ,     AL
        NOP
        DEC   BL
        JNZ   AA3
        MOV   AL ,     40H     ;发复位命令
        OUT   DX ,     AL
        MOV   AL ,     0CFH    ;设置工作方式控制字
        OUT   DX ,     AL
        MOV   AL ,     16H     ;设置操作命令控制字
        OUT   DX ,     AL
        LEA   DI  ,    SHOU    ;接收数据缓冲区首址
        MOV   CX ,     0064H   ;设置传送 100 个数据的计数器
        MOV   DX ,     04A6H   ;设置 8251A 控制口地址
WAIT2:  IN    AL ,     DX      ;监测 8251A 工作状态
        MOV   BL ,     AL
        AND   AL ,     02H     ;检测 RXRDY 是否为 1
        JZ    WAIT2
        MOV   AL ,     BL
        AND   AL ,     38H
        JNZ   ERR              ;转出错处理程序
        MOV   DX ,     04A4H   ;8251A 数据口地址
        IN    AL ,     DX      ;接收数据

        MOV   [DI] ,    AL     ;保存数据
        INC   DI               ;修改数据区地址指针
        DEC   CX
        JNZ   WAIT2
AA4:    JMP   AA4
        ERR:  CALL ERR_OUT
        CODE    ENDS
```

END START

习 题 9

9.1 填空题

(1) 8255A 端口 C 按位置位/复位控制字的( ) 位用来指定置位或复位的端口 C 的具体位置。

(2) 8255A 端口 C 按位置位/复位控制字的 ( ) 位决定对端口 C 的某一位置位或复位。

(3) 8255A 端口 A 工作在方式 2 时，使用端口 C 的 ( ) 作为 CPU 和外部设备的联络信号。

(4) 8255A 与 CPU 连接时，地址线一般与 CPU 的地址总线的 ( ) 连接。

(5) 8255A 控制的最高位的 D_7=( )时，表示该控制字为方式控制字。

(6) 8255A 的端口 A 的工作方式是由方式控制字的 ( ) 位决定的。

(7) 8255A 的端口 B 的工作方式是由方式控制字的 ( ) 位决定的。

(8) Intel 8255A 是一个 ( ) 端口。

(9) 8255A 内部只有端口 ( ) 没有输入锁存功能。

9.2 8255A 的方式 0 一般使用在什么场合？在方式 0 时，如果使用应答信号进行联络，应该怎么办？

9.3 当 8255A 工作在方式 2 并且采用中断时，CPU 如何区分是输入或输出引起的中断？

9.4 设 8255A 的 4 个端口地址为 0060H~0063H，试编写下列各种情况下的初始化程序。

(1) 将 A 组和 B 组设置为方式 0，A 口、B 口为输入，C 口为输出。

(2) 将 A 组工作方式设置为方式 2，B 组为方式 1，B 口作为输出。

(3) 将 A 口，B 口均设置为方式 1，均为输入，PC_6 和 PC_1 为输出。

(4) A 口工作在方式 1 时，输入；B 口工作在方式 0 时，输出；C 口高 4 位配合 A 口工作，低 4 位为输入。

9.5 已知 8255A 的 A 口外接 8 个发光二极管，B 口的 PB_0 外接一个按键，A、B 组均工作在方式 0，试编写一段程序，循环检测按键是否按下，若按下(低电平有效)，则把 8 个二极管点亮，否则全灭。

9.6 若 8255A 的端口 A 定义为方式 0，输入；端口 B 定义为方式 1，输出；端口 C 的上半部定义为方式 0，输出。试编写初始化程序(设端口地址为 80H~83H)。

9.7 试编程实现采用动态扫描方法在 LED 数码管上显示 0000～9999，硬件图可参照例 9.2 题图 9-9 。设 8255A 的端口地址为 300H～303H。

9.8 8255A 的 3 个端口在使用上有什么不同？

9.9 当数据从 8255A 的 C 端口读到 CPU 时，8255A 的控制信号 $\overline{CS}$ 、$\overline{RD}$ 、$\overline{WR}$ 、A_1、A_0 分别是什么电平？

9.10 在并行接口中为什么要对输出数据进行锁存？在什么情况下可以不锁存？

9.11 并行接口的主要特点及其主要功能是什么？

9.12 8255A 有几种工作方式？

9.13 串行通信与并行通信相比，有哪些基本特点？

9.14 在串行通信中有哪几种数据传送模式，各有什么特点？

9.15　什么是波特率？试举出几种常用的波特率系列。

9.16　已知异步通信接口的帧格式由 1 个起始位、7 个数据位、1 个奇偶校验位和 1 个停止位组成。当该接口每分钟传送 3600 个字符时，其传送波特率是多少？

9.17　异步通信的特点是什么？同步通信的特点是什么？

9.18　RS-232C 总线的主要特点是什么？它的逻辑电平是如何定义的？

9.19　RS-232C 标准与 TTL 之间进行什么转换？如何实现这种转换？

9.20　RS-485 是什么？它为什么比 RS-232C 直接传输的距离远，速率高，而且可靠性高？

9.21　串行通信接口电路的基本功能有哪些？

9.22　试简述 8251A 内部结构及工作过程。

9.23　试分别说明 8251A 的工作方式控制字、操作命令控制字和状态控制字的作用。

9.24　异步方式下，8251A 初始化包括哪几部分？初始化的顺序是怎样的？为什么要采用这种顺序？

9.25　某系统中使可编程串行接口芯片 8251A 工作在异步方式，8 位数字，不带校验，2 位停止位，波特率系数为 64，允许发送也允许接收。假设 8251A 的两个端口地址分别为 0C0H 和 0C2H，试编写初始化程序。

9.26　编写一段通过 8251A 采用查询方式接收数据的程序。要求 8251A 采用异步方式工作，波特率系数为 16，偶校验，1 位停止位，8 位数据位。

9.27　编写使 8251A 发送数据的程序。要求将 8251A 定为异步传送方式，波特率系数为 64，采用偶校验，2 位停止位，8 位数据位。要求 8251A 与外设有握手信号，采用查询方式发送数据。

9.28　编写接收数据的初始化程序。要求 8251A 采用同步传送方式、2 个同步字符、内同步、奇校验、8 位数据位和同步字符为 16H。

9.29　甲乙两机进行串行通信，串行接口电路以 8251A 为核心，两个端口地址为 04A0H(数据口)、04A2H(命令/状态口)。要求甲机接收字符，并将接收的字符求反，然后又向乙机发送出去。数据格式：字符长度为 8 位，2 位停止位，无奇偶校验，波特率系数为 16。试编写实现这一功能的通信程序。

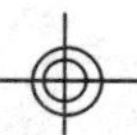

第10章 总线技术

10.1 概述

总线是一组信号线的集合，是一种在各模块间传送信息的公共通路。它由传送信息的物理介质和相应的管理信息传输的协议构成。在微机系统中，利用总线实现芯片内部、印刷电路板各部件之间、机箱内各插件板之间、主机与外部设备之间或系统与系统之间的连接与通信。总线是构成微型计算机应用系统的重要技术，总线设计好坏会直接影响整个微机系统的性能、可靠性、可扩展性和可升级性。

采用标准总线可以简化系统设计、简化系统结构、提高系统可靠性、易于系统的扩充和更新等。

10.1.1 总线的分类

根据传送信号的不同，总线可分为控制总线、地址总线和数据总线。地址总线用来传送地址信息，是单向总线；数据总线用来传送数据信息，是双向总线；控制总线用来传送控制信号、时序信号和状态信息等。其中有的是 CPU 向内存和外设发出的信息，有的则是内存或外设向 CPU 发出的信息。

根据所在的位置不同，总线又可分为内部总线、芯片总线、系统总线和外部总线。例如 IEEE-488、RS-232C 都是外部总线。

10.1.2 总线的主要性能指标

(1) 总线的位宽

总线的位宽指的是总线能同时传送的数据位数，即我们常说的 32 位、64 位等总线宽度的概念。总线的位宽越宽则总线每秒数据传输率越大，也即总线带宽越宽。

(2) 总线的工作时钟频率

总线的工作时钟频率以 MHz 为单位，工作频率越高则总线工作速度越快，也即总线带宽越宽。

(3) 总线的带宽

总线的带宽即总线的传输率，指的是一定时间内总线上可传送的数据量，即每秒传输的最大字节数：MB/s。总线带宽=总线频率×总线位宽/8，如 32 位 PCI 总线工作频率是 33MHz、总线宽度为 32 位，则最大传输率是 132MB/s。

总线带宽就像是高速公路的车流量，总线位宽仿佛高速公路上的车道数，总线时钟工作频率相当于车速。高速公路上的车流量取决于公路车道的数目和车辆行驶速度，车道越多、车速越快则车流量越大；总线位宽越宽、总线工作时钟频率越高则总线带宽越大。

当然，单方面提高总线的位宽或工作时钟频率都只能部分提高总线的带宽，并容易达到各自的极限。只有两者配合才能使总线的带宽得到更大的提升。微机总线主要性能指标如表10-1 所示。

表 10-1　　微机总线主要性能指标

总线类型	8-bit ISA	16-bit ISA	PCI	64-bit PCI2.1	AGP	AGP (×2mode)	AGP (×4mode)
总线宽度(bits)	8	16	32	64	32	32	32
总线频率(MHz)	8.3	8.3	33	66	66	66×2	66×4
传输率(Mbps)	8.3	16.6	133	533	266	533	1066

10.1.3　总线标准(总线规范)

1. 总线标准

总线对总线插座的尺寸、引线数目、各引线信号的含义、时序和电气参数等作了明确规定，这个规定就是总线标准。

PC 系列机上采用的总线标准主要有：

IBM　PC/XT　BUS

ISA　工业标准体系结构(Industrial Standard Architecture)

EISA　扩展工业标准体系结构(Extended Industrial Standard Architecture)

VESA 视频电气标准协会(Video Electronics Standards Association 又称 VL-bus)

PCI　外部设备互连 (Peripheral Component Interconnect)

USB　通用串行总线 (Universal Serial Bus)

AGP　图形加速端口(显卡专用线) (Accelerated Graphics Port)

PCI Express

目前常见的有 ISA、PCI、USB、AGP 和最新的 PCI Express 等。

2. 总线标准的内容

机械规范：规定总线的根数、插座形状、引脚排列等。

功能规范：规定总线中每根线的功能。从功能上，总线分成三组：地址总线、数据总线、控制总线。

电气规范：规定总线中每根线的传送方向、有效电平范围、负载能力等。

时间规范：规定每根线在什么时间有效，通常以时序图的方式进行描述。

10.1.4　总线控制方法

一般来说，总线上完成一次数据传输要经历以下四个阶段：

(1) 申请(Arbitration)占用总线阶段。需要使用总线的主控模块(如 CPU 或 DMAC)。向总

线仲裁机构提出占有总线控制权的申请。由总线仲裁机构判别确定，把下一个总线传输周期的总线控制权授给申请者。

(2) 寻址(Addressing)阶段。获得总线控制权的主模块，通过地址总线发出本次打算访问的从属模块，如存储器或 I/O 接口的地址。通过译码使被访问的从属模块被选中，而开始启动。

(3) 传数(Aata Transferring)阶段。主模块和从属模块进行数据交换。数据由源模块发出经数据总线流入目的模块。对于读传送，源模块是存储器或 I/O 接口，而目的模块是总线主控者 CPU；对于写传送，则源模块是总线主控者，如 CPU，而目的模块是存储器或 I/O 接口。

(4) 结束(Ending)阶段。主、从模块的有关信息均从总线上撤除，让出总线，以便其他模块能继续使用。

10.1.5 总线的数据传输方法

计算机总线中，数据传输有两种基本方式：串行传输和并行传输。

(1) 串行传输

串行总线的数据在数据线上按位进行传输，只需要一根数据线，线路成本低，一般适合于远距离的数据传输。在计算机中普遍使用串行通信总线连接慢速设备，像键盘、鼠标和终端设备等。近年来出现一些中高速的串行总线，可连接各种类型的外设，可传送多媒体信息，如 IEEE 1394 串行总线。

串行传输方式有同步传输方式和异步传输方式及半同步方式。

在异步传输方式中，每个字符要用一位起始位和若干停止位作为字符传输的开始和结束标志，需占用一定的时间。

同步传输方式要求有时钟来实现发送端和接收端的同步，传输速度较快；但接口的硬件较复杂。数据块传输时，只在数据块的开始和结尾处用一个或若干个同步字符作标志。这种传输方式称为同步串行传输方式。

半同步方式是结合了同步方式和异步方式的优点设计出的混合方式。

(2) 并行传输

并行总线的数据在数据线上同时有多位一起传送，每一位要有一根数据线。并行传输比串行传输速度要快得多，但需要更多的传输线。

衡量并行总线速度的指标是最大数据传输率，即单位时间内在总线上传输的最大信息量。一般用每秒多少兆字节(MB/s)来表示。

10.1.6 总线体系结构

(1) 单总线体系结构：指微机中所有模块都连接在单一总线上。如早期的 IBM PC、XT 机采用 IBM PC/XT 总线。

(2) 多总线体系结构：指微机中采用多种总线，各模块按数据传输速率的不同，连接在不同的总线上。如 Pentium III 微机：内部有 ISA、PCI、AGP 等，如图 10-1 所示。

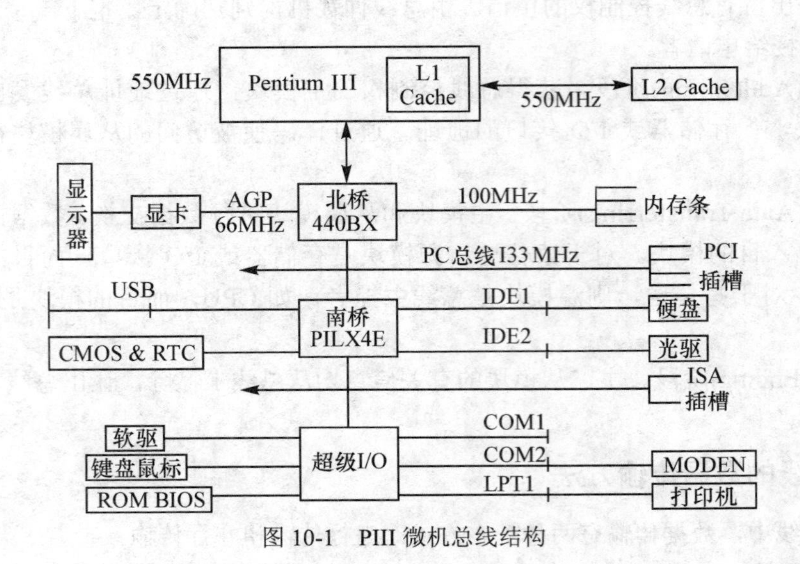

图 10-1　PIII 微机总线结构

10.2　ISA 工业标准总线

ISA 是工业标准体系结构(Industrial Standard Architecture)的缩写，是 Intel 公司、IEEE 和 EISA 集团联合在 62 线的 PC 总线的基础上经过扩展 36 根线而开发的一种系统总线。因为开始时是应用在 IBM PC/AT 机上，所以又称为 PC AT 总线。

ISA 总线是为采用 80286 CPU 设计的，但是兼容这一标准的微机系统还是有很大的市场，286、386、486 微机大多采用 ISA 总线，即使 586 和奔腾机也还保留有 1 个 ISA 总线插槽。

ISA 总线的主要性能指标：24 位地址线，可直接寻址内存容量为 16MB，I/O 地址空间为 0100H~03FFFH，8/16 位数据线，62+36 个引脚，工作频率 8MHz，最大传输率 16MB/s。具有中断和 DMA 传送功能。

ISA 总线接口信号共 98 个，均连接到主板的 ISA 总线插槽上。ISA 插槽长度 138.5mm，由基本的 62 线 8 位插槽(A1~A31、B1~B31)和扩展的 36 线 16 位插槽(C1~C18、D1~D18)两部分组成。除了数据和地址线的扩充外，还扩充了中断和 DMA 请求、应答信号。若只是用基本插槽时，可用 8 位数据宽度及 20 位地址，需要使用 16 位数据或 20 位以上的地址及其他扩充信号时，则采用 8 位基本 ISA 加 16 位扩充 ISA 的方式。其 16 位 ISA 总线插槽示意图如图 10-2 所示，其引脚排列如图 10-3 所示，各引脚功能列于表 10-2。

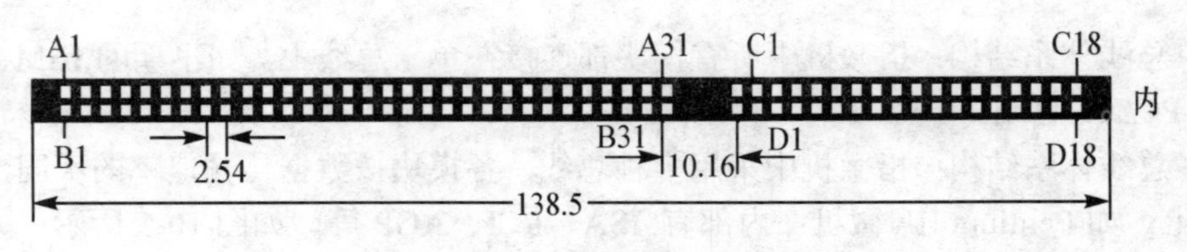

图 10-2　16 位 ISA 总线插槽

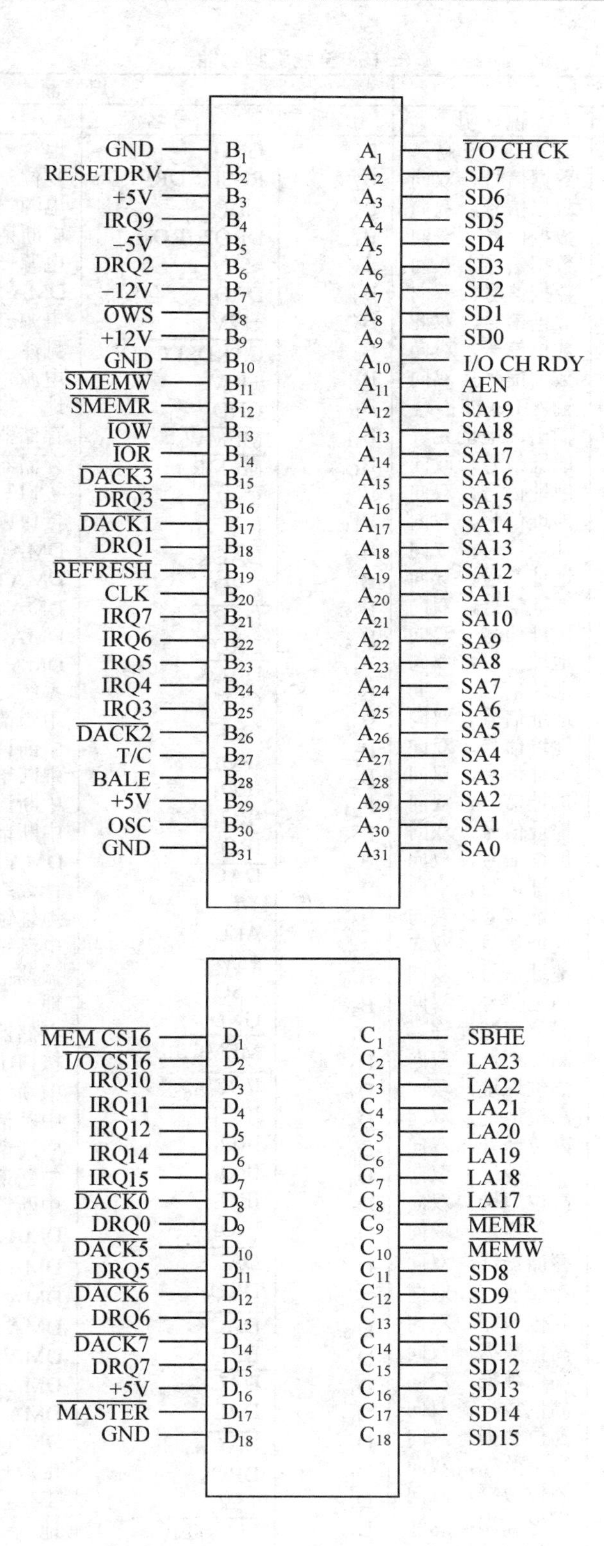

图 10-3 ISA 总线引脚排列

表 10-2 ISA 总线引脚功能

元件面			焊接面		
引　脚	信号名	说　明	引 脚	信号名	说　明
A_1	$\overline{I/O\ CHCK}$	输入 I/O 校验	B_1	GND	地
A_2	D_7	数据信号，双向	B_2	RESET DRV	复位
A_3	D_6	数据信号，双向	B_3	+5V	电源
A_4	D_5	数据信号，双向	B_4	DRQ2(IRQ_9)	中断请求 2，输入
A_5	D_4	数据信号，双向	B_5	-5V	电源-5V
A_6	D_3	数据信号，双向	B_6	DRQ_2	DMA 通道 2 请求，输入
A_7	D_2	数据信号，双向	B_7	-12V	电源-12V
A_8	D_1	数据信号，双向	B_8	$\overline{CARDSLCTD}$	见注
A_9	D_0	数据信号，双向	B_9	+12V	电源+12V
A_{10}	$\overline{I/O\ CHRDY}$	输入 I/O 准备好	B_{10}	GND	地
A_{11}	AEN	输出，地址允许	B_{11}	$\overline{MEMW}$	存储器写，输出
A_{12}	A_{19}	地址信号，双向	B_{12}	$\overline{MEMR}$	存储器读，输出
A_{13}	A_{18}	地址信号，双向	B_{13}	$\overline{IOW}$	接口写，双向
A_{14}	A_{17}	地址信号，双向	B_{14}	$\overline{IOR}$	接口读，双向
A_{15}	A_{16}	地址信号，双向	B_{15}	$\overline{DACK_3}$	DMA 通道 3 响应，输出
A_{16}	A_{15}	地址信号，双向	B_{16}	DRQ_3	DMA 通道 3 请求，输入
A_{17}	A_{14}	地址信号，双向	B_{17}	$\overline{DACK_1}$	DMA 通道 1 响应，输出
A_{18}	A_{13}	地址信号，双向	B_{18}	DRQ_1	DMA 通道 1 请求，输入
A_{19}	A_{12}	地址信号，双向	B_{19}	$\overline{DACK_0}$	DMA 通道 0 响应，输出
A_{20}	A_{11}	地址信号，双向	B_{20}	CLK	系统时钟，输出
A_{21}	A_{10}	地址信号，双向	B_{21}	IRQ_7	中断请求，输入
A_{22}	A_9	地址信号，双向	B_{22}	IRQ_6	中断请求，输入
A_{23}	A_8	地址信号，双向	B_{23}	IRQ_5	中断请求，输入
A_{24}	A_7	地址信号，双向	B_{24}	IRQ_4	中断请求，输入
A_{25}	A_6	地址信号，双向	B_{25}	IRQ_3	中断请求，输入
A_{26}	A_5	地址信号，双向	B_{26}	$\overline{DACK_2}$	DMA 通道 2 响应，输出
A_{27}	A_4	地址信号，双向	B_{27}	T/C	计数终点信号，输出
A_{28}	A_3	地址信号，双向	B_{28}	ALE	地址锁存信号，输出
A_{29}	A_2	地址信号，双向	B_{29}	+5V	电源+5V
A_{30}	A_1	地址信号，双向	B_{30}	OSC	振荡信号，输出
A_{31}	A_0	地址信号，双向	B_{31}	GND	地
C_1	$\overline{SBHE}$	高位字节允许	D_1	$\overline{MEMCS_{16}}$	存储器 16 位片选信号，输入
C_2	A_{23}	高位地址，双向	D_2	$\overline{I/OCS_{16}}$	接口 16 位片选信号，输入
C_3	A_{22}	高位地址，双向	D_3	IRQ_{10}	中断请求，输入
C_4	A_{21}	高位地址，双向	D_4	IRQ_{11}	中断请求，输入
C_5	A_{20}	高位地址，双向	D_5	IRQ_{12}	中断请求，输入
C_6	A_{19}	高位地址，双向	D_6	IRQ_{14}	中断请求，输入
C_7	A_{18}	高位地址，双向	D_7	IRQ_{15}	中断请求，输入
C_8	A_{17}	高位地址，双向	D_8	$\overline{DACK_0}$	DMA 通道 0 响应，输出
C_9	$\overline{SMEMR}$	存储器读，双向	D_9	DRQ_0	DMA 通道 0 请求，输入
C_{10}	$\overline{SMEMW}$	存储器写，双向	D_{10}	$\overline{DACK_5}$	DMA 通道 5 响应，输出
C_{11}	D_8	高位数据，双向	D_{11}	DRQ_5	DMA 通道 5 请求，输入
C_{12}	D_9	高位数据，双向	D_{12}	$\overline{DACK_6}$	DMA 通道 6 响应，输出
C_{13}	D_{10}	高位数据，双向	D_{13}	DRQ_6	DMA 通道 6 请求，输入
C_{14}	D_{11}	高位数据，双向	D_{14}	$\overline{DACK_7}$	DMA 通道 7 响应，输出
C_{15}	D_{12}	高位数据，双向	D_{15}	DRQ_7	DMA 通道 7 请求，输入
C_{16}	D_{13}	高位数据，双向	D_{16}	+5V	电源+5V
C_{17}	D_{14}	高位数据，双向	D_{17}	$\overline{MASTER}$	主控，输入
C_{18}	D_{15}	高位数据，双向	D_{18}	GND	地

10.2.1 8位ISA(即XT)总线定义

IBM-PC 及 XT 使用的总线称为 PC 总线，它是为配置外部 I/O 适配器和扩充存储器专门设计的一组 I/O 总线，又称为 I/O 通道，共有 62 条引线，全部引到系统板上 8 个 62 芯总线的扩展槽 J1～J8 上，可插入不同功能的插件板，用以扩展系统功能。

62 根总线按功能可分为四类：第一类，电源线 8 根 (+5 V 的 2 根、－5 V 的 1 根、+12 V 的 1 根、－12 V 的 1 根及地线 3 根)；第二类，数据传送总线 8 根；第三类，地址总线 20 根；第四类，控制总线 26 根，如图 11-3 所示。

1. 数据总线

D_7～D_0 共 8 条，是双向数据传送线，为 CPU、存储器及 I/O 设备间提供信息传送通道。平时由 CPU 控制，当 DMA 操作时由 DMA 控制器 8237A 控制。

2. 地址总线

A_{19}～A_0 共 20 条，用来选定存储器地址或 I/O 设备地址。当选定 I/O 设备地址时，A_{19}～A_{16} 无效。这些信号一般由 CPU 产生，也可以由 DMA 控制器产生。20 位地址线允许访问 1MB 存储空间，16 位地址线允许访问 64 KB 的 I/O 设备空间。

3. 控制总线

控制总线共 26 条，可大致分为三类。

(1) 纯控制线(21 根)

ALE：(输出信号)地址锁存允许，由总线控制器 8288 提供。ALE 有效时，在 ALE 下降沿锁存来自 CPU 的地址。目前地址总线有效，可开始执行总线工作周期。

IRQ_2～IRQ_7：(输入信号) 中断请求。8259A 有 8 个中断请求输入端 IRQ_0～IRQ_7。其中 IRQ_0、IRQ_1 直接用在系统主板上，剩下的 6 个中断请求输入端 IRQ_2～IRQ_7 引到扩展槽，供 I / O 设备申请中断使用。中断优先级别是 IRQ_0 最高，IRQ_7 最低。

$\overline{IOR}$：(输出信号、低电平有效) I/O 读命令，由 CPU 或 DMA 控制器产生。信号有效时，把选中的 I/O 设备接口中数据读到数据总线。

$\overline{IDW}$：(输出信号、低电平有效) I/O 写命令，由 CPU 或 DMA 控制器产生，用来控制将数据总线上的数据写到所选中的 I/O 设备接口中。

$\overline{MEMR}$：(输出信号、低电平有效) 存储器读命令，由 CPU 或 DMA 控制器产生，用来控制把选中的存储单元数据读到数据总线。

$\overline{MEMW}$：(输出信号、低电平有效) 存储器写命令，由 CPU 或 DMA 控制器产生，把数据总线上的数据写入所选中的存储单元。

DRQ_1～DRQ_3：(输入信号) DMA 控制器 8273A 的通道 1～3 的 DMA 请求，是由外设接口发出的，DRQ_1 优先级最高。当有 DMA 请求时，对应的 DRQ_X 为高电平，一直保持到相应的 DACK 为低电平为止。

$\overline{DACK_0}$ ~ $\overline{DACK_3}$：(输出信号、低电平有效)DMA 通道 0～3 的响应信号，由 DMA 控制器送往外设接口，低电平有效。$DACK_0$ 用来响应外设的 DMA 请求或实现动态 RAM 刷新。

AEN：(输出信号) 地址允许信号，由 8237A 发出，此信号用来切断 CPU 控制，以允许

DMA 传送。AEN 为高电平有效，此时由 DMA 控制器 8237A 来控制地址总线、数据总线以及对存储器和 I/O 设备的读/写命令线。在制作接口电路中的 I/O 地址译码器时，必须包括这个控制信号。

T/C：(输出信号) 计数结束，当 DMA 通道计数结束时，T/C 线上出现高电平脉冲。

RESET DRV：(输出信号) 系统总清，高电平有效。加电或按复位按钮时，产生此信号对系统复位。

(2) 状态线(2 根)

$\overline{\text{I/O CHCK}}$：(输入信号，低电平有效) I/O 通道奇偶校验信号。此信号向 CPU 提供关于 I/O 通道上的设备或存储器的奇/偶校验信息。当为低电平时，表示校验有错。

I/O CHRDY：(输入信号) I/O 通道准备好，用于延长总线周期。一些速度较慢的设备可通过使 I/O CHRDY 为低电平，而令 CPU 或 DMA 控制器插入等待周期，来达到延长总线的 I/O 或存储周期。不过此信号时间不宜过长，以免影响 DRAM 刷新。

(3) 辅助线(3 根)

OSC：(输出信号) 晶振信号，其周期为 70 ns(14.318 18 Hz)，占空比 50%的方波脉冲。若将此信号除以 4，可得到 3.58 MHz 的设计彩显接口所必须用的控制信号。

CLK：(输出信号) 系统时钟信号，由 OSC 三分频得到，频率为 4.77 MHz(周期 210 ns)，占空比为 33％。

$\overline{\text{CARDSLCTD}}$：(输出信号、低电平有效)插件板选中信号，此信号有效时，表示扩展槽 J8 的扩展板被选中。

10.2.2 16 位 ISA(即 AT)总线定义

AT 总线在 XT 总线基础上增加了一个 36 引脚的插槽， 同一槽线的插槽分成 62 线和 36 线两段，共计 98 条引线，这样也就构成了 16 位 ISA 总线。新增加的 36 个引脚定义说明如下：

(1) 新增加的地址线高位 LA_{20}～LA_{23}，使原来的 1 MB 的寻址范围扩大到 16 MB。同时，又增加了 LA_{17}～LA_{19} 这 3 条地址线，这几条线与原来的 PC/XT 总线的地址线是重复的。原先 PC/XT 地址线是利用锁存器提供的，锁存过程导致了传送速度降低。在 AT 微机中，为了提高速度，在 36 引脚插槽上定义了不采用锁存的地址线 LA_{17}～LA_{23}。

(2) SD_8～SD_{15} 是新增加的 8 位高位数据线。

(3) $\overline{\text{SBHE}}$ 数据总线高字节允许信号。该信号与其他地址信号一起，实现对高字节、低字节或一个字(高低字节)的操作。

(4) 在原 PC/XT 总线基础上，又增加了 IRQ_8～IRQ_{15} 中断请求输入信号。其中 IRQ_{13} 指定给数值协处理器使用。另外，由于 AT 总线上增加了外部中断的数量，在底板上，是由两块中断控制器(8259)级联实现中断优先级的。而中断请求优先级低的一块中断控制器的中断请求，接到主中断控制器的 IRQ_2 上，而原 PC/XT 定义的 IRQ_2 引脚，在 AT 总线上变为 IRQ_9。IRQ_0 接定时器(8254)，用于产生定时中断(实时钟)。

(5) 为实现 DMA 传送，在 AT 机的底板上采用两块 DMA 控制器级联。其中，主控级的

DRQ_0接从属级的请求信号(HRQ)，这样就形成了 DRQ_0 到 DRQ_7 中间没有 DRQ_4 的 7 级 DMA 优先级安排。同时，在 AT 机中，不再采用 DMA 实现动态存储器刷新，故总线上的设备均可使用这 7 级 DMA 传送。除原 IBM-PC 总线上的 DMA 请求信号外，其余的 DRQ_0、DRQ_5～DRQ_7 均定义在引脚为 36 的插槽上。与此相对应的是，DMA 控制器提供的响应信号 $DACK_0$、$DACK_5$～$DACK_7$ 也定义在该插槽上。

(6) 定义了新的 $\overline{SMEMW}$、$\overline{SMEMR}$，它们与 PC 总线上的 $\overline{MEMR}$ 和 $\overline{MEMW}$ 不同的是，IBM-PC 总线上的信号只有在存储器的寻址范围小于 1 MB 时才有效，而新定义的信号在整个 16 MB 范围内均有效。

(7) $\overline{MASTER}$ 是新增加的主控信号。利用该信号可以使总线插板上设备变为总线主控器，用来控制总线上的各种操作。在总线插板上的 CPU 或 DMA 控制器可以将 DRQ 送往 DMA 通道。在接收到响应信号 DACK 后，总线上的主控器可以使 $\overline{MASTER}$ 成为低电平，并且在等待一个系统周期后开始驱动地址和数据总线。在发出读写命令之前，必须等待两个系统时钟周期。

(8) $\overline{MEM\ CS16}$ 是存储器的位选片信号，如果总线上某一存储器要传送 16 位数据，则必须产生一个有效的(低电平) $\overline{MEM\ CS16}$ 信号，该信号加到系统板上，通知主板实现 16 位数据传送。此信号由 LA_{17}～LA_{23} 高位地址译码产生，利用三态门或集电极开路门进行驱动。

(9) $\overline{IO\ CS16}$ 为接口的 16 位选片信号，它由接口地址译码信号产生，低电平有效，用来通知主板进行 16 位接口数据传送。该信号由三态门或集电极开路门输出，以便实现“线或”。

在 AT 总线上，对 IBM-PC 总线上所定义的 B_8 引脚(原只有第 8 插槽 J8 定义为 CARDLCTD)进行了重新定义，即定义 B_8 为 OWS(零等待状态信号)信号，这是因为 80286 的速度比 8088 的速度快很多。为了使 PC/XT 能与 PC/AT 兼容，不至于因为 CPU 的速度不同而发生错误，则设置该信号。当该信号为低电平时，通知 CPU 无需插入等待状态。可以利用设备地址译码、读或写信号及时钟信号形成 OWS 信号，并且利用三态门或集电极开路门驱动，以便对多块总线插板上的这个信号进行“线或”。

10.3 PCI 局部总线

20 世纪 90 年代，随着图形处理技术和多媒体技术的广泛应用，在以 Windows 为代表的图形用户接口(GUI)进入 IBM-PC 机之后，要求有高速的图形描绘能力和 I/O 处理能力。这不仅要求图形适配卡要改善其性能，也对总线的速度提出了挑战。实际上当时外设的速度已有了很大的提高，如硬磁盘与控制器之间的数据传输率已达到 10MB/s 以上，图形控制器和显示器之间的数据传输率也达到 69MB/s。通常认为 I/O 总线的速度应为外设速度的 3～5 倍。因此原有的 ISA、EISA 已远远不能适应要求，而成为整个系统的主要瓶颈。因此对总线提出了更高的性能要求，从而促使了总线技术进一步发展。

1991 年下半年，Intel 公司首先提出了 PCI 的概念，并联合 IBM、Compaq、AST、HP、DEC 等 100 多家公司成立了 PCI 集团，其英文全称为：Peripheral Component Interconnect Special Interest Group(外围部件互连专业组)，简称 PCISIG。PCI 是一种先进的局部总线，已成为局部

总线的新标准(见图 10-4)。

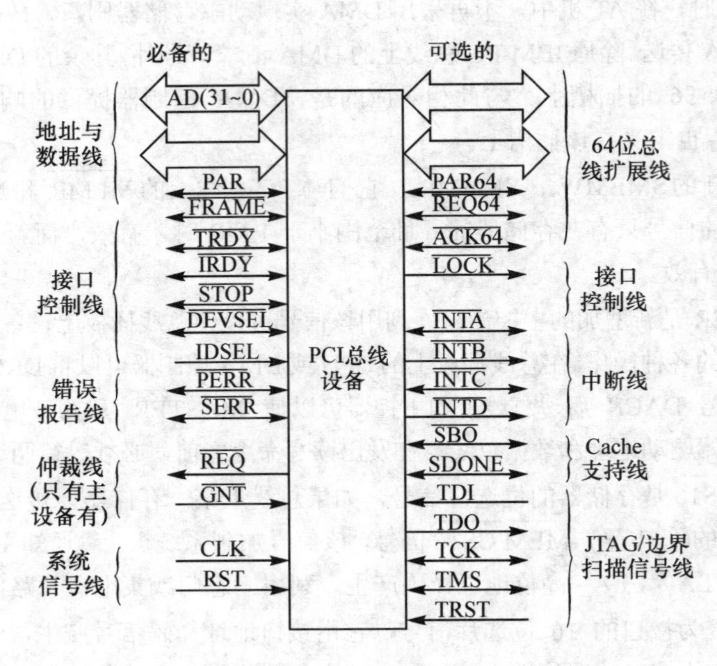

图 10-4　PCI 总线信号

10.3.1　PCI 总线原理

外围部件互连(PCI)是随系统速度不断提高，以及总线接口相对简单的要求而制定出的一种处理器局部总线，它具有如下的特点：

(1) 与处理器 / 存储器子系统完全并行操作，独立于处理器，与 CPU 更新换代无关。

(2) 突出的高性能：实现了 33 MHz 和 66 MHz 的同步总线操作，传输速率从 132 MB/s(33 MHz 时钟、32 位数据通路)可升级到 528 MB/s(66 MHz、64 位数据通路)，满足了当前及以后相当长一段时期内 PC 机传输速率的要求。支持突发工作方式(如果被传送的数据在内存中连续存放，则在访问这一组连续数据时，只有在传送第一个数据时需要两个时钟周期，第一个时钟周期给出地址，第二个时钟周期传送数据。而传送其后的连续数据时，传送一个数据只要一个时钟周期，不必每次都给出地址，这种传送称为“突发传送”或“成组传送”)。能真正实现写处理器/存储器子系统的安全并发。

(3) 良好的兼容性。PCI 总线部件和插件接口相对于处理器是独立的，PCI 总线支持所有的目前和将来不同结构的处理器，因此具有相对长的生命周期。

(4) 支持即插即用。全自动配置与资源分配 / 申请，PCI 设备内含设备信息的寄存器组，这些信息可以使系统 BIOS(基本输入/输出系统)和操作系统层的软件自动配置 PCI 总线部件和插件，使系统使用方便。

(5) 支持多主设备能力。支持多主设备系统，允许任何 PCI 主设备和从设备之间实现点到点对等存取，体现了高度的接纳设备的灵活性，完全的主控设备占用总线能力，中央式集中

仲裁逻辑。

(6) 适度数据的完整性。PCI 提供数据和地址奇偶校验功能，保证了数据的完整和准确。

(7) 优良的软件兼容性。PCI 部件可完全兼容现有的驱动程序和应用程序，设备驱动程序可被移植到各类平台上。

(8) 可选电源。PCI 总线定义了 5 V 和 3.3 V 两种信号环境。5V、3.3V 环境可平滑过渡。

(9) 相对的低成本。采用最优化的芯片(标准的 ASIC)和采用地址 / 数据线复用技术以降低成本，减少总线信号的引脚个数和 PCI 部件数。PCI 到 ISA/EISA 的转换由芯片厂提供，减少了用户的开发成本，密度接插卡减少 PCB 面积。

PCI 总线的最大特点是高速与低延迟，最高工作速度下为 66MHz 时钟，每个时钟传送一个数据，每个数据 64 位(8 个字节)，达到 528MB / s 的峰值传输率。

当 PCI 卡刚加电时，卡上只有配置空间是可被访问的，而且配置空间的访问也不能通过简单的存储器或 I / O 等 CPU 指令直接进行。因而 PCI 卡开始不能由驱动或用户程序访问，这与 ISA 卡有本质的区别。

PCI 配置空间保存着该卡工作所需的所有信息， 如厂家、卡功能、资源要求、处理能力、功能模块数量、主控卡能力等。通过对这个空间信息的读取与编程，即是对 PCI 卡的配置。

(1) PCI 信息。PCI 卡的所有信息都是由配置空间给出的，因而，通过读取配置空间相应的位置，即可了解此卡的相关信息，这些信息是 PCI 卡设计者所必须实现的。这些信息包括：

制造商标识(VendorID)：由 PCI 组织机构给厂家的唯一编码，其中子系统制造商标识也是由该组织给出的。

设备标识(DeviceID)：由这个产品对该卡的设备命名的编号，其中也可命名为子系统标识。由制造商标识(VendorID)和设备标识(DeviceID)等确定了每一种产品只有一个唯一编码。这一编码将是以后驱动程序或应用程序找到该设备的唯一凭证。

分类码(Classcode)：代表该卡设备功能的分类码，如网卡、硬盘卡、解压卡、声卡等，它们都可对应到一个唯一的编码。

(2) 申请存储器空间。PCI 卡内部有存储器功能，或有以存储器编址的寄存器和 I / O 空间，为能使驱动程序和应用程序访问，需要申请一段 PCI 空间的存储区域。存储空间的大小由配置空间指定，分配的位置则由总线控制器统一安排。

配置空间中的基地址寄存器(Base Address Registers)是专用于申请空间的。它可以使 PCI 设备最多可以申请 6 段 32 位地址区域的空间，或 3 段 64 位地址区域的空间，即最多 6 个 CPU 的地址。

(3) 申请 I / O 空间。I / O 空间的申请和存储器复用 6 个基地址寄存器。

(4) 中断资源申请。

中断资源申请是通过中断引脚(Interrupt Pin)和中断线(Interrupt Line)来完成的。配置空间的中断引脚(Interrupt Pin)为只读，反映出所要申请的中断要求：

0：不要求中断资源

1：要求中断，并且中断线接在 INTA 上

2：要求中断，并且中断线接在 INTB 上

3：要求中断，并且中断线接在 INTC 上

4：要求中断，并且中断线接在 INTD 上

PCI 总线上有 4 条中断线 INTA、INTB、INTC、INTD，PCI 设备的中断线接到哪一条上从该寄存器反映出来。总线控制器在读取这个寄存器内容后，将分配的中断号回送到中断线寄存器中。其中 0～15 为有效的中断号，255 为未分配到，16～254 保留，这样，驱动程序就可通过读取中断线的内容得到所分配的中断号，作出相应的编程。

(5) 多功能卡。当一块 PCI 卡上设计不只一个功能时，就要指定为多功能卡，而且每个功能都要有一个自己的配置空间，因此每个功能可以是不同的设备标识(device ID)及功能类型、存储器和 I / O 地址空间及中断资源。配置空间中的头类型(header type)可用于指明是单功能或多功能卡。头类型(header type)的第 7 位为 1 时代表多能卡，访问配置空间时，有 3 位地址用于指定功能号，因此每块卡最多可以支持 8 个功能部件。

由于 PCI 总线上只有 4 条中断线，因而多功能卡最多仅能有 4 个中断源。

突发读写方式，是指在一次寻址后，将周围的单元同时选通，而不必再在附近区域重新寻址，即周围的数据无需进一步寻址就可以直接传输。这样，在一个突发周期只要寻址一次就可以传送一个数据块，大大加快了数据传输速度。这种方式是建立在页操作模式和多体交替操作模式基础上的一种寻址方式。

PCI 总线支持无限突发读写方式，它和 Pentium 的突发方式相似。也就是说，突发的长度可以是任意长度，由始发设备和目标设备商定。每次突发传送由以下两个阶段组成。

① 地址阶段。在此阶段，地址总线发出目标设备的端口地址，同时 C / #BE_0～C / #BE_3 发出操作类型码，指明本次操作是何种类型的操作。由于这些线均为复用线，故目标设备必须将上述信息进行锁存，以进行地址和命令译码。被选中的目标设备必须输出一个该操作目的的应答信号。

如果始发设备在预定的时间内没有发现这个信号就终止该次操作。

② 数据阶段。数据阶段是指在始发设备和目标设备之间传送数据的一段时间。由于是突发传送方式，因而可连续传送一个数据块，此时地址锁存器中的地址并没有发生变化，C/#BE_0～C / #BE_3 信号切换为字节使能信号，指明各字节的存储地址或通路。

PCI 总线为始发设备和目标设备都定义了表示就绪的信号线，如果未准备就绪则在该数据阶段扩展一个时钟周期。整个突发方式传送的持续期由成帧信号#FRAME 来标识。这个信号由始发设备地址阶段开始处发出，保持到最后一个数据阶段。始发设备通过取消这个信号来指明突发传送的最后一次数据传输正在进行当中，紧接着发出就绪信号， 表示已准备好最后一次数据传输。当最后一次数据传输完毕后，始发设备取消就绪信号，使 PCI 总线回到空闲状态。

10.3.2 PCI 总线的主要信号

PCI 总线信号分为地址线、数据线、接口控制线、仲裁线、系统线、中断请求线、高速缓存支持、出错报告等信号线，共 188 根，其具体情况如图 10-4 所示。

必选信号：

地址/数据线：AD_0～AD_{31}，C / #BE_0～C / #BE_{31}，PAR

接口控制信号：FLAME#，TRDY#，IRDY#，STOP#，IDSEL#，DEVSEL#

错误报告信号：PERR#，SERR#

仲裁信号：REQ#，GNT#

系统信号：CLK，RST#

系统信号线有时钟信号线 CLK 和复位信号线 RST＃。CLK 信号是 PCI 总线上所有设备的一个输入信号，为所有 PCI 总线上设备的 VO 操作提供同步定时。RST＃使各信号线的初始状态处于系统规定的初始状态或高阻态。

CLK： PCI 时钟，上升沿有效,输入信号，频率范围：0～33MHZ 或者 0～66MHZ，除了 RST#和 INT(A～D)外，其余信号都在 CLK 的上升沿有效。

RST#： Reset 信号，输入信号，异步复位，复位是 PCI 的全部输出应驱动到 3 态。

地址／数据总线 AD_0～AD_{31} 是时分复用的信号线。C／＃BE_0～C／＃BE_3 称为“命令／字节使能”信号，也为复用线。在传输数据阶段，它们指明所传输数据的各个字节的通路；在传送地址阶段，这四条线决定了总线操作的类型，这些类型包括 I／O 读、I／O 写、存储器读、存储器写、存储器多重写、中断响应、配置读、配置写和双地址周期，等等。为了实现即插即用(PnP)功能，PCI 部件内都置有配置寄存器，配置读和配置写命令就是用于在系统初始化时，对这些寄存器进行读写操作。

AD_0～AD_{31}：地址、数据复用信号，一个总线交易由一个地址期和一个或多个数据期构成，FRAME#有效时，是地址期，IRDY#和 TRDY#有效时是数据期。

C／＃BE_0～C／＃BE_3 ：总线命令和字节使能多路复用信号线；在地址期中，传输的是总线命令；在数据期内，传输的是字节使能信号。[0]对应于最低的 8 个字节。

PAR：PAR 信号为校验信号，用于对 AD_0～AD_{31} 和 C／＃BE_0～C／＃BE_3 的偶校验。

接口控制信号有成帧信号＃FRAME(标志传输开始与结束)、目标设备就绪信号 TDRY＃(Slave 可以转输数据的标志)、 始发设备就绪信号 IRDY＃(Master 可以传输数据的标志)、停止传输 STOP＃(Slave 主动结束传输数据的信号)、初始化设备选择 IDSEL＃(在即插即用系统启动时用于选中板卡的信号)、资源封锁 LOCK＃和设备选择 DEVSEL＃(当 Slave 发现自己被寻址时置低应答)。

FLAME＃：帧周期信号；由当前的主设备驱动，表示一次交易的开始和持续时间；FRAME 失效后，是交易的最后一个数据期。

IRDY #：主设备准备好信号；由当前主设备驱动；在读周期，表示主设备已作好接收数据的准备；在写周期，表明数据已提交到 AD 总线上。

TRDY#：目标设备准备好信号；由当前被寻址的目标设备驱动；在读周期，表明数据已提交到 AD 总线上；在写周期，表示从设备已作好接收数据的准备。

数据传输期间，TRDY#, IRDY#任一个无效都将插入等待周期。

STOP#：停止数据传送信号；由目标设备驱动；表示目标设备要求主设备中止当前的数据传送。

IDSEL#：初始化设备选择信号；在参数配置读和配置写期间，用作片选信号。

DEVSEL#：设备选择信号；由当前被寻址的目标设备驱动。

LOCK#：锁定信号(可选)。

PCI 总线采用独立请求的仲裁方式。每一个 PCI 始发设备都有一对总线仲裁线 REQ＃和 GNT＃直接连接到 PCI 总线仲裁器。 当各始发设备使用总线时，分别独立地向 PCI 总线仲裁器发出总线请求信号 REQ＃(Master 用来请求总线使用权的信号)，由总线仲裁器根据系统规定的判决规则决定把总线使用权赋给哪一个设备。

REQ#：总线占用请求。

GNT#：总线允许信号。

PCI 的仲裁为“隐式”仲裁，即在一个主设备控制总线时，仲裁器仍然起作用。当主设备接受来自仲裁器的授权时，必须等待当前的主设备完成其传送，直到采样到 FRAME 和 IRDY 均无效时，它才认为自己取得总线授权。

错误报告信号：

PERR#：数据奇偶校验错误信号；由数据的接收端驱动，同时设置其状态寄存器中的奇偶校验错误位。一个交易的主设备负责给软件报告奇偶校验错误，为此在写数据期它必须检测 PERR 信号。

SERR#：系统错误报告信号；它的作用是报告地址奇偶错误，特殊周期命令的数据错误。SERR#是一个 OD(漏极开路)信号，它通常会引起一个 NMI 中断，Power PC 中会引起机器核查中断。

中断信号：

中断在 PCI 中是可选项，属于电平敏感型，低电平有效，OD，与时钟异步。其中 INTB ～ INTD 只能用于多功能设备。中断线和功能之间的最终对应关系是由中断引脚寄存器来定义的。

附加信号：

PRSNT[2:1]：插卡存在信号；用于指出 PCI 插件板上是否存在插卡板，如存在则要求母板为其供电。

CLKRUN：时钟运行信号；用于停止或者减慢 CLK。

M66EN：66M 使能信号。

PME#：电源管理事件信号。

3.3Vaux：辅助电源信号；当插卡主电源被软件关闭时，3.3Vaux 为插件提供电能以产生电源管理事件。

64 位总线扩展信号：

AD[64:32]：在地址期，如使用 DAC 命令且 REQ64 有效时为高 32 位地址；在数据期，REQ64 和 ACK64 都有效时高 32 位数据有效。

C/BE[7:4]：用法与 AD 信号同。

REQ64#：64 位传输请求；由主设备驱动，并和 FRAME 有相同的时序。

ACK64#：64 位传输认可；由从设备驱动，并和 DEVSEL 有相同的时序。

PAR64#：奇偶双字节校验。

JTAG/边界扫描信号： TCK，TDI，TDO，TMS，TRST#。

10.4 外部总线

外部总线(External Bus)是指片外总线，是 CPU 与内存 RAM、ROM 和输入/输出设备接口之间进行通信的通路。对微型计算机来说，常见的外部总线是通用串行总线 USB 等。

通用串行总线 USB(Universal Serial Bus)是由 Intel、 Compaq、Digital、IBM、Microsoft、NEC、Northern Telecom 等 7 家世界著名的计算机和通信公司共同推出的一种新型接口标准。它基于通用连接技术，实现外设的简单快速连接，达到方便用户、降低成本、扩展 PC 连接外设范围的目的。它可以为外设提供电源，而不像普通的使用串、并口的设备需要单独的供电系统。另外，快速是 USB 技术的突出特点之一，USB 的最高传输率可达 12Mbps 比串口快 100

倍，比并口快近 10 倍，而且 USB 还能支持多媒体。

1. USB 的优点

(1) USB 为所有的 USB 外设提供了单一的易于使用的标准的连接类型，这样一来就简化了 USB 外设的设计，同时也简化了用户在判断哪个插头对应哪个插槽时的任务，实现了单一的数据通用接口。

(2) 整个 USB 系统只有一个端口和一个中断，节省了系统资源。

(3) USB 支持热插拔(Hot Plug)和 PNP(Plug-and-Play) 也就是说在不关闭 PC 的情况下可以安全地插上和断开 USB 设备，计算机系统动态地检测外设的插拔并且动态地加载驱动程序，其他普通的外围连接标准如 SCSI 设备等必须在关掉主机的情况下才能插拔外围设备。

(4) USB 在设备供电方面提供了灵活性，USB 直接连接到 Hub 或者是连接到 Host 的设备上，可以通过 USB 电缆供电也可以通过电池或者其他的电力设备来供电或使用两种供电方式的组合并且支持节约能源的挂机和唤醒模式。

(5) USB 提供全速 12Mbps 的速率和低速 1.5Mbps 的速率来适应各种不同类型的外设，USB2.0 还支持 480Mbps 的高速传输速率。

(6) 为了适应各种不同类型外围设备的要求，USB 提供了四种不同的数据传输类型，控制传输、Bulk 数据传输、中断数据传输和同步数据传输，同步数据传输可为音频和视频等实时设备的实时数据传输提供固定带宽。

(7) USB 的端口具有很灵活的扩展性，一个 USB 端口串接上一个 USB Hub 就可以扩展为多个 USB 端口。USB 是用于将适用 USB 的外围设备连接到主机的外部总线结构,其主要是用在中速和低速的外设,USB 是通过PCI 总线和PC 的内部系统数据线连接实现数据的传输。USB 同时又是一种通信协议，它支持主系统(Host)和 USB 的外围设备(Device)之间的数据传输。

2. USB 的设计目标

USB 的工业标准是对 PC 机现有的体系结构的扩充。USB 的设计主要遵循以下几个准则：

- 易于扩充多个外围设备。
- 价格低廉，且支持 12M 比特率的数据传输。
- 对声音音频和压缩视频等实时数据的充分支持。
- 协议灵活，综合了同步和异步数据传输。
- 兼容了不同设备的技术。
- 综合了不同 PC 机的结构和体系特点。
- 提供一个标准接口，广泛接纳各种设备。
- 赋予 PC 机新的功能，使之可以接纳许多新设备。

3. USB 使用的分类

表 10-3 按照数据传输率(USB 可以达到)进行了分类。可以看到，12M 比特率可以包括中速和低速的情况。总的来说，中速的传输是同步的，低速的数据来自交互的设备，USB 设计的初衷是针对桌面电脑而不是应用于可移动环境下的。软件体系通过对各种主机控制器提供支持以保证将来对 USB 的扩充。

表 10-3　USB 使用的分类

性　能	应　用	特　性
低　速 ·交互设备 ·10~20Kb/s	键盘、鼠标、游戏棒	低价格、热插拔、易用性
中　速 ·电话、音频、压缩视频 ·500Kb/s~10Mb/s	ISBN、PBX、POTS	低价格、易用性、动态插拔、限定带宽和延迟
高　速 ·音频、磁盘 ·25~500Mb/s	音频、磁盘	高带宽、限定延迟、易用性

4. USB 系统的描述

一个 USB 系统主要被定义为三个部分：USB 的互连、USB 的设备和 USB 的主机。

USB 的互连是指 USB 设备与主机之间进行连接和通信的操作，主要包括以下几方面：

- 总线的拓扑结构：USB 设备与主机之间的各种连接方式。
- 内部层次关系：根据性能叠置，USB 的任务被分配到系统的每一个层次。
- 数据流模式：描述了数据在系统中通过 USB 从产生方到使用方的流动方式。
- USB 的调度：USB 提供了一个共享的连接。对可以使用的连接进行了调度以支持同步数据传输，并且避免了优先级判别的开销。

5. 总线布局技术

USB 连接了 USB 设备和 USB 主机，USB 的物理连接是有层次性的星型结构。每个网络集线器是在星型的中心，每条线段是点点连接。从主机到集线器或其功能部件，或从集线器到集线器或其功能部件，从图 10-5 中可以看出 USB 的拓扑结构。

(1) USB 的主机

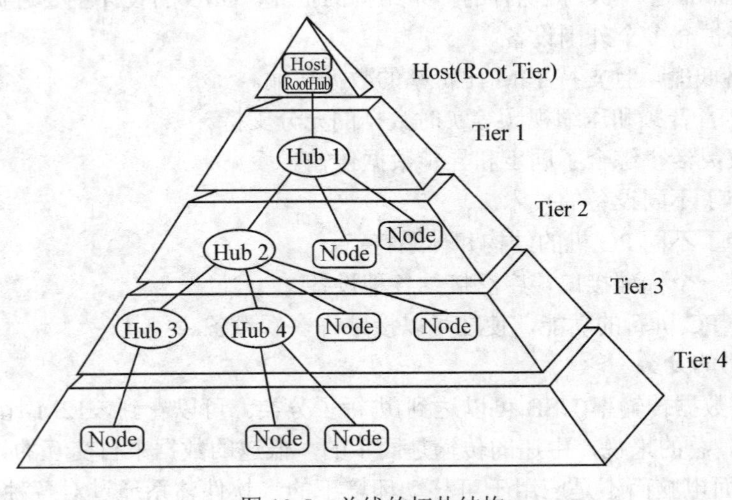

图 10-5　总线的拓扑结构

在任何 USB 系统中，只有一个主机。USB 和主机系统的接口称作主机控制器，主机控制

器可由硬件、固件和软件综合实现。根集线器是由主机系统整合的，用以提供更多的连接点。

(2) USB的设备

USB的设备如下所示：

- 网络集线器，向USB提供了更多的连接点。
- 功能器件：为系统提供具体功能，如ISDN的连接、数字的游戏杆或扬声器。

USB设备提供的USB标准接口的主要依据：

- 对USB协议的运用。
- 对标准USB操作的反馈，如设置和复位。
- 标准性能的描述性信息。

6. 物理接口

(1) 电气特性

USB传送信号和电源是通过一种四线的电缆，图10-6中的两根线是用于发送信号，存在两种数据传输率：

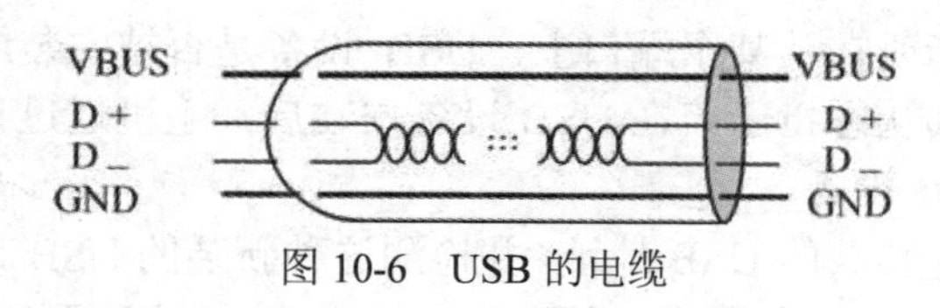

图10-6 USB的电缆

- USB的高速信号的比特率定为12Mbps。
- 低速信号传送的模式定为1.5Mbps。

低速模式需要更少的EMI保护。两种模式可在用同一USB总线传输的情况下自动地动态切换。因为过多的低速模式的使用将降低总线的利用率，所以该模式只支持有限个低带宽的设备(如鼠标)。时钟被调制后与差分数据一同被传送出去，时钟信号被转换成NRZI码，并填充了比特以保证转换的连续性，每一数据包中附有同步信号以使得收方可还原出原时钟信号。

电缆中包括VBUS、GND两条线，向设备提供电源 。VBUS使用+5V电源。USB对电缆长度的要求很宽，最长可为几米。通过选择合适的导线长度以匹配指定的IR drop和其他一些特性，如设备能源预算和电缆适应度。为了保证足够的输入电压和终端阻抗。重要的终端设备应位于电缆的尾部。在每个端口都可检测终端是否连接或分离，并区分出高速或低速设备。

(2) 机械特性

所有设备都有一个上行的连接。上行连接器和下行连接器是不可简单的互换，这样就避免了集线器间非法的循环往复的连接，电缆中有四根导线：一对互相缠绕的标准规格线，一对符合标准的电源线，连接器有四个方向，具有屏蔽层，以避免外界干扰，并有易拆装的特性。

7. 电源

主要包括两方面：

- 电源分配：即USB的设备如何通过USB分配得到由主计算机提供的能源。
- 电源管理：即通过电源管理系统，USB的系统软件和设备如何与主机协调工作。

(1) 电源分配

每个USB单元通过电缆只能提供有限的能源。主机对那种直接相连的USB设备提供电源供其使用。并且每个USB设备都可能有自己的电源。那些完全依靠电缆提供能源的设备称作“总线供能”设备。相反，那些可选择能源来源的设备称作“自供电”设备。而且，集线器也可由与之相连的USB设备提供电源。键盘，输入笔和鼠标均为“总线供能”设备。

(2) 电源管理

USB主机与USB系统有相互独立的电源管理系统。USB的系统软件可以与主机的能源管理系统结合共同处理各种电源子件如挂起、唤醒，并且有特色的是，USB设备应用特有的电源管理特性，可让系统软件控制其电源管理。

8. 系统设置

USB 设备可以随时地安装和拆卸，因此，系统软件在物理的总线布局上必须支持这种动态变化。

(1) USB设备的安装

所有的USB设备都是通过端口接在USB上，网络集线器知道这些指定的USB设备，集线器有一个状态指示器指明在其某个端口上，USB 设备是否被安装或拆除了，主机将所有的集线器排成队列以取回其状态指示。在USB设备安装后，主机通过设备控制通道激活该端口并以预设的地址值给USB设备。

主机对每个设备指定唯一的USB地址。并检测这种新装的USB设备是集线器还是功能部件。主机为USB设备建立了控制通道，使用指定的USB地址和零号端口。

如果安装的USB设备是集线器，并且USB设备连在其端口上，那上述过程对每个USB设备的安装都要做一遍。

如果安装的设备是功能部件，那么主机中关于该设备的软件将因设备的连接而被引发。

(2) USB设备的拆卸

当USB设备从集线器的端口拆除后，集线器关闭该端口，并且向主机报告该设备已不存在。USB的系统软件将准确进行处理，如果去除的USB设备上集线器，USB的系统软件将对集线器反连在其上的所有设备进行处理。

9. USB的应用

USB已经在PC机的多种外设上得到应用，包括扫描仪、数码相机、数码摄像机、音频系统、显示器、输入设备等。扫描仪、数码相机和数码摄像机是从USB中最早获益的产品。传统的扫描仪在执行扫描操作之前，用户必须先启动图像处理软件和扫描驱动软件，然后通过软件操作扫描仪。而USB扫描仪则不同，用户只需放好要扫描的图文，按一下扫描仪的按钮，屏幕上会自动弹出扫描仪驱动软件和图像处理软件，并实时监视扫描的过程。USB数码相机、摄像机更得益于USB的高速数据传输能力，使大容量的图像文件传输，在短时间内即可完成。

USB在音频系统应用的代表产品是微软公司推出的Microsoft Digital Sound System80(微软数字声音系统80)，使用这个系统，可以把数字音频信号传送到音箱，不再需要声卡进行数/模转换，音质也较以前有一定的提高。USB技术在输入设备上的应用很成功，USB键盘、鼠标器以及游戏杆都表现得极为稳定，很少出现问题。

早在1997年，市场上就已经出现了具备USB接口的显示器，为PC机提供附加的USB口。这主要是因为大多数的PC机外设都是桌面设备，同显示器连接要比同主机连接更方便、

简单。目前，市场上出现的USB设备还有USB Modem、Iomega的USB ZIP驱动器以及e-Tek的USB PC网卡，等等。

习题10

10.1 什么是总线？简述微机总线的分类。

10.2 简要说明PC总线和ISA总线的区别与联系。

10.3 简述PCI总线的特点。

10.4 简述USB总线的应用场合与特点。

10.5 采用一种总线标准进行微型计算机的硬件结构设计具有什么优点？

10.6 一个总线的技术规范应包括哪些部分？

10.7 总线的定义是什么？简述总线的发展过程。

10.8 微型计算机系统总线由哪三部分组成？它们各自的功能是什么？

10.9 扩充总线的作用是什么？它与系统总线的关系是什么？

10.10 为什么要引入局部总线？它的特点是什么？

10.11 总线定时协议分哪几种？各有什么特点？

10.12 总线上数据传输分哪几种类型？各有什么特点？

10.13 总线的指标有哪几项，它工作时一般由哪几个过程组成？

10.14 为什么要进行总线仲裁？

10.15 为什么集中式总线仲裁方式优于菊花链式？

10.16 ISA总线信号分为多少组，它的主要功能是什么？

10.17 ISA 16位总线是在ISA 8位总线基础上扩充了哪些信号而形成的？

10.18 PCI总线访问时，怎样的信号组合启动一个总线的访问周期，又怎样结束一个访问周期？

第11章　模拟接口

11.1　模拟接口基础

在由计算机进行实时控制及数据采集处理的系统中，需要对被控对象的有关参数进行测量和控制。这些参数往往是一些连续变化的模拟量，如温度、压力、流量、位移量等，这种模拟量的连续性表现为时间变化的连续性和数值变化的连续性。而计算机所能处理加工的信息只能是数字量，它们在时间上是离散的，在数值上是不连续的。如何把这些模拟信号变化为数字信号？同时，由于大多数的被控设备需要接收模拟信号，而计算机只能输出数字量。那么，又如何把数字信号变化为模拟信号？对一个控制系统需要从以下三个方面考虑问题。

(1) 传感器

温度、速度、流量、压力等非电信号，称为物理量。要把这些物理量转换成电量，才能进行模拟量对数字量的转换，这种把物理量转换成电量的器件称为传感器。目前有温度、压力、位移、速度、流量等多种传感器。

(2) A/D 转换器

把连续变化的电信号转换为数字信号的器件称为模数转换器，即 A/D 转换器。

(3) D/A 转换器

把经过计算机分析处理的数字信号转换成模拟信号，去控制执行机构的器件，称为数模转换器，即 D/A 转换器。

可见，D/A 转换是 A/D 转换的逆过程。这两个互逆的转换过程以及传感器构成一个闭合控制系统。模拟接口如图 11-1 所示。

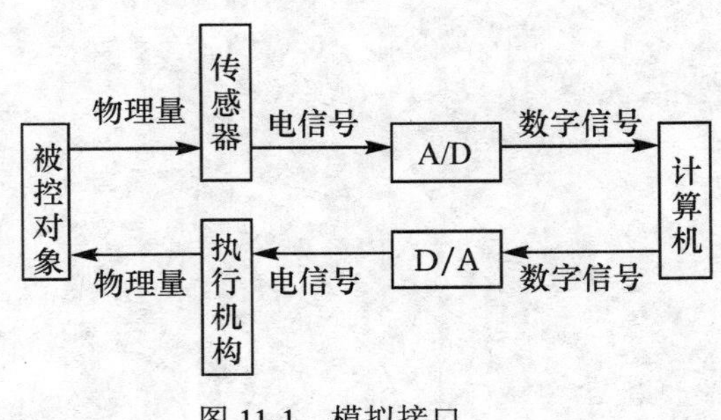

图 11-1　模拟接口

11.2　数模（D/A）转换接口

D/A 转换器功能是将数字量转换为模拟量。数字量输入的位数有 8 位、12 位和 16 位等，输出的模拟量有电流和电压两种。

11.2.1 数模转换的工作原理

D/A 转换器一般由模拟开关、电阻网络、运算放大器几部分组成。其电阻网络主要有两种：权电阻网络、R-2R 梯形电阻网络，其基本变换原理如图 11-2 所示。

运放的放大倍数足够大时，输出电压 V_o 与输入电压 V_{in} 的关系为：

$$V_o = -\frac{R_f}{R} = V_{in}$$

若输入端有 n 个支路，如图 11-3 所示。

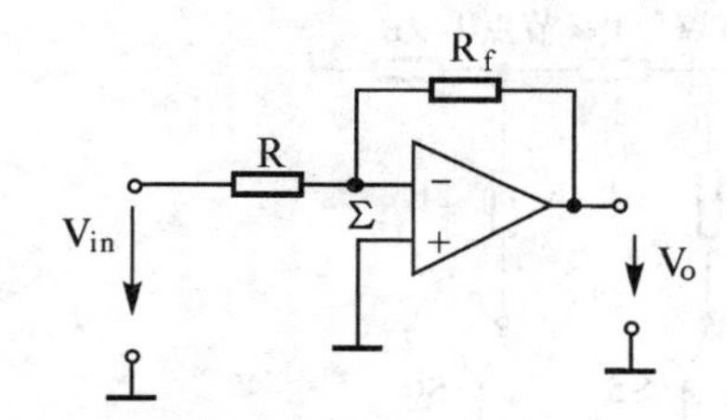

图 11-2 D/A 转换器基本原理图

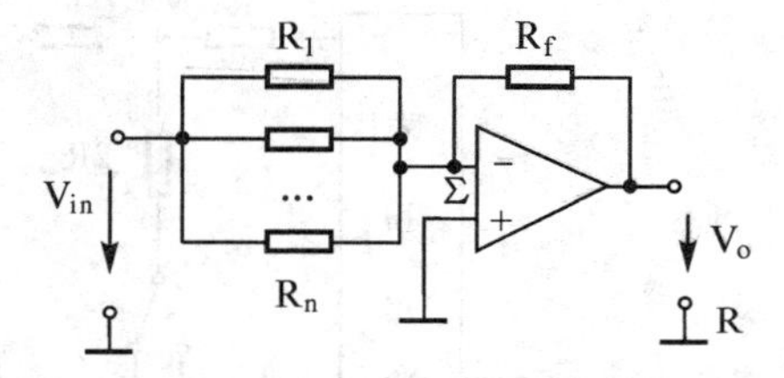

图 11-3 有 n 个支路的 D/A 转换器基本原理图

则输出电压 V_o 与输入电压 V_{in} 的关系为：

$$V_o = -R_f \sum_{i=1}^{n} \frac{1}{R_i} V_{in}$$

令每个支路的输入电阻为 $2^i R_f$，并令 V_{in} 为一基准电压 V_{ref}，则有

$$V_o = -R_f \sum_{i=1}^{n} \frac{1}{2^i R_f} V_{ref} = -\sum_{i=1}^{n} \frac{1}{2^i} V_{ref}$$

如果每个支路由一个开关 Si 控制，如图 11-4 所示。

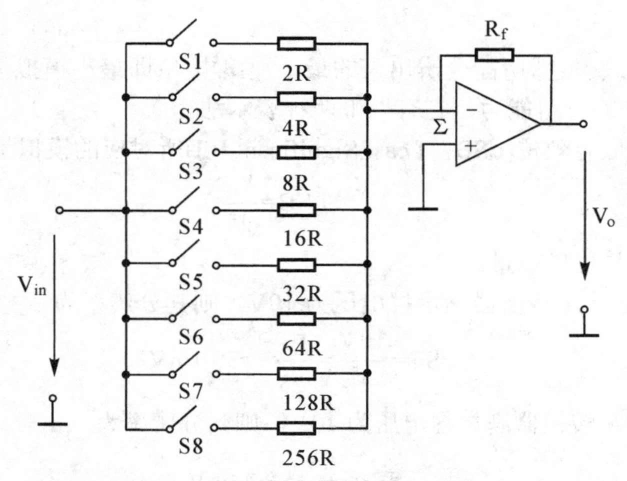

图 11-4 有开关控制的 n 个支路的 D/A 转换器基本原理图

Si=1 表示 Si 合上，Si=0 表示 Si 断开，则上式变换为

$$V_o = -\sum_{i=1}^{n}\frac{1}{2^i}SiV_{ref}$$

若 Si=1,该项对 V_o有贡献；若 Si=0,该项对 V_o无贡献。

如果用 8 位二进制代码来控制图中的 S1～S8(Di=1 时 Si 闭合；Di=0 时 Si 断开)，则不同的二进制代码就对应不同输出电压 V_o。

当代码在 0～FFH 之间变化时，V_o相应地在 0～-(255/256)V_{ref}之间变化。

为控制电阻网络各支路电阻值的精度，实际的 D/A 转换器常采用 R-2R 梯形电阻网络，它只用两种阻值的电阻(R 和 2R)，如图 11-5 所示。

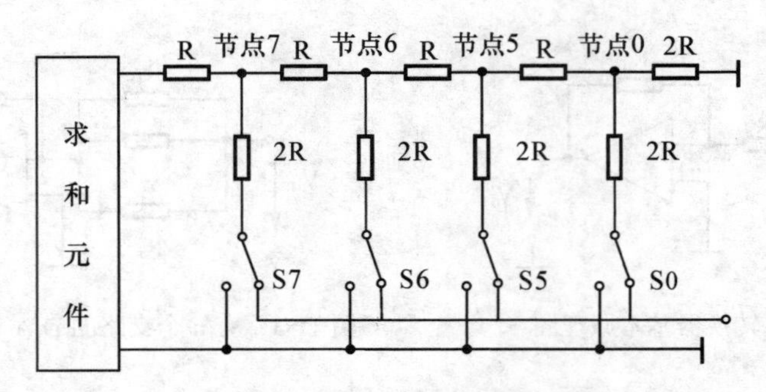

图 11-5　T 型解码网络原理图

集成的 DAC 芯片有多种形式，从结构上看，可分为两大类：一类 DAC 芯片内设置有数据寄存器、片选信号和其他控制信号，可直接与 CPU 或微机系统总线相连接；另一类没有数据寄存器，因此需通过接口芯片与 CPU 或微机系统总线相连接，由接口芯片进行数据锁存。目前生产的大多数 DAX 芯片内部均带有数据寄存器，从而可以直接与 CPU 连接，使用比较方便。

11.2.2　数模转换的主要技术指标

1. 分辨率

分辨率是指 D/A 转换器所能分辨出来的最小输出电压(即最小模拟量增量)。这个参数反映 D/A 转换器对模拟量的分辨能力，它有以下两种表示法。

(1) 用数字量最低有效位(LSB，Least Significant Bit)所对应的模拟量表示，即

$$LSB=\frac{V_{FS}}{2^N}$$

式中，V_{FS}为满量程模拟量。

例如，假定 8 位 D/A 转换器满量程电压为 10V，则其分辨率为

$$LSB=\frac{10V}{2^8}=\frac{10V}{256}=39.1mV$$

又假定 12 位 D/A 转换器满量程电压为 10V，则其分辨率为

$$LSB=\frac{10V}{2^{12}}=2.44mV$$

比较上述两例可见，D/A 转换器输入数字量位数(N)越多，其能分辨的输出电压值越小，其分辨率越高。

(2) 用相对值表示，即用最小模拟量增量与满量程输出值之比。如对于 N 位 D/A 转换器，其分辨率为

$$\frac{1}{2^N - 1}$$

例如，N=8，则其相应分辨率为

$$\frac{1}{2^8 - 1} = \frac{1}{255} = 0.4\%$$

同理，若 N=12，则其分辨率为 0.024%。

该表示法虽然没有第(1)中表示法那么直观，但在工程上却是经常使用，只要知道了 D/A 转换器的分辨率(如 0.4%)和满量程值(如 10V)，就可知道 D/A 转换器能分辨的最小模拟量为

$$10V \times 0.4\% = 40mV$$

2. 精度

精度是用于衡量 D/A 转换器在将数字量转换成模拟量时，所得模拟量的精确程度。精度可分为绝对精度和相对精度两种。

(1) 绝对精度

绝对精度是指在输入端加入给定数字量时，D/A 转换器实际输出值与理论值之间的误差。绝对精度也有两种表示法。

① 用 LSB 的分数形式表示：例如 1/2LSB，8 位 D/A 转换器精度是 $\pm 1/512V_{FS}$，即满量程电压的 1/512。

② 用满量程值 V_{FS} 的百分比表示：设某 D/A 转换器在满量程时理论输出值 V_{FS}=10V，而实际输出值 V'_{FS}=9.99V，则其精度为

$$\frac{V'_{FS} - V_{FS}}{V_{FS}} \times 100\% = \frac{9.99 - 10}{10} \times 100\% = -0.1\%$$

记为 0.1%FS，或称为精度级别：0.1 级。

上述的表示法，只要知道满量程值(如 V_{FS}=10V)，又知道精度级别为 0.1 级，则可得知其最大误差值为 10V×0.1%＝10mV。

相比之下，第①种表示法既要知道 V_{FS}，还要知道位数 N，才可求得误差值，所以第②种表示法在工程上较常用。

(2) 相对精度

相对精度是指在满量程校准的情况下，在量程范围内任一数字量输入，其相应的 D/A 转换输出值与理论值的偏差。

从相对精度定义可知，它实际上就是 D/A 转换器的线性度，其表示法与绝对精度相同，这里不再重复。

分辨率和精度是两个不同的参数，很容易混淆，必须从本质上加以区分：分辨率取决于 D/A 转换器的位数；精度取决于 D/A 转换器的各部件的制作误差，包括 V_{REF} 的电压波动，电阻网络中的电阻值偏差，模拟开关导通电阻值偏差，运算放大器温度漂移和增益误差等。

3. 温度灵敏度

这个参数表明 D/A 转换器受温度变化影响的特性。它是指数字输入不变的情况下，模拟

输出信号随温度的变化。一般 D/A 转换器温度灵敏度为±50ppm/℃。1ppm 为百万分之一。

4. 建立时间

建立时间是指从数字输入端发生变化开始，到输出模拟值稳定在额定值的±1/2LSB 时所需时间。它是表明 D/A 转换速率快慢的一个重要参数。在实际应用中，要正确选择 D/A 转换器，使它的转换时间小于数字输入信号发生变化的周期。

11.2.3 8 位 D/A 转换器 DAC0832 的结构与工作方式

1. DAC0832 的内部结构与引脚功能

DAC0832 是 8 位数/模转换芯片，数据的输入方式有双缓冲、单缓冲和直接输入，适用于要求几个模拟量同时输出的情况。DAC0832 具有以下主要特点：

(1) 与 TTL 电平兼容。

(2) 分辨率为 8 位。

(3) 建立时间为 1μs。

(4) 功耗为 20mW。

(5) 电流输出型 D/A 转换器。

DAC0832 的结构框图和引脚如图 11-6 所示。

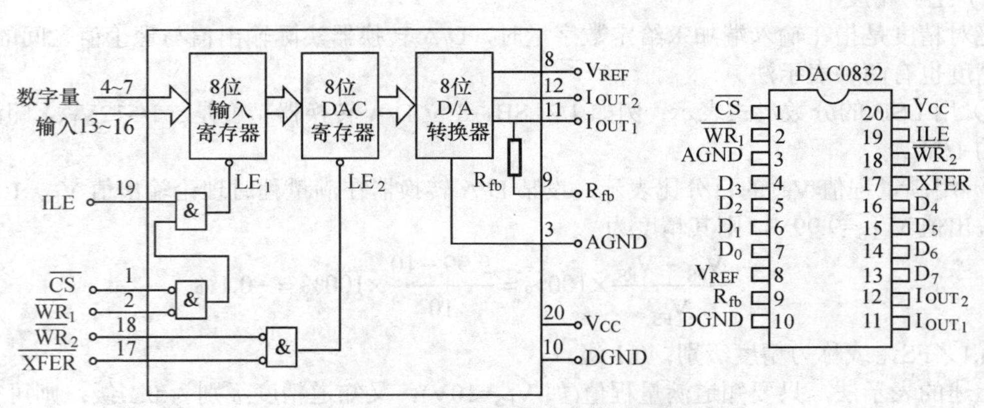

图 11-6 DAC0832 结构框图和引脚图

DAC0832 是 T 型电阻网络，需要外接“运算放大器”才能得到模拟电压输出，其引脚功能如下：

D_0~D_7：8 位数据输入端。

ILE：输入锁存允许信号，高电平有效。此信号用来控制 8 位输入寄存器的数据是否能被锁存的控制信号之一。

$\overline{CS}$：片选信号，低电平有效。此信号与 $\overline{ILE}$ 信号一起用于控制 $\overline{WR_1}$ 信号能否起作用。

$\overline{WR_1}$：写信号 1，低电平有效。在 ILE 和 $\overline{CS}$ 有效的情况下，此信号用于控制将输入数据锁存于输入寄存器中。

ILE、$\overline{CS}$、$\overline{WR_1}$ 是 8 位输入寄存器工作时的三个控制信号。

$\overline{WR_2}$：写信号 2，低电平有效。在 $\overline{XFER}$ 有效的情况下，此信号用于控制将输入寄存器中的数字传送到 8 位 DAC 寄存器中。

$\overline{XFER}$：传送控制信号，低电平有效。此信号和 $\overline{WR_2}$ 控制信号是决定 8 位 DAC 寄存器是否工作的控制信号。

8 位 D/A 转换器接收被 8 位 DAC 寄存器锁存的数据，并把该数据转换成相对应的模拟量，输出信号端各引脚功能如下：

I_{OUT1}：DAC 电流输出 1，它是逻辑电平为 1 的各位输出电流之和。

I_{OUT2}：DAC 电流输出 2，它是逻辑电平为 0 的各位输出电流之和。

为保证转换电压的范围、保证电流输出信号转换成电压输出信号、保证 DAC0832 的正常工作，应具有以下几个引线端：

R_{fb}：反馈电阻引脚，该电阻被制作在芯片内，用作运算放大器的反馈电阻。

V_{REF}：基准电压输入引脚。一般在－10 ~＋10 V 范围内，由外电路提供。

V_{CC}：逻辑电源。一般在＋5 ~＋15 V 范围内，最佳为＋15 V。

A_{GND}：模拟地。芯片模拟电路接地点。

D_{GND}：数字地。芯片数字电路接地点。

2. DAC0832 的工作过程

(1) CPU 执行输出指令，输出 8 位数据给 DAC0832。

(2) 在 CPU 执行输出指令的同时，使 ILE、$\overline{WR_1}$、$\overline{CS}$ 三个控制信号端都有效，8 位数据锁存在 8 位输入寄存器中。

(3) 当 $\overline{WR_2}$、$\overline{XFER}$ 两个控制信号端都有效时，8 位数据再次被锁存到 8 位 DAC 寄存器，这时 8 位 D/A 转换器开始工作，8 位数据转换为相对应的模拟电流，从 I_{OUT1} 和 I_{OUT2} 输出。

3. DAC0832 的工作方式

针对使用两个寄存器的方法，形成了 DAC0832 的三种工作方式，分别为双缓冲方式、单缓冲方式和直通方式。

(1) 双缓冲方式：数据通过两个寄存器锁存后送入 D/A 转换电路，执行两次写操作才能完成一次 D/A 转换。这种方式特别适用于要求同时输出多个模拟量的场合。图 11-7 显示出由三片 DAC0832 组成的这种系统。

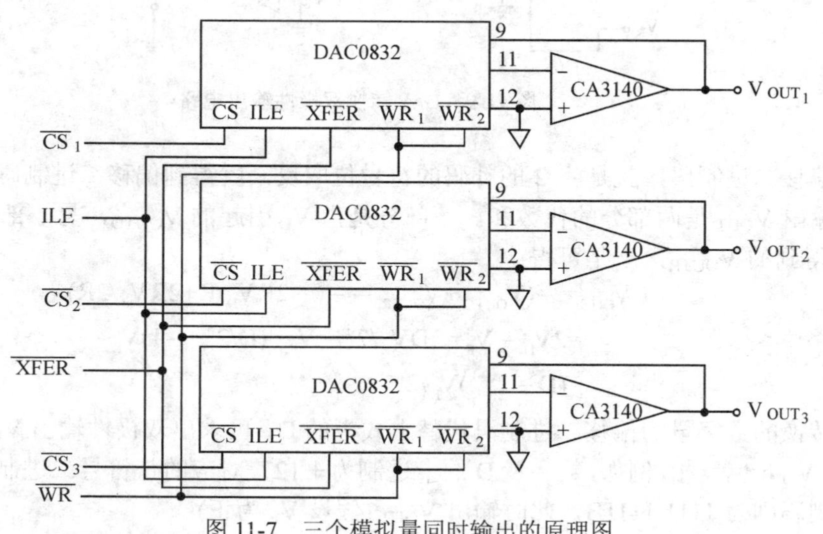

图 11-7　三个模拟量同时输出的原理图

(2) 单缓冲方式：两个寄存器中的一个处于直通状态，输入数据只经过一级缓冲送入 D/A 转换器电路。在这种方式下，只需执行一次写操作，即可完成 D/A 转换，可以提高 DAC 的数据吞吐量。

(3) 直通方式：两个寄存器都处于直通状态，即 ILE、CS、WR_1、WR_2 和 XFER 都处于有效电平状态，数据直接送入 D/A 转换器电路进行 D/A 转换。这种方式可用于一些不采用微机的控制系统中。

4. D/A 转换器的输出电路

D/A 转换器输出可以分电流输出和电压输出两种形式，通常需要运算放大器进行变换。电压输出还可分为单极性和双极性两种方式。

(1) D/A 转换器单极性输出

如图 11-8 所示，其输出电压为：

$$V_{OUT} = -i(R_f + R_w)$$

输出电压的正负值视所加参考电压极性而定，可以有 0~＋5 V 或 0~-5 V，也可以有 0~＋10V 或 0~-10 V 等输出范围。

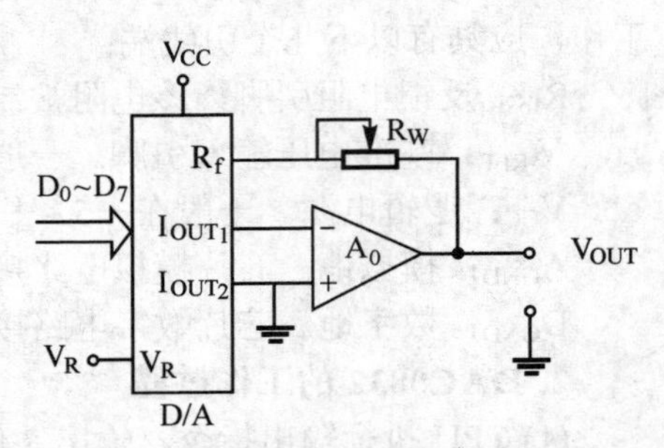

图 11-8　D/A 转换单极性输出电路

(2) D/A 转换器双极性输出

在实际应用中，有时需要极性不同的正负电压输出，因此要求 D/A 转换器有双极性输出，可用两级运算放大器实现。图 11-9 为采用偏移二进制码实现 DAC 双极性输出的原理图。

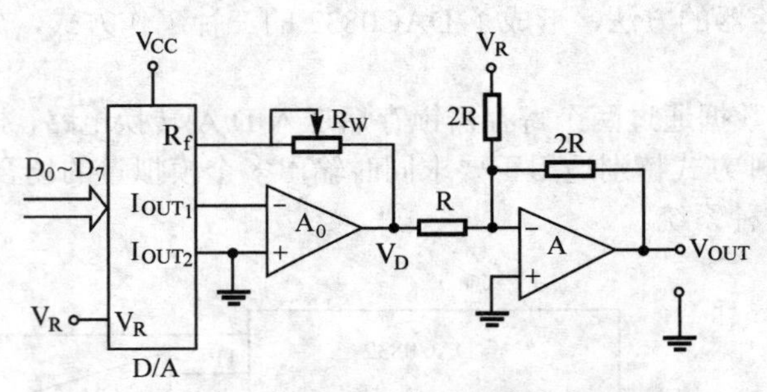

图 11-9　D/A 转换双极性输出电路

所谓偏移二进制码，就是将 2 的补码的符号位取反，就得到偏移二进制码。由图 13-9 可见，此时输出 V_{OUT} 是两部分的代数和。一部分是由 V_D 引起的 V_{OUTD}，另一部分是由 V_R 经运放 A 放大得到的 V_{OUTR}，于是可得：

$$\begin{aligned} V_{OUT} &= -(V_{OUTD} + V_{OUTR}) = -(-2RV_D/R + 2RV_R/2R) \\ &= 2V_D - V_R = 2DV_R/2^n - V_R = (D/2^{n-1} - 1)V_R \\ &= (D - 2^{n-1})V_R/2^{n-1} \end{aligned}$$

将待转换的数字量的偏移二进制码代替上式中的 D，可求出双极性输出 V_{OUT}。若 V_R 由正改为负，则 V_{OUT} 也反相。例如，数字量 D 的十进制为＋127，对应的带符号二进制为 0111 1111B，偏移二进制码则为 1111 1111B，此时输出 V_{OUT} (假设 V_R 为正)：

$$V_{OUT} = (255 - 2^7)V_R/2^7 = (127/128)V_R = V_R - 1LSB$$

同理，当数字量D的十进制为-127，对应的带符号二进制为1111 1111B，偏移二进制码则为0000 0001V，此时输出 V_{OUT}

$$V_{OUT}=(1-2^7)V_R/2^7=(-127/128)V_R=-(V_R-1LSB)$$

在双极性输出中，$1LSB=V_R/2^{n-1}=V_R/128$，而单极性输出中 $1LSB=V_R/2^n=V_R/256$。可见，双极性输出时的分辨率比单极性输出时降低1/2，这是由于对双极性输出而言，最高位作为符号位，只有7位数值位。

另外，还可以采用切换基准电压的方法和输出反相的方法来实现双极性输出，限于篇幅不再作介绍。

11.2.4 12位D/A转换器DAC1232结构及引脚

DAC1232是12位D/A转换器，属于DAC1230系列芯片。DAC1230系列的芯片还有DAC1230、DAC1231，它们都是12位的数模转换器。它们之间因在线性误差上有些差别，因而价格上也有差别，用户可根据需要选用。

DAC1232的主要特性是：

(1) 分辨率12位。

(2) 具有双寄存器结构，可对输入数据进行双重缓冲。

(3) 输入端与TTL兼容，接口方便。

(4) 转换时间为1μs。

(5) 外接±10V的基准电压，工作电源为+5～+15V。

(6) 功耗低，约20mW。

(7) 电流输出型D/A转换器。

DAC1232的内部结构及引脚如图11-10所示。

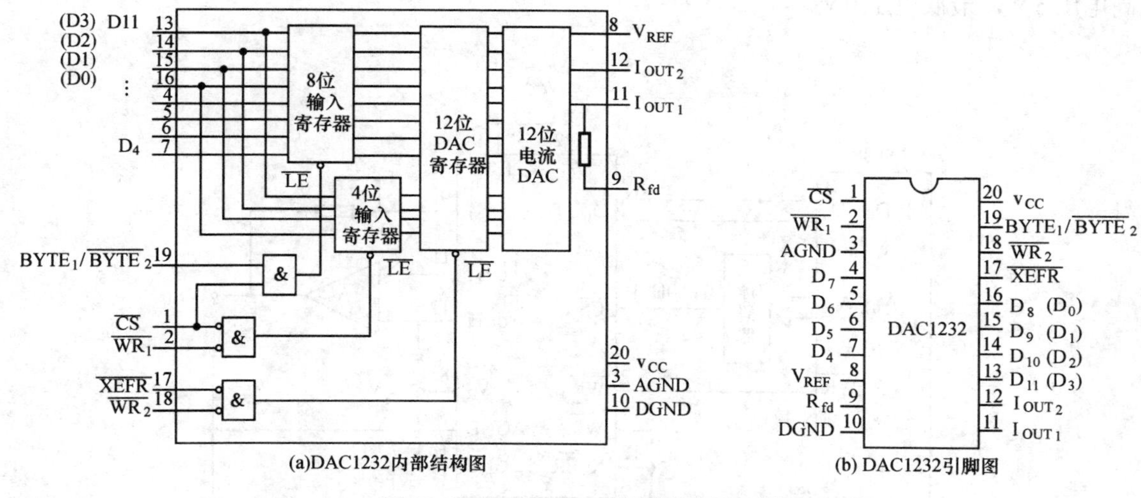

图11-10 DAC1232内部结构图和引脚图

DAC1232 的内部结构与 DAC0832 非常相似，也具有双缓冲输入寄存器，不同的是

DAC1232 的双缓冲寄存器和 D/A 转换均为 12 位。12 位输入寄存器由一个 8 位寄存器和一个 4 位寄存器组成。

其引脚功能如下：

$DI_0 \sim DI_7$：数据输入端。8 位数据输入端口，对于 12 位数据分两次送入。

$BYTE_1/\overline{BYTE_2}$：字节控制端。输入高 8 位数据时，$BYTE_1/\overline{BYTE_2}=1$。输入低 4 位数据时，$BYTE_1/\overline{BYTE_2}=0$。

$\overline{CS}$：片选信号，低电平有效。

$\overline{WR_1}$：写信号 1，低电平有效。

$\overline{WR_2}$：写信号 2，低电平有效。

$\overline{XFER}$：12 位 DAC 寄存器控制端，低电平有效。

DAC1232 的工作过程是先送高 8 位数据，当 $BYTE_1/\overline{BYTE_2}=1$，$\overline{CS}=0$，寄存器 $\overline{WR_1}=0$ 时，打开 8 位输入寄存器和 4 位输入寄存器，高 8 位数据被锁存在 8 位输入寄存器，高 8 位数据的高 4 位也存入 4 位输入寄存器；后送低 4 位数据，当 $BYTE_1/\overline{BYTE_2}=0$，$\overline{CS}=0$，$\overline{WR_1}=0$ 时，仅打开 4 位输入寄存器，低 4 位数据冲掉原来的数据，被锁存在 4 位输入寄存器中。实际操作结果是高 8 位数据锁存在 8 位输入寄存器，低 4 位数据锁存在 4 位输入寄存器。这里要注意的是低 4 位的数据是通过 $DI_7 \sim DI_4$ 输入的。当 $\overline{XFER}=0$，$\overline{WR_2}=0$ 时，打开 12 位 DAC 寄存器，12 位数据一起被锁存在 12 位 DAC 寄存器中，同时启动 12 位 D/A 转换器，开始 12 位数据的转换，模拟量以电流形式通过 I_{OUT1} 和 I_{OUT2} 输出。

11.2.5 D/A 转换器应用举例

例 11.1 如图 11-11 所示，采用单缓冲方式，通过 DAC0832 输出产生三角波，三角波最高电压 5V，最低电压 0V。

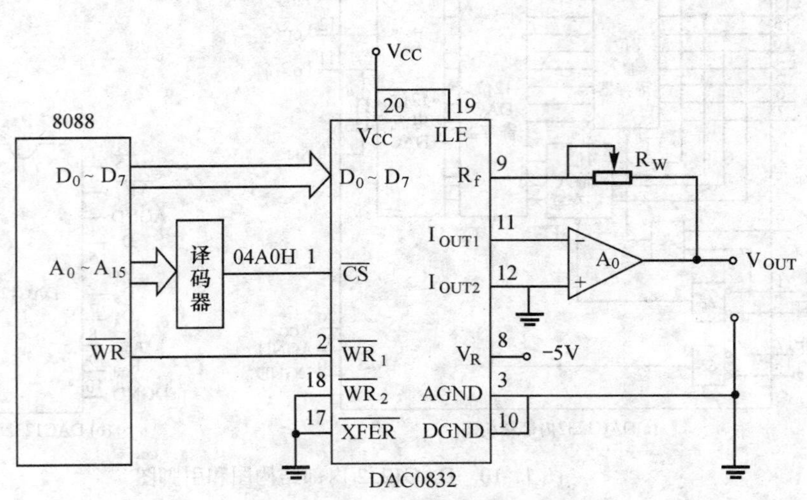

图 11-11 DAC0832 单缓冲输出接口电路

(1) 电路设计所要考虑的问题

① 从 CPU 送来的数据能否被保存

DAC0832 内部有二级锁存寄存器，从 CPU 送来的数据能被保存，不用外加锁存器，可直接与 CPU 数据总线相连。

② 二级输入寄存器如何工作

按题意采用单缓冲方式，即经一级输入寄存器锁存。假设我们采用第一级锁存，第二级直通，则第二级的控制端 $\overline{WR_2}$ 和 $\overline{XFER}$ 应一直处于有效电平状态，使第二级锁存寄存器一直处于打开状态。第一级寄存器具有锁存功能的条件是 ILE、$\overline{CS}$、$\overline{WR_1}$ 都要满足有效电平。为减少控制线条数，可使 ILE 一直处于高电平状态，只控制 $\overline{WR_1}$ 和 $\overline{CS}$ 端。电路连接如图 11-11 所示。

③ 输出电压极性

按题意输出波形变化范围为 0~5 V，需单极性电压输出。

(2) 软件设计所要考虑的问题

① 单缓冲方式下输出数据的指令仅需一条输出指令即可。

图 11-11 所示 $\overline{CS}$ 端与译码电路的输出端相连，其地址数既是选中该 DAC 0832 芯片的片选信号，也是第一级寄存器打开的控制信号。

另外由于 CPU 的控制信号 $\overline{WR}$ 与 DAC0832 的写信号 $\overline{WR_1}$ 相连，当执行 OUT 指令时，CPU 的 $\overline{WR_1}$ 写信号有效，与 $\overline{CS}$ 信号一起，打开第一级寄存器，输入数据被锁存。

② 产生锯齿波只需将输出到 DAC0832 的数据由 0 循环递增即可。

(3) 参考程序框图(见图 11-12)

(4) 参考程序

```
code segment
     assume cs:code
start:   mov cl,0       ;设置输出电压值
         mov dx,04A0H   ;DAC0832 芯片地址送 DX
lll:     mov al,cl
     out dx,al
     inc cl             ;cl 加 1
     push dx
     mov ah,06h         ;判断是否有键按下
     mov dl,0ffh
     int 21h
     pop dx
     jz   lll           ;若无则转 LLL
     mov ah,4ch         ;返回 DOS
     int 21h
code ends
end start
```

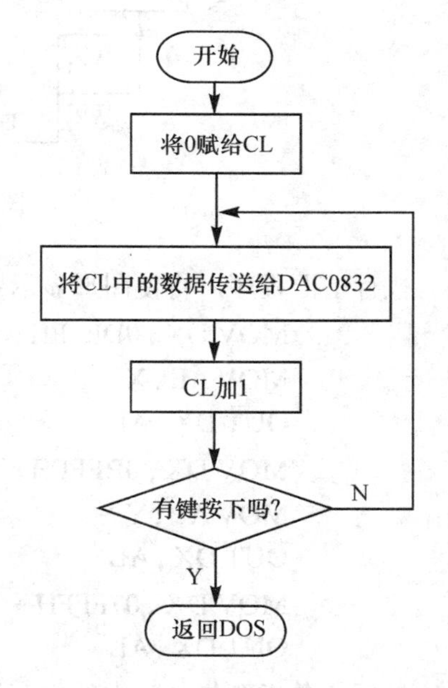

图 11-12　锯齿波流程图

例 11.2　二路模拟量同步输出。

DAC0832 可工作于双缓冲方式，使输入寄存器的锁存信号和 DAC 寄存器的锁存信号分开

控制。这种方式更适用于几个模拟量需同时输出的系统，每一路模拟量输出需一个 DAC0832，多个 DAC0832 同步输出多路模拟量。图 11-13 为二路模拟量同步输出的 DAC0832 系统。在图 11-13 中，1#DAC0832 的输入寄存器地址为 DFFFH，2#DAC0832 的输入寄存器地址为 BFFFH，1#和 2#DAC0832 的 DAC 寄存器共用一个地址为 7FFFH，DAC0832 的输出分别接图形显示器(示波器)的 X、Y 偏转放大器输入端。

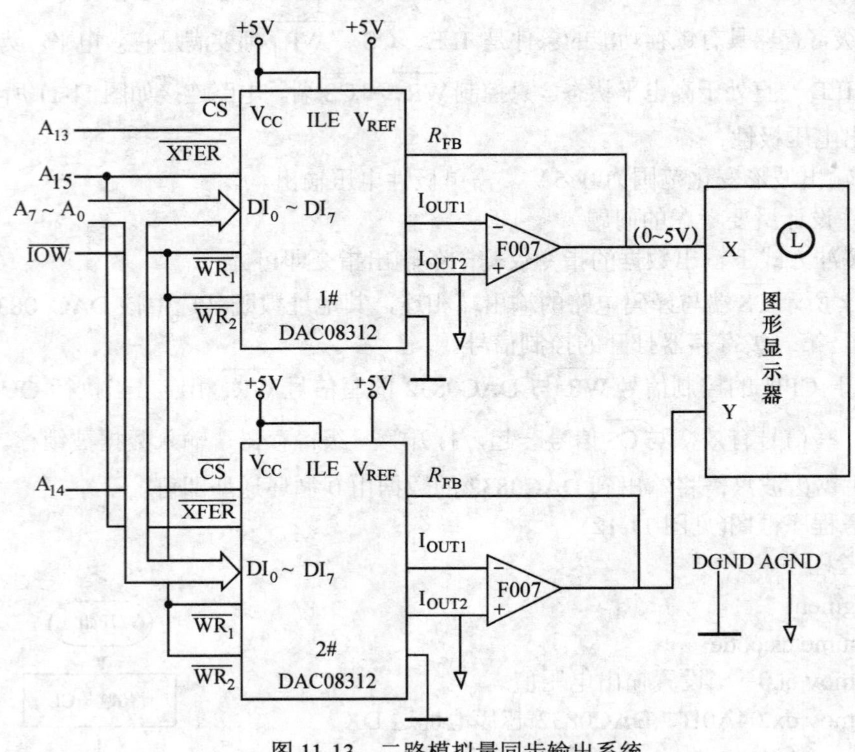

图 11-13　二路模拟量同步输出系统

执行下面程序，将使图形显示器的光栅移动到一个新的位置。

```
MOV DX , 0DFFFH
MOV AL , X
OUT DX , AL            ;DATA X 写入 1#DAC0832 输入寄存器
MOV DX , 0BFFFH
MOV AL , Y
OUT DX , AL            ;DATA Y 写入 2#DAC0832 输入寄存器
MOV DX , 07FFFH
OUT DX , AL            ;1#和 2#输入寄存器内容同时传送到 DAX 寄存器
```

最后一条指令与 AL 中的内容无关，仅使 2 片 0832 的 $\overline{\text{XFER}}$ 有效，打开 2 片 DAC0832 寄存器选通门。

例 11.3　采用直通方式，利用 DAC0832 产生三角波，波形范围为 0~5 V。

采用直通方式时，DAC0832 的 8 位输入寄存器、8 位 DAC 寄存器一直处于直通状态，因

此要求控制端ILE接高电平，$\overline{CS}$、$\overline{WR_1}$、$\overline{WR_2}$、$\overline{XFER}$接地。

直通方式时，CPU输出的数据可直接到达DAC0832的8位D/A转换器进行转换。在这种情况下，如果还是把DAC0832D/A转换器的数据输入端直接连在CPU数据总线上，会造成CPU数据总线上只能有D/A转换所需要的数据流，数据总线上的任何数据都会导致D/A进行变换和输出，这在实际工程中是不可能的。因而DAC0832 D/A转换器的数据输入端不能直接连在CPU数据总线上，来自CPU数据总线上的数据必须经锁存后才能传送到DAC0832D/A转换器的输入端。本题采用将DAC0832数据输入端连接到8255A的A口，通过8255A的A口将来自CPU的数据锁存，如图11-14所示。

波形范围为0~5V，单极性输出。

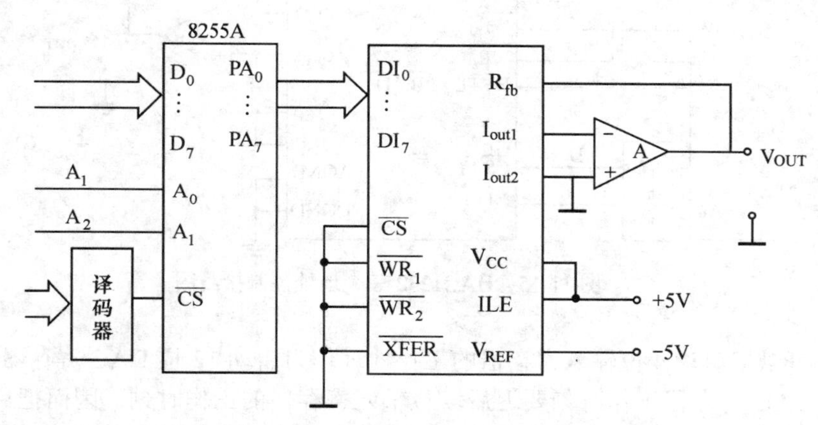

图11-14 直通方式DAC0832接口电路图

设8255A芯片各口地址分别为04A0H，04A2H，04A4H，04A6H。

```
        MOV    DX , 04A6H       ;8255A控制口地址送DX
        MOV    AL , 00H         ;设置输出电压值
        MOV    DX , 04A0H       ;DAC0832芯片地址送DX
    AA1:OUT    DX , AL
        INC    AL           ;修改输出数据
        CMP    AL , 0FFH
        JNZ    AA1
    AA2:OUT    DX , AL
        DEC    AL           ;修改输出数据
        CMP    AL , 00H
        JNZ    AA2
        JMP    AA1
```

例11.4 利用DAC1232产生0~5 V范围的方波，试设计DAC1232的接口电路和编程。

(1) DAC1232 8位数据输入端与CPU数据总线的低8位数据相连，若CPU是8088无奇偶地址的问题，若CPU是8086有奇偶地址的问题。目前多数情况是利用微机开发用户的产品，

用户开发板插在P C总线插槽内，数据线为16位，所以在接口芯片的片选地址设计时要考虑奇、偶地址的问题。

(2) DAC1232为12位D/A转换器，与CPU数据总线的接口只有8位，因而12位数据需CPU分两次送出，先送高8位，再送低4位。这样需设置2个地址值，一个为8位输入寄存器地址，一个为4位输入寄存器地址。

(3) 要启动12位DAC寄存器工作，可以专设一个地址为12位的DAC寄存器的工作地址，加上前面送的高8位地址和低4位地址，一共需要3个地址，如图11-15所示。

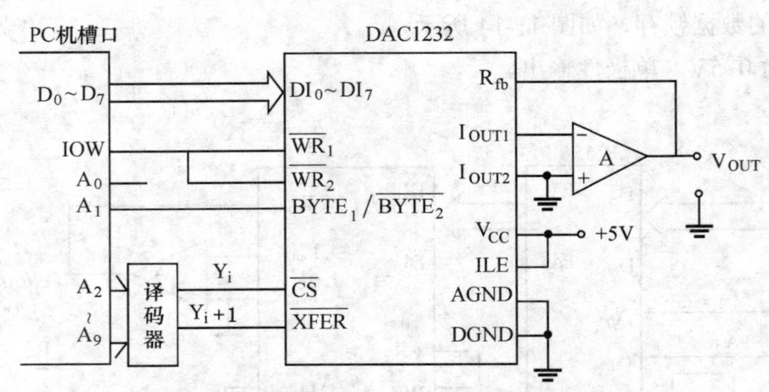

图11-15　DAC1232三个地址控制接线图

另外，还可以把启动4位输入寄存器的工作地址作为启动12位DAC寄存器工作的地址，但由于12位DAC寄存器工作时刻要迟后4位输入寄存器的工作时刻，因而把启动4位输入寄存器的控制信号，延迟两个门后，作为启动12位DAC寄存器的控制信号，如图11-16所示。

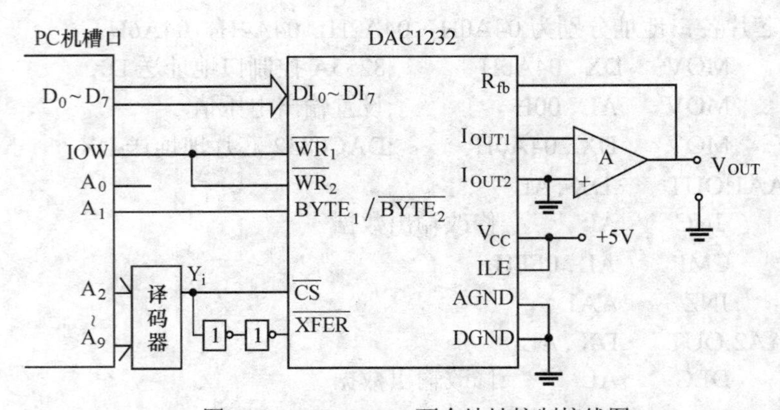

图11-16　DAC1232两个地址控制接线图

(4) 方波输出范围为0~5 V，单极性输出。

(5) PC机使用A_0～A_9作为选择I/O口地址的地址选择线，用户使用地址218H、21AH。

利用图11-16产生一方波程序如下：

```
COUNT:  MOV  AL, 00H        ;设置输出0V对应数值的高8位
```

```
        MOV  DX , 021AH  ;设置 DAC1232 8 位输入寄存器口地址
OUT     DX , AL          ;输出数据
MOV     AL , 00H         ;设置输出 0V 对应数值的低 4 位
MOV     DX  , 0218H      ;DAC1232 4 位输入寄存器口地址送 DX
OUT     DX , AL          ;输出数据
CALL    DELAY            ;调用延时程序
MOV     DX , 021AH       ;设置 DAC1232 8 位输入寄存器口地址
MOV     AL , 0FFH        ;输出 5V 对应数值的高 8 位
OUT     DX , AL          ;输出数据
MOV     AL , 0F0H        ;输出 5V 对应数值的低 4 位
MOV     DX , 0218H       ;设置 DAC1232 4 位输入寄存器口地址
OUT     DX , AL          ;输出数据
CALL    DELAY            ;调用延时程序
JMP     COUNT
```

思考：利用图 11-15 该如何编程？

11.3 模数转换

11.3.1 模数转换的工作原理

A/D 转换器是将模拟量转换成数字量的器件，模拟量可以是电压、电流等信号，也可以是声、光、压力、温度、湿度等随时间连续变化的非电的物理量。非电量的模拟量可通过适当的传感器(如光电传感器、压力传感器、温度传感器)转换成电信号。

1. A/D 转换的一般概念

A/D 转换器是把模拟量(通常是模拟电压)信号转换为 n 位二进制数字量信号的电路。这种转换通常分四步进行：

采样→保持→量化→编码

前两步在采样保持电路中完成，后两步在 A/D 转换过程中同时实现。

(1) 采样

所谓采样，是将一个时间上连续变化的模拟量转换为时间上断续变化的(离散的)模拟量。或者说，采样是把一个时间上连续变化的模拟量转换为一个串脉冲，脉冲的幅度取决于输入模拟量，时间上通常采用等时间间隔采样。采样过程的示意图如图 11-17 所示。

采样器相当于一个受控的理想开关，S(t)=1 时，开关闭合，$f_S(t)=f(t)$；S(t)=0 时开关断开，$f_S(t)=0$。如用数字逻辑式表示，即为：$f_S(t)=f(t)\cdot S(t)$，S(t)=1 或 0。

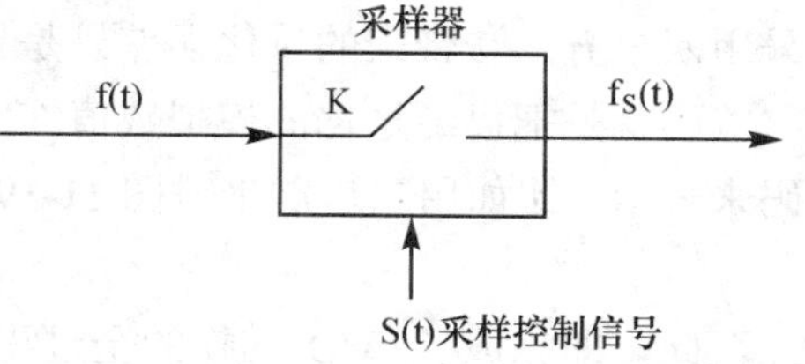

图 11-17 A/D 采样示意图

（2）保持

所谓保持，就是将采样得到的模拟量值保持下

来，即是说，S(t)=0 期间，使输出不等于 0，而是等于采样控制脉冲存在的最后瞬间的采样值。可见，保持发生在 S(t)=0 期间。最基本的采样-保持电路如图 11-18 所示。它由 MOS 管采样开关 T、保持电容 C_b 和运放做成的跟随器三部分组成。S (t)=1 时，T 导通，V_i 向 C_b 充电，V_C 和 V_0 跟踪 V_i 变化，即对 V_i 采样。S(t)=0 时，T 截止，V_0 将保持前一瞬间采样的数值不变。只要 C_b 的漏电电阻、跟随器的输入电阻和 MOS 管 T 的截止电阻都足够大，大到可忽略 C_b 的放电电流的程度，V_0 就能保持到下次采样脉冲到来之前而基本不变。实际中进行 A/D 转换时所用的输入电压，就是这种保持下来的采样电压，也就是每次采样结束时的输入电压。

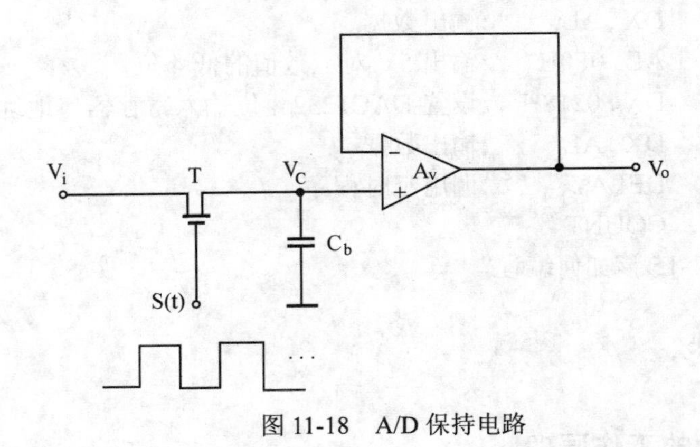

图 11-18　A/D 保持电路

(3) 量化和编码

所谓量化，就是用基本的量化电平 q 的个数来表示采样-保持电路得到的模拟电压值。这一过程实质上是把时间上离散而数字上连续的模拟量以一定的准确度变为时间上、数字上都离散的、量级化的等效数字值。量级化的方法通常有两种：只舍不入法和有舍有入法(四舍五入法)。这两种量化法的示意图如图 11-19(a)和图 11-19(b)所示。图 11-19(c)给出了一个用只舍不入法量化的实例。从图中可看出，量化过程也就是把采样保持下来的模拟值舍入成整数的过程。

显然，对于连续变化的模拟量，只有当数值正好等于量化电平的整数倍时，量化后才是准确值，如图 11-19(c)中 T_7 时刻所示。不然，量化的结果都只能是输入模拟量的近似值。这种由于量化而产生的误差，称为量化误差，它直接影响了转换器的转换精度。量化误差是由于量化电平的有限性造成的，所以它是原理性误差，只能减小，而无法消除。

为减小量化误差，根本的办法是取小的量化电平。另外，在量化电平一定的情况下，一般采用四舍五入法带来的量化误差只是只舍不入法引起的量化误差的一半。

编码就是把已经量化的模拟数值(它一定是量化电平的整数倍)用二进制数码、BCD 码或其他码来表示，比如用二进制来对图 11-19(c)的量化结果进行编码，则可得到图中所示的编码输出。

至此，即完成了 A/D 转换的全过程，将各采样点的模拟电压转换成与之一一对应的二进制数码。

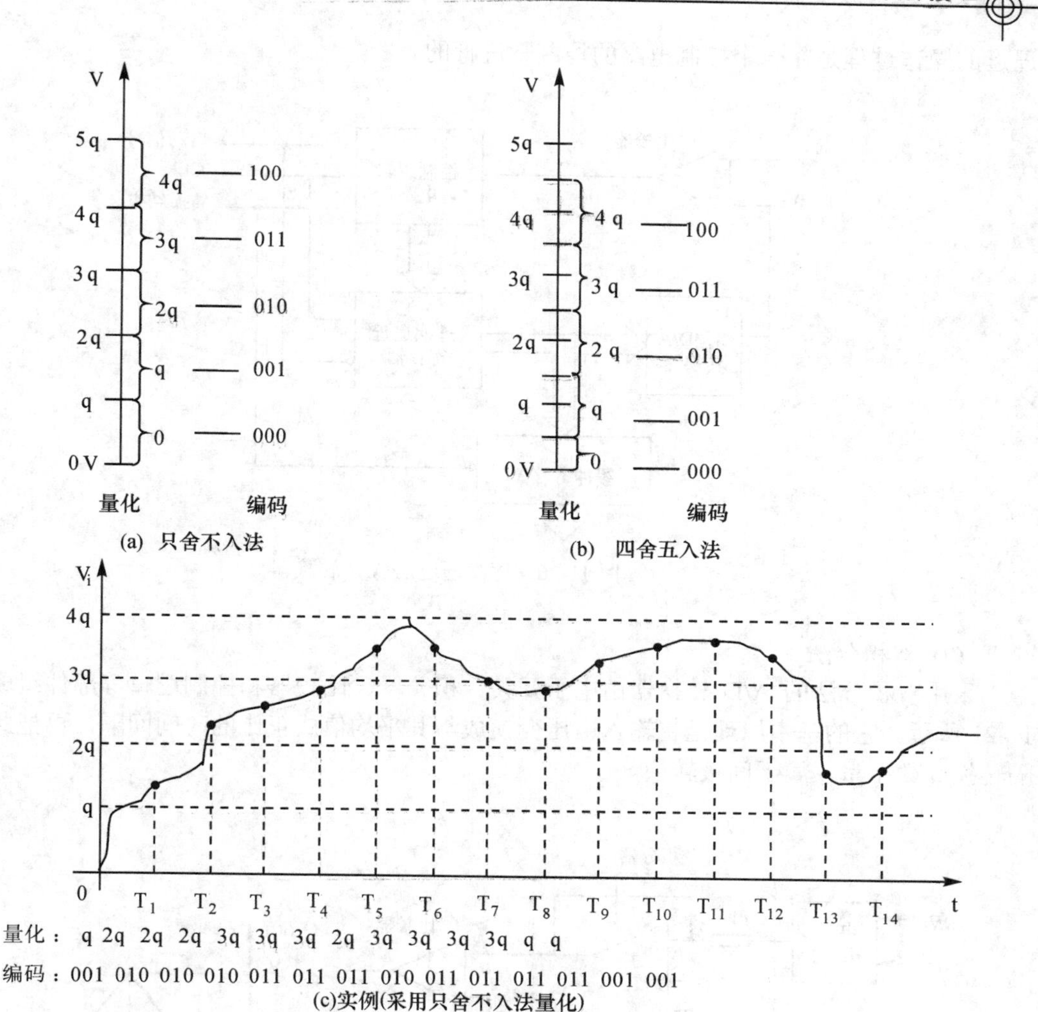

图 11-19 A/D 量化和编码示意图

2. A/D 转换器的工作原理

实现 A/D 转换的方法很多，常用的有逐次逼近法、双积分法及电压频率转换法等。

(1) 逐次逼近法

采用逐次逼近法的 A/D 转换器是由一个比较器、D/A 转换器、缓冲寄存器及控制逻辑电路组成，如图 11-20 所示。它的基本原理是从高位到低位逐位试探比较，好像用天平称物体，从重到轻逐级增减砝码进行试探。

逐次逼近法转换过程是：初始化时将逐次逼近寄存器各位清零；转换开始时，先将逐次逼近寄存器最高位置 1，送入 D/A 转换器，经 D/A 转换后生成的模拟量送入比较器，称为 V_o，与送入比较器的待转换的模拟量 V_i 进行比较，若 $V_o<V_i$，该位 1 被保留，否则被清除。然后再置逐次逼近寄存器次高位为 1，将寄存器中新的数字量送 D/A 转换器，输出的 V_o 再与 V_i 比较，若 $V_o<V_i$，该位 1 被保留，否则被清除。重复此过程，直至逼近寄存器最低位。

转换结束后，将逐次逼近寄存器中的数字量送入缓冲寄存器，得到数字量的输出。逐次

逼近的操作过程是在一个控制电路的控制下进行的。

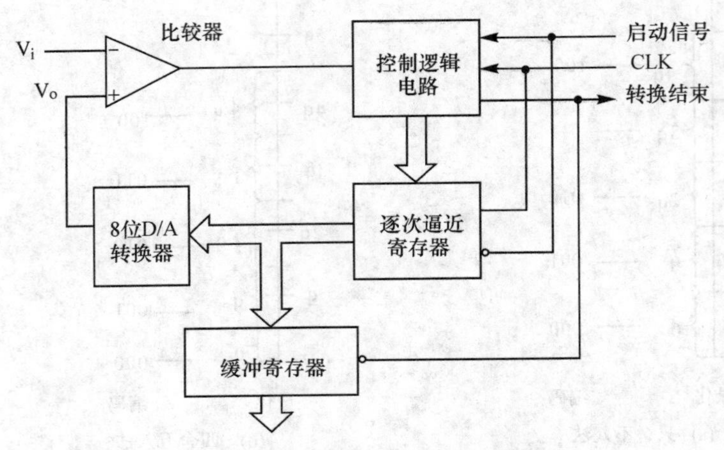

图 11-20 逐次逼近法 A/D 转换器

(2) 双积分法

采用双积分法的 A/D 转换器由电子开关、积分器、比较器和控制逻辑等部件组成。如图 11-21 所示。它的基本原理是将输入电压变换成与其平均值成正比的时间间隔，再把此时间间隔转换成数字量，属于间接转换。

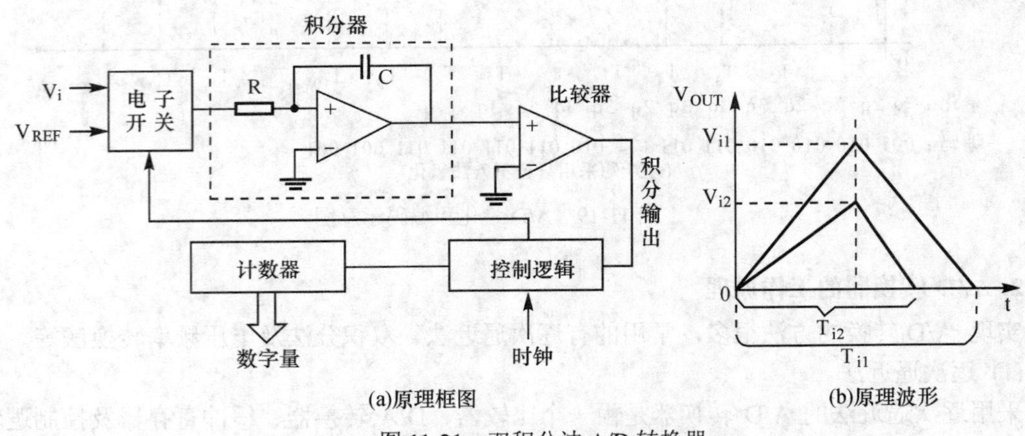

图 11-21 双积分法 A/D 转换器

双积分法 A/D 转换的过程是：先将开关接通待转换的模拟量 V_i，V_i 采样输入到积分器，积分器从零开始进行固定时间 T 的正向积分，时间 T 到后，开关再接通与 V_i 极性相反的基准电压 V_{REF}，将 V_{REF} 输入到积分器，进行反相积分，直到输出为 0V 时停止积分。V_i 越大，积分器输出电压越大，反相积分时间也越长。

计数器在反相积分时间内所计的数值，就是输入模拟电压 V_i 所对应的数字量，实现了 A/D 转换。典型的双积分 A/D 转换芯片 7135 与 CPU 定时器和计数器配合起来完成 A/D 转换功能。

(3) 电压频率转换法

采用电压频率转换法的 A/D 转换器，由计数器、控制门及一个具有恒定时间的时钟门控制信号组成，如图11-22 所示。它的工作原理是把输入的模拟电压转换成与模拟电压成正比的脉冲信号。

采用电压频率转换法的工作过程是：当模拟电压 V_i 加到 V/F 的输入端，便产生频率 F 与 V_i 成正比的脉冲，在一定的时间内对该脉冲信号计数，时间到，统计到计数器的计数值正比于输入电压 V_i，从而完成 A/D 转换。

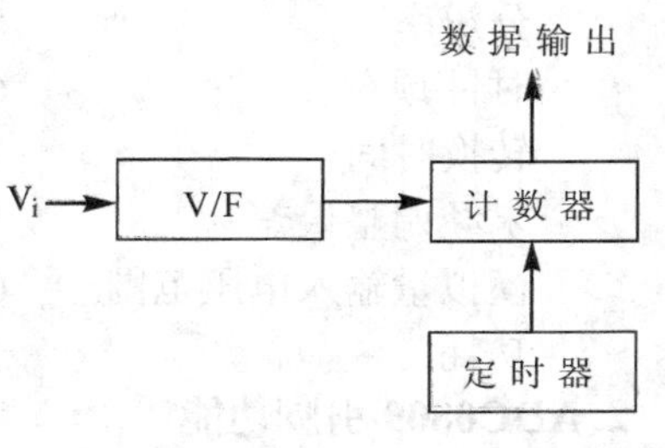

图 11-22 V/F 转换电路

11.3.2 模数转换的主要技术指标

(1) 分辨率

分辨率表示转换器对微小输入量变化的敏感程度，通常用转换器输出数字量的位数来表示。例如，对 8 位 A/D 转换器，其数字输出量的变化范围为 0～255，当输入电压满刻度为 5V 时，转换电路对输入模拟电压的分辨能力为 5V/255≈19.6mV。目前常用的 A/D 转换集成芯片的转换位数有 8 位、10 位、12 位和 14 位等。

(2) 转换精度

精度是指与数字输出量所对应的模拟输入量的实际值与理论值之间的差值。A/D 转换电路中与每一个数字量对应的模拟输入量并非是单一的数值，而是一个范围Δ。

例如对满刻度输入电压为 5 V 的 12 位 A/D 转换器，Δ=5V/FFFH=1.22mV，定义为数字量的最小有效位 LSB。

若理论上输入的模拟量 A，产生数字量 D，而输入模拟量 $A\pm\frac{\Delta}{2}$ 产生的还是数字量 D，则称此转换器的精度为±0LSB。当模拟电压 $A+\frac{\Delta}{2}+\frac{\Delta}{4}$ 或 $A-\frac{\Delta}{2}-\frac{\Delta}{4}$ 还是产生同一数字量 D，则称其精度为±1/4LSB。

目前常用的 A/D 转换器的精度为 1/4～2LSB。

(3) 转换时间

完成一次 A/D 转换所需要的时间，称为 A/D 转换电路的转换时间。目前，常用的 A/D 转换集成芯片的转换时间为几个μs 到 200μs。在选用 A/D 转换集成芯片时，应综合考虑分辨率、精度、转换时间、使用环境温度以及经济性等诸因素。12 位 A/D 转换器适用于高分辨率系统；陶瓷封装 A/D 转换芯片适用于-25℃～+85℃或-55℃～+125℃，塑料封装芯片适用于 0℃～70℃。

(4) 温度系数和增益系数

这两项指标都是表示 A/D 转换器受环境温度影响的程度。一般用每摄氏度温度变化所产生的相对误差作为指标，以 ppm/℃为单位表示。

11.3.3 8 位 A/D 转换器 ADC0809 的结构及引脚

1. ADC0809 主要特性

ADC 0809 是 CMOS 单片型逐次逼近式 A/D 转换器。它是具有 8 个通道的模拟量输入线，可在程序控制下对任意通道进行 A/D 转换，得到 8 位二进制数字量，其主要技术指标如下：

电源电压　　6.5V

分辨率　　8 位

时钟频率　　640kHz

转换时间　　100μs

未经调整误差　　1/2LSB 和 1LSB

模拟量输入电压范围　　0～5V

功耗　　15mW

2. ADC0809 引脚功能

ADC0809 芯片有 28 条引脚，如图 11-23 所示，其引脚功能如下：

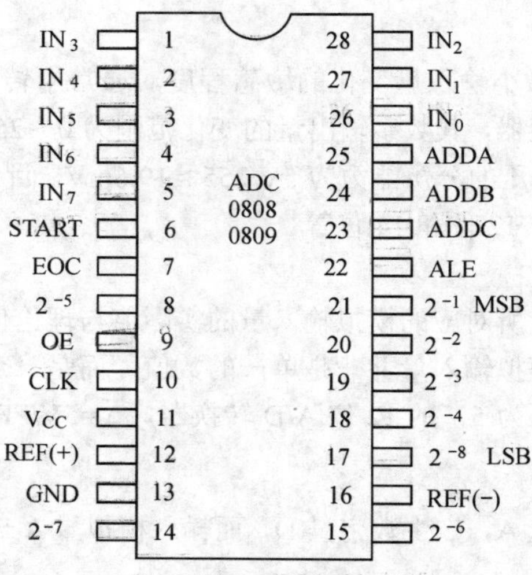

图 11-23　ADC0809 引脚图

(1) IN_0~IN_7：8 路模拟信号输入端。

(2) ADDA、ADDB、ADDC：地址输入端，用于选通 8 路模拟输入中的一路。其与模拟输入通道的关系如表 11-1 所示。

表 11-1　ADDA、ADDB、ADDC 与模拟输入通道的关系

ADDC	ADDB	ADDA	模拟输入通道
0	0	0	IN_0
0	0	1	IN_1
0	1	0	IN_2
0	1	1	IN_3
1	0	0	IN_4
1	0	1	IN_5
1	1	0	IN_6
1	1	1	IN_7

(3) ALE：地址锁存允许信号。输入，高电平有效。用来控制通道选择开关的打开与闭合。ALE＝1 时，接通某一路的模拟信号，ALE＝0 时，锁存该路的模拟信号。

(4) START：A/D 转换启动信号，输入，高电平有效。在使用时，该信号通常与 ALE 信号连在一起，以便在锁存通道地址的同时启动 A/D 转换。

(5) CLK：时钟脉冲输入端。允许最高输入频率为 1280kHz，此时其转换时间为 75μs。若时钟频率下降，时间随之增加。如 CLK 选 750kHz，则转换时间为 100μs。若 CLK 选 500kHz，则转换时间为 128μs。

(6) 2^{-1}~2^{-8}：8 位数字量输出端。其中，2^{-1} 是数字量高位，2^{-8} 是数字量低位。

(7) OE：数据输出允许端。当 OE=0 时，三态门输出高阻状态，当 OE=1 时，2^{-1}~2^{-8} 输出 A/D 转换数字量。

(8) EOC：A/D 转换结束信号，输出。该信号在 ADC0809 进行 A/D 转换期间保持低电平，直至 A/D 转换结束时，EOC 从低电平变为高电平，故此信号可直接接 8259 的 IRQ 中断请求输入端，向 CPU 提出中断请求。

(9) REF(＋)、REF(−)：基准电压。VREF（＋）为＋5V 或 0V ， VREF（−）为 0V 或 −5V。

3. ADC0809 内部结构

图 11-24 为 ADC 0809 内部原理框图，片内有 8 路模拟开关、模拟开关的地址锁存与译码电路、比较器、256R 电阻 T 型网络、树状电子开关、逐次逼近寄存器 SAR、三态输出锁存缓冲存储器、控制与时序电路等。

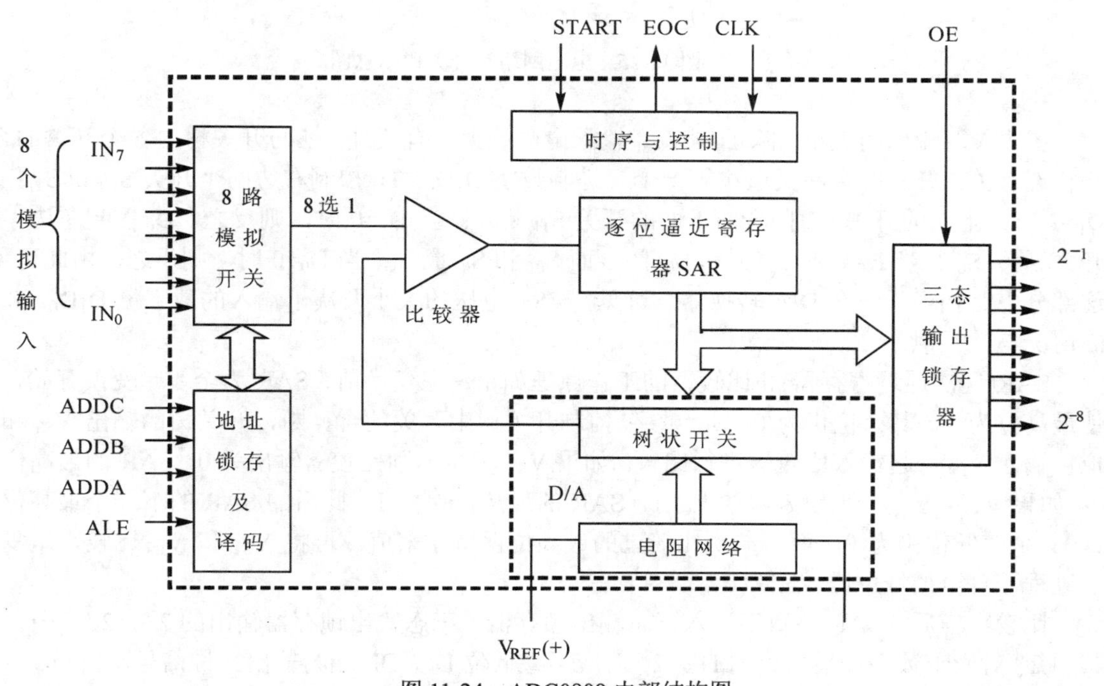

图 11-24 ADC0809 内部结构图

ADC 0809 通过引脚 IN_0，IN_1，…，IN_7 可输入 8 路单边模拟输入电压。ALE 将 3 位地址线 ADDA，ADDB，ADDC 进行锁存，然后由译码器选通 8 路中的一路进行 A/D 转换。

对于片内的 256R 电阻 T 型网络和电子开关树，为了简化问题，以 2 位 A/D 变换器为例加以说明。此时只需 22＝4R 的电阻网络。图 11-25 示出了 4R 电阻网络及相应的开关树。

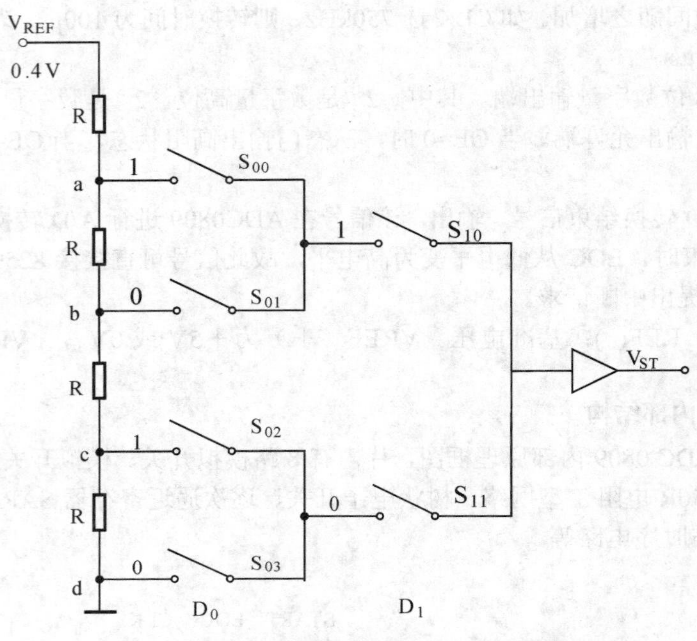

图 11-25　电阻网络及开关树示意图

图中 V_{ST} 输出的大小，除了与 V_{REF} 输入电压的大小有关外，还与开关树内各个开关的合、断状态有关。开关的合断又取决于一个二进制数字 D_1D_0。D_1 控制右边两个开关 S_{10} 和 S_{11}：当 D_1=1 时，上面的开关 S_{10} 闭合而下面的开关 S_{11} 断开；当 D_1=0 时，则反之。D_0 控制左边 4 个开关 S_{00}～S_{03}；当 D_0=1 时，S_{00} 和 S_{02} 闭合而 S_{01} 和 S_{03} 断开；当 D_0=0 时，则反之。由此可见，这部分电路相当于一个 D/A 转换器。可见，VST 电压的大小取决于输入的数字量 D_1D_0。8 位的情况与此类似。

SAR(逐次逼近寄存器)和比较器的工作原理如下：在变换前，SAR 为全零。变换开始，先使最高位为 1，其余位仍为 0，此“数字”控制开关树中开关的合、断，开关树的输出 V_{ST} 和模拟量输入 V_{IN} 一起输入比较器进行比较。如果 $V_{ST}>V_{IN}$，则比较器输出为 0，SAR 的最高位置 0；如果 $V_{ST}<V_{IN}$，则比较器输出为 1，SAR 的最高位保持 1。此后的 SAR 的下一个最高位置 1，其余较低位仍为 0，而上一次比较过的最高位保持原来值。再将 V_{ST} 和 V_{IN} 比较，重复上述过程，直至最低位比较完为止。

比较完毕后，SAR 的数字送入三态输出锁存器。三态输出锁存器输出的 2^{-8}，2^{-7}，…，2^{-1} 其中 2^{-1} 对应于数字量最高位的 D^7，2^{-8} 对应于最低位 D^0。OE 端为输出允许信号，当 OE 端出现高电平时，将三态输出锁存器中的数字量放在数据总线上，以供 CPU 读入。

START 和 EOC 分别为启动信号和变换结束信号，EOC 用来申请中断。

11.3.4 12位A/D转换器AD574的结构及引脚

1. AD574的主要特性

AD574是美国AD（Analog Devics）公司的产品，是一个高精度、高速度的12位逐次逼近式A/D转换器，其主要特性如下：

(1) 12位逐次比较式A/D转换器。

(2) 转换时间为25μs。

(3) 输入电压可以是单极性0~+10V或0~+20V，也可以是双极性-5~+5V，-10~+10V。

(4) 可由外部控制进行12位转换或8位转换。

(5) 12位数据输出分为三段，A段为高4位，B段为中4位，C段为低4位，分别经三态门控制输出。

(6) 内部具有三态输出缓冲器，可直接与8位或16位的CPU数据总线相连。

(7) 功耗390mW。

2. AD574的内部结构

如图11-26所示，AD574由模拟芯片和数字芯片二者混合集成，其中模拟芯片为高性能的2位D/A转换器及高精度的参考电压源；数字芯片包括低功耗的逐次逼近寄存器，转换控制电路，时钟，比较器和三态缓冲器等。由于片内包含高精度的参考电压源和时钟电路，使其在不需要任何外部参考电源和时钟的情况下便能完成A/D转换功能，应用非常方便。

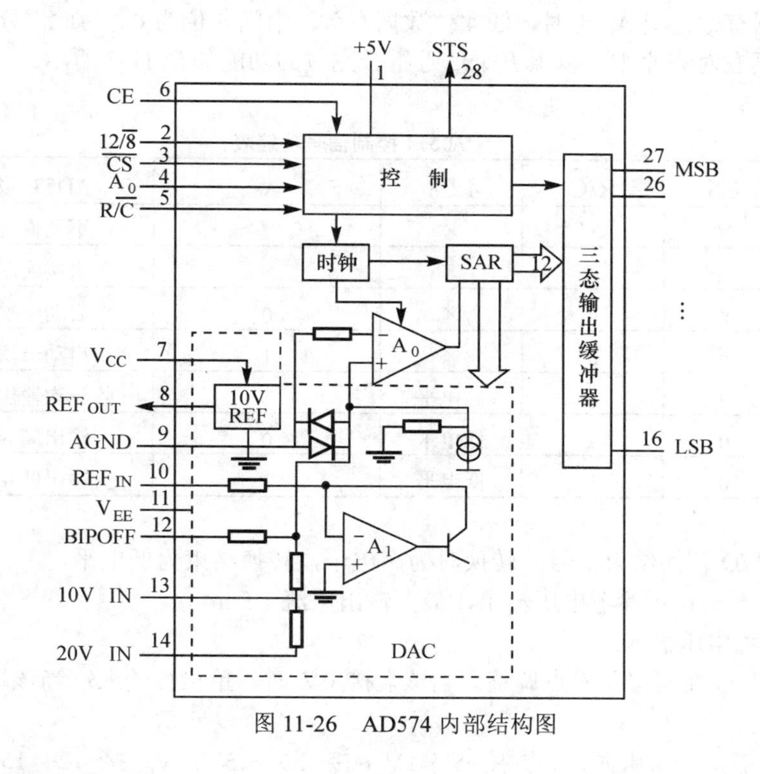

图11-26 AD574内部结构图

3. AD574引脚功能

AD574芯片有28条引脚，如图11-27所示，其引脚功能如下：

(1) D_{11}~D_0：12 位数字输出端。其最高有效位为 D_{11}，最低有效位为 D_0，均为三态输出，可直接与系统的数据总线相连。

(2) $10V_{IN}$：10V 量程模拟量输入端，单极性输入为 0~+10V，双极性输入为-5~+5V。

$20V_{IN}$：20V 量程模拟量输入端，单极性输入为 0~+20V，双极性输入为-10~+10V。

(3) $\overline{CS}$：片选信号，低电平有效。

CE：芯片允许信号，高电平有效。该信号与 $\overline{CS}$ 信号同时有效时，AD574 才开始工作。

$R/\overline{C}$：读出或转换控制选择信号。当为低电平时，启动转换；当为高电平时，可将转换后的数据读出。

$12/\overline{8}$：数据输出方式控制信号。当接高电平时，输出数据是 12 位字长；当接低电平时，12 位数据分两次作为两个 8 位字节输出。

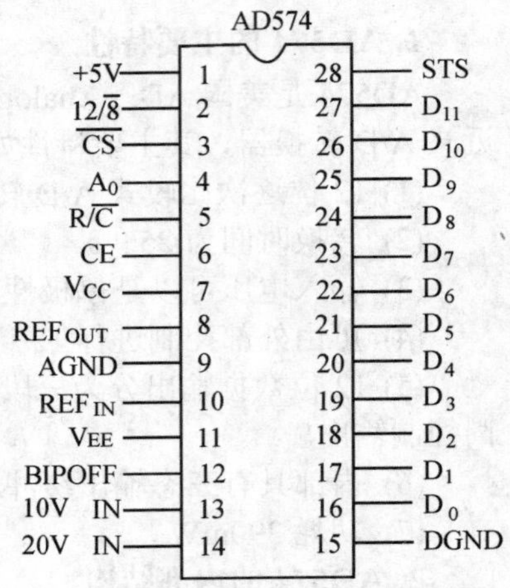

图 11-27 AD574 引脚图

A_0：转换位数控制信号。在启动转换情况下（即 $R/\overline{C}=0$），该端输入高电平时，进行 8 位 A/D 转换；该端输入低电平时，进行 12 位 A/D 转换。当 CPU 读取转换结果（即 $R/\overline{C}=1$）时，且设置数据输出方式为两个 8 位字节输出（即 $12/\overline{8}=0$）时，A_0 起字节选择控制作用。即当 $A_0=0$ 时，高 8 位数据有效；当 $A_0=1$ 时，低 4 位数据有效，中间 4 位为 0。为此，分两次独创 12 位数据时，应遵循左对齐原则。以上五个信号组合完成的功能如表 11-2 所示。

表 11-2　　AD574 控制信号功能表

CE	$\overline{CS}$	$R/\overline{C}$	$12/\overline{8}$	A_0	AD574 功能操作
0	×	×	×	×	不允许转换
×	1	×	×	×	未接通芯片
1	0	0	×	0	启动一次 12 位转换
1	0	0	×	1	启动一次 8 位转换
1	0	1	高电平	×	一次输出 12 位
1	0	1	低电平	0	输出高 8 位
1	0	1	低电平	1	输出低 4 位

(4) STS：A/D 转换结束信号。转换时为高电平，转换结束为低电平。

(5) REF_{OUT}：＋10V 参考电压输出，最大输出电流 1.5mA。

REF_{IN}：参考电压输入。

BIPOFF：双极性偏移及零点调整。当该端接 0V 时，单极性输入；当该端接＋10V 时，双极性输入方式。

(6) 本芯片需接三组电源：1 脚接+5V，V_{CC} 接+12~+15V，V_{EE} 接-12~-15V。由于转换精度高，要求所提供的电源必须具有良好的稳定性，且加充分的滤波，以防高频噪声干扰。

(7) DGND：数字地；AGND：模拟地。

AD574 的工作过程分为启动转换和转换结束后读出数据两个过程。启动转换时，首先使 $\overline{CS}$、CE 信号有效，AD574 处于转换工作状态，且 A_0 为 1 或为 0，根据所需转换的位数确定，然后使 $R/\overline{C}=0$，启动 AD574 开始转换。$\overline{CS}$ 视为选中 AD574 的片选信号，$R/\overline{C}$ 为启动转换的控制信号。转换结束，STS 由高电平变为低电平。可通过查询法，读入 STS 线端的状态，判断转换是否结束。

输出数据时，首先根据输出数据的方式，即是 12 位并行输出，还是分两次输出，以确定 $12/\overline{8}$ 是接高电平还是接低电平；然后在 CE=1、$\overline{CS}=0$、$R/\overline{C}=1$ 的条件下，确定 A_0 的电平。若为 12 位并行输出，A_0 端输入电平信号可高可低；若分两次输出 12 位数据，$A_0=0$，输出 12 位数据的高 8 位；$A_0=1$，输出 12 位数据的低 4 位。由于 AD574 输出端有三态缓冲器，所以 $D_0 \sim D_{11}$ 数据输出线可直接接在 CPU 数据总线上。

11.3.5 A/D 转换器应用举例

例 11.5 设计 ADC0809 与 PC 机总线的接口图。编写一段轮流从 $IN_0 \sim IN_7$ 采集 8 路模拟信号，并把采集到的数字量存入 0100H 开始的 8 个单元内的程序。

设端口地址为 300H 开始。

(1) 查询方式工作，硬件电路如图 11-28 所示。

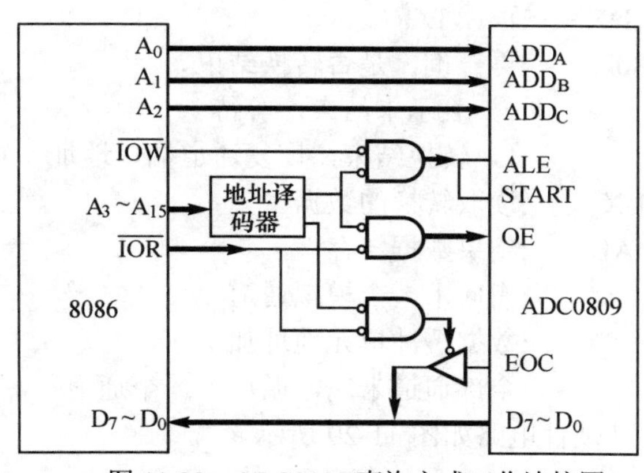

图 11-28 ADC0809 查询方式工作连接图

```
        MOV  DI, 0100H      ;设置存放数据的首址
        MOV  CX, 8          ;模拟通道数计数器
        MOV  DX, 300H       ;第 1 个模拟通道的端口地址
BEG:    OUT  DX, AL         ;启动 A/D 转换
        PUSH DX             ;暂存通道端口地址
        MOV  DX, 308H       ;指向状态端口地址
WAIT:   IN   AL, DX         ;读 EOC 状态信号
        TEST AL, 80H        ;查询 EOC，是否开始转换？
        JNZ      WAIT       ;非 0，表示未开始，等待
```

```
WLT:    IN    AL，DX      ;再读 EOC
        TEST  AL，80H     ;再查询，是否转换结束？
        JZ    WLT         ;0，表示未结束，等待
        POP   DX          ;1，转换结束，恢复通道端口地址
        IN    AL，DX      ;读取转换的数据
        MOV   [DI]，AL    ;结果数据转存
        INC   DX          ;指向下一个模拟通道
        INC   BX          ;数据缓冲单元地址加 1
        LOOP BEG          ;全部通道未完，循环下一个通道
```

(2) 无条件方式工作。ADC0809 的 EOC 信号不接。A/D 转换过程中调用一段延时程序，只要延时时间比 A/D 转换的时间略长一些，就可以保证 A/D 转换的数据精度，程序如下：

```
        MOV  DI，0100H   ;设置存放数据的首址
        MOV  CX，8       ;模拟通道数计数器
        MOV  DX，300H    ;第 1 个模拟通道的端口地址
BEG:    OUT  DX，AL      ;启动 A/D 转换
        PUSH DX          ;暂存通道端口地址
        MOV  DX，308H    ;指向状态端口地址
WAIT:   LOOP   WAIT      ;延时，等待 A/D 转换结束
WLT:    IN     AL，DX    ;再读 EOC
        TEST  AL，80H    ;再查询，是否转换结束？
        JZ    WLT        ;0，表示未结束，等待
        POP   DX         ;1， 转换结束，恢复通道端口地址
        IN    AL，DX     ;读取转换的数据
        MOV   [DI]，AL   ;结果数据转存
        INC   DX         ;指向下一个模拟通道
        INC   BX         ;数据缓冲单元地址加 1
        LOOP BEG         ;全部通道未完，循环下一个通道
```

(3) 中断方式工作，其硬件电路如图 11-29 所示。

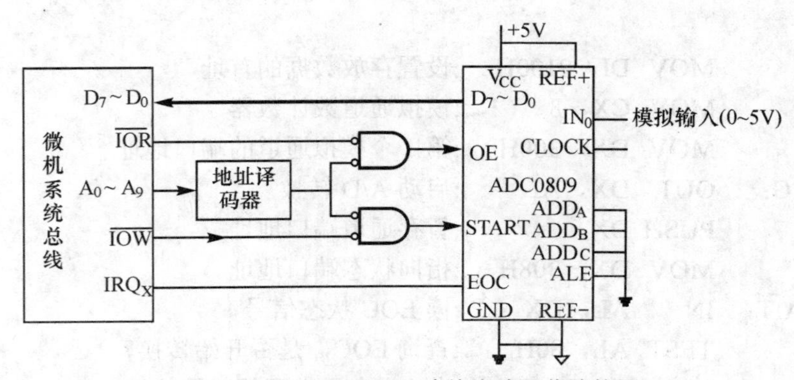

图 11-29　ADC0809 查询方式工作连接图

中断方式主程序：

```
        ……                  ;设置中断向量，8259 初始化
        MOV  DI，0100H      ;设置存放数据的首址
        MOV  CX，8          ;模拟通道数计数器
        STI                 ;开中断
        MOV  DX，300H       ;ADC0809 端口地址
        OUT  DX，AL         ;启动 A/D 转换
        ……                  ;执行其他程序，同时等待中断
```

中断服务程序：

```
        PUSH    AX              ;保护现场
        PUSH    DX
        STI                     ;开中断，允许中断嵌套
        MOV     DX，300H        ;ADC0809 通道端口地址
        IN  AL，DX              ;读取转换的数据
        MOV     [DI]，AL        ;结果数据转存
        INC     DX              ;指向下一个模拟通道
        INC     BX              ;数据缓冲单元地址加 1
        OUT     DX，AL          ;启动下一通道 A/D 转换
        LOOP    RETUN           ;全部通道未完，循环下一个通道
        CLI                     ;关闭中断
        MOV     AL，20H         ;送 EOI 中断结束命令
        OUT     20H，AL         ;8259 端口写
        POP     DX              ;恢复现场
        POP     AX
RETUN:  IRET                    ;中断返回
```

例 11.6 设计 12 位 AD574 与 8088CPU 的接口图，并编写一段启动 A/D 转换采集数据的程序。

AD574 的接口设计应考虑以下几个方面：

(1) 因 AD574 是 12 位 A/D 转换器，若 CPU 的数据线是 8 位，则 AD574 的 12 位数据要分两次输出到 CPU，先输出高 8 位，再输出低 4 位。因而 AD574 的输出端 D_{11}～D_4 接 CPU 系统总线的 D_7～D_0，D_3～D_0 接 CPU 系统总线的 D_7～D_4，其接口图如图 11-30 所示。

程序及执行过程如下：

```
        MOV     DX , PORT1      ;设置高 8 位数据口地址
        IN      AL , DX         ;采集高 8 位数据
        MOV     AH ,AL          ;高 8 位数据保存在 AH 寄存器内
        MOV     DX ,PROT2       ;设置低 4 位数据口地址
        IN      AL , DX         ;采集低 4 位数据，保存在 AL 寄存器中
```

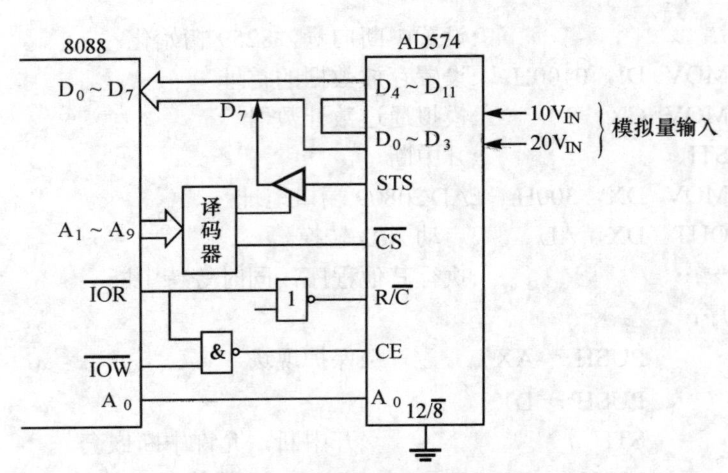

图 11-30　AD574 的接口设计

在 AX 中存放 12 位数的排列结构形式是：

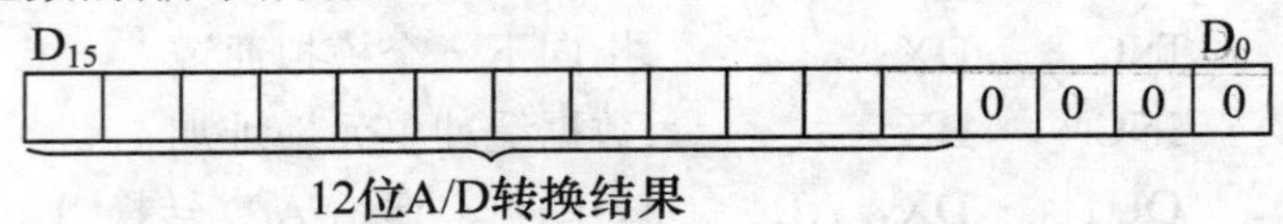

若 CPU 有 16 位数据线，则 AD574 的 D_0～D_{11} 12 位可直接接在 CPU 数据总线 D_0～D_{11} 位上，执行一次输入指令，即可把 12 位 A/D 转换结果输入到 CPU 中，在 AX 中存放 12 位的数，排列结构形式是：

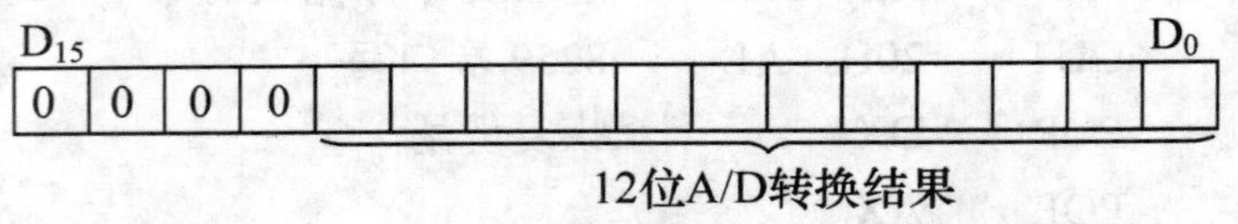

(2) $12/\overline{8}$引脚的电平要求。由表 11-2 可看出，在转换时，$12/\overline{8}$的电平可高可低，在输出数据时，根据 12 位数据输出是一次输出还是两次输出：当 12 位数据一次输出，$12/\overline{8}$引脚接高电平；当 12 位数据分二次输出时，$12/\overline{8}$引脚接低电平。在图 11-30 中设计为二次输出，所以$12/\overline{8}$接一固定低电平。

(3) 根据前面所讲述 AD574 的工作过程可知，无论是转换过程还是输出数据，AD574 的控制引脚$\overline{CS}$=0、CE=1，因而在图 11-30 中利用译码器的输出作为$\overline{CS}$引脚的控制信号，读、写信号经与非逻辑输出后的信号作为 CE 的控制信号，即无论是读还是写，CE 信号都有效。

(4) STS 信号是由 AD574 芯片本身产生的一个状态信号，该信号反映转换过程是否结束。因而该信号可以连接到 CPU 的中断申请 INTR 端，利用中断方式判断 A/D 转换是否结束；也可以通过查询方式，把 STS 线连接到数据总线的某一根数据线上，查询该根数据线的高低电平，判断转换是否结束。需要注意的是 STS 线不可直接连接到数据总线上，要经过一个三态门再连接到数据总线上，此三态门的开启可通过一个地址线进行控制。

AD574 的地址分配需考虑的是：第一，取高 8 位数据，启动转换要使 A_0＝0，所以地址为 278H；第二，取低 4 位数据，要使 A_0＝1，所以地址为 279H；第三，为打开 STS 状态信号的通路，三态门的地址为27AH。

```
      MOV    DX , 278H
      OUT    DX , AL     ;启动转换，R/C̄ = 0，C̄S̄=0，CE＝1，A0＝0
      MOV    DX , 27AH   ;设置三态门地址
AA1：IN     AL , DX     ;读取 STS 状态
      TEST   AL , 80H    ;测试 STS 电平
      JNE    AA1     ;STS＝1 等待，STS＝0 向下执行
      MOV    DX , 278H
      IN     AL , DX     ;读高 8 位数据，R/C̄=1，  C̄S̄=0，CE＝1，A0＝1
      MOV    AH , AL     ;保存高 8 位数据
      MOV    DX , 279H
      IN     AL , DX     ;读低 4 位数据，R/C=1,CS=0,A0=1,CE=1
```

习 题 11

11.1 什么是模拟量接口？在微机的哪些应用领域中要用到模拟接口？

11.2 D/A 转换器的主要参数有哪几种？反映了 D/A 转换器什么性能？

11.3 A/D 转换器的主要参数有哪几种？反映了 A/D 转换器什么性能？

11.4 D/A 转换器和微机接口中的关键问题是什么？对不同的 D/A 芯片应采用何种方法连接？

11.5 DAC0832 有哪几种工作方式？每种工作方式使用于什么场合？

11.6 若一个 D/A 转换器的满量程(对应于数字量 255)为 10V，若是输出信号不希望从 0 增长到最大，而是有一个下限 2.0V，增长到上限 8.0V。分别确定上下限所对应的数。

11.7 DAC 与 8 位总线的微机接口相连接时，如果采用带两级缓冲器的 DAC 芯片，为什么有时要用三条输出指令才能完成 12 位的数据转换？

11.8 已知某 DAC 的输入为 12 位二进制数，满刻度输出电压 Vom=10V，试求最小分辨率电压 VLSB 和分辨率。

11.9 A/D 转换器和微机接口中的关键问题有哪些？

11.10 ADC0809 中的转换结束信号(EOC)起什么作用？

11.11 求逐次比较式 A/D 转换器在输入电压等于 2V、4V、1.5V、−2.5V、−4.5V 时输出的二进制编码等于多少?(设输入电压范围为−5～+5V)

11.12 D/A 转换器 DAC0832 接口电路如图 11-31 所示，分析该电路的连接和 DAC0832 的外部特性，然后回答以下三个问题：

(1) 若要求 DAC0832 按直通方式工作，则 8255 的 B 口将如何设置？

(2) 如何利用该图产生指定输出幅度范围(1~4V)的锯齿波？

(3) 编写幅度受限的锯齿波程序。

设 8255A 的端口地址为：300H(A 口)，301H(B 口)，302H(C 口)，303H(命令口)，DAC0832 的参考电压 V_R=5V。

11.13 试编制一段源程序。要求通过 ADC0809，采用中断法，采集 100 个数据，存到内

存 BUFR 区。

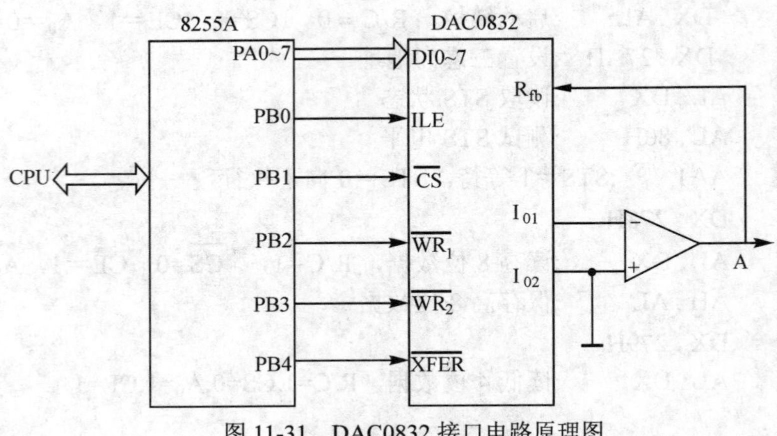

图 11-31 DAC0832 接口电路原理图

11.14 试编制一段源程序。要求通过查询法，从 ADC0809 A/D 转换器的 0～7 通道轮流采集 8 路模拟信号的电压量，并把转换后的数据存入 0300H 开始的单元。

11.15 AD574 有哪些主要的控制信号？各有什么功能？

附录1 DOS 系统功能调用（INT 21H）

AH	功　能	调用参数	返回参数
00	程序终止(同 INT 21H)	CS=程序段前缀 PSP	
01	键盘输入并回车		AL=输入字符
02	显示输出	DL=输出字符	
03	辅助设备(COM1)输入		AL=输入数据
04	辅助设备(COM1)输出	DL=输出字符	
05	打印机输出	DL=输出字符	
06	直接控制台 I/O	DL=FF（输入） DL=字符（输出）	AL=输入字符
07	键盘输入(无回显)		AL=输入字符
08	键盘输入(无回显)检测 Ctrl-Break 或 Ctrl-C		AL=输入字符
09	显示字符串	DS：DX=串地址 字符串以‘$’结尾	
0A	键盘输入字符串到缓冲区	DS：DX=缓冲区首址 (DS：DX)=缓冲区最大字符数	(DS：DX+1)=实际输入的字符数 DS:DX+2 字符串首地址
0B	检验键盘状态		AL=00 有输入 AL=FF 无输入
0C	清除缓冲区并请求指定的输入功能	AL=输入功能号 (1，6，7，8)	
0D	磁盘复位		清除文件缓冲区
0E	指定当前默认的磁盘驱动器	DL=驱动器号(0=A,1=B，…)	AL=系统中驱动器数
0F	打开文件(FCB)	DS：DX=FCB 首地址	AL=00 文件找到 AL=FF 文件未找到
10	关闭文件(FCB)	DS：DX=FCB 首地址	AL=00 目录修改成功 AL=FF 目录中未找到文件
11	查找第一个目录项(FCB)	DS：DX=FCB 首地址	AL=00 找到匹配的目录项 AL=FF 未找到匹配的目录项

续表

AH	功　能	调用参数	返回参数
12	查找下一个目录项(FCB)	DS：DX=FCB 首地址使用通配符进行目录项查找	AL=00 找到匹配的目录项 AL=FF 未找到匹配的目录项
13	删除文件(FCB)	DS：DX=FCB 首地址	AL=00 删除成功 AL=FF 文件未删除
14	顺序读文件(FCB)	DS：DX=FCB 首地址	AL=00 读成功 =01 文件结束，未读到数据 =02 DTA 边界错误 =03 文件结束，记录不完整
15	顺序写文件(FCB)	DS：DX=FCB 首地址	AL=00 写成功 =01 磁盘满或是只读文件 02=DTA 边界错误
16	建文件(FCB)	DS：DX=FCB 首地址	AL=00 建文件成功=FF 磁盘操作有错
17	文件改名(FCB)	DS：DX=FCB 首地址	AL=00 文件被改名 =FF 文件未改名
19	取当前默认磁盘驱动器		AL=00 默认的驱动器号 0=A，1=B，2=C，…
1A	设置 DTA 地址	DS：DX=DTA 地址	
1B	取默认驱动器 FAT 信息		AL=每簇的扇区数 DS：BX=指向介质说明的指针 CX=物理扇区的字节数 DX=每磁盘簇数
1C	取指定驱动器 FAT 信息		同上
1F	取默认磁盘参数块		AL=00 无错=FF 出错 DS：BX=磁盘参数块地址
21	随机读文件(FCB)	DS：DX=FCB 首地址	AL=00 读成功 =01 文件结束 =02 DTA 边界错误 =03 读部分记录
22	随机写文件(FCB)	DS：DX=FCB 首地址	AL=00 写成功 =01 磁盘满或是只读文件 =02 DTA 边界错误

续表

AH	功　能	调用参数	返回参数
23	测定文件大小(FCB)	DS：DX=FCB 首地址	AL=00 成功，记录数填入 FCB =FF 未找到匹配的文件
24	设置随机记录号	DS：DX=FCB 首地址	
25	设置中断向量	DS：DX=中断向量 AL=中断类型号	
26	建立程序段前缀 PSP	DX=新 PSP 段地址	
27	随机分块读(FCB)	DS：DX=FCB 首地址 CX=记录数	AL=00 读成功 =01 文件结束 =02DTA 边界错误 =03 读部分记录 CX=读取的记录数
28	随机分块写(FCB)	DS：DX=FCB 首地址 CX=记录数	AL=00 写成功 =01 磁盘满或是只读文件 =02DTA 边界错误
29	分析文件名字符串(FCB)	ES：DI=FCB 首址 DS：SI=文件名串(允许通配符) AL=分析控制标志	AL=00 分析成功未遇到通配符 =01 分析成功存在通配符 =FF 驱动器说明无效
2A	取系统日期		CX=年(1980～2099) DH=月(1～12) DL=日(1～31) AL=星期(0～6)
2B	置系统日期	CX=年(1980～2099) DH=月(1～12) DL=日(1～31)	AL=00 成功 =FF 无效
2C	取系统时间		CH：CL=时：分 DH：DL=秒：1/100 秒
2D	置系统时间	CH：CL=时：分 DH：DL=秒：1/100 秒	AL=00 成功 =FF 无效
2E	设置磁盘检验标志	AL=00 关闭检验 =FF 打开检验	
2F	取 DTA 地址		ES：BX=DTA 首地址
30	取 DOS 版本号		AL=版本号 AH=发行号 BH=DOS 版本标志 BL:CX=序号(24 位)

续表

AH	功　能	调用参数	返回参数
31	结束并驻留	AL=返回码 DX=驻留区大小	
32	取驱动器参数块	DL=驱动器号	AL=FF 驱动器无效 DS：BX=驱动器参数地址
33	CTRL-Break 检测	AL=00 取标志状态	DL=00 关闭 CTRL-Break 检测 =01 打开 CTRL-Break 检测
35	取中断向量	AL=中断类型	ES：BX=中断向量
36	取空闲磁盘空间	DL=驱动器号 0=默认，1=A，2=B，…	成功：AX=每簇扇区数 BX=可用簇数 CX=每扇区字节数 DX=磁盘总簇数
38	置/取国别信息	AL=00 或取当前国别信息 =FF 国别代码放在 BX 中 DS：DX=信息区首地址 DX=FFFF 设置国别代码	BX=国别代码(国际电话前缀码) DS:DX=返回信息区码首址 AX=错误代码
39	建立子目录	DS：DX=ASCIZ 串地址	AX=错误码
3A	删除子目录	DS：DX=ASCIZ 串地址	AX=错误码
3B	设置目录	DS：DX=ASCIZ 串地址	AX=错误码
3C	建立文件(Handle)	DS：DX=ASCIZ 串地址 CX=文件属性	成功：AX=文件代号 失败：AX=错误码
3D	打开文件(Handle)	DS：DX=ASCIZ 串地址 AL=访问和文件共享方式 0=读，1=写，2=读/写	成功：AX=文件代号 失败：AX=错误码
3E	关闭文件(Handle)	BX=文件代号	失败：AX=错误码
3F	读文件设备(Handle)	DS：DX=ASCIZ 串地址 BX=文件代号 CX=读取的字节数	成功：AX=实际读入的字节数 AX=0 已到文件尾 失败：AX=错误码
40	写文件或设备(Handle)	DS：DX=ASCIZ 串地址 BX=文件代号 CX=写入的字节数	成功 AX=实际读入的字节数 失败：AX=错误码
41	删除文件	DS：DX=ASCIZ 串地址	成功:AX=00 失败：AX=错误码

续表

AH	功 能	调用参数	返回参数
42	移动文件指针	BX=文件代号 CX：DX=位移量 AL=移动方式	成功：DX：AX=新指针位置 失败：AX=错误码
43	置/取文件属性	DS：DX=ASCIZ 串地址 AL=00 取文件属性 AL=01 置文件属性 CX=文件属性	成功：CX=文件属性 失败：AX=错误码
44	设备驱动程序控制	BX=文件代号 AL=设备子功能代码(0～11H) 0=取设备信息 1=置设备信息 3=写字符设备 4=读块设备 5=写块设备 6=取输入状态 7=取输出状态，… BL=驱动器代码 CX=读/写的字节数	成功：DX=设备信息 AX=传送的字节数 失败：AX=错误码
45	复制文件号	BX=文件代号 1	成功：AX=文件代号 2 失败：AX=错误码
46	强行复制文件代号	BX=文件代号 1 CX=文件代号 2	失败：AX=错误码
47	取当前目录路径名	DL=驱动器号 DS：SI=ASXIZ 串地址(从根目录开始路径名)	成功 DS：SI=ASXIZ 串地址 失败：AX=错误码
48	分配内存空间	BX=申请内存字节数	成功：AX=分配内存的初始段地址 失败：AX=错误码 BX=最大可用空间
49	释放已分配内存	ES=内存起始段地址	失败：AX=错误码
4A	修改内存分配	ES=原内存起始段地址 BX=新申请内存字节数	失败：AX=错误码 BX=最大可用空间
4B	装入/执行程序	DS:DX=ASCIZ 串地址 ES:BX=参数区首地址 AL=00 装入并执行程序 =01 装入程序,但不执行	失败：AX=错误码
4C	带返回码终止	AL=返回码	

续表

AH	功　能	调用参数	返回参数
4D	取返回代码		AL=子出口代码 AH=返回代码 00=正常终止 01=用 Ctrl-C 终止 02=严重设备错误终止 03=用功能调用 31H 终止
4E	查找第一个匹配文件	DS:DX=ASCIZ 串地址 CX=属性	失败：AX=错误码
4F	查找下一个匹配文件	DTA 保留 4EH 的原始信息	失败：AX=错误码
50	置 PSP 段地址	BX=新 PSP 段地址	
51	取 PSP 段地址		BX=当前运行进行的 PSP
52	取磁盘参数块		ES：BX=参数块链表指针
53	把 BIOS 参数块转换为 DOS 的驱动器参数块(DPB)	ES:BP=DPB 的指针	
54	取写盘后读盘的检验标志		AL=00 检验关闭 =01 检验打开
55	建立 PSP		DX=建立 PSP 的段地址
56	文件改名	DS:DX=当前 ASCIZ 串地址	失败：AX=错误码
			ES：DI=新 ASCIZ 串地址
57	置/取文件日期和时间	BX=文件代号	失败：AX=错误码
		AL=00 读取日期和时间	
		=01 设置日期和时间	
		(DX:CX)=日期:时间	
58	取/置内存分配策略	AL=00 取策略代码	成功：AX=策略代码
		AL=01 置策略代码	失败：AX=错误码
		BX=策略代码	
59	取扩充错误码	BX=00	AX=扩充错误码 BH=错误类型 BL=建议的操作 CH=出错设备代码
5A	建立临时文件	CX=文件属性 DS：DX=ASCIZ 串(以\结束)地址	成功：AX=文件代号 DS：DX=ASCIZ 串地址 失败：AX=错误代码
5B	建立新文件	CX=文件属性 DS：DX=ASCIZ 串地址	成功：AX=文件代码 失败：AX=错误代码
5C	锁定文件存取	AL=00 锁定文件指定的区域 =01 开锁 BX=文件代号 CX：DX=文件区域偏移值 SI：DI=文件区域的长度	失败：AX=错误代码

续表

AH	功 能	调用参数	返回参数
5D	取/置严重错误标志的地址	AL=06 取严重错误标志地址 AL=0A 置 ERROR 结构指针	DS：SI=严重错误标志的地址
60	扩展为全路径名	DS：SI=ASCIZ 串的地址 ES：DI=工作缓冲区地址	失败：AX=错误代码
62	取程序段前缀地址		BX=PSP 地址
68	刷新缓冲区数据到磁盘	AL=文件代号	失败：AX=错误代码
6C	扩充的文件打开/建立	AL=访问权限 BX=打开方式 CX=文件属性 DS：SI=ASCIZ 串地址	成功：AX=文件代号 CX=采取的动作 失败：AX=错误代码

附录 2　BIOS 系统功能调用

INT	AH	功　能	调用参数	返回参数
10	0	设置显示方式	AL=00 40×25 黑白文本，16 级灰度	
			=01 40×25 16 色文本	
			=02 80×25 黑白文本，16 级灰度	
			=03 80×25 16 色文本	
			=04 320×200 4 色图形	
			=05 320×200 黑白图形，4 级灰度	
			=06 640×200 黑白图形	
			=07 80×25 黑白文本	
			=08 160×200 16 色图形(MCGA)	
			=09 320×200 16 色图形(MCGA)	
			=0A 640×200 4 色图形(MCGA)	
			=0D 320×200 16 色图形(EGA/VGA)	
			=0E 640×200 16 色图形(EGA/VGA)	
			=0F 640×350 单色图形(EGA/VGA)	
			=10 640×350 16 色图形(EGA/VGA)	
			=11 640×480 黑白图形(VGA)	
			=12 640×480 16 色图形(VGA)	
			=13 320×200 256 色图形(VGA)	
10	1	置光标类型	$CH_{0\sim3}$=光标起始行	
			$CL_{0\sim3}$=光标结束行	
10	2	置光标位置	BH=页号	
			DH/DL=行/列	
10	3	读光标位置	BH=页号	CH=光标起始行
				CL=光标结束行
				DH/DL=行/列
10	4	读光笔位置		AH=00 光笔未触发
				=01 光笔触发
				CH/BX=像素行/列
				DH/DL=光笔字符行/列数

续表

INT	AH	功 能	调用参数	返回参数
10	5	置当前显示页	AL=页号	
10	6	屏幕初始化或上卷	AL=0 初始化窗口	
			AL=上卷行数	
			BH=卷入行属性	
			CH/CL=左上角行/列号	
			DH/DL=右下角行/列号	
10	7	屏幕初始化或下卷	AL=0 初始化窗口	
			AL=下卷行数	
			BH=卷入行属性	
			CH/CL=左上角行/列号	
			DH/DL=右下角行/列号	
10	8	读光标位置的字符和属性	BH=显示页	AH/AL=字符/属性
10	9	在光标位置显示字符和属性	BH=显示页	
			AL/BL=字符/属性	
			CX=字符重复次数	
10	A	在光标位置显示字符	BH=显示页	
			AL=字符	
			CX=字符重复次数	
10	B	置彩色调色板	BH=彩色调色板 ID	
			BL=和 ID 配套使用的颜色	
10	C	写像素	AL=颜色值	
			BH=页号	
			DX/CX=像素行/列	
10	D	读像素	BH=页号	AL=像素的颜色值
			DX/CX=像素行/列	
10	E	显示字符(光标前移)	AL=字符	
			BH=页号	
			BL=前景色	
10	F	取当前显示方式		BH=页号
				AH=字符列数
				AL=显示方式
10	10	置调色板寄存器(EGA/VGA)	AL=0,BL=调色板号,BH=颜色值	
10	11	装入字符发生器(EGA/VGA)	AL=0~4 全部或部分装入字符点阵集	
			AL=20~24 置图形方式显示字符集	
			AL=30 读当前字符集信息	ES:BP=字符集位置

续表

INT	AH	功 能	调用参数	返回参数
10	12	返回当前适配器设置的信息(EGA/VGA)	BL=10H(子功能)	BH=0 单色方式 =1 彩色方式
				BL=VRAM 容量 (0=64K,1=128K,…)
				CH=特征位设置
				CL=EGA 的开关位置
10	13	显示字符串	ES：BP=字符串地址	
			AL=写方式(0～3)	
			CX=字符串长度	
			DH/DL=起始行/列	
			BH/BL=页号/属性	
11		取设备清单		AX=BIOS 设备清单字
12		取内存容量		AX=字节数(KB)
13	0	磁盘复位	DL=驱动器号(00,01 为软盘，80，81，…为硬盘)	失败：AH=错误码
13	1	读磁盘驱动器状态		AH=状态字节
13	2	读磁盘扇区	AL=扇区数	读成功：AH=0
			$CL_{6,7}CH_{0\sim7}$=磁道号	AL=读取的扇区数
			$CL_{0\sim5}$=扇区号	读失败：AH=错误码
			DH/DL=磁头号/驱动器号	
			ES：BX=数据缓冲区地址	
13	3	写磁盘扇区	同上	写成功：AH=0
				AL=写入的扇区数
				写失败：AH=错误码
13	4	检验磁盘扇区	AL=扇区数	成功：AH=0
			$CL_{6,7}CH_{0\sim7}$=磁道号	AL=检验的扇区数
			$CL_{0\sim5}$=扇区号	失败：AH=错误码
			DH/DL=磁头号/驱动器号	
13	5	格式化盘磁道	AL=扇区数	成功：AH=0
			$CL_{6,7}CH_{0\sim7}$=磁道号	失败：AH=错误码
			$CL_{0\sim5}$=扇区号	
			DH/DL=磁头号/驱动器号	
			ES：BX=格式化参数表指针	

续表

INT	AH	功　能	调用参数	返回参数
14	0	初始化串行口	AL=初始化参数	AH=通信口状态
			DX=串行口号	AL=调制解调器状态
14	1	向通信口写字符	AL=字符	写成功：AH_7=0
			DX=通信口号	写失败：AH_7=1
				$CH_{0\sim6}$=通信口状态
14	2	从通信号读字符	DX=通信口号	读成功：AH_7=0，AL=字符
				读失败：AH_7=1
14	3	取通信号状态	DX=通信号	AH=通信口状态
				AL=调制解调器状态
14	4	初始化扩展COM		
14	5	扩展COM控制		
15	0	启动盒式磁带机		
15	1	停止盒式磁带机		
15	2	磁带分块读	ES：BX=数据传输区地址 CX=字节数	AH=状态字节 =00 读成功 =01 冗余检验错 =02 无数据传输 =04 无引导 =80 非法命令
15	3	磁带分块读	DS：BX=数据传输区地址 CX=字节数	AH=状态字节(同上)
16	0	从键盘读字符		AL=字符码 AH=扫描码
16	1	取键盘缓冲区状态		ZF=0 AL=字符码 AH=扫描码 ZF=1 缓冲区无按键等待
16	2	取键盘标志字节		AL=键盘标志字节
17	0	打印字符回送状态字节	AL=字符 DX=打印机号	AH=打印机状态字节
17	1	初始化打印机回送状态字节	DX=打印机号	AH=打印机状态字节
17	2	取打印机状态	DX=打印机号	AH=打印机状态字节

续表

INT	AH	功 能	调用参数	返回参数
18		ROW BASIC 语言		
19		引导装入程序		
1A	0	读时钟		CH：CL=时:分 DH：DL=秒:1/100 秒
1A	1	置时钟	CH：CL=时：分 DH：DL=秒：1/100 秒	
1A	6	置报警时间	CH：CL=时：分(BCD) DH：DL=秒：1/100 秒(BCD)	
1A	7	清除报警		
33	00	鼠标复位	AL=00	AX=0000 硬件未安装 =FFFF 硬件已安装 BX=鼠标的键数
33	00	显示鼠标光标	AL=01	显示鼠标光标
33	00	隐藏鼠标光标	AL=02	隐藏鼠标光标
33	00	读鼠标状态	AL=03	BX=键状态 CX/DX=鼠标水平/垂直位置
33	00	设置鼠标位置	AL=04 CX/DX=鼠标水平/垂直位置	
33	00	设置图形光标	AL=09 BX/CX=鼠标水平/垂直中心 ES：DX=16×16 光标映像地址	安装了新的图形光标
33	00	设置文本光标	AL=0A BX=光标类型 CX=像素位掩码或起始的扫描线 DX=光标掩码或结束的扫描线	设置的文本光标
33	00	读移动计数器	AL=0B	CX/DX=鼠标水平/垂直距离
33	00	设置中断子程序	AL=0C，CX=中断掩码， ES：DX=中断服务程序的地址	

参考文献

[1] 戴梅萼著. 微型计算机技术及应用——从16位到32位. 北京：清华大学出版社，1996
[2] 徐晨，陈继红，王春明，徐慧编著. 微机原理及应用. 北京：高等教育出版社，2004
[3] 李大友主编. 微型计算机接口技术. 北京：清华大学出版社，1997
[4] 裘雪红编著. 微型计算机原理接口技术. 陕西：西安电子科技大学出版社，2001
[5] 耿恒山主编. 微机原理与接口. 北京：中国水利水电出版社，2005
[6] 刘乐善. 微型计算机接口技术及应用. 武汉：华中科技大学出版社，2004
[7] 周明德. 微机原理与接口技术. 北京：人民邮电出版社，2002
[8] 邹逢兴. 计算机硬件技术基础. 北京：高等教育出版社，1998
[9] 冯博琴. 微型计算机原理与接口技术. 北京：清华大学出版社，2002
[10] 徐晨，陈继红，王春明，徐慧编著. 微机原理及应用. 北京：高等教育出版社，2004
[11] 许兴存，曾琪琳编著. 微型计算机接口技术. 北京：电子工业出版社，2003
[12] 葛纫秋主编. 实用微机接口技术. 北京：高等教育出版社，2003
[13] 贾智平主编. 微机原理与接口技术. 北京：中国水利水电出版社，1999
[14] 郑初华主编. 汇编语言、微机原理与接口技术. 北京：电子工业出版社，2003
[15] 谭浩强主编. 微机原理与接口技术. 北京：清华大学出版社，2000
[16] 中国机械工业教育协会组编. 微机原理与接口技术. 北京：机械工业出版社，2003
[17] 沈美明，温冬婵.IBM-PC 汇编语言程序设计(第2版). 北京：清华大学出版社，2001
[18] 李浪. 汇编语言程序设计. 武汉：武汉大学出版社，2007
[19] 戴梅萼，史嘉权. 微型计算机技术及应用(第3版). 北京：清华大学出版社，2003
[20] 钱晓捷，陈涛.16/32位微机原理、汇编语言及接口技术. 北京：机械工业出版社，2001